2023

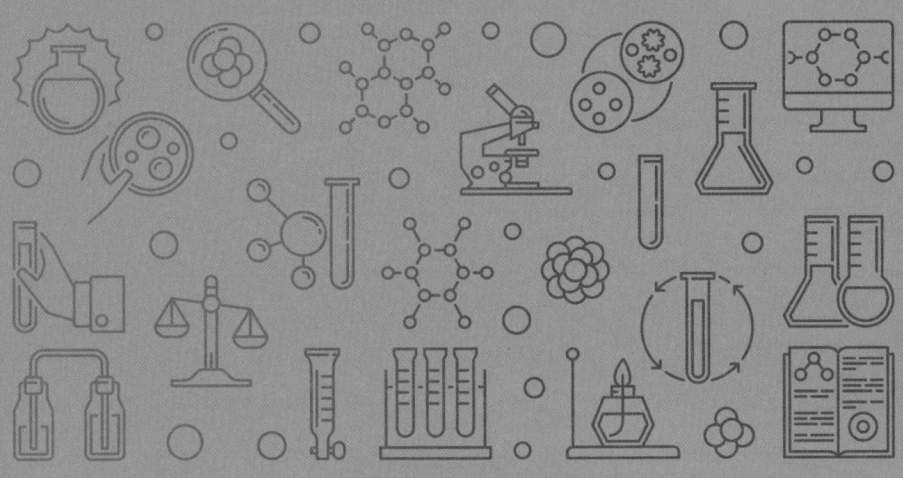

연구실 안전관리사
2차시험/한권완성

고원경, 최지유 편저 / 정명진 감수

PROFILE
저자약력

정명진 감수
(현) 을지대학교 보건환경안전학과 교수

(전) 한국생산기술연구원 선임연구원
　　　한국기계연구원 연구원

고원경 편저
서울과학기술대학교 안전공학박사

(현) SHE'S PARTNER 대표
　　　고용노동부 국가기술자격 정책심의위원
　　　대한산업안전협회 외래교수
　　　한국표준협회 전문위원

(전) DB하이텍 시설환경안전팀
　　　한국가스안전공사 가스안전연구원

최지유 편저
서울과학기술대학교 안전공학석사

(현) C&C 대표

(전) 대한산업안전협회 외래교수
　　　SZU KOREA 기업부설연구소 책임연구원
　　　EZTALKING KOREA 대표

머리말

    과학기술정보통신부에서 발표한 '2020 연구실 안전관리 실태조사'에 따르면, 전체 연구실은 81,346개이고 과학기술분야 연구실을 설치·운영 중이면서 연구활동종사자 10명 이상인 기관은 총 4,035개로 나타났다. 이 중 집중관리가 필요한 고위험연구실은 48,586개로 전체의 59.7%의 비중을 차지하고 있는 것으로 나타났다. 또한, 전체 연구활동종사자는 1,322,814명으로 최근 5년간 연구활동종사자 규모는 매년 증가하는 것으로 나타났다.
    한편, 연구실사고는 19년 한 해 동안 117개 기관(전년 대비 4개 기관 증가)에서 총 232건(전년 대비 22건, 중대사고 3건 증가) 발생하였으며, 연구실 안전사고의 주요 원인은 보호구 미착용(30.2%), 안전수칙 미준수(15.9%), 점검·정비·보존 불량(12.9%) 등에 의한 것으로 나타났다.

    이에, 과기정통부는 2020년 「연구실안전법」을 2005년 제정 이후 최초로 전부 개정하여, 연구실 안전 보호구 비치 의무화, 연구실 피해 보상한도 상향, 연구실 설치·운영에 관한 고시 제정 등 연구자 보호 강화 등을 추진하고 있으며, 동년 6월 개정된 「연구실안전법」에 따라 최초로 '연구실안전관리사' 자격제도를 도입하게 되었다. 연구실안전관리사 자격제도는 과학기술분야 연구실의 안전관리 전문인력을 양성하기 위한 국가전문자격이다.
    연구실안전관리사 자격을 취득하고, 법정 교육·훈련을 모두 이수한 자는 대학·연구기관 등에서 연구실안전환경관리자, 안전교육 강사, 연구실 안전점검 및 정밀안전진단 기술인력 등 다양한 연구실 안전분야에서 전문가로 활동할 수 있다.

    본 수험서는 시행처에서 안내한 연구실안전관리사 2차시험에 대하여 핵심이라 여겨지는 내용을 중심으로 정리하였으며, 최종 점검을 돕기 위하여 5회분의 실전모의고사와 기출복원문제를 추가 수록하였다. 그럼에도 불구하고 좀 더 폭넓은 학습을 원하는 수험생들은 본 출판사에서 출판한 '연구실안전관리사 1차시험 한권완성'과 '시행처 공식 학습 가이드'를 참고하여 함께 학습할 것을 권하는 바이다.

    정부가 연구실안전관리사 자격제도 시행으로 우수한 전문인력이 양성되어 안전한 연구환경 조성에 기여할 것으로 기대하는 바, 이에 부응하여 본 수험서 역시 연구실안전관리사 자격 취득에 일말의 도움이 되기를 기대해본다.

저자 일동

시험 가이드

| 개요 |

■ **연구실안전관리사 자격시험**

연구실에 특화된 전문인력 양성을 통한 기관 사고예방역량을 강화하고 연구자의 생명 보호 및 국가연구자산 보호를 위해 2022년 연구실안전법을 기반으로 신설된 자격시험입니다.

| 2023년 검정 절차 |

※ 자세한 일정은 해당 홈페이지(safelab.kpc.or.kr)에서 확인하시길 바랍니다.
※ 응시 수수료 : 1차 25,100원, 2차 35,700원

| 시험과목 및 시험방법 |

구분	시험과목	시험 범위	시험방법	
			문항수/시험시간	시험방법/합격기준
2차시험	연구실 안전관리 실무	• 연구실 안전관련 법령 • 연구실 화학·가스 안전관리 • 연구실 기계·물리 안전관리 • 연구실 생물 안전관리 • 연구실 전기·소방 안전관리 • 연구활동종사자 보건·위생관리에 관한 사항	12문항/ 120분	• 주관식·서술형 • 100점 만점 60점 이상 득점

※ 세부 출제범위는 해당 홈페이지(safelab.kpc.or.kr)에서 확인하시길 바랍니다.

도서의 구성과 활용

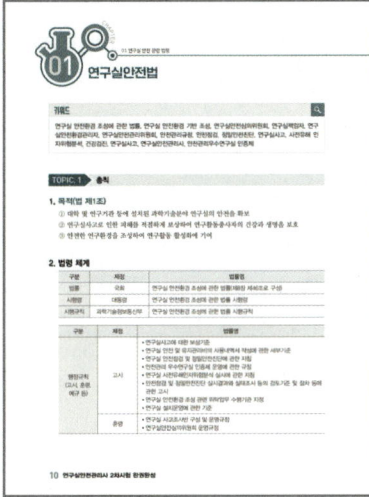
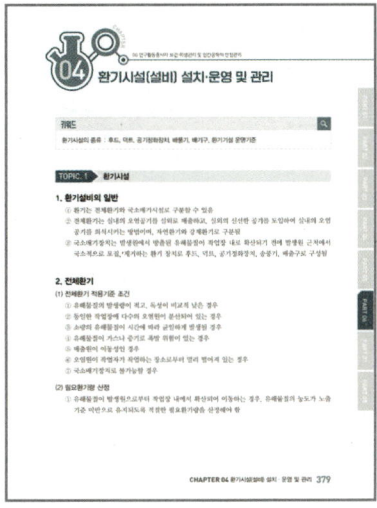

 단 한 권으로 준비하는 연구실안전관리사

- 효율적인 학습을 위해 시험에 나올 이론만을 분석·정리하여 핵심이론을 수록하였습니다.
- 학습가이드 및 관련 법령을 완벽하게 반영하였습니다.

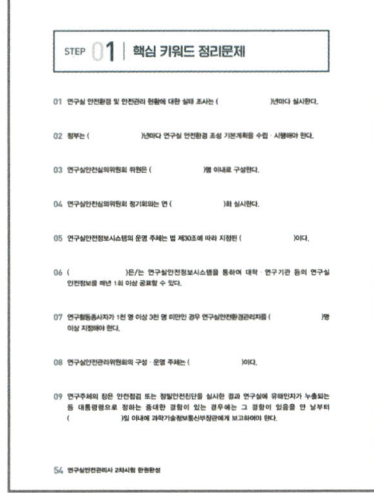
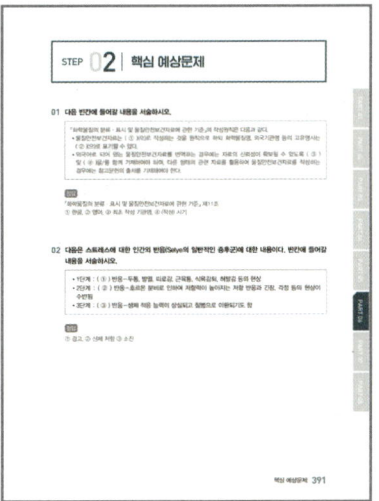

 핵심 키워드 정리문제와 핵심 예상문제로 2단계 학습정리

- 가장 중요한 핵심 키워드를 모아 다시 한번 정리해보며 학습한 내용을 본인의 지식으로 만들 수 있도록 구성하였습니다.
- 단원별로 중요한 문제와 핵심만 담은 모범답안을 함께 수록하여 유형을 파악하고 이론 내용을 최종 정리할 수 있도록 하였습니다.

도서의 구성과 활용

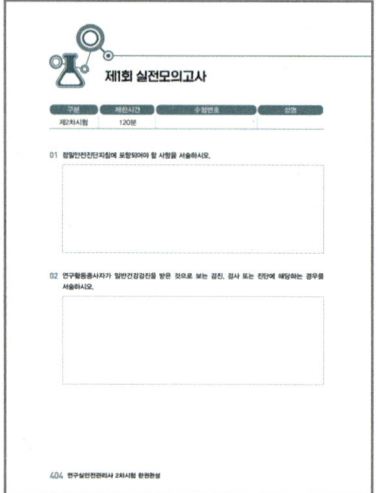
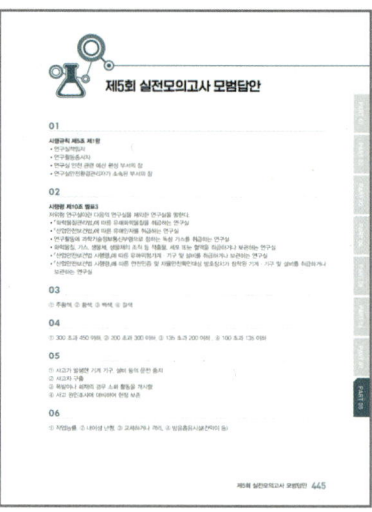

실전모의고사 5회분
- 실제 시험과 같은 유형으로 제작된 모의고사 5회분을 통해 실전 감각을 기를 수 있도록 하였습니다.
- 단원별로 중요한 문제와 핵심만 담은 모범답안을 함께 수록하여 유형을 파악하고 이론 내용을 최종 정리할 수 있도록 하였습니다.

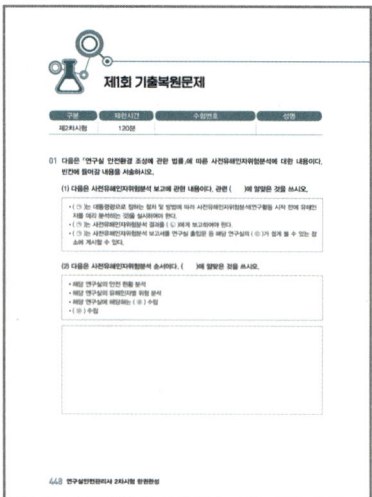
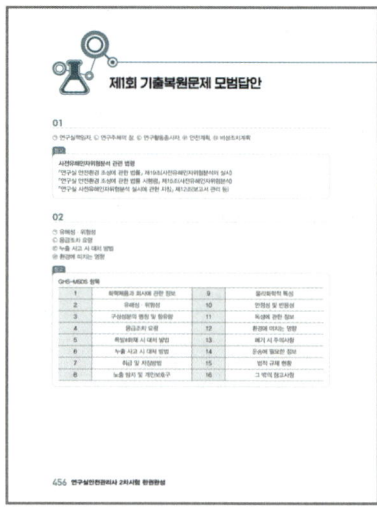

2022년도 기출복원문제 수록
- 2022년도 제1회 기출복원문제를 깔끔한 해설과 함께 수록하여 시험 문제 유형파악도 가능하게 하였습니다.
- 문제 관련 이론 또한 [참고]를 통해 빠짐없이 학습할 수 있도록 하였습니다.

목차

PART 01 연구실 안전 관련 법령

- CHAPTER 01 | 연구실안전법 ········· 10
- CHAPTER 02 | 연구실안전법 시행령 ········· 28
- CHAPTER 03 | 연구실안전법 시행규칙 ········· 45
- Step 01 | 핵심 키워드 정리문제 ········· 55
- Step 02 | 핵심 예상문제 ········· 57

PART 02 연구실 화학(가스) 안전관리

- CHAPTER 01 | 화학·가스 안전관리 일반 ········· 74
- CHAPTER 02 | 연구실 내 화학물질 관련 폐기물 안전관리 ········· 91
- CHAPTER 03 | 연구실 내 화학물질 누출 및 폭발 방지대책 ········· 98
- CHAPTER 04 | 화학 시설(설비) 설치·운영 및 관리 ········· 112
- Step 01 | 핵심 키워드 정리문제 ········· 118
- Step 02 | 핵심 예상문제 ········· 121

PART 03 연구실 기계·물리 안전관리

- CHAPTER 01 | 기계 안전관리 일반 ········· 142
- CHAPTER 02 | 연구실 내 위험기계·기구 및 연구장비 안전관리 ········· 148
- CHAPTER 03 | 연구실 내 레이저, 방사선 등 물리적 위험요인에 대한 안전관리 ········· 162
- Step 01 | 핵심 키워드 정리문제 ········· 174
- Step 02 | 핵심 예상문제 ········· 177

PART 04 연구실 생물 안전관리

- CHAPTER 01 | 생물(LMO 포함) 안전관리 일반 ········· 194
- CHAPTER 02 | 생물시설(설비) 설치·운영 및 관리 ········· 206
- CHAPTER 03 | 연구실 내 생물체 관련 폐기물 안전관리 ········· 211
- CHAPTER 04 | 연구실 내 생물체 누출 및 감염방지 대책 ········· 222
- Step 01 | 핵심 키워드 정리문제 ········· 231
- Step 02 | 핵심 예상문제 ········· 234

PART 05 연구실 전기·소방 안전관리

- CHAPTER 01 | 소방기초이론 ········· 248
- CHAPTER 02 | 소방안전관리 ········· 261
- CHAPTER 03 | 전기 일반 및 위험성 분석 ········· 273

| CHAPTER 04 | 전기화재 원인 ··· 299
| CHAPTER 05 | 정전기, 감전 예방, 소화 안전규칙 ······································ 303
| CHAPTER 06 | 방재장비 및 방재설비 ·· 307
| CHAPTER 07 | 소방시설 및 운영기준 ·· 312
| CHAPTER 08 | 전기시설 및 운영기준 ·· 325
| Step 01 | 핵심 키워드 정리문제 ·· 332
| Step 02 | 핵심 예상문제 ·· 335

PART 06 연구활동종사자 보건·위생관리 및 인간공학적 안전관리

| CHAPTER 01 | 보건·위생관리 및 인간공학적 안전관리 일반 ····················· 350
| CHAPTER 02 | 연구활동종사자 질환 및 휴먼 에러 예방·관리 ················· 361
| CHAPTER 03 | 안전보호구 및 연구환경관리 ··· 370
| CHAPTER 04 | 환기시설(설비) 설치·운영 및 관리 ··································· 379
| Step 01 | 핵심 키워드 정리문제 ·· 388
| Step 02 | 핵심 예상문제 ·· 391

PART 07 실전모의고사

제1회 실전모의고사 ··· 404
제2회 실전모의고사 ··· 410
제3회 실전모의고사 ··· 416
제4회 실전모의고사 ··· 421
제5회 실전모의고사 ··· 426

PART 08 실전모의고사 모범답안

제1회 실전모의고사 모범답안 ··· 434
제2회 실전모의고사 모범답안 ··· 436
제3회 실전모의고사 모범답안 ··· 439
제4회 실전모의고사 모범답안 ··· 442
제5회 실전모의고사 모범답안 ··· 445

PART 09 기출복원문제

제1회 기출복원문제 ··· 448

PART 10 기출복원문제 모범답안

제1회 기출복원문제 모범답안 ··· 456

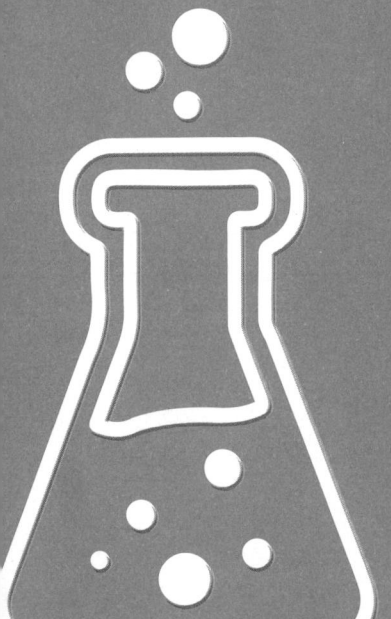

PART 01
연구실 안전 관련 법령

CHAPTER 01 | 연구실안전법
CHAPTER 02 | 연구실안전법 시행령
CHAPTER 03 | 연구실안전법 시행규칙

01 연구실안전법

01 연구실 안전 관련 법령

> **키워드**
>
> 연구실 안전환경 조성에 관한 법률, 연구실 안전환경 기반 조성, 연구실안전심의위원회, 연구실책임자, 연구실안전환경관리자, 연구실안전관리위원회, 안전관리규정, 안전점검, 정밀안전진단, 연구실사고, 사전유해인자위험분석, 건강검진, 연구실사고, 연구실안전관리사, 안전관리우수연구실 인증제

TOPIC. 1 총칙

1. 목적(법 제1조)
① 대학 및 연구기관 등에 설치된 과학기술분야 연구실의 안전을 확보
② 연구실사고로 인한 피해를 적절하게 보상하여 연구활동종사자의 건강과 생명을 보호
③ 안전한 연구환경을 조성하여 연구활동 활성화에 기여

2. 법령 체계

구분	제정	법률명
법률	국회	연구실 안전환경 조성에 관한 법률(제8장 제46조로 구성)
시행령	대통령	연구실 안전환경 조성에 관한 법률 시행령
시행규칙	과학기술정보통신부	연구실 안전환경 조성에 관한 법률 시행규칙

구분	제정	법률명
행정규칙 (고시, 훈령, 예규 등)	고시	• 연구실사고에 대한 보상기준 • 연구실 안전 및 유지관리비의 사용내역서 작성에 관한 세부기준 • 연구실 안전점검 및 정밀안전진단에 관한 지침 • 안전관리 우수연구실 인증제 운영에 관한 규정 • 연구실 사전유해인자위험분석 실시에 관한 지침 • 안전점검 및 정밀안전진단 실시결과와 실태조사 등의 검토기준 및 절차 등에 관한 고시 • 연구실 안전환경 조성 관련 위탁업무 수행기관 지정 • 연구실 설치운영에 관한 기준
	훈령	• 연구실 사고조사반 구성 및 운영규정 • 연구실안전심의위원회 운영규정

3. 정의(법 제2조)

용어	정의
대학·연구기관 등	• 대학 및 대학원 등(한국과학기술원, 광주과학기술원, 대구경북과학기술원, 울산과학기술원 포함) • 국·공립연구기관, 정부출연 연구기관, 특정연구기관, 민법에 따라 설립된 법인인 연구기관 • 기업부설연구소
연구실	대학·연구기관 등이 연구활동을 위하여 시설·장비·연구재료 등을 갖추어 설치한 실험실·실습실·실험준비실
연구활동	과학기술분야의 지식을 축적하거나 새로운 적용방법을 찾아내기 위하여 축적된 지식을 활용하는 체계적이고 창조적인 활동(실험·실습 등을 포함)
연구주체의 장	대학·연구기관 등의 대표자 또는 해당 연구실의 소유자
연구실안전환경관리자	각 대학·연구기관 등에서 연구실 안전과 관련한 기술적인 사항에 대하여 연구주체의 장을 보좌하고 연구실책임자 등 연구활동종사자에게 조언·지도하는 업무를 수행하는 사람
연구실책임자	연구실 소속 연구활동종사자를 직접 지도·관리·감독하는 연구활동종사자
연구실안전관리담당자	각 연구실에서 안전관리 및 연구실사고 예방 업무를 수행하는 연구활동종사자
연구활동종사자	연구활동에 종사하는 사람으로서 각 대학·연구기관 등에 소속된 연구원·대학생·대학원생·연구보조원 등
연구실안전관리사	연구실안전관리사 자격시험에 합격하여 자격증을 발급받은 사람
안전점검	연구실 안전관리에 관한 경험과 기술을 갖춘 자가 육안 또는 점검기구 등을 활용하여 연구실에 내재된 유해인자를 조사하는 행위
정밀안전진단	연구실사고를 예방하기 위하여 잠재적 위험성의 발견과 그 개선대책의 수립을 목적으로 실시하는 조사·평가
연구실사고	연구실에서 연구활동과 관련하여 연구활동종사자가 부상·질병·신체장해·사망 등 생명 및 신체상의 손해를 입거나 연구실의 시설·장비 등이 훼손되는 것
중대연구실사고	연구실사고 중 손해 또는 훼손의 정도가 심한 사고로서 사망사고 등 과학기술정보통신부령으로 정하는 사고
중대연구실사고의 정의 (시행규칙 제2조)	• 사망 또는 후유장애 부상자가 1명 이상 발생한 사고 • 3개월 이상의 요양을 요하는 부상자가 동시에 2명 이상 발생한 사고 • 부상자 또는 질병에 걸린 사람이 동시에 5명 이상 발생한 사고 • 연구실의 중대한 결함으로 인한 사고
유해인자	화학적·물리적·생물학적 위험요인 등 연구실사고를 발생시키거나 연구활동종사자의 건강을 저해할 가능성이 있는 인자
정밀안전진단의 실시자 (법 제15조 제2항 및 제3항)	• 정밀안전진단의 직접 실시 요건을 갖춘 연구주체의 장 • 정밀안전진단 대행기관

4. 적용범위(법 제3조)

(1) 연구실안전법이 원칙적으로 적용되는 연구실의 범위
  ① 대학 및 대학원 등(한국과학기술원, 광주과학기술원, 대구경북과학기술원, 울산과학기술원 포함)
  ② 국·공립 연구기관, 정부출연 연구기관, 특정 연구기관, 민법 연구기관
  ③ 기업부설연구소

(2) 연구실안전법이 예외적으로 적용되지 않는 연구실의 범위(구체적 내용은 대통령령 참조)
  대학연구기관 등이 설치한 각 연구실의 연구활동종사자를 합한 인원이 10명 미만인 경우 법의 전부를 적용하지 않음

5. 국가의 책무(법 제4조)

(1) 국가가 수행해야 할 시책
  ① 연구실 안전환경 확보를 위한 시책을 수립·시행
  ② 연구실 안전환경 조성을 위한 지원시책 강구
    ㉠ 연구실사고 예방을 위한 연구개발 추진
    ㉡ 유형별 안전관리 표준화 모델과 안전교육 교재 개발·보급
  ③ 연구실 안전문화의 확산을 위하여 노력 : 연구 안전에 관한 지식·정보의 제공 등
  ④ 연구실 안전환경 및 안전관리 현황에 대한 실태 조사 및 결과 공표
    ㉠ 실태조사 시기 : 2년마다(필요시 수시로 실태 조사 가능)
    ㉡ 실태조사 사항
      • 연구실 및 연구활동종사자 현황
      • 연구실 안전관리 현황
      • 연구실사고 발생 현황
      • 그 밖에 연구실 안전환경 및 안전관리 현황 파악을 위하여 과학기술통신부장관이 필요하다고 인정하는 사항

(2) 교육부장관이 수행할 의무
  대학별 정보공시에 연구실 안전관리에 관한 내용을 포함

6. 연구주체의 장 등의 책무(법 제5조)

(1) 연구주체의 장의 책무
  ① 연구실 안전을 유지·관리하고 연구실사고 예방을 철저히 하여 연구실의 안전환경을 확보하고, 연구실사고 예방시책에 적극적으로 협조할 것
  ② 연구활동 수행 중 연구활동종사자에게 발생한 피해(상해·사망)를 구제하기 위하여 노력할 것
  ③ 연구실 설치·운영 기준(과학기술정보통신부장관 고시)에 따라 연구실을 설치·운영할 것

(2) 연구실책임자의 책무

　연구실 내에서 이루어지는 교육 및 연구활동의 안전에 관한 책임을 지며, 연구실사고 예방시책에 적극적으로 참여할 것

(3) 연구활동종사자의 책무

　연구활동종사자는 연구실 안전관리 및 연구실사고 예방을 위한 각종 기준과 규범 등을 준수하고 연구실 안전환경 증진활동에 적극적으로 참여할 것

TOPIC. 2　연구실 안전환경 기반 조성

1. 기본계획(법 제6조)

① 정부는 5년마다 연구실 안전환경 조성 기본계획을 수립·시행해야 함
② 연구실안전심의위원회의 심의를 거쳐 기본계획을 확정 및 변경해야 함
③ 기본계획에 필수적으로 포함되어야 할 사항 확인
　㉠ 연구실 안전환경 조성을 위한 발전목표 및 정책의 기본방향
　㉡ 연구실 안전관리 기술 고도화 및 연구실사고 예방을 위한 연구개발
　㉢ 연구실 유형별 안전관리 표준화 모델 개발
　㉣ 연구실 안전교육 교재의 개발·보급 및 안전교육 실시
　㉤ 연구실 안전관리의 정보화 추진
　㉥ 안전관리 우수연구실 인증제 운영
　㉦ 연구실의 안전환경 조성 및 개선을 위한 사업 추진
　㉧ 연구안전 지원체계 구축·개선
　㉨ 연구활동종사자의 안전 및 건강 증진
　㉩ 그 밖에 연구실사고 예방 및 안전환경 조성에 관한 중요사항

2. 연구실안전심의위원회(법 제7조)

심의 사항	• 기본계획 수립 · 시행에 관한 사항 • 연구실 안전환경 조성에 관한 주요정책의 총괄 · 조정에 관한 사항 • 연구실사고 예방 및 대응에 관한 사항 • 연구실 안전점검 및 정밀안전진단 지침에 관한 사항 • 그 밖에 연구실 안전환경 조성에 관하여 위원장이 회의에 부의하는 사항
심의위원회 구성	15명 이내(위원장 1명 포함) ※ 그 외 구성 및 운영에 필요한 사항은 대통령령으로 정함
심의위원회 위원장	과학기술정보통신부 차관
심의위원회 위원	연구실 안전분야에 관한 학식과 경험이 풍부한 사람 중에서 과학기술정보통신부장관이 위촉하는 사람으로 함

※ 연구실안전심의위원회를 설치 · 운영하는 주체는 과학기술정보통신부장관임

3. 연구실 안전관리의 정보화(법 제8조)

① 연구실안전정보의 개념 : 연구실사고에 관한 통계, 연구실 안전 정책, 연구실 내 유해인자 등에 관한 정보를 수집하여 체계적으로 관리하기 위하여 연구실안전정보시스템을 구축 · 운영해야 함
② 연구실안전정보의 수집 목적 : 연구실 안전환경 조성 및 연구실사고 예방을 위함
③ 연구실안전정보시스템의 구축 및 운영 주체 : 과학기술정보통신부장관
④ 연구실안전정보시스템의 운영 주체 : 법 제30조에 따라 지정된 권역별연구안전지원센터
⑤ 연구실안전정보시스템은 「재난 및 안전관리 기본법」 제66조의9 제2항에 따른 안전정보통합관리시스템과 연계하여 운영하여야 함
⑥ 과학기술정보통신부장관은 연구실안전정보시스템 구축을 위하여 관계 중앙행정기관의 장 및 연구주체의 장에게 필요한 자료의 제출을 요청할 수 있음
⑦ 과학기술정보통신부장관은 연구실안전정보시스템을 통하여 대학 · 연구기관 등의 연구실안전정보를 매년 1회 이상 공표할 수 있음

4. 연구실책임자 지정 · 운영(법 제9조)

① 연구실책임자의 지정 권한은 연구주체의 장에게 있음
② 연구실책임자는 연구실사고예방 및 연구활동종사자의 안전을 도모함
③ 연구실책임자는 해당 연구실의 안전관리 업무를 효율적으로 수행하기 위하여 연구실안전관리담당자를 지정할 수 있으며 이 경우 연구실안전관리담당자는 해당 연구실의 연구활동종사자로 함
④ 연구실안전관리담당자의 주요 책무
　㉠ 연구실 내 위험물, 유해물 취급 및 관리
　㉡ 화학물질(약품) 및 보호장구 관리
　㉢ 물질안전보건자료(MSDS)의 작성 및 보관

ⓔ 연구실 안전관리에 따른 시설 개·보수 요구
　　ⓕ 연구실 안전점검표 작성 및 보관
　　ⓖ 연구실 안전관리규정 비치 등 기타 연구실 내 안전관리에 관한 사항
　　※ 실제 법령에는 언급되어 있지 않으나 '국가연구안전정보시스템' 법령정보를 통해 상세 내용 확인 가능

⑤ 연구실책임자의 의무사항
　ⓐ 연구활동종사자를 대상으로 한 연구실 유해인자 교육 실시 의무
　ⓑ 연구실에 연구활동에 적합한 보호구를 비치하고 연구활동종사자로 하여금 이를 착용하게 하여야 할 의무

5. 연구실안전환경관리자의 지정(법 제10조)

① 연구실안전환경관리자 지정 기준

연구활동종사자가 1천 명 미만인 경우	1명 이상
연구활동종사자가 1천 명 이상 3천 명 미만인 경우	2명 이상
연구활동종사자가 3천 명 이상인 경우	3명 이상

> **참고**
>
> 연구실안전환경관리자 지정 예외
> 분교 또는 분원의 연구활동종사자 총인원이 10명 미만 또는 대통령령으로 정하는 경우(본교와 분교 또는 본원과 분원이 같은 시·군·구 지역에 소재하는 경우, 본교와 분교 또는 본원과 분원 간의 직선거리가 15km 이내인 경우) 지정하지 않을 수 있음

② 연구실안전환경관리자의 자격 : 다음 요건 중 하나 이상을 갖출 것
　ⓐ 연구실 안전관리사 자격을 취득한 사람
　ⓑ 「국가기술자격법」에 따른 안전관리기술에 관한 국가기술자격을 취득한 사람
　ⓒ 대통령령으로 정한 안전관리기술 관련 학력이나 경력을 갖춘 사람

③ 연구실안전환경관리자의 직무대행 사유(법 제10조 제4항)
　ⓐ 연구실안전환경관리자가 여행·질병이나 그 밖의 사유로 일시적으로 그 직무를 수행할 수 없는 경우
　ⓑ 연구실안전환경관리자의 해임 또는 퇴직과 동시에 다른 연구실안전환경관리자가 선임되지 아니한 경우

④ 직무대행 기간 제한(법 제10조 제5항)
　ⓐ 직무대행 기간은 30일을 초과할 수 없음
　ⓑ 출산휴가를 사유로 대리자를 지정한 경우에는 90일을 초과할 수 없음

6. 연구실안전관리위원회(법 제11조)

① 연구실안전관리위원회의 구성·운영 주체 : 연구주체의 장
② 연구실안전관리위원회에서 협의할 사항(법 제11조 제2항)
  ㉠ 안전관리규정(제12조 제1항)의 작성 또는 변경
  ㉡ 안전점검(제14조) 실시 계획의 수립
  ㉢ 정밀안전진단(제15조) 실시 계획의 수립
  ㉣ 안전 관련 예산(제22조)의 계상 및 집행 계획의 수립
  ㉤ 연구실 안전관리 계획의 심의
  ㉥ 그 밖에 연구실 안전에 관한 주요사항
③ 연구실안전관리위원회를 구성할 경우 해당 대학·연구기관 등의 연구활동종사자가 전체 연구실 안전관리위원회 위원의 1/2 이상이어야 함
④ 연구주체의 장은 정당한 활동을 수행한 연구실안전관리위원회 위원에 대하여 불이익한 처우를 해서는 안 됨

TOPIC. 3 연구실 안전조치

1. 안전관리규정(법 제12조)

① 안전관리규정의 작성 주체 : 연구주체의 장은 연구실의 안전관리를 위하여 안전관리규정을 작성하여 각 연구실에 게시 또는 비치하고, 이를 연구활동종사자에게 알려야 할 의무가 있음
② 안전관리규정에 포함되어야 할 사항(법 제12조 제1항 각 호)
  ㉠ 안전관리 조직체계 및 그 직무에 관한 사항
  ㉡ 연구실안전환경관리자 및 연구실책임자의 권한과 책임에 관한 사항
  ㉢ 연구실안전관리담당자의 지정에 관한 사항
  ㉣ 안전교육의 주기적 실시에 관한 사항
  ㉤ 연구실 안전표식의 설치 또는 부착
  ㉥ 중대연구실사고 및 그 밖의 연구실사고 발생을 대비한 긴급대처 방안과 행동요령
  ㉦ 연구실사고 조사 및 후속대책 수립에 관한 사항
  ㉧ 연구실 안전 관련 예산 계상 및 사용에 관한 사항
  ㉨ 연구실 유형별 안전관리에 관한 사항
  ㉩ 그 밖의 안전관리에 관한 사항
③ 연구주체의 장과 연구활동종사자는 안전관리규정을 성실히 준수하여야 함
④ 안전관리규정을 작성하여야 할 연구실의 종류·규모는 과학기술정보통신부령으로 정하도록 위임

2. 안전점검 및 정밀안전진단 지침(법 제13조)

① 과학기술정보통신부장관은 대통령령으로 정하는 기준에 따라 연구실의 안전점검 및 정밀안전진단의 실시내용·방법·절차 등에 관한 안전점검지침 및 정밀안전진단지침을 작성하여 이를 관보에 고시하여야 함
② 정밀안전진단지침에 포함되어야 할 사항(법 제13조 제1항)
　㉠ 유해인자별 노출도 평가에 관한 사항
　㉡ 유해인자별 취급 및 관리에 관한 사항
　㉢ 유해인자별 사전 영향 평가·분석에 관한 사항
③ 과학기술정보통신부장관은 지침을 작성하는 경우 관계 중앙행정기관의 장과 사전 협의를 해야 함

3. 안전점검의 실시(법 제14조)

① 연구주체의 장은 연구실의 안전관리를 위하여 안전점검지침에 따라 소관 연구실에 대하여 안전점검을 실시하여야 함
② 연구주체의 장은 안전점검을 실시하는 경우 법 제17조에 따라 등록된 대행기관으로 하여금 이를 대행하게 할 수 있음

4. 정밀안전진단의 실시(법 제15조)

① 연구주체의 장이 정밀안전진단지침에 따라 정밀안전진단을 실시하여야 하는 경우
　㉠ 안전점검(제14조)을 실시한 결과 연구실사고 예방을 위하여 정밀안전진단이 필요하다고 인정되는 경우
　㉡ 중대연구실사고가 발생한 경우
② 연구주체의 장은 유해인자를 취급하는 등 위험한 작업을 수행하는 연구실에 대하여 정기적으로 정밀안전진단을 실시하여야 함
③ 연구주체의 장은 정밀안전진단을 실시하는 경우 법 제17조에 따라 등록된 대행기관으로 하여금 대행하게 할 수 있음

5. 안전점검 및 정밀안전진단 실시결과의 보고 및 공표 (법 제16조)

① 연구주체의 장은 안전점검(14조) 또는 정밀안전진단(15조)을 실시한 경우 그 결과를 지체 없이 공표하여야 함
② 연구주체의 장은 안전점검 또는 정밀안전진단을 실시한 결과 연구실에 유해인자가 누출되는 등 대통령령으로 정하는 중대한 결함이 있는 경우에는 그 결함이 있음을 안 날부터 7일 이내에 과학기술정보통신부장관에게 보고하여야 함
③ 과학기술정보통신부장관이 보고받은 이후의 후속조치 사항
  ㉠ 즉시 관계 중앙행정기관의 장 및 지방자치단체의 장에게 통보하고 연구주체의 장에게 법 제25조에 따른 조치 요구
  ㉡ 보고받은 안전점검 및 정밀안전진단 실시 결과에 관한 기록의 유지·관리

6. 안전점검 및 정밀안전진단을 대행기관 등록 (법 제17조)

① 안전점검 및 정밀안전진단을 대행하려는 사람은 과학기술정보통신부장관에게 등록하여야 함
② 안전점검 및 정밀안전진단 대행기관은 등록한 사항을 변경하고자 할 경우 과학기술정보통신부 장관에게 변경등록을 하여야 함
③ 대행기관으로 등록한 자가 다음에 해당하는 경우 등록취소, 6개월 이내의 업무정지 또는 시정명령을 할 수 있음
  ㉠ 등록취소 : 거짓 또는 그 밖의 부정한 방법으로 등록 또는 변경등록을 한 경우
  ㉡ 업무정지 또는 시정명령
    • 타인에게 대행기관 등록증을 대여한 경우
    • 대행기관의 등록기준에 미달하는 경우
    • 등록사항의 변경이 있는 날부터 6개월 이내에 변경등록을 하지 아니한 경우
    • 대행기관이 안전점검지침 또는 정밀안전진단지침을 준수하지 아니한 경우
    • 등록된 기술인력이 아닌 자로 안전점검 또는 정밀안전진단을 대행한 경우
    • 안전점검 또는 정밀안전진단을 성실하게 대행하지 아니한 경우
    • 업무정지 기간에 안전점검 또는 정밀안전진단을 대행한 경우
④ 과학기술정보통신부장관은 대행기관의 등록을 취소하려면 청문을 하여야 함 (법 제17조 제5항)
⑤ 과학기술정보통신부장관은 대행기관에 대하여 필요한 자료의 제출을 명하거나, 관계 공무원 (법 제41조 제2항에 따라 위탁받은 업무에 종사하는 기관의 임직원을 포함)으로 하여금 관련 서류나 장비를 조사하게 할 수 있음
⑥ 대행기관을 운영하는 사람은 등록된 기술인력에 대하여 교육을 받도록 하여야 함

7. 안전점검 또는 정밀안전진단을 실시자의 의무 (법 제18조)

안전점검 또는 정밀안전진단을 실시하는 사람은 안전점검지침 및 정밀안전진단지침에 따라 성실하게 그 업무를 수행하여야 할 의무가 있음

8. 사전 유해인자 위험분석(법 제19조)

① 사전 유해인자 위험분석의 의미 : 연구활동 시작 전에 유해인자를 미리 분석하는 것
② 사전 유해인자 위험분석의 실시 주체 : 연구실책임자
③ 연구실책임자는 사전 유해인자 위험분석 결과를 연구주체의 장에게 보고하여야 함

9. 교육 · 훈련(법 제20조)

① 연구주체의 장은 연구실의 안전관리에 관한 정보를 연구활동종사자에게 제공하여야 함
② 연구주체의 장은 연구활동종사자에 대하여 연구실사고 예방 및 대응에 필요한 교육 · 훈련을 실시하여야 함
③ 지정된 연구실안전환경관리자는 연구실 안전에 관한 전문교육을 받아야 함
④ 연구주체의 장은 지정된 연구실안전환경관리자가 전문교육을 이수하도록 하여야 함

10. 건강검진(법 제21조)

① 연구주체의 장은 유해인자에 노출될 위험성이 있는 연구활동종사자에 대하여 정기적으로 건강검진을 실시해야 함
② 과학기술정보통신부장관은 연구활동종사자의 건강을 보호하기 위하여 필요시 연구주체의 장에게 특정 연구활동종사자에 대한 임시건강 검진, 연구장소 변경, 연구시간 단축 등을 명할 수 있음
③ 연구활동종사자는 건강검진 및 임시건강검진 등을 받아야 함
④ 연구주체의 장은 건강검진 및 임시건강검진 결과를 연구활동종사자의 건강 보호 외의 목적으로 사용해서는 안 됨
⑤ 건강검진 · 임시건강검진의 대상, 실시기준, 검진 항목 및 예외 사유는 과학기술정보통신부령으로 정함

11. 비용의 부담(법 제22조)

① 안전점검 및 정밀안전진단에 소요되는 비용은 해당 대학 · 연구기관 등이 부담함
② 연구주체의 장은 대통령령으로 정하는 바에 따라 매년 소관 연구실에 필요한 안전 관련 예산을 배정 · 집행해야 함
③ 연구주체의 장은 연구비를 책정할 때 일정 비율 이상을 안전 관련 예산에 배정해야 함
④ 연구주체의 장은 안전 관련 예산을 다른 목적으로 사용해서는 아니 됨
⑤ 안전 관련 예산의 배정비율은 과학기술정보통신부령으로 정함
⑥ 연구주체의 장은 연구과제 수행을 위한 연구비를 책정할 때 그 연구과제 인건비 총액의 1% 이상에 해당하는 금액을 안전 관련 예산으로 배정해야 함(시행규칙 제13조)

TOPIC. 4   연구실사고에 대한 대응 및 보상관련 법령

1. 연구실사고 보고 및 조사의 실시(법 제23조, 제24조)

① 연구주체의 장은 연구실사고가 발생한 경우에는 과학기술정보통신부령으로 정하는 절차 및 방법에 따라 과학기술정보통신부장관에게 보고하고 이를 공표하여야 함

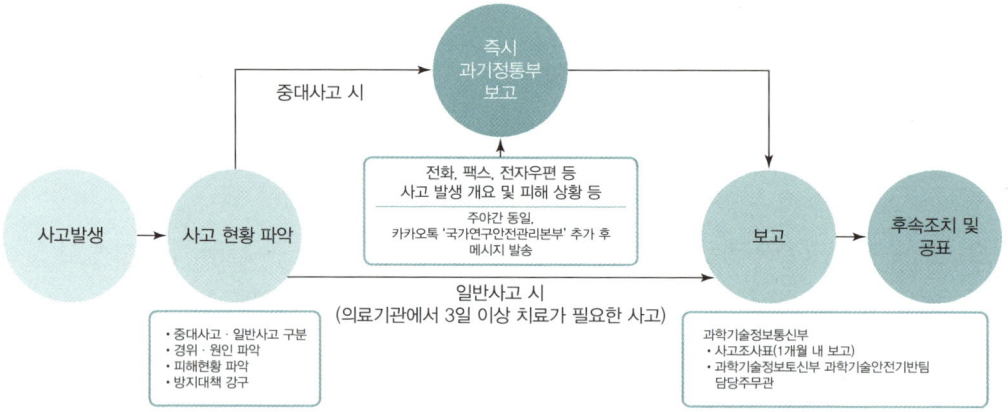

② 과학기술정보통신부장관은 연구실사고가 발생한 경우 그 재발 방지를 위하여 연구주체의 장에게 관련 자료의 제출을 요청할 수 있음(법 제24조 제1항)
③ 과학기술정보통신부장관은 제출받은 자료를 검토한 결과 추가 조사가 필요하다고 인정되는 경우에는 연구실사고가 발생한 연구실에 대하여 대통령령으로 정하는 절차 및 방법에 따라 관련 전문가에게 경위 및 원인 등을 조사하게 할 수 있음
④ 과학기술정보통신부장관은 제출된 자료와 조사 결과에 관한 기록을 유지·관리하여야 할 의무가 있음

2. 연구실 사용제한(법 제25조)

① 연구주체의 장은 안전점검 및 정밀안전진단 실시 결과 또는 연구실사고 조사 결과에 따라 연구활동종사자 또는 공중의 안전을 위하여 긴급한 조치가 필요하다고 판단되는 경우 다음 중 하나 이상의 조치를 취해야 함
    ㉠ 정밀안전진단 실시
    ㉡ 유해인자의 제거
    ㉢ 연구실 일부의 사용제한
    ㉣ 연구실의 사용금지
    ㉤ 연구실의 철거
    ㉥ 그 밖에 연구주체의 장 또는 연구활동종사자가 필요하다고 인정하는 안전조치

② 연구활동종사자는 연구실의 안전에 중대한 문제가 발생하거나 발생할 가능성이 있어 긴급한 조치가 필요하다고 판단되는 경우 ①의 ㉠에서 ㉥까지의 조치 중 어느 하나에 해당하는 조치를 직접 취할 수 있으며, 이 경우 연구주체의 장에게 그 사실을 지체 없이 보고해야 함
③ 연구주체의 장은 안전조치를 취한 연구활동종사자에 대하여 그 조치의 결과를 이유로 신분상 또는 경제상의 불이익을 주어서는 아니 됨
④ 안전조치가 있는 경우 연구주체의 장은 그 사실을 과학기술정보통신부장관에게 즉시 보고해야 하고, 과학기술정보통신부장관은 이를 공고해야 함

3. 보험가입 등(법 제26조, 제27조)

① 연구주체의 장은 대통령령으로 정하는 기준에 따라 연구활동종사자의 상해·사망에 대비하여 연구활동종사자를 피보험자 및 수익자로 하는 보험에 가입해야 함
② 연구주체의 장은 보험에 가입하는 경우 매년 대통령령으로 정하는 기준에 따라 보험가입에 필요한 비용을 예산에 계상하여야 함
③ 연구주체의 장은 연구활동종사자가 보험에 따라 지급받은 보험금으로 치료비를 부담하기에 부족하다고 인정하는 경우 대통령령으로 정하는 기준에 따라 해당 연구활동종사자에게 치료비를 지원할 수 있음
④ 과학기술정보통신부장관은 법 제26조에 따라 연구주체의 장이 가입한 보험회사 및 연구주체의 장에 대하여 보험가입 현황, 연구실사고 보상 및 치료비 지원에 관한 사항 등 과학기술정보통신부령으로 정하는 자료를 제출하도록 할 수 있음

4. 안전관리 우수연구실 인증제(법 제28조)

① 과학기술정보통신부장관은 연구실의 안전관리 역량을 강화하고 표준모델을 발굴·확산하기 위하여 안전관리 우수연구실 인증을 할 수 있음
② 인증을 받으려는 연구주체의 장은 과학기술정보통신부장관에게 인증을 신청하여야 함
③ 과학기술정보통신부장관에 의한 인증 취소 가능 사유
  ㉠ 거짓이나 그 밖의 부정한 방법으로 인증을 받은 경우(반드시 인증 취소)
  ㉡ 정당한 사유 없이 1년 이상 연구활동을 수행하지 않은 경우
  ㉢ 인증서를 반납하는 경우
  ㉣ 법 제28조 제4항에 따른 인증 기준에 적합하지 아니하게 된 경우

TOPIC. 5 연구실 안전환경 조성을 위한 지원

1. 대학·연구기관 등에 대한 지원(법 제29조)
① 연구실의 안전환경 조성에 필요한 비용의 전부 또는 일부 지원 가능 기관
  ㉠ 대학·연구기관 등
  ㉡ 연구실 안전관리와 관련 있는 연구 또는 사업을 추진하는 비영리 법인 또는 단체
② 그 밖의 지원대상의 범위, 지원방법 및 절차는 대통령령으로 정함

2. 권역별 연구안전지원센터(법 제30조)
과학기술정보통신부장관은 효율적인 연구실 안전관리 및 연구실사고에 대한 신속한 대응을 위하여 권역별 연구안전지원센터를 지정할 수 있음(의무사항은 아님)

3. 검사(법 제31조)
① 과학기술정보통신부장관은 관계 공무원(법 제41조 제2항에 따라 위탁받은 업무에 종사하는 기관의 임직원을 포함)으로 하여금 대학·연구기관 등의 연구실 안전관리 현황과 관련 서류 등을 검사하게 할 수 있음
② 과학기술정보통신부장관은 검사하는 경우에는 연구주체의 장에게 검사의 목적, 필요성 및 범위 등을 사전에 통보해야 함(단, 연구실사고 발생 등 긴급하거나 사전 통보 시 증거인멸의 우려가 있어 검사 목적을 달성할 수 없다고 인정되는 경우에는 사전 통보하지 않음)
③ 연구주체의 장은 검사에 적극적으로 협조해야 하며, 정당한 사유 없이 이를 거부하거나 방해 또는 기피해서는 아니 됨

4. 증표 제시(법 제32조)
① 법 제24조 및 제31조에 따라 관계공무원이 연구실사고 조사를 실시하거나 관련 서류를 검사하는 경우 관계 공무원 또는 관련 전문가는 그 권한을 표시하는 증표를 지니고 이를 관계인에게 내보여야 함
② 증표의 서식에 관하여 필요한 사항은 과학기술정보통신부령으로 정함

5. 시정명령(법 제33조)
① 과학기술정보통신부장관은 다음 중 어느 하나에 해당하는 경우 연구주체의 장에게 일정 기간을 정하여 시정을 명하거나 그 밖에 필요한 조치를 명할 수 있음
  ㉠ 연구실안전정보시스템의 구축과 관련하여 필요한 자료를 제출하지 아니하거나 거짓으로 제출한 경우
  ㉡ 연구실안전관리위원회를 구성·운영하지 아니한 경우

ⓒ 안전점검 또는 정밀안전진단 업무를 성실하게 수행하지 아니한 경우
　　　ⓓ 연구활동종사자에 대한 교육·훈련을 성실하게 실시하지 아니한 경우
　　　ⓔ 연구활동종사자에 대한 건강검진을 성실하게 실시하지 아니한 경우
　　　ⓕ 안전을 위하여 필요한 조치를 취하지 아니하였거나 안전조치가 미흡하여 추가조치가 필요한 경우
　　　ⓖ 검사에 필요한 서류 등을 제출하지 아니하거나 검사결과 연구활동종사자나 공중의 위험을 발생시킬 우려가 있는 경우
　　② 시정명령을 받은 사람은 그 기간 내에 시정조치를 하고, 그 결과를 과학기술정보통신부장관에게 보고해야 함

TOPIC. 6　연구실 안전관리사

1. 연구실 안전관리사 자격 및 시험(법 제34조)
　　① 연구실 안전관리사가 되려는 사람은 연구실 안전관리사 자격시험(과학기술정보통신부장관이 실시)에 합격해야 함(이 경우 과학기술정보통신부장관은 안전관리사 시험에 합격한 사람에게 자격증을 발급해야 함)
　　② 자격을 취득한 연구실 안전관리사는 직무를 수행하려면 과학기술정보통신부장관이 실시하는 교육·훈련을 이수해야 함
　　③ 연구실 안전관리사는 발급받은 자격증을 다른 사람에게 빌려주거나 다른 사람에게 본인의 이름으로 연구실 안전관리사의 직무를 하게 해서는 안 됨
　　④ 자격을 취득한 연구실 안전관리사가 아닌 사람은 연구실 안전관리사 또는 이와 유사한 명칭을 사용해서는 안 됨
　　⑤ 안전관리사 시험의 응시자격, 시험과목, 평가위원, 선발 기준 및 방법, 교육·훈련 대상자, 교육·훈련의 방법 및 절차는 대통령령으로 함

2. 연구실 안전관리사 직무(법 제35조)
　　① 연구시설·장비·재료 등에 대한 안전점검·정밀안전진단 및 관리
　　② 연구실 내 유해인자에 관한 취급 관리 및 기술적 지도·조언
　　③ 연구실 안전관리 및 연구실 환경 개선 지도
　　④ 연구실사고 대응 및 사후 관리 지도
　　⑤ 그 밖에 연구실 안전에 관한 사항으로서 대통령령으로 정하는 사항

3. 결격사유(법 제36조)

① 미성년자, 피성년후견인 또는 피한정후견인
② 파산선고를 받고 복권되지 아니한 사람
③ 금고 이상의 실형을 선고받고 그 집행이 끝나거나(집행이 끝난 것으로 보는 경우 포함) 집행을 받지 아니하기로 확정된 날부터 2년이 지나지 아니한 사람
④ 금고 이상의 형의 집행유예를 선고받고 그 유예기간 중에 있는 사람
⑤ 연구실 안전관리사 자격이 취소된 후 3년이 지나지 아니한 사람

4. 부정행위자에 대한 제재처분(법 제37조)

과학기술정보통신부장관은 안전관리사시험에서 부정한 행위를 한 응시자에 대하여는 그 시험을 정지 또는 무효로 하고, 그 처분을 한 날부터 2년간 안전관리사시험 응시자격을 정지함

5. 자격의 취소·정지(법 제38조)

① 과학기술정보통신부장관은 연구실 안전관리사가 다음 중 어느 하나에 해당하면 그 자격을 취소하거나 2년의 범위에서 그 자격을 정지할 수 있음(단, ㉠, ㉣, ㉥에 해당하면 그 자격을 취소해야 함)
  ㉠ 거짓이나 그 밖의 부정한 방법으로 연구실 안전관리사 자격을 취득한 경우
  ㉡ 자격증을 다른 사람에게 빌려주거나, 다른 사람에게 자기의 이름으로 연구실 안전관리사의 직무를 하게 한 경우
  ㉢ 고의 또는 중대한 과실로 연구실 안전관리사의 직무를 거짓으로 수행하거나 부실하게 수행하는 경우
  ㉣ 연구실 안전관리사가 될 수 없는 자(결격사유가 있는 자)에 해당하게 된 경우
  ㉤ 직무상 알게 된 비밀을 제3자에게 제공 또는 도용하거나 목적 외의 용도로 사용한 경우
  ㉥ 연구실 안전관리사의 자격이 정지된 상태에서 연구실 안전관리사 업무를 수행한 경우
② 과학기술정보통신부장관은 연구실 안전관리사의 자격을 취소하거나 정지하려면 청문을 해야 함
③ 자격의 취소 또는 정지에 관한 세부기준은 처분의 사유와 법률 위반의 정도 등을 고려하여 대통령령으로 정함

TOPIC. 7 보칙

1. 신고(법 제39조)
① 연구활동종사자는 연구실에서 이 법 또는 이 법에 따른 명령을 위반한 사실이 발생한 경우 그 사실을 과학기술정보통신부장관에게 신고할 수 있음
② 연구주체의 장은 신고를 이유로 해당 연구활동종사자에 대하여 불리한 처우를 해서는 안 됨

2. 비밀 유지(법 제40조)
① 안전점검 또는 정밀안전진단을 실시하는 사람은 업무상 알게 된 비밀을 제3자에게 제공 또는 도용하거나 목적 외의 용도로 사용해서는 안 됨(단, 연구실의 안전관리를 위해 과학기술정보통신부장관이 필요하다고 인정할 때에는 제외)
② 연구실안전관리사는 그 직무상 알게 된 비밀을 누설하거나 도용해서는 안 됨

3. 권한·업무의 위임 및 위탁(법 제41조)
① 과학기술정보통신부장관의 권한은 그 일부를 대통령령으로 정하는 바에 따라 관계 중앙행정기관의 장에게 위임할 수 있음
② 과학기술정보통신부장관은 다음의 업무를 제30조에 따른 권역별연구안전지원센터에 위탁할 수 있음
　㉠ 연구실안전정보시스템 구축·운영에 관한 업무
　㉡ 안전점검 및 정밀안전진단 대행기관의 등록·관리 및 지원에 관한 업무
　㉢ 연구실 안전관리에 관한 교육·훈련 및 전문교육의 기획·운영에 관한 업무
　㉣ 연구실사고 조사 및 조사 결과의 기록 유지·관리 지원에 관한 업무
　㉤ 안전관리 우수연구실 인증제 운영 지원에 관한 업무
　㉥ 검사 지원에 관한 업무
　㉦ 그 밖에 연구실 안전관리와 관련하여 필요한 업무로서 대통령령으로 정하는 업무

4. 벌칙 적용에서 공무원 의제(법 제42조)
법 제7조에 따른 심의위원회의 위원 중 공무원이 아닌 사람 및 과학기술정보통신부장관이 위탁한 업무에 종사하는 권역별연구안전지원센터의 임직원은 「형법」 제129조부터 제132조까지의 규정을 적용할 때에는 공무원으로 봄

TOPIC. 8 벌칙

1. 벌칙(법 제43조, 제44조)
① 5년 이하의 징역 또는 5천만 원 이하의 벌금 부과 대상
  ㉠ 안전점검 또는 정밀안전진단을 실시하지 아니하거나 성실하게 실시하지 아니함으로써 연구실에 중대한 손괴를 일으켜 공중의 위험을 발생하게 한 자
  ㉡ 연구실 사용제한에 따른 조치를 이행하지 아니하여 공중의 위험을 발생하게 한 자
② 3년 이상 10년 이하의 징역 부과 대상 : 법 제43조 제1항의 죄를 범하여 사람을 사상에 이르게 한 자
③ 1년 이하의 징역이나 1천만 원 이하의 벌금 부과 대상 : 직무상 알게 된 비밀을 제3자에게 제공 또는 도용하거나 목적 외의 용도로 사용한 자

2. 양벌규정(법 제45조)
① 대표자나 법인 또는 개인의 대리인, 사용인, 그 밖의 종업원이 그 법인 또는 개인의 업무에 관하여 제43조 제1항 또는 제44조의 위반행위를 하면 그 행위자를 벌하는 외에 그 법인 또는 개인에게도 해당 조문의 벌금형을 과(科)함(단, 법인 또는 개인이 그 위반행위를 방지하기 위하여 해당 업무에 관하여 상당한 주의와 감독을 게을리하지 아니한 경우에는 그렇지 않음)
② 법인의 대표자나 법인 또는 개인의 대리인, 사용인, 그 밖의 종업원이 그 법인 또는 개인의 업무에 관하여 사람을 사상에 이르게 하는 위반행위를 하면 그 행위자를 벌하는 외에 그 법인 또는 개인에게도 1억원 이하의 벌금형을 과함(단, 법인 또는 개인이 그 위반행위를 방지하기 위하여 해당 업무에 관하여 상당한 주의와 감독을 게을리하지 아니한 경우에는 그렇지 않음)

3. 과태료(법 제46조)
① 2천만 원 이하의 과태료
  ㉠ 정밀안전진단을 실시하지 아니하거나 성실하게 수행하지 아니한 자(제15조 제1항 및 제2항. 단, 제43조 제1항 제1호에 따라 벌칙을 부과받은 경우는 제외)
  ㉡ 보험에 가입하지 아니한 자
② 1천만 원 이하의 과태료
  ㉠ 안전점검을 실시하지 아니하거나 성실하게 수행하지 아니한 자(제43조 제1항 제1호에 따라 벌칙을 부과받은 경우는 제외)
  ㉡ 교육·훈련을 실시하지 아니한 자
  ㉢ 건강검진을 실시하지 아니한 자

③ 500만 원 이하의 과태료
  ㉠ 연구실책임자를 지정하지 아니한 자
  ㉡ 연구실안전환경관리자를 지정하지 아니한 자
  ㉢ 연구실안전환경관리자의 대리자를 지정하지 아니한 자
  ㉣ 안전관리규정을 작성하지 아니한 자
  ㉤ 안전관리규정을 성실하게 준수하지 아니한 자
  ㉥ 안전점검 및 정밀안전진단의 실시 결과를 보고하지 아니하거나 거짓으로 보고한 자
  ㉦ 안전점검 및 정밀안전진단 대행기관으로 등록하지 아니하고 안전점검 및 정밀안전진단을 실시한 자
  ㉧ 연구실안전환경관리자가 전문교육을 이수하도록 하지 아니한 자
  ㉨ 소관 연구실에 필요한 안전 관련 예산을 배정 및 집행하지 아니한 자
  ㉩ 연구과제 수행을 위한 연구비를 책정할 때 일정 비율 이상을 안전 관련 예산에 배정하지 아니한 자
  ㉪ 안전 관련 예산을 다른 목적으로 사용한 자
  ㉫ 연구실사고 발생의 보고를 하지 아니하거나 거짓으로 보고한 자
  ㉬ 연구실사고 발생 관련 자료제출이나 경위 및 원인 등에 관한 조사를 거부·방해 또는 기피한 자
  ㉭ 시정명령에 따른 명령을 위반한 자
④ 과태료는 대통령령으로 정하는 바에 따라 과학기술정보통신부장관이 부과·징수함

02 연구실안전법 시행령

01 연구실 안전 관련 법령

키워드

연구실 안전환경 조성에 관한 법률 시행령, 연구실 안전환경 실태조사, 연구실안전심의위원회, 연구실안전정보시스템, 안전점검지침, 정밀안전진단지침, 사전유해인자위험분석, 사고조사반, 보험가입 등

TOPIC. 1 총칙

1. 적용범위(영 제2조 및 별표1)

① 「연구실안전법」의 전부를 적용받지 않는 대상기관 : 대학·연구기관 등이 설치한 각 연구실의 연구활동종사자가 10명 미만인 경우
② 연구실안전환경관리자 지정 및 미적용 대상기관

대상 연구실	「연구실안전법」 적용 제외 조항
상시 근로자 50명 미만인 연구기관, 기업부설연구소 및 연구개발전담부서	• 연구실안전환경관리자의 지정(법 제10조) • 교육·훈련(법 제20조 제3항 및 제4항)
기업의 과학기술분야 부설연구소 (「통계법」에 따라 고시한 한국표준산업대분류에 따른 기업)	• 연구실안전환경관리자의 지정(법 제10조) • 교육·훈련(법 제20조 제3항 및 제4항)

※ 다만, 법 제4조 제4항에 따른 연구실안전 실태조사 결과 과학기술정보통신부장관이 연구실안전환경관리자 지정이 필요하다고 인정하는 경우에는 해당 규정을 적용한다.

③ 「산업안전보건법」을 적용받는 연구실의 경우

적용받는 법 조항	「연구실안전법」 적용 제외 조항
제17조(안전관리자)	제10조 연구실안전환경관리자의 지정
제24조(산업안전보건위원회)	제11조 연구실안전관리위원회
제25조(안전보건관리 규정의 작성) 제26조(안전보건관리규정의 작성·변경 절차) 제27조(안전보건관리규정의 준수)	제12조 안전관리규정의 작성 및 준수 등
제29조(근로자에 대한 안전보건교육)	제20조 교육·훈련
제36조(위험성평가의 실시)를 적용받는 연구실로서 연구활동별로 위험성평가를 실시한 연구실	제19조 사전유해인자위험분석의 실시
제47조(안전보건진단)	• 제14조 안전점검의 실시 • 제15조 정밀안전진단의 실시
제129조부터 제131조(건강진단)	제21조 건강검진

④ 「고압가스 안전관리법」을 적용받는 연구실의 경우

적용받는 법 조항	「연구실안전법」 적용 제외 조항
제11조(안전관리규정)	제12조 안전관리규정의 작성 및 준수 등
제13조(시설·용기의 안전유지) 제20조(사용신고등) 제3항	• 제14조 안전점검의 실시 • 제15조 정밀안전진단의 실시
제16조의2(정기검사 및 수시검사)	• 제14조 안전점검의 실시 • 제15조 정밀안전진단의 실시
제23조(안전교육)	제20조 교육·훈련 제1항 및 제2항

⑤ 「액화석유가스의 안전관리 및 사업법」을 적용받는 연구실의 경우

적용받는 법 조항	「연구실안전법」 적용 제외 조항
제31조(안전관리규정)	제12조 안전관리규정의 작성 및 준수 등
제32조(시설과 용기의 안전유지)	• 제14조 안전점검의 실시 및 • 제15조 정밀안전진단의 실시
제38조(정밀안전진단 및 안전성평가) 제44조(액화석유가스 사용시설의 설치와 검사등) 제1항	• 제14조 안전점검의 실시 및 • 제15조 정밀안전진단의 실시
제41조(안전교육)	제20조 교육·훈련 제1항 및 제2항

⑥ 「도시가스사업법」을 적용받는 연구실

적용받는 법 조항	「연구실안전법」 적용 제외 조항
제17조(정기검사 및 수시검사)	• 제14조 안전점검의 실시 • 제15조 정밀안전진단의 실시
제30조(안전교육)	제20조 교육·훈련 제1항 및 제2항

⑦ 「원자력안전법」을 적용받는 연구실

적용받는 법 조항	「연구실안전법」 적용 제외 조항
제30조(연구용원자로등의 건설허가) 제53조(방사성동위원소·방사선발생장치 사용 등의 허가 등) 제1항 및 제3항	제12조 안전관리규정의 작성 및 준수 등
제34조에 따라 준용되는 같은 법 제22조(검사) 또는 제56조(검사)	• 제14조 안전점검의 실시 • 제15조 정밀안전진단의 실시 • 제31조 검사
제91조(방사선 장해방지조치)	• 제14조 안전점검의 실시 • 제15조 정밀안전진단의 실시 • 제21조 건강검진 제1항 및 제2항
제98조(보고·검사등)	제24조 연구실 사고 조사의 실시
제106조(교육훈련) 제1항	제20조 교육·훈련 제1항 및 제2항

⑧ 「유전자변형 생물체의 국가 간 이동 등에 관한 법률」을 적용받는 연구실

적용받는 법 조항	「연구실안전법」 적용 제외 조항
제22조(연구시설의 설치·운영) 별표 1에 따른 안전관리등급이 3등급 또는 4등급인 연구실	• 제14조 안전점검의 실시 • 제15조 정밀안전진단의 실시

⑨ 「감염병의 예방 및 관리에 관한 법률」을 적용받는 연구실

적용받는 법 조항	「연구실안전법」 적용 제외 조항
제23조(고위험병원체의 안전관리 등)	• 제14조 안전점검의 실시 • 제15조 정밀안전진단의 실시

TOPIC. 2 연구실 안전환경 기반 조성

1. 연구실 안전환경 조성 기본계획의 수립·시행 등(영 제4조)

① 과학기술정보통신부장관은 법 제6조 제1항에 따른 연구실 안전환경 조성 기본계획(이하 "기본계획")을 수립하기 위하여 필요한 경우 관계 중앙행정기관의 장 및 지방자치단체의 장에게 필요한 자료의 제출을 요청할 수 있음
② 과학기술정보통신부장관은 기본계획의 수립 시 관계 중앙행정기관의 장, 지방자치단체의 장, 연구실 안전과 관련이 있는 기관 또는 단체 등의 의견을 수렴할 수 있음
③ 과학기술정보통신부장관은 기본계획이 확정되면 지체 없이 중앙행정기관의 장 및 지방자치단체의 장에게 통보해야 함

2. 연구실안전심의위원회의 구성 및 운영(영 제5조)

① 연구실안전심의위원회 위원의 자격
　㉠ 연구실 안전 또는 그 밖의 안전분야를 전공한 사람으로서 대학·연구기관 등 또는 공공기관에서 부교수 또는 책임연구원 이상으로 재직하고 있거나 재직하였던 사람
　㉡ 교육부, 과학기술정보통신부, 고용노동부 및 국민안전처의 고위공무원단에 속하는 공무원 중 소속기관의 장이 지명하는 사람
　㉢ 그 밖에 연구실 안전이나 일반 안전분야에 관한 지식과 경험이 풍부한 사람
② 심의위원회 위원장은 심의위원회를 대표하고, 심의위원회의 사무를 총괄함
③ 위원장이 직무를 수행할 수 없는 경우 위원장이 미리 지명한 위원이 직무대행
④ 심의위원회 위원 임기 : 3년(1회 연임 가능)
⑤ 심의위원회 회의
　㉠ 정기회의 : 연 2회
　㉡ 임시회의 : 위원장이 필요하다고 인정 시, 재적위원 3분의 1 이상의 요구가 있을 때

ⓖ 재적위원의 과반수 출석으로 개의, 출석위원 과반수의 찬성으로 의결함
ⓗ **간사 1명** 지명 : 과학기술정보통신부장관이 과학기술정보통신부 소속 공무원 중에서 지명
ⓘ 심의위원회의 구성·운영에 필요한 사항은 심의위원회의 의결을 거쳐 위원장이 정함

3. 연구실안전정보시스템의 구축·운영 등(영 제6조)

① 연구실안전정보시스템에 포함되어야 하는 정보
  ㉠ 대학·연구기관 등의 현황
  ㉡ 분야별 연구실사고 발생 현황, 연구실사고 원인 및 피해 현황 등 연구실사고에 관한 통계
  ㉢ 기본계획 및 연구실 안전 정책에 관한 사항
  ㉣ 연구실 내 유해인자에 관한 정보
  ㉤ 안전점검지침 및 정밀안전진단지침
  ㉥ 안전점검 및 정밀안전진단 대행기관의 등록 현황
  ㉦ 안전관리 우수연구실 인증 현황
  ㉧ 권역별연구안전지원센터의 지정 현황
  ㉨ 연구실안전환경관리자 지정 내용 등 법령에 따른 제출·보고 사항
  ㉩ 그 밖에 연구실 안전환경 조성에 필요한 사항
② 과학기술정보통신부장관은 연구주체의 장, 안전점검 또는 정밀안전진단 대행기관의 장 및 권역별 연구안전지원센터의 장 등에게 연구실안전정보시스템에 포함되어야 하는 정보에 관한 자료를 제출하거나 안전정보시스템에 입력하도록 요청할 수 있음
③ 과학기술정보통신부장관은 제출받거나 안전정보시스템에 입력된 정보의 신뢰성과 객관성을 확보하기 위하여 그 정보에 대한 확인 및 점검을 해야 함
④ 연구주체의 장 및 권역별연구안전지원센터의 장 등이 수시로 또는 정기적으로 과학기술정보통신부장관에게 제출·보고해야 하는 사항을 안전정보시스템에 입력한 경우에는 제출·보고 의무를 이행한 것으로 간주하되, 다음의 경우는 안전정보시스템에 입력한 경우에도 의무를 이행한 것으로 보지 않음
  ㉠ 연구실의 중대한 결함 보고
  ㉡ 연구실 사용제한 조치 등의 보고

4. **연구실책임자의 지정**(영 제7조)

① 연구주체의 장은 요건을 모두 갖춘 사람 1인을 연구실책임자로 지정해야 함
② 연구실책임자의 지정 요건
  ㉠ 대학·연구기관 등에서 연구책임자 또는 조교수 이상의 직에 재직하는 사람일 것
  ㉡ 해당 연구실의 연구활동과 연구활동종사자를 직접 지도·관리·감독하는 사람일 것
  ㉢ 해당 연구실의 사용 및 안전에 관한 권한과 책임을 가진 사람일 것

5. 연구실안전환경관리자 지정 및 업무 등(영 제8조)

(1) 전담 연구실안전환경관리자 지정

상시 연구활동종사자가 300명 이상이거나 연구활동종사자(상시 연구활동종사자를 포함)가 1,000명 이상인 경우 지정된 연구실안전환경관리자 중 1명 이상에게 법령에서 정한 연구실안전환경관리자의 업무만을 전담하도록 하여야 함

(2) 분교 또는 분원의 연구활동종사자 총인원이 10명 미만에 해당하는 등 대통령령으로 정하는 경우
① 분교 또는 분원의 연구활동종사자 총인원이 10명 미만인 경우
② 본교와 분교 또는 본원과 분원이 같은 시·군·구(자치구를 말한다) 지역에 소재하는 경우
③ 본교와 분교 또는 본원과 분원 간의 직선거리가 15km 이내인 경우

(3) 연구실안전환경관리자의 자격 기준(별표 2)
① 「국가기술자격법」에 따른 국가기술자격 중 안전관리 분야의 기사 이상 자격을 취득한 사람
② 법 제34조 제2항에 따른 교육·훈련을 이수한 연구실안전관리사
③ 「국가기술자격법」에 따른 국가기술자격 중 안전관리 분야의 산업기사 자격을 취득한 후 연구실 안전관리업무 실무경력이 1년 이상인 사람
④ 「고등교육법」에 따른 전문대학 또는 이와 같은 수준 이상의 학교에서 산업안전, 소방안전 등 안전 관련 학과를 졸업한 후 또는 법령에 따라 이와 같은 수준 이상으로 인정되는 학력을 갖춘 후 연구실 안전관리업무 실무경력이 2년 이상인 사람
⑤ 「고등교육법」에 따른 전문대학 또는 이와 같은 수준 이상의 학교에서 이공계학과를 졸업한 후 또는 법령에 따라 이와 같은 수준 이상으로 인정되는 학력을 갖춘 후 연구실 안전관리 업무 실무경력이 4년 이상인 사람
⑥ 「초·중등교육법」에 따른 고등기술학교 또는 이와 같은 수준 이상의 학교를 졸업한 후 연구실 안전관리 업무 실무경력이 6년 이상인 사람
⑦ 다음에 해당하는 안전관리자로 선임되어 연구실 안전관리 업무 실무경력이 1년 이상인 사람
  ㉠ 「고압가스 안전관리법」 제15조에 따른 안전관리자
  ㉡ 「산업안전보건법」 제17조에 따른 안전관리자
  ㉢ 「도시가스사업법」 제29조에 따른 안전관리자
  ㉣ 「전기안전관리법」 제22조에 따른 전기안전관리자
  ㉤ 「화재예방, 소방시설 설치·유지 및 안전관리에 관한 법률」 제20조에 따른 소방안전관리자
  ㉥ 「위험물안전관리법」 제15조에 따른 위험물안전관리자
⑧ 연구실 안전관리 업무 실무경력이 8년 이상인 사람

(4) 연구실안전환경관리자의 업무
① 연구실의 안전점검 및 정밀안전진단의 실시계획 수립 및 실시
② 연구실 안전교육계획 수립 및 실시
③ 연구실사고 발생의 원인조사 및 재발방지를 위한 기술적 지도·조언
④ 연구실 안전환경 및 안전관리 현황에 관한 통계의 유지·관리

⑤ 법 또는 법에 의한 명령이나 안전관리규정(법 제12조 제1항)을 위반한 연구활동종사자에 대한 조치의 건의
⑥ 그 밖에 안전관리규정이나 다른 법령에 따른 연구시설의 안전성 확보에 관한 사항

(5) 연구실안전환경관리자의 직무를 대행하는 대리자의 자격 요건
① 「국가기술자격법」에 따른 안전관리 분야의 국가기술자격을 취득한 사람
② 별표 2 제6호(상기 (3)의 ⑦)의 어느 하나에 해당하는 안전관리자로 선임되어 있는 사람
③ 연구실 안전관리 업무 실무경력이 1년 이상인 사람
④ 연구실 안전관리 업무에서 연구실안전환경관리자를 지휘·감독하는 지위에 있는 사람

(6) 연구실안전환경관리자 지정·변경의 보고
연구주체의 장은 연구실안전환경관리자를 지정하거나 변경한 경우에는 그 날부터 14일 이내에 과학기술정보통신부장관에게 그 내용을 제출해야 함

TOPIC. 3 연구실 안전조치

1. 안전점검 및 정밀안전진단 지침의 작성(영 제9조)
① 안전점검·정밀안전진단 실시계획의 수립 및 시행에 관한 사항
② 안전점검·정밀안전진단을 실시하는 자의 유의사항
③ 안전점검·정밀안전진단의 실시에 필요한 장비에 관한 사항
④ 안전점검·정밀안전진단의 점검대상 및 항목별 점검방법에 관한 사항
⑤ 안전점검·정밀안전진단 결과의 자체평가 및 사후조치에 관한 사항
⑥ 그 밖에 연구실의 기능 및 안전을 유지·관리하기 위하여 과학기술정보통신부장관이 필요하다고 인정하는 사항

2. 안전점검 및 정밀안전진단의 실시 등(영 제10조 및 제11조)

(1) 안전점검 및 정밀안전진단의 실시 방법, 시기 등

구분	방법	실시시기	방법관련법령
일상점검 (시행령 제10조)	연구개발활동에 사용되는 기계, 기구, 약품 병원체 등의 관리실태 등을 육안으로 실시하는 점검	연구개발 활동 전 매일 1회	
정기점검 (시행령 제10조)	연구개발활동에 사용되는 기계, 기구, 약품 병원체 등의 관리실태 등을 안전점검기기를 이용하여 점검	매년 1회 이상(전체 연구실 대상)	시행령 제10조 제2항 별표 4에 따른 인적자격 및 물적장비 요건을 갖추어 실시
특별안전점검 (시행령 제10조)	폭발 및 화재사고 등 안전에 치명적인 위험을 초래할 가능성이 예상되는 경우 실시하는 점검	연구주체의 장이 필요하다고 인정하는 경우	시행령 제10조 제2항 별표 4에 따른 인적자격 및 물적장비 요건을 갖추어 실시
정밀안전진단 (시행령 11조)	유해위험물질 및 시설, 장비를 취급하는 등 유해 또는 위험한 작업을 필요로 하는 연구실에 대하여 정기적으로 실시	2년에 1회 이상	시행령 제11조 제1항 별표 5에 따른 인적자격 및 물적장비 요건을 갖추어 실시

(2) 저위험연구실의 정의(별표 3)

저위험연구실은 다음의 연구실을 제외한 연구실을 말함
① 연구활동에 「화학물질관리법」에 따른 유해화학물질을 취급하는 연구실
② 연구활동에 「산업안전보건법」에 따른 유해인자를 취급하는 연구실
③ 연구활동에 과학기술정보통신부령으로 정하는 독성가스를 취급하는 연구실
④ 화학물질, 가스, 생물체, 생물체의 조직 등 적출물, 세포 또는 혈액을 취급하거나 보관하는 연구실
⑤ 「산업안전보건법 시행령」에 따른 유해위험기계·기구 및 설비를 취급하거나 보관하는 연구실
⑥ 「산업안전보건법 시행령」에 따른 안전인증 및 자율안전확인대상 방호장치가 장착된 기계·기구 및 설비를 취급하거나 보관하는 연구실

(3) 안전점검을 실시하는 경우 갖춰야 하는 인적 자격 요건 및 물적 장비 요건(별표4)
① 일상점검

점검 실시자의 인적 자격 요건	물적장비요건
연구활동종사자	별도 장비 불필요

② 정기점검 및 특별안전점검

점검 분야	점검 실시자의 인적 자격 요건	물적장비요건

일반안전, 기계, 전기 및 화공	1. 다음의 어느 하나에 해당하는 사람 : 인간공학기술사, 기계안전기술사, 전기안전기술사 또는 화공안전기술사
	1-2. 법 제34조 제2항에 따른 교육·훈련을 이수한 연구실안전관리사
	2. 다음의 어느 하나에 해당분야의 박사학위 취득 후 안전업무(과학기술분야 안전사고로부터 사람의 생명·신체 및 재산의 안전을 확보하기 위한 업무를 말함) 경력이 1년 이상인 사람
	  가. 안전
	  나. 기계
	  다. 전기
	  라. 화공
	3. 다음의 어느 하나에 해당하는 기능장·기사 자격 취득 후 관련 경력 3년 이상인 사람 또는 산업기사 자격 취득 후 관련 경력 5년 이상인 사람
	  가. 일반기계기사
	  나. 전기기능장·전기기사 또는 전기산업기사
	  다. 화공기사 또는 화공산업기사
	4. 산업안전기사 자격 취득 후 관련 경력 1년 이상인 사람 또는 산업안전산업기사 자격 취득 후 관련 경력 3년 이상인 사람
	5. 「전기안전관리법」 제22조에 따른 전기안전관리자로서의 경력이 1년 이상인 사람
	6. 연구실안전환경관리자
		• 정전기 전하량 측정기
		• 접지저항측정기
		• 절연저항측정기

소방 및 가스	다음의 어느 하나에 해당하는 사람 1. 소방기술사 또는 가스기술사 1-2. 법 제34조 제2항에 따른 교육·훈련을 이수한 연구실안전관리사 2. 소방 또는 가스 분야의 박사학위 취득 후 안전 업무 경력이 1년 이상인 사람 3. 가스기능장·가스기사·소방설비기사 자격 취득 후 관련 경력 1년 이상인 사람 또는 가스산업기사·소방설비산업기사 자격 취득 후 관련 경력 3년 이상인 사람 4. 「화재예방, 소방시설 설치·유지 및 안전관리에 관한 법률」 제20조에 따른 소방안전관리자로서의 경력이 1년 이상인 사람 5. 연구실안전환경관리자	• 가스누출검출기 • 가스농도측정기 • 일산화탄소농도측정기
산업위생 및 생물	다음의 어느 하나에 해당하는 사람 1. 산업위생관리기술사 1-2. 법 제34조 제2항에 따른 교육·훈련을 이수한 연구실안전관리사 2. 산업위생, 보건위생 또는 생물 분야의 박사학위 취득 후 안전업무 경력이 1년 이상인 사람 3. 산업위생관리기사 자격 취득 후 관련 경력 1년 이상인 사람 또는 산업위생관리산업기사 자격 취득 후 관련 경력 3년 이상인 사람 4. 연구실안전환경관리자	• 분진측정기 • 소음측정기 • 산소농도측정기 • 풍속계 • 조도계(밝기측정기)

(4) 정기 정밀안전진단 대상 및 실시 주기
① 대상
㉠ 「화학물질관리법」에 따른 유해화학물질을 취급하는 연구실
㉡ 「산업안전보건법」에 따른 유해인자를 취급하는 연구실
㉢ 과학기술정보통신부령으로 정하는 독성가스를 취급하는 연구실
② 실시 주기 : 2년마다 1회 이상

3. 안전점검 및 정밀안전진단 실시결과의 점검 · 활용 등(영 제12조)

① 과학기술정보통신부장관은 연구주체의 장이 공표한 안전점검 또는 정밀안전진단 실시결과를 확인하고 안전점검 또는 정밀안전진단이 적정하게 실시 되었는지를 점검할 수 있음
② 과학기술정보통신부장관은 실태조사 및 점검 결과 등을 검토하여 연구실의 안전관리가 우수한 대학 · 연구기관 등에 대해서는 연구실의 안전 및 유지 · 관리에 드는 비용 등을 지원할 수 있음
③ 검토의 기준 및 절차 등 비용 지원에 필요한 세부적인 사항은 과학기술정보통신부장관이 정하여 고시

4. 연구실의 중대한 결함(영 제13조)

대통령령으로 정하는 중대한 결함(연구실에 유해인자가 누출되는 등)이 있는 경우란 다음의 사유로 연구활동종사자의 사망 또는 심각한 신체적 부상이나 질병을 일으킬 우려가 있는 경우임
① 「화학물질관리법」 제2조 제7호에 따른 유해화학물질, 「산업안전보건법」 제104조에 따른 유해인자, 과학기술정보통신부령으로 정하는 독성가스 등 유해 · 위험물질의 누출 또는 관리 부실
② 「전기사업법」 제2조 제16호에 따른 전기설비의 안전관리 부실
③ 연구활동에 사용되는 유해 · 위험설비의 부식 · 균열 또는 파손
④ 연구실 시설물의 구조안전에 영향을 미치는 지반침하 · 균열 · 누수 또는 부식
⑤ 인체에 심각한 위험을 끼칠 수 있는 병원체의 누출

5. 안전점검 또는 정밀안전진단 대행기관의 등록 등(영 제14조)

① 안전점검 또는 정밀안전진단 대행기관으로 등록하려는 자가 과학기술정보통신부 장관에게 제출해야 하는 첨부 서류
㉠ 기술인력 보유 현황
㉡ 장비 명세서
② 안전점검 대행기관으로 등록하려는 자는 별표 6에 따른 등록 요건을 갖춰야 함
③ 정밀안전진단 대행기관으로 등록하려는 자는 별표 7에 따른 등록 요건을 갖춰야 함
④ 안전점검 대행기관 및 정밀안전진단 대행기관으로 모두 등록하려는 자가 별표 6 및 별표 7의 등록요건 중 중복되는 요건을 갖춘 경우에는 각각의 등록요건을 갖춘 것으로 간주함

⑤ 과학기술정보통신부장관은 등록신청자가 등록요건을 갖추었다고 인정하는 경우에는 등록증을 발급하고, 대행기관 등록대장에 그 내용을 기록·관리해야 함
⑥ 안전점검 및 정밀안전진단 대행기관이 등록된 사항을 변경하려는 경우에는 변경사유가 발생한 날부터 20일 이내에 변경등록신청서를 과학기술정보통신부장관에게 제출해야 함
⑦ 변경등록신청서 제출 시 첨부 서류
  ㉠ 등록증
  ㉡ 변경사항을 증명하는 서류
⑧ 변경등록을 신청한 경우 변경된 등록증의 발급 및 대행기관 등록대장의 기록·관리에 관하여는 영 제14조 제3항을 준용함
⑨ 대행기관에 대한 등록취소, 업무정지 또는 시정명령에 관한 처분기준(별표 8)

위반행위	근거 법조문	행정처분기준			
		1차 위반	2차 위반	3차 위반	4차 위반
가. 거짓 또는 그 밖의 부당한 방법으로 법 제17조 제1항에 따른 등록 또는 같은 조 제2항에 따른 변경등록을 한 경우	법 제17조 제4항 제1호	등록취소			
나. 타인에게 대행기관 등록증을 대여한 경우	법 제17조 제4항 제2호	업무정지 3개월	업무정지 6개월	등록취소	
다. 대행기관의 등록기준에 미달하는 경우	법 제17조 제4항 제3호	업무정지 3개월	업무정지 6개월	등록취소	
라. 등록사항의 변경이 있는 날부터 6개월 이내에 변경등록을 하지 않은 경우	법 제17조 제4항 제4호	시정명령	업무정지 3개월	업무정지 6개월	등록취소
마. 법 제13조 제1항의 안전점검지침 및 정밀안전진단지침을 준수하지 않은 경우	법 제17조 제4항 제5호	시정명령	업무정지 3개월	업무정지 6개월	등록취소
바. 법 제17조 제1항 또는 제2항에 따라 등록된 기술인력이 아닌 자로 안전점검 또는 정밀안전진단을 대행한 경우	법 제17조 제4항 제6호	업무정지 3개월	업무정지 6개월	등록취소	
사. 안전점검 및 정밀안전진단을 성실하게 대행하지 않은 경우	법 제17조 제4항 제7호	시정명령	업무정지 3개월	업무정지 6개월	등록취소
아. 업무정지 기간에 안전점검 및 정밀안전진단을 대행한 경우	법 제17조 제4항 제8호	업무정지 6개월	등록취소		

⑩ 대행기관을 운영하는 사람은 법 제17조 제7항에 따라 등록된 기술인력으로 하여금 법 제30조에 따른 권역별연구안전지원센터에서 실시하는 교육을 받도록 해야 함
⑪ 대행기관 기술인력에 대한 권역별연구안전지원센터에서 실시하는 교육의 종류 및 내용
  ㉠ 신규교육 : 기술인력이 등록된 날부터 6개월 이내에 받아야 하는 교육
  ㉡ 보수교육 : 기술인력이 신규교육을 이수한 날을 기준으로 2년마다 받아야 하는 교육. 이 경우 매 2년이 되는 날을 기준으로 전후 6개월 이내에 보수교육을 받도록 해야 함
⑫ 대행기관의 등록 및 변경등록의 절차·방법, 기술인력에 대한 교육 시간 및 내용과 그 밖에 필요한 사항은 과학기술정보통신부령으로 정함

6. 사전유해인자위험분석(영 제15조)

① 사전유해인자위험분석 순서
  ㉠ 해당 연구실의 안전 현황 분석
  ㉡ 해당 연구실의 유해인자별 위험분석
  ㉢ 연구실안전계획 수립
  ㉣ 비상조치계획 수립
② 연구활동과 관련하여 주요 변경사항이 발생하거나 연구실책임자가 필요하다고 인정하는 경우에는 사전유해인자위험분석을 추가 실시해야 함
③ 사전유해인자위험분석의 절차 및 방법 등에 관한 세부적인 사항은 과학기술정보통신부장관이 정하여 고시

7. 연구활동종사자 등에 대한 교육·훈련(영 제16조)

① 연구주체의 장이 법 제20조 제2항에 따라 교육·훈련을 실시하는 경우 교육·훈련을 담당하도록 해야 하는 사람의 자격 요건
  ㉠ 별표 4 제2호에 따른 점검 실시자의 인적 자격 요건 중 어느 하나에 해당하는 사람으로서 해당 기관의 정기점검 또는 특별안전점검을 실시한 경험이 있는 사람(단, 연구활동종사자는 제외함)
  ㉡ 대학의 조교수 이상으로서 안전에 관한 경험과 학식이 풍부한 사람
  ㉢ 연구실책임자
  ㉣ 연구실안전환경관리자
  ㉤ 권역별연구안전지원센터에서 실시하는 전문강사 양성 교육·훈련을 이수한 사람
  ㉥ 연구실안전관리사
② 교육·훈련의 종류
  ㉠ 연구활동종사자 대상

신규 교육·훈련	연구활동에 신규로 참여하는 연구활동종사자에게 실시하는 교육·훈련
정기 교육·훈련	연구활동에 참여하고 있는 연구활동종사자에게 과학기술정보통신부령으로 정하는 주기에 따라 실시하는 교육·훈련
특별안전 교육·훈련	연구실사고가 발생했거나 발생할 우려가 있다고 연구주체의 장이 인정하는 경우 연구실의 연구활동종사자에게 실시하는 교육·훈련

  ㉡ 연구실안전환경관리자 대상

신규 교육	연구실환경관리자가 지정된 날부터 6개월 이내에 받아야 하는 교육
보수 교육	• 연구실안전환경관리자가 신규 교육을 이수한 날을 기준으로 2년마다 받아야 하는 교육 • 이 경우 매 2년이 되는 날을 기준으로 전후 6개월 이내에 보수교육을 받도록 해야 함

8. 연구실의 안전 및 유지·관리비의 계상(영 제17조)

① 연구주체의 장이 매년 연구실 안전 및 유지·관리비로 예산에 계상해야 하는 비용의 종류
　㉠ 안전관리에 관한 정보제공 및 연구활동종사자에 대한 교육·훈련
　㉡ 연구실안전환경관리자에 대한 전문교육
　㉢ 건강검진
　㉣ 보험료
　㉤ 연구실의 안전을 유지·관리하기 위한 설비의 설치·유지 및 보수
　㉥ 연구활동종사자의 보호장비 구입
　㉦ 안전점검 및 정밀안전진단
　㉧ 그 외 연구실 안전환경 조성을 위하여 필요한 사항으로서 과학기술정보통신부장관이 고시하는 용도
② 연구주체의 장은 계상된 연구실 안전 및 유지·관리비를 사용한 경우에는 그 명세서를 작성해야 함
③ 사용 명세서 작성에 필요한 세부기준은 과학기술정보통신부장관이 정하여 고시함
④ 연구주체의 장은 매년 4월 30일까지 ①에 따라 계상한 해당 연도 연구실 안전 및 유지·관리비의 내용과 ②에 따른 전년도 사용 명세서를 과학기술정보통신부장관에게 제출해야 함

TOPIC. 4　연구실사고에 대한 대응 및 보상

1. 사고조사반의 구성 및 운영(영 제18조)

① 과학기술정보통신부장관은 연구실사고 경위 및 원인조사를 위해 다음의 자격이 있는 자로 사고조사반을 구성 운영할 수 있음
　㉠ 연구실 안전과 관련한 업무를 수행하는 관계 공무원
　㉡ 연구실 안전분야 전문가
　㉢ 그 밖에 연구실사고 조사에 필요한 경험과 학식이 풍부한 전문가
② 사고조사반의 책임자는 ① ㉠~㉢의 사람 중에서 과학기술정보통신부장관이 지명하거나 위촉함
③ 사고조사반의 책임자는 연구실사고 조사가 끝났을 때에는 지체 없이 연구실사고 조사보고서를 작성하여 과학기술정보통신부장관에게 제출해야 함
④ 과학기술정보통신부장관은 연구실사고 조사에 참여한 사람에게 예산의 범위에서 그 조사에 필요한 여비 및 수당을 지급할 수 있음
⑤ 사고조사반의 구성 및 운영에 필요한 사항은 과학기술정보통신부장관이 정함

2. 보험가입 등(영 제19조)

① 연구주체의 장은 연구활동종사자의 상해·사망에 대비하여 연구활동종사자를 피보험자 및 수익자로 하는 보험에 가입해야 함(법 제26조)
  ㉠ 보험의 종류 : 연구실사고로 인한 연구활동종사자의 부상·질병·신체상해·사망 등 생명 및 신체상의 손해를 보상하는 내용이 포함된 보험일 것
  ㉡ 보상금액 : 과학기술정보통신부령으로 정하는 보험급여별 보상금액 기준을 충족할 것

② 보험가입 제외대상 연구활동종사자
  ㉠ 「산업재해보상보험법」에 의해 보상이 이루어지는 자
  ㉡ 「공무원 재해보상법」에 의해 보상이 이루어지는 자
  ㉢ 「사립학교교직원 연금법」에 의해 보상이 이루어지는 자
  ㉣ 「군인연금법」에 의해 보상이 이루어지는 자

③ 연구주체의 장은 보험가입에 필요한 비용을 예산에 계상할 때는 보험의 종류, 피보험자·수익자의 수 및 보상금액을 고려해야 함

④ 연구주체의 장은 연구활동종사자가 지급받은 보험금으로 치료비를 부담하기에 부족하다고 인정하는 경우 해당 연구활동종사자에게 치료비를 지원할 수 있음(법 제26조 제3항)
  ㉠ 치료비는 진찰비, 검사비, 약제비, 입원비, 간병비 등 치료에 드는 모든 의료비용을 포함할 것
  ㉡ 치료비는 연구활동종사자가 부담한 치료비 총액에서 보험에 따라 지급받은 보험금을 차감한 금액을 초과하지 않을 것

⑤ 연구주체의 장이 연구활동종사자에게 치료비를 지원하려는 경우 ④에 따른 기준을 고려하여 지원 대상·범위 등에 관한 구체적인 기준 및 절차를 정하고, 그에 따라 지원해야 함

3. 안전관리 우수연구실 인증제의 운영(영 제20조)

① 안전관리 우수연구실 인증을 받으려는 연구주체의 장은 과학기술정보 통신부령으로 정하는 인증신청서를 과학기술정보통신부장관에게 제출해야 함

② 인증 기준
  ㉠ 연구실 운영규정, 연구실 안전환경 목표 및 추진계획 등 연구실 안전환경 관리체계가 우수하게 구축되어 있을 것
  ㉡ 연구실 안전점검 및 교육 계획·실시 등 연구실 안전환경 구축·관리 활동 실적이 우수할 것
  ㉢ 연구주체의 장, 연구실책임자 및 연구활동종사자 등 연구실 안전환경 관계자의 안전의식이 형성되어 있을 것

③ 인증신청을 받은 과학기술정보통신부장관은 해당 연구실이 인증 기준에 적합한지를 확인하기 위하여 연구실 안전분야 전문가 등으로 구성된 인증심의위원회의 심의를 거쳐 인증 여부를 결정함

④ 인증심의위원회의 구성 및 운영에 필요한 사항은 과학기술정보통신부장관이 정하여 고시

⑤ 과학기술정보통신부장관은 ③에 따른 인증심의위원회의 심의 결과 해당 연구실이 인증 기준에 적합한 경우에는 과학기술정보통신부령으로 정하는 인증서를 발급해야 함

⑥ 인증의 유효기간은 인증을 받은 날부터 2년으로 함
⑦ 인증을 받은 연구실이 인증의 유효기간이 지나기 전에 다시 인증을 받으려는 경우에는 유효기간 만료일 60일 전까지 과학기술정보통신부장관에게 인증을 신청해야 함
⑧ 인증 기준, 절차 및 방법 등에 관한 세부적인 사항은 과학기술정보통신부장관이 정하여 고시
⑨ 인증표시의 활용 : 인증을 받은 연구실은 과학기술정보통신부령으로 정하는 인증표시를 해당 연구실에 게시하거나 해당 연구실의 홍보 등에 사용할 수 있음

TOPIC. 5 연구실 안전환경 조성을 위한 지원

1. 지원대상의 범위(영 제22조)
① 연구실 안전관리 정책·제도개선, 안전관리 기준 등에 대한 연구, 개발 및 보급
② 연구실 안전 교육자료 연구, 발간, 보급 및 교육
③ 연구실 안전 네트워크 구축·운영
④ 연구실 안전점검·정밀안전진단 실시 또는 관련 기술·기준의 개발 및 고도화
⑤ 연구실 안전의식 제고를 위한 홍보 등 안전문화 확산
⑥ 연구실사고의 조사, 원인 분석, 안전대책 수립 및 사례 전파
⑦ 그 밖에 연구실의 안전환경 조성 및 기반 구축을 위한 사업

2. 권역별연구안전지원센터의 지정·운영 등(영 제23조)
① 권역별연구안전지원센터로 지정받으려는 자는 지정신청서에 다음의 서류를 첨부하여 과학기술정보통신부장관에게 제출해야 함
  ㉠ 사업 수행에 필요한 인력 보유 및 시설 현황
  ㉡ 센터 운영규정
  ㉢ 사업계획서
  ㉣ 그 밖에 연구실 현장 안전관리 및 신속한 사고 대응과 관련하여 과학기술정보통신부장관이 공고하는 서류
② 권역별연구안전지원센터의 지정요건(별표 9)
  ㉠ 기술인력 : 다음 각 목의 어느 하나에 해당하는 사람을 2명 이상 갖출 것

> 가. 다음의 어느 하나에 해당하는 분야의 기술사 자격 또는 박사학위를 취득한 후 안전 업무 경력이 1년 이상인 사람
>   1) 안전   2) 기계
>   3) 전기   4) 화공
>   5) 산업위생 또는 보건위생   6) 생물
> 나. 가목 1)부터 6)까지에 따른 규정 중 어느 하나에 해당하는 분야의 기사 자격 또는 석사학위를 취득한 후 안전 업무 경력이 3년 이상인 사람
> 다. 가목 1)부터 6)까지에 따른 규정 중 어느 하나에 해당하는 분야의 산업기사 자격을 취득한 후 안전 업무 경력이 5년 이상인 사람

　　　　ⓒ 권역별연구안전지원센터의 운영을 위한 자체규정을 마련할 것
　　　　ⓓ 권역별연구안전지원센터의 업무 추진을 위한 사무실을 확보할 것
　③ 과학기술정보통신부장관은 센터를 지정한 경우에는 해당 기관에 그 사실을 통보하고, 인터넷 홈페이지 및 안전정보시스템 등을 통하여 게시해야 함
　④ **센터가 수행할 수 있는 구체적인 업무**
　　　ⓐ 연구실사고 발생 시 사고 현황 파악 및 수습 지원 등 신속한 사고 대응에 관한 업무
　　　ⓑ 연구실 위험요인 관리실태 점검·분석 및 개선에 관한 업무
　　　ⓒ ⓐ 및 ⓑ의 업무 수행에 필요한 전문인력 양성 및 대학·연구기관 등에 대한 안전관리 기술 지원에 관한 업무
　　　ⓓ 연구실 안전관리 기술, 기준, 정책 및 제도 개발·개선에 관한 업무
　　　ⓔ 연구실 안전의식 제고를 위한 연구실 안전문화 확산에 관한 업무
　　　ⓕ 정부와 대학·연구기관 등 상호 간 연구실 안전환경 관련 협력에 관한 업무
　　　ⓖ 연구실 안전교육 교재 및 프로그램 개발·운영에 관한 업무
　　　ⓗ 그 밖에 과학기술정보통신부장관이 정하는 연구실 안전환경 조성에 관한 업무
　⑤ 과학기술정보통신부장관은 센터가 업무를 수행하는 데에 필요한 예산 등을 지원할 수 있음
　⑥ 센터는 해당 연도의 사업계획과 전년도 사업 추진 실적을 과학기술정보통신부장관에게 매년 제출해야 함

TOPIC. 6　보칙

1. 업무의 위탁

① "대통령령으로 정하는 업무"의 의미
　　ⓐ 법 제4조 제1항 및 제2항에 따른 연구실 안전환경 확보·조성을 위한 연구개발 및 필요 시책 수립 지원에 관한 업무
　　ⓑ 법 제4조 제4항에 따른 실태조사
　　ⓒ 법 제29조에 따른 지원 업무
　　ⓓ 법 제8조 제6항에 따른 연구실안전환경관리자 지정 내용 제출의 접수
② 과학기술정보통신부장관은 업무를 위탁한 경우에는 업무를 위탁받은 기관과 위탁업무의 내용 등을 고시해야 함

2. 규제의 재검토

과학기술정보통신부장관은 영 제2조에 따른 법 규정의 적용범위에 대하여 2020년 1월 1일을 기준으로 3년마다(매 3년이 되는 해의 1월 1일 전까지를 말함) 그 타당성을 검토하여 개선 등의 조치를 해야 함

TOPIC. 7 벌칙

1. 과태료 부과기준

법 제46조 제1항부터 제3항까지의 규정에 따른 과태료의 부과기준 : 시행령 제35조 및 별표 13

위반행위	근거 법조문	과태료 금액(만 원)		
		1차 위반	2차 위반	3차 이상 위반
가. 법 제9조 제1항을 위반하여 연구실책임자를 지정하지 않은 경우	법 제46조 제3항 제1호	250	300	400
나. 법 제10조 제1항을 위반하여 연구실안전환경관리자를 지정하지 않은 경우	법 제46조 제3항 제2호	250	300	400
다. 법 제10조 제4항을 위반하여 연구실안전환경관리자의 대리자를 지정하지 않은 경우	법 제46조 제3항 제3호	250	300	400
라. 법 제12조 제1항을 위반하여 안전관리규정을 작성하지 않은 경우	법 제46조 제3항 제4호	250	300	400
마. 법 제12조 제2항을 위반하여 안전관리규정을 성실하게 준수하지 않은 경우	법 제46조 제3항 제5호	250	300	400
바. 법 제14조 제1항에 따른 안전점검을 실시하지 않거나 성실하게 수행하지 않은 경우(법 제43조 제1항 제1호 따라 벌칙을 부과받은 경우는 제외한다)	법 제46조 제2항 제1호	500	600	800
사. 법 제15조 제1항 및 제2항에 따른 정밀안전진단을 실시하지 않거나 성실하게 수행하지 않은 경우(법 제43조 제1항 제1호 따라 벌칙을 부과받은 경우는 제외한다)	법 제46조 제1항 제1호	1,000	1,200	1,500
아. 법 제16조 제2항을 위반하여 보고를 하지 않거나 거짓으로 보고한 경우	법 제46조 제3항 제6호	250	300	400
자. 법 제17조 제1항을 위반하여 안전점검 및 정밀안전진단 대행기관으로 등록하지 않고 안전점검 및 정밀안전진단을 실시한 경우	법 제46조 제3항 제7호	250	300	400
차. 법 제20조 제2항을 위반하여 교육 · 훈련을 실시하지 않은 경우	법 제46조 제2항 제2호	500	600	800
카. 법 제20조 제3항을 위반하여 연구실안전환경관리자가 전문교육을 이수하도록 하지 않은 경우	법 제46조 제3항 제8호	250	300	400
타. 법 제21조 제1항을 위반하여 건강검진을 실시하지 않은 경우	법 제46조 제2항 제3호	500	600	800
파. 법 제22조 제2항을 위반하여 소관 연구실에 필요한 안전 관련 예산을 배정 및 집행하지 않은 경우	법 제46조 제3항 제9호	250	300	400
하. 법 제22조 제3항을 위반하여 연구과제 수행을 위한 연구비를 책정할 때 일정 비율 이상을 안전 관련 예산에 배정하지 않은 경우	법 제46조 제3항 제10호	250	300	400

거. 제22조 제4항을 위반하여 안전 관련 예산을 다른 목적으로 사용한 경우	법 제46조 제3항 제11호	250	300	400
너. 법 제23조를 위반하여 보고를 하지 않거나 거짓으로 보고한 경우	법 제46조 제3항 제12호	250	300	400
더. 법 제24조 제1항을 위반하여 자료제출이나 사고경위 및 사고원인 등의 조사를 거부·방해 또는 기피한 경우	법 제46조 제3항 제13호	250	300	400
러. 법 제26조 제1항에 따른 보험에 가입하지 않은 경우	법 제46조 제1항 제2호			
1) 가입하지 않은 기간이 1개월 미만인 경우			500	
2) 가입하지 않은 기간이 1개월 이상 3개월 미만인 경우			700	
3) 가입하지 않은 기간이 3개월 이상 6개월 미만인 경우			1,000	
4) 가입하지 않은 기간이 6개월 이상인 경우			1,500	
머. 법 제33조 제1항에 따른 명령을 위반한 경우	법 제46조 제3항 제14호	250	300	400

01 연구실 안전 관련 법령

연구실안전법 시행규칙

> **키워드**
>
> 연구실 안전환경 조성에 관한 법률 시행규칙, 중대연구실사고, 보호구, 대행기관, 건강검진, 보험급여, 안전관리 우수연구실

TOPIC. 1 중대연구실사고의 정의(시행규칙 제2조)

① 사망 또는 후유장애 부상자가 1명 이상 발생한 사고
② 3개월 이상의 요양을 요하는 부상자가 동시에 2명 이상 발생한 사고
③ 부상자 또는 질병에 걸린 사람이 동시에 5명 이상 발생한 사고
④ 연구실의 중대한 결함으로 인한 사고

TOPIC. 2 보호구의 비치 등(시행규칙 제3조)

연구실책임자가 법 제9조 제4항에 따라 연구실에 비치하고 연구활동종사자로 하여금 착용하게 해야 하는 보호구의 종류(규칙 제3조 및 별표1)

① 화학 및 가스

연구활동	보호구
다량의 유기용제, 부식성 액체 및 맹독성 물질 취급	• 보안경 또는 고글 • 내화학성 장갑 • 내화학성 앞치마 • 호흡보호구
인화성 유기화합물 및 화재·폭발 가능성 있는 물질 취급	• 보안경 또는 고글 • 보안면 • 내화학성 장갑 • 방진마스크 • 방염복
독성가스 및 발암성 물질, 생식독성 물질 취급	• 보안경 또는 고글 • 내화학성 장갑 • 호흡보호구

② 생물

연구활동	보호구
감염성 또는 잠재적 감염성이 있는 혈액, 세포, 조직 등 취급	• 보안경 또는 고글 • 일회용 장갑 • 수술용 마스크 또는 방진마스크
감염성 또는 잠재적 감염성이 있으며 물릴 우려가 있는 동물 취급	• 보안경 또는 고글 • 일회용 장갑 • 수술용 마스크 또는 방진마스크 • 잘림 방지 장갑 • 방진모 • 신발덮개
보건복지부장관이「생명공학육성법」제14조 및 동법 시행령 제12조의2에 따라 작성·시행하는 실험지침(이하 '실험지침')에 따른 생물체의 위험군 분류 중 건강한 성인에게는 질병을 일으키지 않는 것으로 알려진 바이러스, 세균 등 감염성 물질 취급	• 보안경 또는 고글 • 일회용 장갑
실험지침에 따른 생물체의 위험군 분류 중 사람에게 감염됐을 경우 증세가 심각하지 않고 예방 또는 치료가 비교적 쉬운 질병을 일으킬 수 있는 바이러스, 세균 등 감염성 물질 취급	• 보안경 또는 고글 • 일회용 장갑 • 호흡보호구

③ 물리(기계, 방사선, 레이저 등)

연구활동	보호구
고온의 액체, 장비, 화기 취급	• 보안경 또는 고글 • 내열장갑
액체질소 등 초저온 액체 취급	• 보안경 또는 고글 • 방한장갑
낙하 또는 전도 가능성 있는 중량물 취급	• 보호장갑 • 안전모 • 안전화
압력 또는 진공 장치 취급	• 보안경 또는 고글 • 보호장갑 • 안전모 • 보안면(연구활동종사자 보호를 위해 필요한 경우만 해당)
큰 소음(85db 이상인 경우)이 발생하는 기계 또는 초음파기기를 취급 또는 큰 소음이 발생하는 환경에 노출	귀마개 또는 귀덮개
날카로운 물건 또는 장비 취급	• 보안경 또는 고글 • 잘림 방지 장갑(연구활동종사자 보호를 위해 필요한 경우만 해당)
방사성 물질 취급	• 방사선보호복 • 보안경 또는 고글 • 보호장갑

레이저 및 자외선(UV) 취급	• 보안경 또는 고글 • 보호장갑 • 방염복(연구활동종사자 보호를 위해 필요한 경우만 해당)
감전위험이 있는 전기기계·기구 또는 전로 취급	• 절연보호복 • 보호장갑 • 절연화
분진·미스트·흄 등이 발생하는 환경 또는 나노물질 취급	• 고글 • 보호장갑 • 방진마스크
진동이 발생하는 장비 취급	방진장갑

TOPIC. 3 연구실안전환경관리자 지정 내용 제출(시행규칙 제4조)

연구주체의 장은 연구실안전환경관리자를 지정하거나 변경한 경우 연구실안전환경관리자 지정 보고서에 다음 서류를 첨부하여 과학기술정보통신부장관에게 제출해야 함
  ① 영 별표 2의 자격기준을 갖추었음을 증명할 수 있는 서류
  ② 재직증명서
  ③ 담당 업무(연구실안전환경관리자가 영 제8조 제4항에 따른 업무가 아닌 업무를 겸임하고 있는 경우 그 겸임하고 있는 업무를 포함한다)를 기술한 서류

TOPIC. 4 연구실안전관리위원회의 구성 및 운영(시행규칙 제5조)

1. 위원회의 위원

연구실안전환경관리자와 다음 각 호의 사람 중에서 연구주체의 장이 지명하는 사람으로 함
  ① 연구실책임자
  ② 연구활동종사자
  ③ 연구실 안전 관련 예산 편성 부서의 장
  ④ 연구실안전환경관리자가 소속된 부서의 장

2. 위원회의 회의

  ① 정기회의 : 연 1회 이상
  ② 임시회의 : 위원회의 위원장이 필요하다고 인정할 때 또는 위원회의 위원 과반수가 요구할 때

TOPIC. 5 　안전관리규정의 작성(시행규칙 제6조)

① 연구주체의 장은 법 제12조 제1항에 따른 안전관리규정을 산업안전·가스 및 원자력 분야 등의 다른 법령에서 정하는 안전관리에 관한 규정과 통합하여 작성할 수 있음
② 연구주체의 장이 안전관리규정을 작성해야 하는 연구실의 종류·규모는 대학·연구기관 등에 설치된 각 연구실의 연구활동종사자를 합한 인원이 10명 이상인 경우로 함

TOPIC. 6 　정기적인 정밀안전진단의 실시(시행규칙 제7조)

영 제11조 제2항 제3호 및 제13조 제1호에서 "과학기술정보통신부령으로 정하는 독성가스"란 각각 「고압가스 안전관리법 시행규칙」 제2조 제1항 제2호에 따른 독성가스를 말함

> **Tip**
> 「고압가스 안전관리법 시행규칙」 제2조 제1항 제2호에 따른 독성가스의 종류
> 아크릴로니트릴, 아크릴알데히드, 아황산가스, 암모니아, 일산화탄소, 이황화탄소, 불소, 염소, 브롬메탄, 염화메탄, 염화프렌, 산화에틸렌, 시안화수소, 황화수소, 모노메틸아민, 디메틸아민, 리메틸아민, 벤젠, 포스겐, 요오드화수소, 브롬화수소, 염화수소, 불화수소, 겨자가스, 알진, 모노실란, 디실란, 디보레인, 세렌화수소, 포스핀, 모노게르만 및 그 밖에 공기 중에 일정량 이상 존재하는 경우 인체에 유해한 독성을 가진 가스로 허용농도(해당 가스를 성숙한 흰쥐 집단에게 대기 중에서 1시간 동안 계속하여 노출시킨 경우 14일 이내에 그 흰쥐의 2분의 1 이상이 죽게 되는 가스의 농도)가 100만분의 5,000 이하인 것을 말함

TOPIC. 7 　안전점검 및 정밀안전진단 대행기관 기술인력에 대한 교육(시행규칙 제9조 관련)

구분	교육 시기·주기	교육시간	교육내용
신규교육	등록 후 6개월 이내	18시간 이상	• 연구실 안전환경 조성 관련 법령에 관한 사항 • 연구실 안전 관련 제도 및 정책에 관한 사항 • 연구실 유해인자에 관한 사항 • 주요 위험요인별 안전점검 및 정밀안전진단 내용에 관한 사항 • 유해인자별 노출도 평가, 사전유해인자위험분석에 관한 사항
보수교육	신규교육 이수 후 매 2년이 되는 날을 기준으로 전후 6개월 이내	12시간 이상	• 연구실사고 사례, 사고 예방 및 대처에 관한 사항 • 기술인력의 직무윤리에 관한 사항 • 그 밖에 직무능력 향상을 위해 필요한 사항

TOPIC. 8 연구활동종사자 등에 대한 교육 · 훈련(시행규칙 제10조 관련)

① 신규 교육 · 훈련

교육대상		교육시간 (교육시기)	교육내용
근로자	정기 정밀안전진단 대상 연구실에 신규 채용된 연구활동종사자	8시간 이상 (채용 후 6개월 이내)	• 연구실 안전환경 조성 관련 법령에 관한 사항 • 연구실 유해인자에 관한 사항 • 보호장비 및 안전장치 취급과 사용에 관한 사항 • 연구실사고 사례, 사고 예방 및 대처에 관한 사항 • 안전표지에 관한 사항 • 물질안전보건자료에 관한 사항 • 사전유해인자위험분석에 관한 사항 • 그 밖에 연구실 안전관리에 관한 사항
	저위험연구실에 신규 채용된 연구활동종사자	4시간 이상 (채용 후 6개월 이내)	
근로자가 아닌 사람	대학생, 대학원생 등 연구활동에 참여하는 연구활동종사자	2시간 이상 (연구활동 참여 후 3개월 이내)	

② 정기 교육 · 훈련 : 사이버교육의 형태로 실시 가능(단, 평가를 실시하여 100점 만점에 60점 이상 득점한 경우만 교육 이수로 인정)

교육대상	교육시간	교육내용
저위험연구실의 연구활동종사자	연간 3시간 이상	• 연구실 안전환경 조성 관련 법령에 관한 사항 • 연구실 유해인자에 관한 사항 • 안전한 연구활동에 관한 사항 • 물질안전보건자료에 관한 사항 • 사전유해인자위험분석에 관한 사항 • 그 밖에 연구실안전관리에 관한 사항
정기 정밀안전진단을 받아야 하는 연구실의 연구활동종사자	반기별 6시간 이상	
상기 교육대상이 아닌 연구실의 연구활동종사자	반기별 3시간 이상	

③ 특별안전교육 · 훈련

교육대상	교육시간	교육내용
연구실사고가 발생했거나 발생할 우려가 있다고 연구주체의 장이 인정하는 연구실의 연구활동종사자	2시간 이상	• 연구실 유해인자에 관한 사항 • 안전한 연구활동에 관한 사항 • 물질안전보건자료에 관한 사항 • 그 밖에 연구실 안전관리에 관한 사항

④ 연구실안전환경관리자 전문교육(별표 4) – 권역별연구안전지원센터에서 교육 이수

교육대상	교육시간(교육시기)	교육내용
신규교육	18시간 이상 (연구실안전환경관리자로 지정된 후 6개월 이내)	• 연구실 안전환경 조성 관련 법령에 관한 사항 • 연구실 안전 관련 제도 및 정책에 관한 사항 • 안전관리 계획 수립·시행에 관한 사항 • 연구실 안전교육에 관한 사항
보수교육	12시간 이상 (신규교육을 이수한 후 매 2년이 되는 날을 기준으로 전후 6개월 이내)	• 연구실 유해인자에 관한 사항 • 안전점검 및 정밀안전진단에 관한 사항 • 연구활동종사자 보험에 관한 사항 • 안전 및 유지·관리비 계상 및 사용에 관한 사항 • 연구실사고 사례, 사고 예방 및 대처에 관한 사항 • 연구실 안전환경 개선에 관한 사항 • 물질안전보건자료에 관한 사항 • 그 밖에 연구실 안전관리에 관한 사항

TOPIC. 9 건강검진의 실시(시행규칙 제11조)

① 일반건강검진은 「국민건강보험법」에 따른 건강검진기관 또는 「산업안전보건법」에 따른 특수건강진단기관에서 1년에 1회 이상 다음의 검사를 포함하여 실시함
  ㉠ 문진과 진찰
  ㉡ 혈압, 혈액 및 소변검사
  ㉢ 신장, 체중, 시력 및 청력 측정
  ㉣ 흉부방사선 촬영

② 연구활동종사자가 다음 중 어느 하나에 해당하는 검진, 검사 또는 진단을 받은 경우에는 일반건강검진을 받은 것으로 봄
  ㉠ 「국민건강보험법」에 따른 일반건강검진
  ㉡ 「학교보건법」에 따른 건강검사
  ㉢ 「산업안전보건법 시행규칙」 제198조 제1항에서 정한 일반건강진단의 검사항목을 모두 포함하여 실시한 건강진단

TOPIC. 10 임시건강검진의 실시(시행규칙 제12조)

① 연구실 내에 유소견자(연구실에서 취급하는 유해인자로 인하여 질병 또는 장해 증상 등 의학적 소견을 보이는 사람)가 발생한 경우 실시함. 다음에 해당하는 연구활동종사자에게도 실시함
  ㉠ 유소견자와 같은 연구실에 종사하는 연구활동종사자
  ㉡ 유소견자와 같은 유해인자에 노출된 해당 대학·연구기관 등에 소속된 연구활동종사자로서 유소견자와 유사한 질병·장해 증상을 보이거나 유소견자와 유사한 질병·장해가 의심되는 연구활동종사자
② 연구실 내 유해인자가 외부로 누출되어 유소견자가 발생했거나 다수 발생할 우려가 있는 경우 혹은 누출된 유해인자에 접촉했거나 접촉했을 우려가 있는 연구활동종사자에게도 실시할 것

TOPIC. 11 중대연구실사고 등의 보고 및 공표(시행규칙 제14조)

① 연구주체의 장은 중대연구실사고가 발생한 경우에는 지체 없이 다음 각 호의 사항을 과학기술정보통신부장관에게 전화, 팩스, 전자우편이나 그 밖의 적절한 방법으로 보고해야 함
  ㉠ 사고 발생 개요 및 피해 상황
  ㉡ 사고 조치 내용, 사고 확산 가능성 및 향후 조치·대응계획
  ㉢ 그 밖에 사고 내용·원인 파악 및 대응을 위해 필요한 사항
② 연구주체의 장은 연구활동종사자가 의료기관에서 3일 이상의 치료가 필요한 생명 및 신체상의 손해를 입은 연구실사고가 발생한 경우에는 사고가 발생한 날부터 1개월 이내에 연구실사고 조사표를 작성하여 과학기술정보통신부장관에게 보고해야 함
③ 연구주체의 장은 보고한 연구실사고의 발생 현황을 대학·연구기관 등 또는 연구실의 인터넷 홈페이지나 게시판 등에 공표해야 함

TOPIC. 12 보험(시행규칙 제15조)

1. 보상금액

① 요양급여

지급금액	최고한도(20억 원 이상)의 범위에서 실제로 부담해야 하는 의료비
지급기준	연구활동종사자가 연구실사고로 발생한 부상 또는 질병 등으로 인하여 의료비를 실제로 부담한 경우에 지급(다만, 긴급하거나 그 밖의 부득이한 사유가 있을 때에는 해당 연구활동종사자의 청구를 받아 요양급여를 미리 지급할 수 있음)

② 장해급여

지급금액	후유장해 등급별로 과학기술정보통신부장관이 정하여 고시하는 금액 이상
지급기준	연구활동종사자가 연구실사고로 후유장해가 발생한 경우에 지급

③ 입원급여

지급금액	입원 1일당 5만 원 이상
지급기준	연구활동종사자가 연구실사고로 발생한 부상 또는 질병 등으로 인하여 의료기관에 입원한 경우에 입원일부터 계산하여 실제 입원일수에 따라 지급(다만, 입원일수가 3일 이내이면 지급하지 않을 수 있고, 입원일수가 30일 이상인 경우에는 최소한 30일에 해당하는 금액은 지급해야 함)

④ 유족급여

지급금액	2억 원 이상
지급기준	유족급여는 연구활동종사자가 연구실사고로 인하여 사망한 경우에 지급

⑤ 장의비

지급금액	1천만 원 이상
지급기준	장의비는 연구활동종사자가 연구실사고로 인하여 사망한 경우에 그 장례를 지낸 사람에게 지급

2. 보험급여 지급기준

연구활동종사자에게 두 종류 이상의 보험급여를 지급해야 하는 경우

지급사유	지급기준
부상 또는 질병 등이 발생한 사람이 치료 중에 그 부상 또는 질병 등이 원인이 되어 사망한 경우	요양급여, 입원급여, 유족급여 및 장의비를 합산한 금액
부상 또는 질병 등이 발생한 사람에게 후유장해가 발생한 경우	요양급여, 장해급여 및 입원급여를 합산한 금액
후유장해가 발생한 사람이 그 후유장해가 원인이 되어 사망한 경우	유족급여 및 장의비에서 장해급여를 공제한 금액

3. 보험가입 제외대상 연구활동종사자

① 「산업재해보상보험법」에 의해 보상이 이루어지는 자
② 「공무원 재해보상법」에 의해 보상이 이루어지는 자
③ 「사립학교교직원 연금법」에 의해 보상이 이루어지는 자
④ 「군인연금법」에 의해 보상이 이루어지는 자

STEP 01 | 핵심 키워드 정리문제

01 연구실 안전환경 및 안전관리 현황에 대한 실태 조사는 (　　　　　)년마다 실시한다.

02 정부는 (　　　　　)년마다 연구실 안전환경 조성 기본계획을 수립·시행해야 한다.

03 연구실안전심의위원회 위원은 (　　　　　)명 이내로 구성한다.

04 연구실안전심의위원회 정기회의는 연 (　　　　　)회 실시한다.

05 연구실안전정보시스템의 운영 주체는 법 제30조에 따라 지정된 (　　　　　)이다.

06 (　　　　　)은/는 연구실안전정보시스템을 통하여 대학·연구기관 등의 연구실 안전정보를 매년 1회 이상 공표할 수 있다.

07 연구활동종사자가 1천 명 이상 3천 명 미만인 경우 연구실안전환경관리자를 (　　　　　)명 이상 지정해야 한다.

08 연구실안전관리위원회의 구성·운영 주체는 (　　　　　)이다.

09 연구주체의 장은 안전점검 또는 정밀안전진단을 실시한 결과 연구실에 유해인자가 누출되는 등 대통령령으로 정하는 중대한 결함이 있는 경우에는 그 결함이 있음을 안 날부터 (　　　　　)일 이내에 과학기술정보통신부장관에게 보고하여야 한다.

10 연구활동 시작 전에 유해인자를 미리 분석하는 것을 (   )(이)라 한다.

11 건강검진·임시건강검진의 대상, 실시기준, 검진 항목 및 예외 사유는 (   )(으)로 정한다.

12 연구주체의 장은 연구과제 수행을 위한 연구비를 책정할 때 그 연구과제 인건비 총액의 (   ) 이상에 해당하는 금액을 안전 관련 예산으로 배정해야 한다.

13 연구주체의 장은 (   )(으)로 정하는 기준에 따라 연구활동종사자의 상해·사망에 대비하여 연구활동종사자를 피보험자 및 수익자로 하는 보험에 가입해야 한다.

14 과학기술정보통신부장관은 연구실 안전관리사가 거짓이나 그 밖의 부정한 방법으로 연구실 안전관리사 자격을 취득한 경우 그 자격을 (   )하여야 한다.

15 과학기술정보통신부장관은 연구실 안전관리사의 자격을 취소하거나 정지하려면 (   )을/를 해야 한다.

16 연구활동종사자는 연구실에서 연구실안전관리법 또는 이 법에 따른 명령을 위반한 사실이 발생한 경우 그 사실을 (   )에게 신고할 수 있다.

17 연구활동종사자(연구개발 인력)이 (   ) 미만인 경우 연구실안전법의 전부를 적용받지 않는다.

18 연구주체의 장은 연구실안전환경관리자를 지정하거나 변경한 경우에는 그 날부터 (   ) 이내에 과학기술정보통신부장관에게 그 내용을 제출해야 한다.

정답

01. 2 02. 5 03. 15 04. 2 05. 권역별연구안전지원센터 06. 과학기술정보통신부장관 07. 2 08. 연구주체의 장
09. 7 10. 사전 유해인자 위험분석 11. 과학기술정보통신부령 12. 1% 13. 대통령령 14. 취소 15. 청문
16. 과학기술정보통신부장관 17. 10명 18. 14일

STEP 02 | 핵심 예상문제

01 연구실 안전환경 및 안전관리 현황에 대한 실태 조사에 포함되어야 할 사항을 3가지 이상 서술하시오.

> **정답**

시행령 제3조 제2항
① 연구실 및 연구활동종사자 현황
② 연구실 안전관리 현황
③ 연구실사고 발생 현황 및 조치 결과
④ 그 밖에 연구실 안전환경 및 안전관리 현황 파악을 위하여 과학기술정보통신부장관이 필요하다고 인정하는 사항

02 연구실 안전환경 기반 조성을 위한 기본계획에 필수적으로 포함되어야 할 사항을 3가지 이상 서술하시오.

> **정답**

법 제6조 제3항
① 연구실 안전환경 조성을 위한 발전목표 및 정책의 기본방향
② 연구실 안전관리 기술 고도화 및 연구실사고 예방을 위한 연구개발
③ 연구실 유형별 안전관리 표준화 모델 개발
④ 연구실 안전교육 교재의 개발·보급 및 안전교육 실시
⑤ 연구실 안전관리의 정보화 추진
⑥ 안전관리 우수연구실 인증제 운영
⑦ 연구실의 안전환경 조성 및 개선을 위한 사업 추진
⑧ 연구안전 지원체계 구축·개선
⑨ 연구활동종사자의 안전 및 건강 증진
⑩ 그 밖에 연구실사고 예방 및 안전환경 조성에 관한 중요사항

03 연구실안전관리담당자의 주요 책무에 대하여 3가지 이상 서술하시오.

> **정답**

- 연구실 내 위험물, 유해물 취급 및 관리
- 화학물질(약품) 및 보호장구 관리
- 물질안전보건자료(MSDS)의 작성 및 보관
- 연구실 안전관리에 따른 시설 개·보수 요구
- 연구실 안전점검표 작성 및 보관
- 연구실 안전관리규정 비치 등 기타 연구실 내 안전관리에 관한 사항

04 다음 빈칸에 들어갈 연구실안전환경관리자의 지정 기준 인원을 서술하시오.

연구활동종사자가 1천 명 미만인 경우	(①)
연구활동종사자가 1천 명 이상 3천 명 미만인 경우	(②)
연구활동종사자가 3천 명 미만인 경우	(③)

[정답]

법 제10조 제1항
① 1명 이상, ② 2명 이상, ③ 3명 이상

05 연구실안전관리위원회에서 협의하여야 할 사항을 3가지 이상 서술하시오.

[정답]

법 제11조 제2항
① 안전관리규정(제12조 제1항)의 작성 또는 변경
② 안전점검(제14조) 실시 계획의 수립
③ 정밀안전진단(제15조) 실시 계획의 수립
④ 안전 관련 예산(제22조)의 계상 및 집행 계획의 수립
⑤ 연구실 안전관리 계획의 심의
⑥ 그 밖에 연구실 안전에 관한 주요사항

06 안전관리규정에 포함되어야 할 사항을 3가지 이상 서술하시오.

[정답]

법 제12조 제1항
① 안전관리 조직체계 및 그 직무에 관한 사항
② 연구실안전환경관리자 및 연구실책임자의 권한과 책임에 관한 사항
③ 연구실안전관리담당자의 지정에 관한 사항
④ 안전교육의 주기적 실시에 관한 사항
⑤ 연구실 안전표식의 설치 또는 부착
⑥ 중대연구실사고 및 그 밖의 연구실사고의 발생을 대비한 긴급대처 방안과 행동요령
⑦ 연구실사고 조사 및 후속대책 수립에 관한 사항
⑧ 연구실 안전 관련 예산 계상 및 사용에 관한 사항
⑨ 연구실 유형별 안전관리에 관한 사항
⑩ 그 밖의 안전관리에 관한 사항

07 연구주체의 장이 정밀안전진단지침에 따라 정밀안전진단을 실시하여야 하는 경우에 관해 서술하시오.

> 정답

법 제15조 제1항
① 안전점검(제14조)을 실시한 결과 연구실사고 예방을 위하여 정밀안전진단이 필요하다고 인정되는 경우
② 중대연구실사고가 발생한 경우

08 연구주체의 장은 안전점검 및 정밀안전진단의 실시 결과 또는 연구실사고 조사 결과에 따라 연구활동종사자 또는 공중의 안전을 위하여 긴급한 조치가 필요하다고 판단되는 경우 어떠한 조치를 취하여야 하는지 3가지 이상 서술하시오.

> 정답

법 제25조 제1항
다음 내용 중 한 가지 이상의 조치를 취해야 한다.
① 정밀안전진단 실시
② 유해인자의 제거
③ 연구실 일부의 사용제한
④ 연구실의 사용금지
⑤ 연구실의 철거
⑥ 그 밖에 연구주체의 장 또는 연구활동종사자가 필요하다고 인정하는 안전조치

09 안전관리 우수연구실 인증제 취소 가능 사유를 2가지 이상 서술하시오.

> 정답

법 제28조 제3항
① 거짓이나 그 밖의 부정한 방법으로 인증을 받은 경우
② 정당한 사유 없이 1년 이상 연구활동을 수행하지 않은 경우
③ 인증서를 반납하는 경우
④ 법 제28조 제4항에 따른 인증 기준에 적합하지 아니하게 된 경우

10 안전관리사시험에서 부정한 행위를 한 응시자에 대한 제재처분은 무엇인지 서술하시오.

> 정답

법 제37조
과학기술정보통신부장관은 안전관리사시험에서 부정한 행위를 한 응시자에 대하여는 그 시험을 정지 또는 무효로 하고, 그 처분을 한 날부터 2년간 안전관리사시험 응시자격을 정지함

11 과학기술정보통신부장관이 권역별연구안전지원센터에 위탁할 수 있는 업무를 3가지 이상 서술하시오.

> 정답

법 제41조 제2항
① 연구실안전정보시스템 구축·운영에 관한 업무
② 안전점검 및 정밀안전진단 대행기관의 등록·관리 및 지원에 관한 업무
③ 연구실 안전관리에 관한 교육·훈련 및 전문교육의 기획·운영에 관한 업무
④ 연구실사고 조사 및 조사 결과의 기록 유지·관리 지원에 관한 업무
⑤ 안전관리 우수연구실 인증제 운영 지원에 관한 업무
⑥ 검사 지원에 관한 업무
⑦ 그 밖에 연구실 안전관리와 관련하여 필요한 업무로서 대통령령으로 정하는 업무

12 다음 빈칸에 들어갈 벌칙을 서술하시오.

내용	벌칙
안전점검 또는 정밀안전진단을 실시하지 아니하거나 성실하게 실시하지 아니함으로써 연구실에 중대한 손괴를 일으켜 공중의 위험을 발생하게 한 자	(①)
안전점검 또는 정밀안전진단을 실시하지 아니하거나 성실하게 실시하지 아니함으로써 연구실에 중대한 손괴를 일으켜 공중의 위험을 발생하게 하여 사람을 사상에 이르게 한 자	(②)
직무상 알게 된 비밀을 제3자에게 제공 또는 도용하거나 목적 외의 용도로 사용한 자	(③)

> 정답

① 5년 이하의 징역 또는 5천만 원 이하의 벌금
② 3년 이상 10년 이하의 징역
③ 1년 이하의 징역이나 1천만 원 이하의 벌금

> 참고

벌금(법 제43조 및 제44조)

내용	벌칙
안전점검 또는 정밀안전진단을 실시하지 아니하거나 성실하게 실시하지 아니함으로써 연구실에 중대한 손괴를 일으켜 공중의 위험을 발생하게 한 자	5년 이하의 징역 또는 5천만 원 이하의 벌금
안전점검 또는 정밀안전진단을 실시하지 아니하거나 성실하게 실시하지 아니함으로써 연구실에 중대한 손괴를 일으켜 공중의 위험을 발생하게 하여 사람을 사상에 이르게 한 자	3년 이상 10년 이하의 징역
직무상 알게 된 비밀을 제3자에게 제공 또는 도용하거나 목적 외의 용도로 사용한 자	1년 이하의 징역이나 1천만원 이하의 벌금

13 「연구실 안전환경 조성에 관한 법률」에서 500만 원 이하의 과태료가 부과되는 경우를 4가지 이상 서술하시오.

> [정답]

법 제46조 제3항
① 연구실책임자를 지정하지 아니한 자(제9조 제1항 위반)
② 연구실안전환경관리자를 지정하지 아니한 자(제10조 제1항 위반)
③ 연구실안전환경관리자의 대리자를 지정하지 아니한 자(제10조 제4항 위반)
④ 안전관리규정을 작성하지 아니한 자(제12조 제1항 위반)
⑤ 안전관리규정을 성실하게 준수하지 아니한 자(제12조 제2항 위반)
⑥ 안전점검 및 정밀안전진단 실시 결과의 보고를 하지 아니하거나 거짓으로 보고한 자(제16조 제2항 위반)
⑦ 안전점검 및 정밀안전진단 대행기관으로 등록하지 아니하고 안전점검 및 정밀안전진단을 실시한 자(제17조 제1항 위반)
⑧ 연구실안전환경관리자가 전문교육을 이수하도록 하지 아니한 자(제20조 제3항 위반)
⑨ 소관 연구실에 필요한 안전 관련 예산을 배정 및 집행하지 아니한 자(제22조 제2항 위반)
⑩ 연구과제 수행을 위한 연구비를 책정할 때 일정 비율 이상을 안전 관련 예산에 배정하지 아니 한 자(제22조 제3항 위반)
⑪ 안전 관련 예산을 다른 목적으로 사용한 자(제22조 제4항 위반)
⑫ 연구실사고 발생의 보고를 하지 아니하거나 거짓으로 보고한 자(제23조 위반)
⑬ 연구실사고 발생 관련 자료제출이나 경위 및 원인 등에 관한 조사를 거부·방해 또는 기피한 자(제24조 제1항 위반)
⑭ 시정명령에 따른 명령을 위반한 자(제33조 제1항 위반)

14 연구실안전정보시스템에 포함되어야 하는 정보를 4가지 이상 서술하시오.

> [정답]

시행령 제6조 제1항
① 대학·연구기관 등의 현황
② 분야별 연구실사고 발생 현황, 연구실사고 원인 및 피해 현황 등 연구실사고에 관한 통계
③ 기본계획 및 연구실 안전 정책에 관한 사항
④ 연구실 내 유해인자에 관한 정보
⑤ 안전점검지침 및 정밀안전진단지침
⑥ 안전점검 및 정밀안전진단 대행기관의 등록 현황
⑦ 안전관리 우수연구실 인증 현황
⑧ 권역별연구안전지원센터의 지정 현황
⑨ 연구실안전환경관리자 지정 내용 등 법령에 따른 제출·보고 사항
⑩ 그 밖에 연구실 안전환경 조성에 필요한 사항

15 연구실책임자의 지정 요건에 대해 서술하시오.

정답

시행령 제7조
① 대학·연구기관 등에서 연구책임자 또는 조교수 이상의 직에 재직하는 사람일 것
② 해당 연구실의 연구활동과 연구활동종사자를 직접 지도·관리·감독하는 사람일 것
③ 해당 연구실의 사용 및 안전에 관한 권한과 책임을 가진 사람일 것

16 연구실안전환경관리자의 자격기준을 서술하시오.

정답

시행령 제8조 제3항 별표 2
① 「국가기술자격법」에 따른 국가기술자격 중 안전관리 분야의 기사 이상 자격을 취득한 사람
② 법 제34조 제2항에 따른 교육·훈련을 이수한 연구실안전관리사
③ 「국가기술자격법」에 따른 국가기술자격 중 안전관리 분야의 산업기사 자격을 취득한 후 연구실 안전관리 업무 실무경력이 1년 이상인 사람
④ 「고등교육법」에 따른 전문대학 또는 이와 같은 수준 이상의 학교에서 산업안전, 소방안전 등 안전 관련 학과를 졸업한 후 또는 법령에 따라 이와 같은 수준 이상으로 인정되는 학력을 갖춘 후 연구실 안전관리 업무 실무경력이 2년 이상인 사람
⑤ 「고등교육법」에 따른 전문대학 또는 이와 같은 수준 이상의 학교에서 이공계학과를 졸업한 후 또는 법령에 따라 이와 같은 수준 이상으로 인정되는 학력을 갖춘 후 연구실 안전관리 업무 실무경력이 4년 이상인 사람
⑥ 「초·중등교육법」에 따른 고등기술학교 또는 이와 같은 수준 이상의 학교를 졸업한 후 연구실 안전관리 업무 실무경력이 6년 이상인 사람
⑦ 다음 어느 하나에 해당하는 안전관리자로 선임되어 연구실 안전관리 업무 실무경력이 1년 이상인 사람
　㉠ 「고압가스 안전관리법」 제15조에 따른 안전관리자
　㉡ 「산업안전보건법」 제17조에 따른 안전관리자
　㉢ 「도시가스사업법」 제29조에 따른 안전관리자
　㉣ 「전기안전관리법」 제22조에 따른 전기안전관리자
　㉤ 「화재예방, 소방시설 설치·유지 및 안전관리에 관한 법률」 제20조에 따른 소방안전관리자
　㉥ 「위험물안전관리법」 제15조에 따른 위험물안전관리자
⑧ 연구실 안전관리 업무 실무경력이 8년 이상인 사람

17 연구실안전환경관리자의 업무에 대해 4가지 이상 서술하시오.

정답

시행령 제8조 제4항
① 연구실의 안전점검·정밀안전진단의 실시계획 수립 및 실시
② 연구실 안전교육계획 수립 및 실시
③ 연구실 사고 발생의 원인조사 및 재발방지를 위한 기술적 지도·조언
④ 연구실 안전환경 및 안전관리 현황에 관한 통계의 유지·관리
⑤ 법 또는 법에 의한 명령이나 안전관리규정(법 제12조 제1항)을 위반한 연구활동종사자에 대한 조치의 건의
⑥ 그 밖에 안전관리규정이나 다른 법령에 따른 연구시설의 안전성 확보에 관한 사항

18 안전점검지침 및 정밀안전진단지침에 포함되어야 하는 사항을 4가지 이상 서술하시오.

> 정답

시행령 제9조
① 안전점검 · 정밀안전진단 실시 계획의 수립 및 시행에 관한 사항
② 안전점검 · 정밀안전진단을 실시하는 자의 유의사항
③ 안전점검 · 정밀안전진단의 실시에 필요한 장비에 관한 사항
④ 안전점검 · 정밀안전진단의 점검대상 및 항목별 점검방법에 관한 사항
⑤ 안전점검 · 정밀안전진단 결과의 자체평가 및 사후조치에 관한 사항
⑥ 그 밖에 연구실의 기능 및 안전을 유지 · 관리하기 위하여 과학기술정보통신부장관이 필요 하다고 인정하는 사항

19 다음 빈칸에 들어갈 안전점검 및 정밀안전진단의 실시 시기를 서술하시오.

구분	일상점검	정기점검	특별안전점검	정밀안전진단
실시시기	(①)	(②)	(③)	(④)

> 정답

① 매일 1회 연구활동 전, ② 매년 1회 이상(전체연구실대상), ③ 연구주체의 장이 필요하다고 인정한 경우, ④ 2년에 1회 이상

> 참고

안전점검의 실시 시기(시행령 제10조 및 제11조)

구분	일상점검	정기점검	특별안전점검	정밀안전진단
실시시기	매일 1회 연구활동 전	매년 1회 이상 (전체 연구실 대상)	연구주체의 장이 필요하다고 인정한 경우	2년에 1회 이상

20 안전점검 또는 정밀안전진단 대행기관으로 등록하려는 자가 과학기술정보통신부 장관에게 제출해야 하는 첨부 서류는 무엇인지 서술하시오.

> 정답

시행령 제14조 제1항
① 기술인력 보유 현황
② 장비 명세서

21 안전점검 또는 정밀안전진단 대행기관 기술인력에 대한 권역별연구안전지원센터에서 실시하는 교육의 종류 및 내용을 서술하시오.

정답

시행령 제14조 제7항
① 신규교육 : 기술인력이 등록된 날부터 6개월 이내에 받아야 하는 교육
② 보수교육 : 기술인력이 신규교육을 이수한 날을 기준으로 2년마다 받아야 하는 교육. 매 2년이 되는 날을 기준으로 전후 6개월 이내에 보수교육을 받도록 해야 함

22 사전유해인자위험분석 순서를 서술하시오.

정답

시행령 제15조 제1항
① 해당 연구실의 안전 현황 분석
② 해당 연구실의 유해인자별 위험 분석
③ 연구실안전계획 수립
④ 비상조치계획 수립

23 연구활동종사자에 대한 교육·훈련을 실시하는 경우 교육·훈련 담당자의 자격 요건을 3가지 이상 서술하시오.

정답

시행령 제16조 제1항
① 시행령 별표 4 제2호에 따른 점검 실시자의 인적 자격 요건 중 어느 하나에 해당하는 사람으로서 해당 기관의 정기점검 또는 특별안전점검을 실시한 경험이 있는 사람. 단, 연구활동종사자는 제외
② 대학의 조교수 이상으로서 안전에 관한 경험과 학식이 풍부한 사람
③ 연구실책임자
④ 연구실안전환경관리자
⑤ 권역별연구안전지원센터에서 실시하는 전문강사 양성 교육·훈련을 이수한 사람
⑥ 연구실안전관리사

24 연구주체의 장이 매년 연구실 안전 및 유지·관리비로 예산에 계상해야 하는 비용의 종류를 4가지 이상 서술하시오.

> **정답**
>
> **시행령 제17조 제1항**
> ① 안전관리에 관한 정보제공 및 연구활동종사자에 대한 교육·훈련 비용
> ② 연구실안전환경관리자에 대한 전문교육 비용
> ③ 건강검진 비용
> ④ 보험료
> ⑤ 연구실의 안전을 유지·관리하기 위한 설비의 설치·유지 및 보수 비용
> ⑥ 연구활동종사자의 보호장비 구입 비용
> ⑦ 안전점검 및 정밀안전진단 비용
> ⑧ 그 외 연구실 안전환경 조성을 위하여 필요한 사항으로서 과학기술정보통신부장관이 고시하는 용도

25 과학기술정보통신부장관은 연구실사고 경위 및 원인 조사를 위해 사고조사반을 구성·운영할 수 있다. 사고조사반으로 활동할 수 있는 사람의 자격 요건을 서술하시오.

> **정답**
>
> **시행령 제18조 제1항**
> ① 연구실 안전과 관련한 업무를 수행하는 관계 공무원
> ② 연구실 안전 분야 전문가
> ③ 그 밖에 연구실사고 조사에 필요한 경험과 학식이 풍부한 전문가

26 연구주체의 장은 연구활동종사자가 지급받은 보험금으로 치료비를 부담하기에 부족하다고 인정하는 경우 해당 연구활동종사자에게 치료비를 지원할 수 있다. 지원할 수 있는 치료비의 종류를 서술하시오.

> **정답**
>
> **시행령 제19조 제5항**
> 치료비는 진찰비, 검사비, 약제비, 입원비, 간병비 등 치료에 드는 모든 의료비용을 포함한다.

27 안전관리 우수연구실 인증을 받으려는 연구주체의 장은 과학기술정보 통신부령으로 정하는 인증신청서를 과학기술정보통신부장관에게 제출해야 한다. 다음 빈칸에 들어갈 안전관리 우수연구실 인증 관련 내용을 서술하시오.

안전관리 우수연구실 인증의 유효기간	(①)
유효기간이 지나기 전에 다시 인증을 받으려는 경우 신청기간	(②)

정답
① 인증을 받은 날부터 2년, ② 유효기간 만료일 60일 전까지

참고

시행령 제20조

안전관리 우수연구실 인증의 유효기간	인증을 받은 날부터 2년
유효기간이 지나기 전에 다시 인증을 받으려는 경우 신청기간	유효기간 만료일 60일 전까지

28 연구실 안전환경 조성을 위한 지원대상 범위를 4가지 이상 서술하시오.

정답

시행령 제22조 제1항
① 연구실 안전관리 정책·제도개선, 안전관리 기준 등에 대한 연구, 개발 및 보급
② 연구실 안전 교육자료 연구, 발간, 보급 및 교육
③ 연구실 안전 네트워크 구축·운영
④ 연구실 안전점검·정밀안전진단 실시 또는 관련 기술·기준의 개발 및 고도화
⑤ 연구실 안전의식 제고를 위한 홍보 등 안전문화 확산
⑥ 연구실사고의 조사, 원인 분석, 안전대책 수립 및 사례 전파
⑦ 그 밖에 연구실의 안전환경 조성 및 기반 구축을 위한 사업

29 권역별연구안전지원센터로 지정받으려는 자가 지정신청서와 함께 제출하여야 할 서류는 무엇인지 서술하시오.

정답

시행령 제23조 제1항
① 사업 수행에 필요한 인력 보유 및 시설 현황
② 센터 운영규정
③ 사업계획서
④ 그 밖에 연구실 현장 안전관리 및 신속한 사고 대응과 관련하여 과학기술정보통신부장관이 공고하는 서류

30 권역별연구안전지원센터가 수행할 수 있는 업무가 무엇인지 4가지 이상 서술하시오.

정답

시행령 제23조 제4항
① 연구실사고 발생 시 사고 현황 파악 및 수습 지원 등 신속한 사고 대응에 관한 업무
② 연구실 위험요인 관리실태 점검 · 분석 및 개선에 관한 업무
③ ①, ②의 업무 수행에 필요한 전문인력 양성 및 대학 · 연구기관 등에 대한 안전관리 기술 지원에 관한 업무
④ 연구실 안전관리 기술, 기준, 정책 및 제도 개발 · 개선에 관한 업무
⑤ 연구실 안전의식 제고를 위한 연구실 안전문화 확산에 관한 업무
⑥ 정부와 대학 · 연구기관 등 상호 간 연구실 안전환경 관련 협력에 관한 업무
⑦ 연구실 안전교육 교재 및 프로그램 개발 · 운영에 관한 업무
⑧ 그 밖에 과학기술정보통신부장관이 정하는 연구실 안전환경 조성에 관한 업무

31 연구실중대연구실사고가 발생한 경우 과학기술 정보통신부장관에게 보고해야 하는 내용을 서술하시오.

정답

시행규칙 제14조 제1항
① 사고 발생 개요 및 피해 상황
② 사고 조치 내용, 사고 확산 가능성 및 향후 조치 · 대응계획
③ 그 밖에 사고 내용 · 원인 파악 및 대응을 위해 필요한 사항

32 다음은 연구실사고에 대한 보험 보상금액에 관한 내용이다. 빈칸에 들어갈 내용을 서술하시오.

보험	보상급액
요양급여	최고한도(20억 원 이상)의 범위에서 실제로 부담해야 하는 의료비
(①)	후유장해 등급별로 과학기술정보통신부장관이 정하여 고시하는 금액 이상
입원급여	입원 (②)일당 (③) 원 이상
유족급여	(④) 원 이상
(⑤)	1천만원 이상

정답

① : 장해급여, ② : 1, ③ : 5만, ④ : 2억, ⑤ : 장의비

> **참고**
>
> 시행규칙 제15조
>
> | 보험 | 보상급액 |
> |---|---|
> | 요양급여 | 최고한도(20억 원 이상)의 범위에서 실제로 부담해야 하는 의료비 |
> | 장해급여 | 후유장해 등급별로 과학기술정보통신부장관이 정하여 고시하는 금액 이상 |
> | 입원급여 | 입원 1일당 5만 원 이상 |
> | 유족급여 | 2억 원 이상 |
> | 장의비 | 1천만 원 이상 |

33 연구실 보험가입 제외대상 연구활동종사자는 어떤 사람인지 서술하시오.

> **정답**
>
> **시행령 제19조 제2항**
> ① 「산업재해보상보험법」에 의해 보상이 이루어지는 자
> ② 「공무원 재해보상법」에 의해 보상이 이루어지는 자
> ③ 「사립학교교직원 연금법」에 의해 보상이 이루어지는 자
> ④ 「군인 재해보상법」에 의해 보상이 이루어지는 자

34 연구주체의 장의 책무에 대해 서술하시오.

> **정답**
>
> **법 제5조**
> ① 연구주체의 장은 연구실의 안전에 관한 유지·관리 및 연구실사고 예방을 철저히 함으로써 연구실의 안전환경을 확보할 책임을 지며, 연구실사고 예방시책에 적극 협조하여야 한다.
> ② 연구주체의 장은 연구활동종사자가 연구활동 수행 중 발생한 상해·사망으로 인한 피해를 구제하기 위하여 노력하여야 한다.
> ③ 연구주체의 장은 과학기술정보통신부장관이 정하여 고시하는 연구실 설치·운영 기준에 따라 연구실을 설치·운영하여야 한다.

35 연구실안전심의위원회에서 심의할 사항에 대해 서술하시오.

> 정답

법 제7조 제1항
① 연구실 안전환경 조성에 관한 기본계획 수립·시행에 관한 사항
② 연구실 안전환경 조성에 관한 주요정책의 총괄·조정에 관한 사항
③ 연구실사고 예방 및 대응에 관한 사항
④ 연구실 안전점검 및 정밀안전진단 지침에 관한 사항
⑤ 그 밖에 연구실 안전환경 조성에 관하여 위원장이 회의에 부치는 사항

36 연구실안전환경관리자의 지정 예외에 대하여 서술하시오.

> 정답

시행령 제8조 제2항
분교 또는 분원의 연구활동종사자 총인원이 10명 미만 또는 대통령령으로 정하는 경우 연구실안전환경관리자를 지정하지 않을 수 있다(분교와 분교 또는 본교와 분원이 같은 시·군·구 지역에 소재하는 경우, 본교와 분교 또는 본원과 분원 간의 직선거리가 15km 이내인 경우).

37 과학기술정보통신부장관은 연구실안전관리사의 자격을 취소하거나 2년의 범위에서 그 자격을 정지할 수 있다. 안전관리사가 그 자격을 취소당하거나 정지당하는 경우에 대하여 서술하시오.

> 정답

법 제38조
① 거짓이나 그 밖의 부정한 방법으로 연구실 안전관리사 자격을 취득한 경우
② 자격증을 다른 사람에게 빌려주거나, 다른 사람에게 자기의 이름으로 연구실 안전관리사의 직무를 하게 한 경우
③ 고의 또는 중대한 과실로 연구실 안전관리사의 직무를 거짓으로 수행하거나 부실하게 수행하는 경우
④ 연구실 안전관리사가 될 수 없는 자(결격사유가 있는 자)에 해당하게 된 경우
⑤ 직무상 알게 된 비밀을 제3자에게 제공 또는 도용하거나 목적 외의 용도로 사용한 경우
⑥ 연구실안전관리사의 자격이 정지된 상태에서 연구실안전관리사 업무를 수행한 경우

38 연구주체의 장 및 권역별연구안전지원센터의 장은 수시 또는 정기적으로 과학기술정보통신부 장관에게 제출·보고해야 하는 사항을 안전정보시스템에 입력하여야 하며, 이 경우 제출·보고 의무를 이행한 것으로 간주한다. 안전정보시스템에 보고 사항을 입력하였음에도 의무를 이행한 것으로 보지 않는 경우는 무엇인지 서술하시오.

정답

시행령 제6조 제4항
① 연구실의 중대한 결함 보고
② 연구실 사용제한 조치 등의 보고

39 연구실안전환경관리자의 직무를 대행하는 대리자의 자격 요건은 무엇인지 서술하시오.

정답

시행령 제8조 제5항
① 「국가기술자격법」에 따른 안전관리 분야의 국가기술자격을 취득한 사람
② 별표 2 제6호 각 목의 어느 하나에 해당하는 안전관리자로 선임되어 있는 사람
③ 연구실 안전관리 업무 실무경력이 1년 이상인 사람
④ 연구실 안전관리 업무에서 연구실안전환경관리자를 지휘·감독하는 지위에 있는 사람

40 대통령령으로 정하는 중대한 결함(연구실에 유해인자가 누출되는 등)이란 특정 사유로 연구활동 종사자의 사망 또는 심각한 신체적 부상이나 질병을 일으킬 우려가 있는 경우이다. 이때 특정 사유는 어떠한 것이 있는지 서술하시오.

정답

시행령 제13조
① 「화학물질관리법」 제2조 제7호에 따른 유해화학물질, 「산업안전보건법」 제104조에 따른 유해인자, 과학기술정 보통신부령으로 정하는 독성가스 등 유해·위험물질의 누출 또는 관리 부실
② 「전기사업법」 제2조 제16호에 따른 전기설비의 안전관리 부실
③ 연구활동에 사용되는 유해·위험설비의 부식·균열 또는 파손
④ 연구실 시설물의 구조안전에 영향을 미치는 지반침하·균열·누수 또는 부식
⑤ 인체에 심각한 위험을 끼칠 수 있는 병원체의 누출

41 안전점검 및 정밀안전진단 대행기관이 등록된 사항을 변경하려는 경우 언제 어떤 서류를 누구에게 제출해야 하는지 서술하시오.

> **정답**
>
> **시행령 제14조 제4항**
> 안전점검 및 정밀안전진단 대행기관이 등록된 사항을 변경하려는 경우에는 변경사유가 발생한 날부터 20일 이내에 변경등록신청서를 과학기술정보통신부장관에게 제출해야 한다.

42 다음은 연구활동종사자의 교육 및 훈련에 대한 내용이다. 빈칸에 들어갈 내용을 서술하시오.

구분	교육대상		교육시간
신규교육·훈련	근로자	정기 정밀안전진단 연구실에 신규 채용된 연구활동종사자	(①) 이상 (채용 후 6개월 이내)
		정기 정밀안전진단 연구실이 아닌 연구실에 신규로 채용된 연구활동종사자	4시간 이상 (채용 후 6개월 이내)
	근로자가 아닌 사람	(②)	2시간 이상 (연구활동 참여 후 3개월 이내)
정기교육·훈련	(③)		연간 3시간 이상
	정기 정밀안전진단을 받아야 하는 연구실의 연구활동종사자		반기별 (④) 이상
	위 교육대상이 아닌 연구실의 연구활동종사자		반기별 3시간 이상
(⑤)	연구실사고가 발생했거나 발생할 우려가 있다고 연구주체의 장이 인정하는 연구실의 연구활동종사자		2시간 이상
(⑥)	신규교육		18시간 이상 (연구실안전환경관리자로 지정된 후 6개월 이내)
	보수교육		12시간 이상 (신규교육을 이수한 후 매 2년이 되는 날을 기준으로 전후 6개월 이내)

> **정답**
>
> ① 8시간, ② 대학생, 대학원생 등 연구 활동에 참여하는 연구 활동종사자, ③ 저위험 연구실의 연구활종종사자, ④ 6시간, ⑤ 특별안전교육·훈련, ⑥ 연구실안전환경관리자 전문교육

> 참고

시행규칙 제10조 별표 3, 별표 4

구분		교육대상	교육시간
신규교육·훈련	근로자	정기 정밀안전진단 연구실에 신규 채용된 연구활동종사자	8시간 이상 (채용 후 6개월 이내)
		정기 정밀안전진단 연구실이 아닌 연구실에 신규로 채용된 연구활동종사자	4시간 이상 (채용 후 6개월 이내)
	근로자가 아닌 사람	대학생, 대학원생 등 연구 활동에 참여하는 연구 활동종사자	2시간 이상 (연구활동 참여 후 3개월 이내)
정기교육·훈련		저위험 연구실의 연구활종종사자	연간 3시간 이상
		정기 정밀안전진단을 받아야 하는 연구실의 연구활동종사자	반기별 6시간 이상
		위 교육대상이 아닌 연구실의 연구활동종사자	반기별 3시간 이상
특별안전교육·훈련		연구실사고가 발생했거나 발생할 우려가 있다고 연구주체의 장이 인정하는 연구실의 연구활동종사자	2시간 이상
연구실안전환경관리자 전문교육		신규교육	18시간 이상 (연구실안전환경관리자로 지정된 후 6개월 이내)
		보수교육	12시간 이상 (신규교육을 이수한 후 매 2년이 되는 날을 기준으로 전후 6개월 이내)

43 임시건강검진을 실시하는 경우는 언제인지 서술하시오.

> 정답

시행규칙 제12조 제1항
① 연구실 내에 유소견자(연구실에서 취급하는 유해인자로 인하여 질병 또는 장해 증상 등 의학적 소견을 보이는 사람) 발생한 경우 실시함. 다음에 해당하는 연구활동종사자에게도 실시함
  ㉠ 유소견자와 같은 연구실에 종사하는 연구활동종사자
  ㉡ 유소견자와 같은 유해인자에 노출된 해당 대학·연구기관 등에 소속된 연구활동종사자로서 유소견자와 유사한 질병·장해 증상을 보이거나 유소견자와 유사한 질병·장해가 의심되는 연구활동종사자
② 연구실 내 유해인자가 외부로 누출되어 유소견자가 발생했거나 다수 발생할 우려가 있는 경우 혹은 누출된 유해인자에 접촉했거나 접촉했을 우려가 있는 연구활동종사자에게도 실시할 것

MEMO

PART 02
연구실 화학(가스) 안전관리

CHAPTER 01 | 화학·가스 안전관리 일반
CHAPTER 02 | 연구실 내 화학물질 관련 폐기물 안전관리
CHAPTER 03 | 연구실 내 화학물질 누출 및 폭발 방지대책
CHAPTER 04 | 화학시설(설비) 설치·운영 및 관리

CHAPTER 01 화학·가스 안전관리 일반

02 연구실 화학(가스) 안전관리

> **키워드**
>
> 화학물질(가스), 유해인자 분류·관리, 위험성, 유해성, 비상조치, 사고형태, 사고예방·조치, 취급기준, 누출 정지, 화재·폭발 대응, 비상조치

TOPIC. 1 화학물질 유해인자 분류 및 위험성

1. 화학물질의 정의

「산업안전보건법」	원소 및 원소 간의 화학반응에 의하여 생성된 물질
「화학물질관리법」	원소·화합물 및 그에 인위적인 반응을 일으켜 얻어진 물질과 자연상태에서 존재하는 물질을 화학적으로 변형시키거나 추출 또는 정제한 것

2. 연구실 화학물질(가스)의 유해·위험성 분류 및 성질

① 물리적 위험성 분류

㉠ 화학물질 분류

폭발성 물질	자체의 화학반응에 따라 주위환경에 손상을 줄 수 있는 정도의 온도·압력 및 속도를 가진 가스를 발생시키거나 가열, 마찰, 충격 또는 다른 화학물질과의 접촉으로 인하여 산소나 산화제 공급 없이 폭발하는 물질 등을 의미함
인화성 물질	20℃, 표준압력(101.3kPa)에서 공기와 혼합하여 인화되는 범위에 있는 물질
물 반응성 물질	물과 상호작용하여 자연발화되거나 인화성 가스를 발생시키는 물질
산화성 물질	물질 자체의 연소 여부를 떠나서 일반적으로 산소를 발생시켜 다른 물질을 연소시키거나 연소를 촉진하는 물질 등을 의미함
자기반응성 물질	열적인 면에서 불안정하여 산소가 공급되지 않아도 강렬하게 발열·분해하기 쉬운 물질 등을 의미함
발화성 물질	적은 양으로도 공기와 접촉하여 5분 안에 발화할 수 있거나 주위의 에너지 공급 없이 공기와 반응하여 스스로 발열하는 물질 등을 의미함
유기과산화물	−2가의 −O−O− 구조를 가지고 1개 또는 2개의 수소원자가 유기라디칼에 의하여 치환된 과산화수소의 유도체를 포함한 액체 또는 고체 유기물질 등을 의미함
금속부식성 물질	화학적인 작용으로 금속에 손상 또는 부식을 일으키는 물질 등을 의미함

ⓛ 가스 분류

가연성 가스	공기 중에서 연소하는 가스로서 폭발한계(공기와 혼합된 경우 연소를 일으킬 수 있는 공기 중의 가스 농도의 한계)의 하한이 10% 이하인 것과 폭발한계의 상한과 하한의 차가 20% 이상인 가스	
	가연성 가스 종류	수소, 암모니아, 아크릴로니트릴, 아크릴알데히드, 아세트알데히드, 아세틸렌, 황화수소, 시안화수소, 일산화탄소, 이황화탄소, 메탄, 염화메탄, 브롬화메딘, 에탄, 염화에탄, 염화비닐, 에틸렌, 산화에틸렌, 프로판, 시클로프로판, 프로필렌, 산화프로필렌, 부탄, 부타디엔, 부틸렌, 메틸에테르, 모노메틸아민, 디메틸아민, 트리메틸아민, 에틸아민, 벤젠, 에틸벤젠 등
인화성 가스	20℃, 표준압력(101.3kPa)에서 공기와 혼합하여 인화되는 범위에 있는 가스와 공기 중에서 자연발화하는 가스, 즉 20℃, 표준압력 101.3kPa에서 화학적으로 불안정한 가스를 말함	
압축 가스	가압하여 용기에 충전했을 때, -50℃에서 완전히 가스 상태인 가스(임계온도 -50℃ 이하의 모든 가스를 포함)	
산화성 가스	일반적으로 산소를 공급함으로써 공기와 비교하여 다른 물질의 연소를 더 잘 일으키거나 연소를 돕는 가스	
액화 가스	가압하여 용기에 충전했을 때, -50℃ 초과 온도에서 부분적으로 액체인 가스로, 고압액화가스(임계온도가 -50℃에서 +65℃인 가스), 저압액화가스(임계온도가 +65℃를 초과하는 가스)로 구분됨	
독성 가스	공기 중에 일정량 이상 존재하는 경우 인체에 유해한 독성을 가진 가스로서 허용농도(해당 가스를 성숙한 흰쥐 집단에게 대기 중에서 1시간 동안 계속하여 노출시킨 경우 14일 이내에 그 흰쥐의 2분의 1 이상이 죽게 되는 가스의 농도)가 100만분의 5,000 이하인 가스	
	독성 가스 종류	아크릴로니트릴, 아크릴알데히드, 아황산가스, 암모니아, 일산화탄소, 이황화탄소, 불소, 염소, 브롬화메탄, 염화메탄, 염화프렌, 산화에틸렌, 시안화수소, 황화수소, 모노메틸아민, 디메틸아민, 트리메틸아민, 벤젠, 포스겐, 요오드화수소, 브롬화수소, 염화수소, 불화수소, 겨자가스, 알진, 모노실란, 디실란, 디보레인, 셀렌화수소, 포스핀, 모노게르만 등
고압가스	20℃, 200kPa 이상의 압력 하에서 용기에 충전되어 있는 가스 또는 냉동액화가스 형태로 용기에 충전되어 있는 가스(압축가스, 액화가스, 냉동액화가스, 용해가스로 구분함)	

② 건강 및 환경 유해성 분류 : 급성 독성 물질, 피부 부식성 또는 자극성 물질, 심한 눈 손상성 또는 자극성 물질, 호흡기 과민성 물질, 피부 과민성 물질, 발암성 물질, 생식세포 변이원성 물질, 생식독성 물질, 특정 표적장기 독성 물질(1회 노출), 특정 표적장기 독성 물질(반복 노출), 흡인 유해성 물질, 수생 환경 유해성 물질, 오존층 유해성 물질
③ GHS-MSDS, NFPA 704 코드를 보고 연구실 화학물질의 유해성과 위험성을 파악할 수 있음

3. 화학물질(가스)의 유해 · 위험성 확인방법

(1) 물질안전보건자료(GHS-MDS)

① GHS-MSDS 개념

    ㉠ MSDS란 화학물질의 안전한 취급을 위해 물질의 특성과 유해 · 위험성을 사전에 이해하고 운반, 저장, 누출 및 폐기를 포함하는 모든 취급 과정에서 안전을 도모하며, 사고 시 효과적인 방재를 위해서 화학물질 각각 개별로 제조자나 공급자가 만들어 제공하는 자료

    ㉡ GHS-MSDS는 세계조화체계(GHS ; Globally Harmonized System of classification and labelling of chemicals)에 따른 물질안전보건자료(MSDS ; Material Safety Data Sheets)로, 국제적으로 통일된 분류 기준에 따라 화학물질의 유해성 위험성을 분류하고 통일된 형태의 경고표지 및 MSDS를 사용함으로써 화학물질을 안전하게 사용하고 관리에 필요한 정보를 기재한 자료임

    ㉢ MSDS의 적용대상은 기본적으로 위험하고 유해한 물질이며,「산업안전보건법 시행규칙」별표 11의2 1. 화학물질의 분류기준에 해당하는 화학물질 및 화학물질을 함유한 제제(대상 화학물질)가 그 대상임

    ㉣ 화학물질(가스)의 유해 · 위험성은 'GHS-MSDS' 정보에서 확인 가능함

② GHS-MSDS 항목

1	화학제품과 회사에 관한 정보	9	물리 · 화학적 특성
2	유해성 · 위험성	10	안전성 및 반응성
3	구성성분의 명칭 및 함유량	11	독성에 관한 정보
4	응급조치요령	12	환경에 미치는 영향
5	폭발 · 화재 시 대처방법	13	폐기 시 주의사항
6	누출사고 시 대처방법	14	운송에 필요한 정보
7	취급 및 저장방법	15	법적 규제 현황
8	노출방지 및 개인 보호구	16	그 밖의 참고사항

③ GHS-MSDS 항목별 활용방법

상황	활용 항목
화학물질에 대한 일반정보와 물리 · 화학적 성질, 독성 정보 등을 알고 싶을 때	2, 3, 9, 10, 11번 항목 활용
사업장 내 화학물질을 처음 취급 · 사용하거나 폐기 또는 다른 저장소 등으로 이동시킬 때	7, 8, 13, 14번 항목 활용
화학물질로 인하여 폭발 · 화재사고가 발생한 경우	2, 4, 5, 10번 항목 활용
화학물질 규제현황 및 제조 · 공급자에게 MSDS에 대한 문의사항이 있을 경우	1, 15, 16번 항목 활용

④ GHS-MSDS 경고표시 그림문자

불꽃(Flame)		원위의 불꽃		폭탄의 폭발	
	• 인화성 • 물반응성 • 자기반응성 • 자연발화성 • 자기발열성 • 유기과산화물		산화성		• 폭발성 • 자기반응성 • 유기과산화물
부식성		가스실린더		해골과 ×형	
	• 금속부식성 • 피부부식성 • 심한눈손상성		고압가스		급성 독성
감탄부호		환경		건강유해성	
	경고		수생환경유해성		• 호흡기과민성 • 발암성 • 생식독성 • 생식세포변이원성 • 특정표적장기독성

(2) NFPA 704 항목

NFPA 표식은 유해·위험성을 나타내는 지표의 하나로, 미국화재방재청(NFPA ; National Fire Protection Association)에서 각각 화학물질별 건강 위험성, 화재 위험성 및 안정성 혹은 다른 물질과의 반응성을 다음과 같이 0~4등급으로 분류한 지표로 널리 활용되고 있음

〈NFPA(National Fire Protection Association, 미국 화재 예방 협회) 위해성 지수〉

등급	건강 위험성	화재 위험성	반응 위험성
	청색	적색	황색
4등급	치명적임 (deadly)	인화점이 22.8℃ 이하	폭발할 수 있음
3등급	극히 위해함 (extreme danger)	인화점이 37.8℃ 이하	충격이나 열에 의해 폭발할 수 있음
2등급	위해함 (hazardous)	인화점이 37.8~93.3℃ 사이인 물질	화학물질과 격렬하게 반응함
1등급	약간 위해함 (slightly hazardous)	인화점이 93.3℃ 이상인 물질	가열 시 불안정함
0등급	해롭지 않음 (nonhazardous)	불연성	화재에 노출되어도 안정한 물질, 물과 반응하지 않는 물질

CHAPTER 01 화학·가스 안전관리 일반

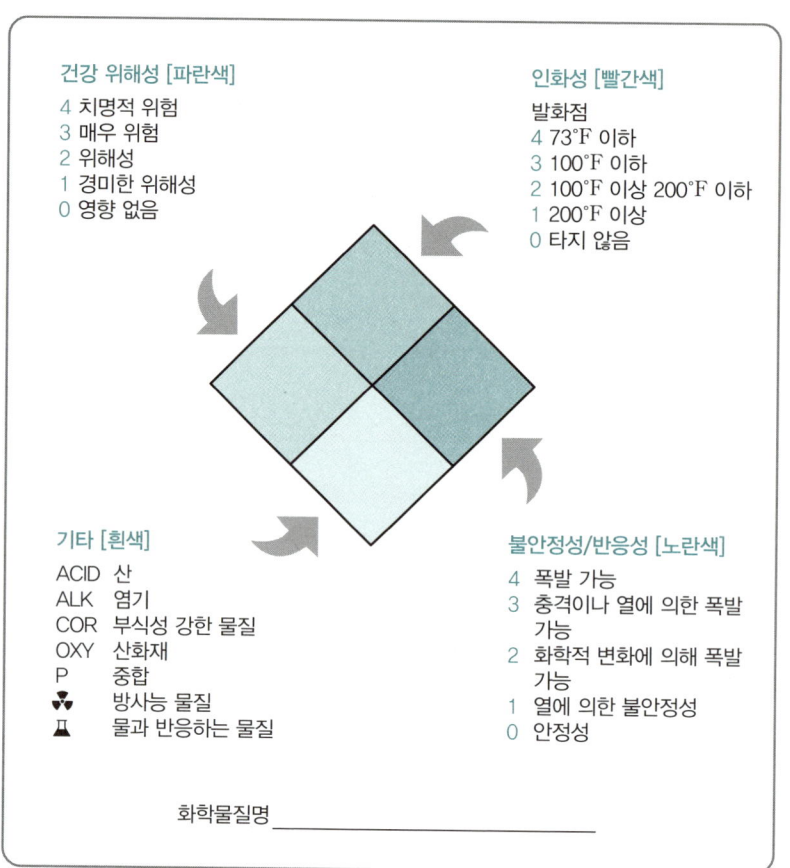

4. 화학물질(가스)의 위험성 분석

① 연구실 사전유해인자 위험분석을 실시해야 하는 화학물질 종류
  ㉠ 「화학물질관리법」 제2조 제7호에 따른 유해화학물질
  ㉡ 「산업안전보건법」 제104조에 따른 유해인자
  ㉢ 「고압가스안전관리법 시행규칙」 제2조 제1항 제2호에 따른 독성 가스

〈연구실 사전유해인자 위험분석을 실시해야 하는 화학(가스) 물질〉

구분	물질종류 및 구분
유해화학물질	• 유독물질 : 「유독물질의 지정고시(국립환경과학원고시 제2021 – 103호)」별표(유독물질) • 허가물질 : 위해성(화학물질이 노출되는 경우 사람의 건강이나 환경에 피해를 줄 수 있는 정도)이 있다고 우려되는 화학물질 • 제한물질 : 「제한물질 · 금지물질의 지정(환경부고시 제2021 – 295호) 별표 2(제한물질) 및 별표 3(총칭으로 지정된 제한물질의 구체적 목록) • 금지물질 : 「제한물질 · 금지물질의 지정(환경부고시 제2021 – 295호) 별표 4(금지물질) 및 별표 5(총칭으로 지정된 금지물질의 구체적 목록) • 사고대비물질 : 「화학물질관리법 시행규칙」 별표 10(사고 대비 물질별 수량 기준) 「사고대비물질의 지정(환경부고시 제2021 – 75호)」
유해인자	물리적 위험성(폭발성 물질, 인화성 가스, 인화성 액체, 인화성 고체, 인화성 에어로졸, 물반응성 물질, 산화성 가스, 산화성 액체, 산화성 고체, 고압가스, 자기반응성 물질, 자연발화성 액체, 자연발화성 고체, 자기발열성 물질, 유기과산화물, 금속부식성 물질), 건강 및 환경 유해성(급성 독성 물질, 피부부식성 또는 자극성 물질, 심한 눈 손상성 또는 자극성 물질, 호흡기 과민성 물질, 피부 과민성 물질, 발암성 물질, 생식세포 변이원성 물질, 생식독성 물질, 특정표적장기 독성 물질(1회 노출), 특정 표적장기 독성 물질(반복 노출), 흡인 유해성 물질, 수생환경 유해성 물질, 오존층 유해성 물질)
독성 가스	아크릴로니트릴, 아크릴알데히드, 아황산가스, 암모니아, 일산화탄소, 이황화탄소, 불소, 염소, 브롬화메탄, 염화메탄, 염화프렌, 산화에틸렌, 시안화수소, 황화수소, 모노메틸아민, 디메틸아민, 트리메틸아민, 벤젠, 포스겐, 요오드화수소, 브롬화수소, 염화수소, 불화수소, 겨자가스, 알진, 모노실란, 디실란, 디보레인, 셀렌화수소, 포스핀, 모노게르만 및 그 밖에 공기 중에 일정량 이상 존재하는 경우 인체에 유해한 독성을 가진 가스로서 허용농도(해당 가스를 성숙한 흰쥐 집단에게 대기 중에서 1시간 동안 계속하여 노출시킨 경우 14일 이내에 그 흰쥐의 2분의 1 이상이 죽게 되는 가스의 농도)가 100만분의 5,000 이하인 것

② 신규 화학물질의 사전유해인자 위험분석 실시 여부 : 화학물질은 매년 새로운 물질이 개발 사용되고 있으므로 위의 목록에 없는 물질을 사용할 때에는 사용 물질 등에 위험요소가 존재할 수 있으므로 반드시 사전유해인자 위험분석을 실시해야 함

TOPIC. 2 화학물질 유해인자의 관리방법

1. 연구실 화학물질의 취급기준 및 보관, 저장 등 관리방법

(1) 화학물질 운반 시 주의사항

① 화학물질을 손으로 운반할 때 넘어지거나 깨지는 위험을 막기 위해서 운반 용기에 넣고 운반

② 바퀴가 달린 수레로 운반할 때는 고르지 못한 평면에서 튀거나 갑자기 멈추지 않고 고른 회전을 할 수 있는 바퀴를 가진 것으로 운반

③ 적은 양의 가연성 액체를 안전하게 운반하기 위한 규칙
　㉠ 증기를 발산하지 않는 내압성 보관용기로 운반
　㉡ 저장소에 보관 중에는 창으로 환기가 잘되도록 함
　㉢ 점화원은 제거

(2) 화학물질 취급 시 주의사항

산화성 액체 · 산화성 고체	분해가 촉진될 우려가 있는 물질에 접촉시키거나 가열 또는 마찰시키거나 충격을 가하지 않아야 함
인화성 액체	화기나 그 밖에 점화원이 될 우려가 있는 것에 접근시키거나 주입 또는 가열하거나 증발시키지 않아야 함
물반응성 물질, 인화성 고체	각각 그 특성에 따라 화기나 그 밖의 점화원이 될 우려가 있는 것에 접근시키거나 발화를 촉진하는 물질 또는 물에 접촉시키지 않아야 하며, 가열하거나 마찰 또는 충격을 가하지 않아야 함
폭발성 물질, 유기과산화물	화기나 그 밖에 점화원이 될 우려가 있는 것에 접근시키거나 가열 또는 마찰시키거나 충격을 가하지 않아야 함

(3) 화학물질 보관 · 저장 시 주의사항
① 환기가 잘 되고 직사광선을 피할 수 있는 곳에 보관해야 하며, 열과 빛을 동시에 차단할 수 있어야 함
② 선반 보관 시, 추락방지 가드가 설치된 선반에 적당량의 시약을 보관
③ 눈높이 이상에 시약을 보관하는 행위는 주의하고, 특히 부식성, 인화성 물질은 가능한 눈높이 아래에 보관
④ 용량이 큰 화학물질은 취급 시 파손에 대비하기 위해 선반의 하단이나 낮은 곳에 보관
⑤ 화학물질 특성에 따라 분류하여 적절한 보관 장소에 분리 보관
⑥ 휘발성 액체는 열, 태양, 점화원 등에서 멀리 보관
⑦ 보관된 화학물질은 정기적으로 물품조사를 실시하여 정기적인 유지관리를 실시하고, 미사용 또는 장기간 보관된 화학물질은 폐기 처리
⑧ 화학물질의 구입량은 연구에 필요한 최소량으로 주문
⑨ 보관한 화학물질의 특성에 따라, 누출을 검출할 수 있는 가스누출경보기를 갖추고 주기적으로 체크하여 작동 여부를 확인
⑩ 인체에 화학물질이 직접 누출될 경우를 대비하여 긴급세척장비를 설치하고 주기적으로 체크하여 작동 여부 확인
⑪ 긴급세척장비의 위치는 알기 쉽게 도식화하여 연구활동종사자가 모두 볼 수 있는 곳에 표시
⑫ 산성 및 염기성 물질의 누출에 대비하여 중화제 및 제거 물질 등을 구비
⑬ 화학물질을 소분하여 사용하거나 보관할 경우, 보관용기 특성을 반드시 확인하고 화학물질의 정보가 기입된 라벨을 반드시 부착
⑭ 화재에 대비하여 소화기를 반드시 배치
⑮ 화학물질의 정보가 부착된 라벨이 손상되지 않게 다루며, 읽기 쉽게 작성함

⑯ 용매는 밀폐된 상태로 보관하고 독성이 있는 화학물질은 잠금장치가 되어 있는 안전한 시약장에 보관
⑰ 가스가 발생하는 약품은 정기적으로 가스 압력을 제거
⑱ 약품 보관 용기 뚜껑의 손상 여부를 정기적으로 체크하여, 화학물질의 노출을 방지
⑲ 연구실에 GHS-MSDS를 비치하고 교육함
⑳ 다량의 인화물질의 보관을 위해서는 별도의 보관 장소를 마련할 필요가 있음
㉑ 부식성 물질 또는 급성 독성 물질을 취급하면서 누출 등으로 인해 인체에 접촉시키지 않게 함
㉒ 화학물질을 성상별로 분류하여 보관

(4) 각 화학물질별 저장

산과 염기	• 연구실 대부분에서는 산, 염기 등을 다양하게 사용함. 이 약품이 넘어져서 발생할 수 있는 화상, 해로운 증기의 흡입, 강산이 희석되면서 생겨나는 열에 의해 야기되는 화재, 폭발이 발생 가능함 • 산과 염기 성질을 가지는 화학물질은 분리하여 저장(전용 캐비넷 이용)
연성 액체	• 화재나 폭발을 일으키는 증기를 만들기 때문에 발화원이 없는 것에 보관 • 화재·폭발의 위험이 항상 존재하므로 소량으로 보관 • 가연성이 강한 물질은 방폭 기능이 구비된 냉장고에 보관 • 건조하고 환기가 잘 되는 장소에 전용 캐비넷을 이용하여 저장 • 폭발 방지장치가 구성되어 있어야 하며, 화재에 대비해 소화기 등의 안전장치 구비
과산화물	• 과산화물은 연구실에서 다루는 물질 중 가장 위험한 물질 중 하나임 • 화학물질에 따라 시간이 오래 지나면 자연적으로 과산화물을 만드는 경우도 존재하므로 화학물질을 너무 오래 방치하는 것은 금지 • 과산화물은 금속 보관 용기에 보관하는 것이 원칙 • 열과 빛을 동시에 차단하며, 환기가 잘되고 직사광선을 피할 수 있는 장소 • 보관 온도는 15℃ 이하가 적절 • 주기적으로 위험 여부를 확인하여 폐기해야 함
부식성 물질	• 부식성은 크게 강산, 강염기, 탈수제, 산화제 4가지로 구분함 • 보관장소는 환기가 잘되고 열을 차단할 수 있는 곳으로 온도는 15℃ 이하가 적절 • 용액을 섞거나 희석할 때 반드시 산을 다량의 물에 희석하는 방식으로 사용 • 금속, 가연성 물질, 산화성 물질과는 따로 보관
산화제와 반응성 물질	• 리튬, 나트륨, 갈륨 등과 같은 알칼리 금속은 물과 격렬하게 반응함 • 반응속도가 매우 빠를 경우, 심한 열이 발생하고, 폭발을 초래할 수 있음 • 충분한 냉각 시스템을 갖춘 장소에서 사용 및 보관 • 가연성 액체, 유기물, 탈수제, 환원제와 따로 보관

(5) 화학물질 종류별 혼재 기준 : 「위험물안전관리법 시행규칙」 별표 19의 [부표 2]

위험물 구분	제1류 (산화성 고체)	제2류 (가연성 고체)	제3류 (자연발화성 및 금수성 물질)	제4류 (인화성 액체)	제5류 (자기반응성 물질)	제6류 (산화성 액체)
제1류 (산화성 고체)		×	×	×	×	○
제2류 (가연성 고체)	×		×	○	○	×
제3류 (자연발화성 및 금수성 물질)	×	×		○	×	×
제4류 (인화성 액체)	×	○	○		○	×
제5류 (자기반응성 물질)	×	○	×	○		×
제6류 (산화성 액체)	○	×	×	×	×	

※ 비고 : "○"표시는 혼재할 수 있음을 표시, "×"는 혼재할 수 없음을 표시
※ 지정양의 1/10 이하에 대하여는 적용하지 않음

2. 화학물질로 인한 피해 발생 또는 사고 시 예방조치

화학물질 누출 또는 중독 사고 시 예방조치	• 화학물질을 성상별로 분류하여 보관함 • 연구실에 GHS-MSDS를 비치하고 교육함 • 다량의 인화물질을 보관하기 위한 별도의 보관 장소를 마련할 필요가 있음 • 부식성 물질 또는 급성 독성 물질은 취급하면서 누출 등으로 인해 인체에 접촉시키지 않도록 함
화재 및 폭발 사고 예방조치	• 화학물질을 성상별로 분류하여 보관함 • 연구실에 GHS-MSDS를 비치하고 교육함 • 폭발 대비 대피소를 지정함 • 다량의 인화물질을 보관하기 위한 별도의 보관 장소를 마련할 필요가 있음

TOPIC. 3 가스 유해인자 분류 및 위험성

1. 가스의 상태별 분류

가스의 분류		특징 및 종류
상태에 의한 분류	압축 가스	일정한 압력에 의하여 상온에서 기체상태로 압축되어있는 것으로서 임계온도가 상온보다 낮아 상온에서 압축해도 액화가 어려워 기체상태로 압축된 가스 예 산소, 수소, 메탄, 질소, 아르곤 등
	액화 가스	가압, 냉각 등의 방법에 의하여 액체상태로 되어 있는 것으로서 임계온도가 상온보다 높아 상온에서 압축시키면 비교적 쉽게 액화가 가능하므로 액체상태로 용기에 충전되어있는 가스 예 프로판, 부탄, 암모니아, 이산화탄소, 액화산소, 액화질소 등
	용해 가스	가스의 독특한 특성 때문에 용제(아세톤 등)를 충진시킨 다공물질에 고압하에서 용해시켜 사용하는 가스 예 아세틸렌
연소성에 의한 분류	가연성 가스	조연성 가스(지연성 가스)와 반응하여 빛과 열을 내며 연소하는 가스로서 폭발한계의 하한이 10% 이하인 것과 폭발한계의 상한과 하한의 차가 20% 이상인 가스 예 수소, 암모니아, 프로판, 부탄, 아세틸렌 등
	조연성 가스	가연성 가스의 연소를 돕는 가스 예 산소, 공기, 염소 등
	불연성 가스	스스로 연소하지 못하고 다른 물질을 연소시키는 성질도 갖지 않는 가스 예 질소, 이산화탄소, 아르곤, 헬륨 등
독성에 의한 분류	독성 가스	공기 중에 일정량 이상 존재하는 경우 인체에 유해한 독성을 가진 가스로 허용농도가 100만분의 5,000 이하인 것 ※ 허용농도 : 해당 가스를 성숙한 흰쥐 집단에게 대기 중에서 1시간 동안 계속하여 노출시킨 경우 14일 이내에 그 흰쥐의 2분의 1 이상이 죽게 되는 가스의 농도 예 염소, 일산화탄소, 아황산가스, 암모니아, 산화에틸렌 등
	비독성 가스	공기 중에 어떤 농도 이상 존재하여도 유해하지 않은 가스 예 질소, 산소, 부탄, 메탄 등
기타 위험성에 따른 분류	부식성 가스	물질을 부식시키는 특성을 가진 가스 예 아황산가스, 염소, 암모니아, 황화수소 등
	자기발화 가스	공기 중에 누출되었을 때 점화원 없이 스스로 연소되는 가스 예 실란, 디보레인 등

2. 가스사고 형태 및 위험성

(1) 가스사고의 형태

누출사고	가스가 누출된 것으로, 화재 또는 폭발 등에 이르지 않는 것
폭발사고	누출된 가스가 인화하여 폭발 또는 폭발 후 화재가 발생한 것
화재사고	누출된 가스가 인화하여 화재가 발생한 것으로 폭발 및 파열사고를 제외한 경우
중독사고	가스연소기의 연소가스 또는 독성 가스에 의하여 인적피해가 발생한 것
질식(산소결핍)사고	가스시설 등에서 산소의 부족으로 인한 인적피해가 발생한 것
파열사고	가스시설, 특정설비, 가스용기, 가스용품 등이 물리적 또는 화학적인 현상 등에 의하여 파괴되는 것

(2) 가스의 위험성 분석

① 연구실 사전유해인자위험분석을 실시해야 하는 가스 종류 : 「고압가스 안전관리법 시행규칙」 제2조 제1항 제2호에 따른 독성 가스, 「산업안전보건법」 제104조에 따른 유해인자

② 폭발범위 계산 방법

　㉠ 위험도의 계산 : 위험도는 폭발가능성을 표시한 수치로 클수록 위험하며, 폭발상한과 하한의 차이가 클수록 위험

$$H = \frac{U-L}{L}$$

H : 위험도, U : 폭발상한계, L : 폭발하한계

※ 메탄 CH_4 : (15−5) / 5 = 2
　프로판 C_3H_8 : (9.5−2.1) / 2.1 = 3.52
　아세틸렌 C_2H_2 : (81−2.5) / 2.5 = 31.4

　㉡ 혼합가스의 폭발범위(폭발하한) : 혼합가스는 르샤틀리에(Le Chatelier) 공식을 이용하여 하한계를 계산

$$\frac{100}{L} = \frac{V_1}{L_1} + \frac{V_2}{L_2} + \frac{V_3}{L_3} \cdots$$

　예) 폭발하한이 2.5%인 아세틸렌과 폭발하한이 5%인 메탄올 용적비 4:1로 혼합 시의 폭발하한계는?

$$\frac{100}{L} = \frac{100 \times 0.8}{2.5\%} + \frac{100 \times 0.2}{5\%}$$
$$L = 2.78\%$$

③ 가스 누출에 따른 전체환기 필요환기량 계산식

ㄱ. 희석

$$Q = \frac{24.1 \times S \times G \times K \times 10^6}{M \times TLV}$$

ㄴ. 화재ㆍ폭발방지

$$Q = \frac{24.1 \times S \times G \times Sf \times 100}{M \times LEL \times B}$$

ㄷ. 단위 기호
- Q : 필요환기량(m³/h)
- S : 유해물질의 비중
- G : 유해물질의 시간당 사용량(L/h)
- K : 안전계수(혼합계수)
  - $K=1$: 작업장 내 공기혼합이 원활한 경우
  - $K=2$: 작업장 내 공기혼합이 보통인 경우
  - $K=3$: 작업장 내 공기혼합이 불완전인 경우
- M : 유해물질의 분자량(g)
- TLV : 유해물질의 노출기준(ppm)
- LEL : 폭발하한치(%)
- B : 온도에 따른 상수(121℃ 이하 : 1, 121℃ 초과 : 0.7)
- Sf : 안전계수(연속공정 : 4, 회분식 공정 : 10~12)

3. 연구실 내 사용되는 고압가스의 종류 및 범위

① 고압가스 종류
ㄱ. 어떤 특정 물질을 지칭하는 것이 아닌 특정상태에 있는 가스를 칭함
ㄴ. 상용의 온도에서 압력이 1.0MPa(10Bar) 이상인 압축가스
ㄷ. 15℃의 온도에서 압력이 0Pa을 초과하는 아세틸렌가스
ㄹ. 35℃의 온도에서 압력이 0Pa을 초과하는 액화시안화수소, 액화브롬화메탄 및 액화산화에 틸렌가스
ㅁ. 상용의 온도에서 압력 0.2MPa 이상인 액화가스로서 실제로 그 압력이 0.2MPa 이상이 되는 것 또는 압력이 0.2MPa 이상 되는 경우의 온도가 35℃ 이하인 액화가스

② 「고압가스 안전관리법」 규제 대상 판단 절차

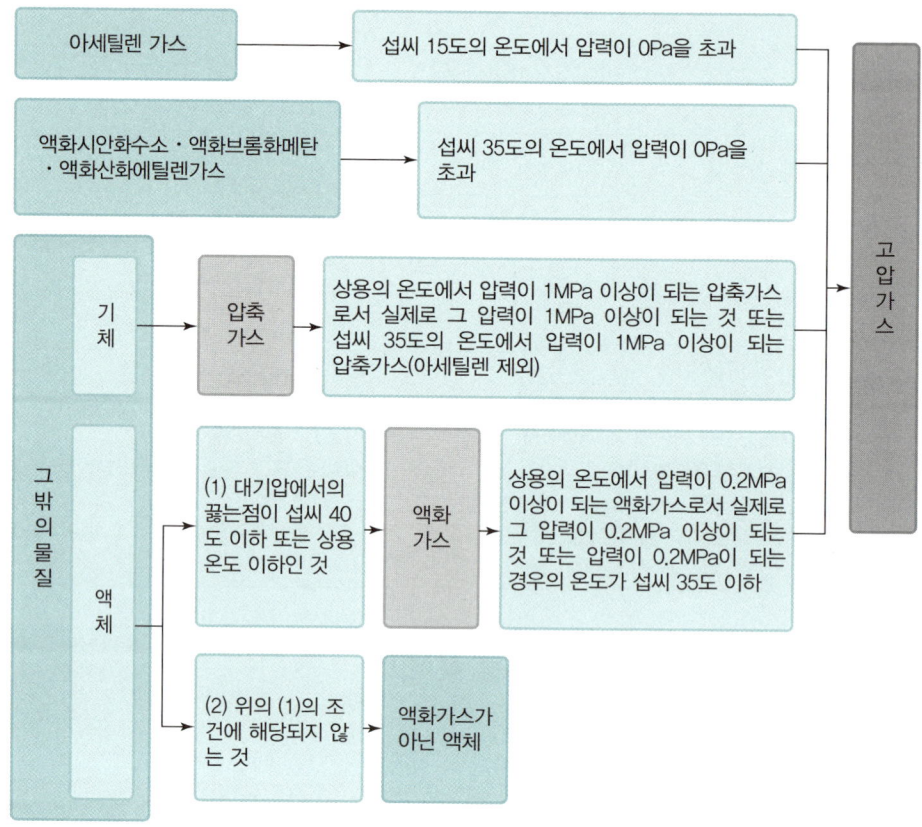

TOPIC. 4   가스 유해인자의 관리방법

1. 연구실 가스사고 예방 · 조치 방법
① 가연성 가스용기는 통풍이 잘되는 옥외장소에 설치
② 가연성 가스검지기 설치 및 관리
③ 가스용기 고정장치 설치
④ 상시 가스 누출 검사 실시 · 주요 가스 사용 현황 및 정보 파악
⑤ 옥외 설치 가스배관에 대한 부식 여부 등 이상 여부 점검. 가스저장소 등 가스설비의 주기적 점검 실시
⑥ 가스누출경보장치의 주기적인 검 · 교정 실시
⑦ 독성 가스용기는 옥외저장소 또는 실린더캐비닛 내 설치. 독성 가스 특성을 고려한 호흡용 보호구 비치 및 사용 관리. 독성 가스저장소 등 가스설비의 주기적 점검 실시

2. 사고예방 설비기준(「고압가스 안전관리법 시행규칙」 [별표 8])

① 고압가스설비에는 그 설비 안의 압력이 최고허용사용압력을 초과하는 경우 즉시 그 압력을 최고허용사용압력 이하로 되돌릴 수 있는 안전장치를 설치하는 등 필요한 조치를 할 것
② 독성 가스 및 공기보다 무거운 가연성 가스의 저장시설에는 가스가 누출될 경우 이를 신속히 검지하여 효과적으로 대응할 수 있도록 하기 위하여 필요한 조치를 할 것
③ 위험성이 높은 고압가스설비(내용적 5,000L 미만의 것은 제외함)에 부착된 배관에는 긴급 시 가스의 누출을 효과적으로 차단할 수 있는 조치를 할 것
④ 가연성 가스(암모니아, 브롬화메탄 및 공기 중에서 자기 발화하는 가스는 제외함)의 저장설비 중 전기설비는 그 설치장소 및 그 가스의 종류에 따라 적절한 방폭 성능을 가진 것일 것
⑤ 가연성 가스의 가스설비실 및 저장설비실에는 누출된 고압가스가 체류하지 않도록 환기구를 갖추는 등 필요한 조치를 할 것
⑥ 저장탱크 또는 배관에는 그 저장탱크가 부식되는 것을 방지하기 위하여 필요한 조치를 할 것
⑦ 가연성 가스 저장설비에는 그 설비에서 발생한 정전기가 점화원으로 되는 것을 방지하기 위하여 필요한 조치를 할 것

3. 연구실 내 가스의 보관 · 저장 및 취급기준

(1) 가스용기의 구별

고압가스 용기는 약속에 의하여 고압가스의 내용물을 용기의 색으로 구별
※ 참고 : 「고압가스 안전관리법 시행규칙」 별표 24(용기 등의 표시)

(2) 가스 사용 시 주의사항

① 고압가스 용기의 라벨을 확인하여 가스의 종류를 확인하고 GHS-MSDS를 통해 가스의 특성과 누출 시 필요한 사항을 숙지함
② 사용하지 않은 용기와 사용 중인 용기, 빈 용기는 구별하여 보관함
③ 고압가스 용기는 반드시 고정장치 또는 쇠사슬을 이용하여 벽이나 기둥에 단단히 고정해야 함
④ 넘어지면서 밸브 목에 손상을 입게 되면 내용물이 누출되어 피해가 증가할 수 있으므로 보관 시에는 반드시 캡을 씌워 밸브 목을 보호할 수 있도록 함
⑤ 고압가스 용기는 반드시 40℃ 이하에서 보관해야 하고 환기가 잘 되는 곳에서 사용해야 함
⑥ 가연성 가스와 조연성 가스가 같은 캐비닛에 보관되지 않도록 각별히 주의함
⑦ 가스를 교체할 때는 약간의 압력이 남아 있어 공기가 들어가지 않도록 교체하도록 하며, 누출이 없는지 확인하고 교체 후에는 반드시 캡을 씌우도록 함
⑧ 직접 사용처와 연결하는 것이 아니라 가스관으로 연결하여 사용처로 배분하는 시스템을 사용하는 경우에는 가스용기 교체 시 가스관이 다른 가스로 오염되지 않도록 함
⑨ 가스 사용 전 누출 검사와 압력조절기의 정상적 작동 여부를 확인
⑩ 인화성 가스의 고압가스는 역화방지장치(Flashback arrestor)를 반드시 설치하여 불꽃이 연료 또는 조연제인 산소로 유입되는 것을 차단하여 폭발 사고를 방지해야 함

(3) 가스 저장 시 주의사항
  ① 가스용기를 야외에서 저장할 때는 열과 기후의 영향을 최소화할 수 있는 장소이어야 함
  ② 가연성·조연성·독성 가스는 혼합 시 폭발의 가능성이 있으므로 항상 따로 저장하거나 방호벽을 세워 3m 이상 떨어뜨려 저장해야 함
  ③ 반응성이 높은 가스들은 별도로 보관해야 함
  ④ 가스 저장 장소에는 다른 물질, 특히 부식성 물질, 기름과 LPG 같은 인화성 물질, 점화원 등은 함께 보관하지 않도록 함
  ⑤ 발화성(Pyrophoric) 독성 물질의 가스용기는 환기가 잘 되는 장소에 구분하여 보관하거나 가스용기 캐비닛에 보관하고 지정된 사람만 접근하도록 함
  ⑥ 가스용기의 검사 여부와 더불어 충전 기한 또한 반드시 체크하여 충전 기한이 지났거나 임박하였을 경우, 가스의 사용을 중지하고 제조사에 연락하여 수거하도록 함

(4) 압력조절기 사용 시 주의사항
  ① 압력조절기는 가스용기의 출구와 연결해야 함
  ② 압력조절기의 배출 압력 조절 놉을 반시계방향으로 돌려 완전히 느슨하게 함
  ③ 압력이 원하는 수준에 도달할 때까지 압력조절기의 배출 압력 조절 놉을 시계 방향으로 돌려서 열도록 함
  ④ 가연성 가스의 경우, 일반 가스와는 반대방향으로 만들어져 있으므로 느슨하게 하기 위해서는 시계 방향으로 돌려야 함
  ⑤ 압력조절기의 가스 흐름 통제 밸브가 완전히 잠겨 있는지 확인
  ⑥ 압력조절기의 압력계가 가스용기의 압력을 나타낼 때까지 가스용기의 밸브를 서서히 열도록 함
  ⑦ 압력조절기의 밸브를 갑자기 열게 되면 가스 흐름이 빨라져 마찰열 또는 정전기로 인한 사고의 위험이 있으므로 주의

TOPIC. 5 　 비상조치 요령

1. 화학물질 사고형태
  ① **누출사고** : 화학물질이 누출된 것으로써 화재 또는 폭발 등에 이르지 않은 것
  ② **폭발사고** : 누출된 화학물질이 인화하여 폭발 또는 폭발 후 화재가 발생한 것
  ③ **화재사고** : 누출된 화학물질이 인화하여 화재가 발생한 것으로 폭발 및 파열사고를 제외한 경우

2. 화학물질 누출사고 시 비상조치 및 대응

① 연구실 화학물질 누출사고 시 역할별 비상조치방안

연구실책임자, 연구활동종사자	• 주변 연구활동종사자들에게 사고를 알림 • 안전담당부서(필요시 소방서, 병원)에 화학물질 누출 발생사고 상황을 신고(위치, 약품 종류 및 양, 부상자 유무 등) • 화학물질에 노출된 부상자의 노출된 부위를 깨끗한 흐르는 물로 20분 이상 씻음 (금수성 물질이나 인 등 물과 반응하는 물질이 묻었을 경우 물로 세척 금지) • 위험성이 높지 않다고 판단되면, 안전담당부서와 함께 정화 및 폐기작업을 실시
연구실 안전환경관리자	• 누출물질에 대한 GHS-MSDS 확인 및 대응장비를 확보 • 사고현장에 접근 금지테이프 등을 이용하여 통제 구역을 설정 • 개인보호구 착용 후 사고처리(흡착제, 흡착포, 흡착펜스, 중화제 등 사용), 부상자 발생 시 응급조치 및 인근 병원으로 후송

② 화학물질의 누출 사고 시 대응방안
  ㉠ 메인 밸브를 잠그고 모든 장비의 작동을 멈춤
  ㉡ 누출이 발생한 지역을 표시하여, 작동을 멈출 수 있도록 함
  ㉢ 누출된 화학물질(가스)의 종류와 양을 확인하고 상황을 정확히 파악한 후 관계자에게 알린 후 119로 연락

3. 화학물질의 화재폭발 사고 시 비상조치 및 대응

① 화재·폭발 사고 시 연구실 내 인력별 비상조치방안

연구실책임자, 연구활동종사자	• 주변 연구활동종사자들에게 사고가 발생한 것을 알림 • 위험성이 높지 않다고 판단되면, 초기진화 실시 • 2차 사고에 대비하여 현장에서 멀리 떨어진 안전한 장소에서 물 분무(금수성 물질이 있는 경우 물과의 반응성을 고려하여 화재 진압 실시) • 유해가스 또는 연소생성물의 흡입 방지를 위한 개인보호구를 착용 • 화학물질에 노출된 부상자의 노출된 부위를 깨끗한 흐르는 물로 20분 이상 씻음 • 초기진화가 힘든 경우 지정대피소로 신속히 대피
연구실 안전환경관리자	• 방송을 통한 사고전파로 신속한 대피를 유도 • 호흡이 없는 부상자가 발생하면 심폐소생술을 실시하고 필요시 전기 및 가스설비 공급을 차단 • 화학물질의 누설, 유출 방지가 곤란한 경우 주변의 연소 방지를 중점적으로 실시 • 유해화학물질의 확산, 비산 및 용기의 파손, 전도 방지 등의 조치를 실행 • 소화를 하는 경우 중화, 희석 등 사고조치를 병행 • 부상자 발생 시 응급조치 및 인근 병원으로 후송

② 화재·폭발 사고 시 대응방안
  ㉠ 독성 또는 인화성 가스의 누출이 원인이 된 화재의 경우에는 폭발과 중독의 위험을 피하기 위해 신속하게 대피
  ㉡ 화재가 발생한 장소는 있는 그대로 놓아둔 채 떠나는 것이 좋으며 사고확대 방지로 연소물질을 제거하거나 필요한 관계자를 제외한 다른 사람들의 접근을 차단
  ㉢ 피난처를 마련하고 사고의 확대를 방지

ⓔ 독성 가스와 접촉한 신체에 대하여 응급처치키트를 사용하여 조치해야 함
ⓜ 가스안전책임자는 비상대응설비 및 물품을 확인하며, 가스마스크, 정화통과 같은 소모품은 사용 후 교체하거나 정기적으로 다시 채워놓아야 함

4. 가스 누출사고 시 비상조치 및 대응방안

독성 가스 누출 시	• 독성 가스가 누출된 지역의 사람들에게 경고함 • 호흡을 최대한 멈춤 • 마스크나 수건 등으로 입과 코를 최대한 막도록 함 • 얼굴은 바람이 부는 방향으로 향함 • 독성 가스 누출점이 바람이 불어오는 쪽이면 직각으로 대피해서 멀리 돌아감 • 높은 지역으로 뛰어감 • 독성 가스의 누출을 관리자나 책임자에게 보고
연료가스 누출 시	• LPG의 경우에는 공기보다 무겁기 때문에 바닥으로 가라앉으므로 침착히 빗자루 등으로 쓸어냄 • 급하다고 환풍기나 선풍기 등을 사용하면 스위치 조작 시 발생하는 스파크에 의해 점화될 수 있으므로 전기 기구는 절대 조작해서는 안 됨 • LPG 판매점이나 도시가스 관리 대행업소에 연락하여 필요한 조치를 받고 안전한지 확인한 후 다시 사용 • 화재 발생 시에는 가스기구의 코크를 잠근 후 시간이 있으면 밸브까지 잠그도록 함 • 대형화재일 경우에는 도시가스회사에 전화를 하여 그 지역에 보내지고 있는 가스 차단

연구실 내 화학물질 관련 폐기물 안전관리

키워드
폐기물 분류, 폐기물 관리, 지정폐기물, 수집 및 보관, 운반 및 처리

TOPIC. 1 폐기물 안전관리

1. 폐기물 분류 및 정의

(1) 연구실 폐기물
 ① 연구실 폐기물은 그 종류가 다양하고 조성이 불명확한 경우가 많아, 예기치 못한 안전사고를 일으킬 가능성이 높음
 ② 연구활동종사자는 성질에 따른 분별 수집 및 올바른 처리를 통하여, 안전한 연구환경을 조성해야 함

(2) 지정폐기물
 ① 사업장 폐기물 중 지정폐기물은 폐유·폐산 등 주변 환경을 오염시킬 수 있거나 의료폐기물 등 인체에 위해(危害)를 줄 수 있는 해로운 물질로서 대통령령으로 정하는 폐기물을 말함(「폐기물관리법」 제2조)
 ② 지정폐기물의 종류(「폐기물관리법 시행령」 제3조 [별표 1] 참고)

종류	예시
특정 시설에서 발생되는 폐기물	• 폐합성고분자 화합물 : 폐합성수지, 폐합성고무(고체상태인 것은 제외) • 오니류(수분함량이 95% 미만 또는 고형물함량이 5% 이상인 것으로 한정) : 폐수처리오니, 공정오니 • 폐농약
부식성 폐기물	• 폐산 : 액체상태, pH 2 이하 • 폐알칼리 : 액체상태, pH 12.5 이상
유해물질 함유 폐기물	광재, 분진, 폐주물사 및 샌드블라스트 폐사, 폐내화물 및 재벌구이 이전에 유약을 바른 도자기 조각, 소각재, 안정화 또는 고형화 처리물, 폐촉매, 폐흡착제 및 폐흡수제
폐유기용매	할로겐족, 기타 폐유기용제
페인트 및 폐락카	-
폐유	기름 성분 5% 이상 함유

폐석면	–
폴리클로리네이티드비페닐 함유 폐기물	–
폐유독물	–
의료폐기물	–

※ 기타 주변 환경을 오염시킬 수 있는 유해한 물질로서 환경부 장관이 정하여 고시하는 물질(「폐기물관리법 시행규칙」 별표 1 참고)

(3) 실험폐기물

① 실험폐기물은 크게 일반폐기물, 화학폐기물, 생물폐기물, 의료폐기물, 방사능폐기물, 배기가스 등으로 구분됨
② 화학폐기물은 화학실험 후 발생한 액체, 고체, 슬러지 상태의 화학물질로 더 이상 연구 및 실험 활동에 필요하지 않게 된 화학물질을 말함
③ 화학폐기물은 화학물질 본래의 인화성, 부식성, 독성 등의 특성을 유지하거나 합성 등으로 새로운 화학물질이 생성되어 유해·위험성이 실험 전보다 더 커질 수 있으므로 발생된 폐기물은 그 성질 및 상태에 따라서 분리 및 수집해야 함
④ 불가피하게 혼합될 경우, 혼합이 가능한 물질인지 아닌지 확인해야 함
⑤ 혼합 폐액은 과량으로 혼합된 물질을 기준으로 분류하며 폐기물 스티커에 기록
⑥ 화학물질을 보관하던 용기(유리병, 플라스틱병), 화학물질이 묻어 있는 장갑 및 기자재(초자류)뿐 아니라 실험기자재를 닦은 세척수도 모두 화학폐기물로 처리해야 함

2. 폐기물 관리의 기본원칙

(1) 폐기물 관리 기본원칙

① 처리해야 되는 폐기물에 대한 사전 유해·위험성을 평가하고 숙지해야 함
② 폐기하려는 화학물질은 반응이 완결되어 안정화되어 있어야 함
③ 화학물질의 성질 및 상태를 파악하여 분리, 폐기해야 함
④ 화학반응이 일어날 것으로 예상되는 물질은 혼합하지 않아야 함
⑤ 적절한 폐기물 용기를 사용해야 하고, 용기의 70% 정도를 채워야 함
⑥ 수집 용기에 적합한 폐기물 스티커를 부착 및 기록 유지해야 함
⑦ 폐기물의 장기간 보관을 금지하고 폐기물이 누출되지 않도록 뚜껑을 밀폐하고, 누출 방지를 위한 장치를 설치해야 함
⑧ 만약의 상황을 대비하여 개인 보호구와 비상샤워기, 세안기, 소화기 등 응급안전장치가 설비되어 있어야 함

(2) 폐기물 보관표지

① 폐기물 수집 때부터 폐기물 스티커를 부착해야 함
② 폐기물 스티커는 폐기물의 종류에 따라서 색상으로 구분할 수 있도록 제작해야 함
③ 폐기물 정보 작성 시 기재사항
    ㉠ 최초 수집된 날짜
    ㉡ 수집자 정보 : 수집자 이름, 연구실, 전화번호
    ㉢ 기록 폐기물 정보 : 용량, 상태, 화학물질명, 잠재적인 위험도, 폐기물 저장소 이동 날짜
④ 폐기물 스티커 사용 예(출처 : 연구실 안전 표준 교재 실험 전·후 안전 Ⅱ)

구분	비할로겐 유리용제	할로겐 유기용제	오일	무기물질
종류	알코올, 아세톤 등	불소, 염소를 포함한 유기물	윤활유, 연료유 등	촉매, 세라믹, 금속 등
색상	빨간색	갈색	회색	녹색
스티커				

구분	폐산	알칼리	폐시약	기타 폐기물
종류	황산, 염산 등	암모니아, 수산화 나트륨 등	사용하지 않는 폐시약	공병, 초자류, 플라스틱 등
색상	노란색	파란색	흰색	주황색
스티커				

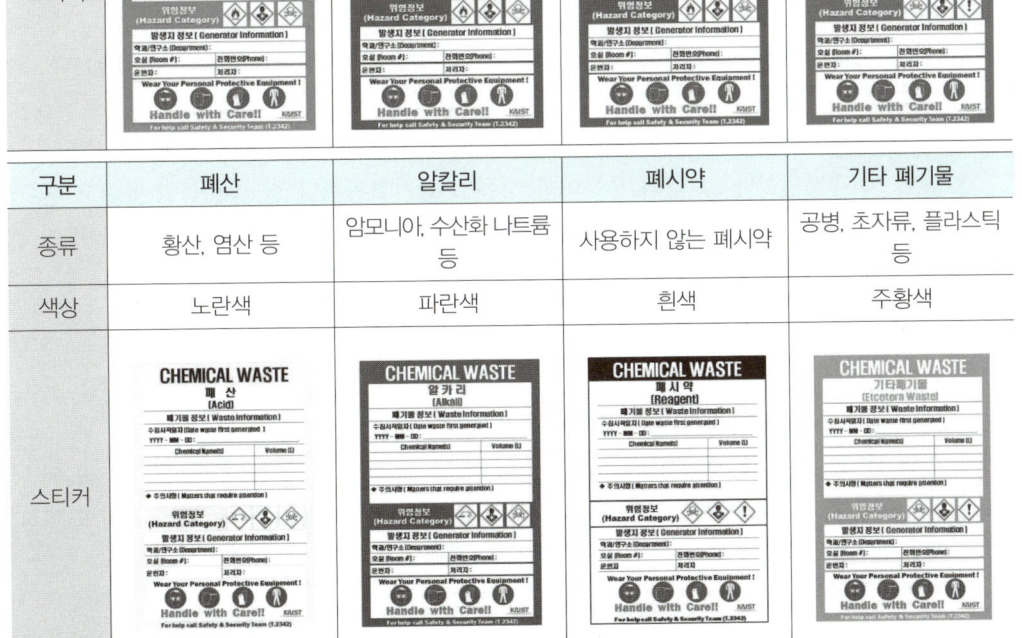

| TOPIC. 2 | 지정폐기물 수집 및 보관, 운반 및 처리 |

1. 지정폐기물 수집 및 보관

(1) 지정폐기물 수집 및 보관
    ① 지정폐기물은 구분하여 보관하여야 함
    ② 폐유기용제는 휘발되지 아니하도록 밀폐된 용기에 보관하여야 함
    ③ 폐석면은 다음과 같은 조건에서 보관해야 함
        ㉠ 폐석면은 습도 조절 등의 조치 후 고밀도 내수성 재질의 포대로 이중 포장하거나 견고한 용기에 밀봉하여 흩날리지 않도록 보관하여야 함
        ㉡ 고형화되어 있어 흩날릴 우려가 없는 폐석면은 폴리에틸렌, 그 밖에 이와 유사한 재질의 포대로 포장하여 보관하여야 함
    ④ 지정폐기물은 지정폐기물에 의하여 부식되거나 파손되지 아니하는 재질로 된 보관시설 또는 보관용기를 사용하여 보관하여야 함
    ⑤ 자체 무게 및 보관하려는 폐기물의 최대량 보관 시의 적재 무게에 견딜 수 있고 물이 스며들지 아니하도록 시멘트·아스팔트 등의 재료로 바닥을 포장하고 지붕과 벽면을 갖춘 보관창고에 보관하여야 함
    ⑥ 지정폐기물 배출자는 그의 사업장에서 발생하는 지정폐기물 중 폐산, 폐알칼리, 폐유, 폐유기용제, 폐촉매, 폐흡착제, 폐흡수제, 폐농약, 폴리클로리네이티드비페닐 함유폐기물, 폐수처리 오니 중 유기성 오니는 보관이 시작된 날부터 45일을 초과하여 보관하여서는 아니 됨
    ⑦ ⑥ 항목 외 그 밖의 지정폐기물은 60일을 초과하여 보관하여서는 아니 됨
    ⑧ 다만, 천재지변이나 그 밖의 부득이한 사유로 장기보관해야 할 필요성이 있다고 관할 시·도지사나 지방환경관서의 장이 인정하는 경우와 1년간 배출하는 지정폐기물의 총량이 3톤 미만인 사업장의 경우에는 1년의 기간 내에서 보관할 수 있음

(2) 지정폐기물 보관표지
    ① 지정폐기물의 보관창고에는 보관 중인 지정폐기물의 종류, 보관가능 용량, 취급 시 주의사항 및 관리책임자 등을 적어 넣은 표지판을 설치하여야 함
    ② 드럼 등 보관용기를 사용하여 보관하는 경우에는 용기별로 폐기물의 종류·양 및 배출업소 등을, 지정폐기물의 종류가 같은 용기가 여러 개 있는 경우에는 폐기물의 종류별로 폐기물의 종류·양 및 배출업소 등을 각각 알 수 있도록 표지판에 적어 넣어야 함
    ③ 보관창고에는 표지판을 사람이 쉽게 볼 수 있는 위치에 설치하여야 함
    ④ 표지의 규격 : 가로 60cm 이상×세로 40cm 이상(드럼 등 소형용기에 붙이는 경우에는 가로 15cm×세로 10cm 이상)
    ⑤ 표지의 색깔 : 노란색 바탕에 검은색 선 및 검은색 글자(「폐기물관리법 시행규칙」[별표 5])

지정폐기물 보관표지			
① 폐기물의 종류		② 보관가능용량	톤
③ 관리 책임자		④ 보관기간	~ (일간)
⑤ 취급 시 주의사항 ㅇ 보관 시 : ㅇ 운반 시 : ㅇ 처리 시 :			
⑥ 운반(처리) 예정장소 :			

2. 지정폐기물 운반 및 처리

지정폐기물	처리방법
폐유기용제	• 기름과 물의 분리가 가능한 것은 분리하여 사전 처분 • 액체상태의 물질은 고온 소각증발·농축방법, 분리·증류·추출·여과·중화·산화·환원·중합·축합 반응, 응집·침전·여과·탈수방법 중 하나로 처분하고 잔재물은 고온 소각 • 고체상태의 할로겐족 물질은 고온 소각으로 처분
부식성물질	• 산성과 알칼리성 폐기물은 다른 폐기물과 섞이지 않도록 따로 분리 보관 • 가능하면 중화한 후, 응집·침전·여과·탈수의 방법으로 처분 • 증발·농축의 방법이나 분리·증류·추출·여과방법으로 정제하여 처분 • 폐산이나 폐알칼리, 폐유기용제 등 다른 폐기물이 혼합된 액체상태의 폐기물은 소각시설에 지장이 생기지 않도록 중화 등으로 처분하여 소각한 후 매각
폐유	• 액체상태의 물질은 기름과 물을 분리한 후 기름성분은 소각하고, 남은 물은 '수질 및 수생태계 보전에 관한 법률'에서 지정된 적절한 수질오염방지시설에서 처리 • 증발·농축방법으로 처리한 후 잔재물은 소각하거나 안정화하여 처분, 응집·침전 방법으로 처리 후 잔재물은 소각, 분리·증류·추출·여과·열분해의 방법으로 정제하여 처분 또는 소각하거나 안정화하여 처분 • 고체상태의 물질은 소각하거나 안정화하여 처분
발화성 물질	• 주기율표 1~3족의 금속원소 덩어리가 포함된 폐기물로 물과 작용하여 발열반응을 일으키거나 가연성 가스를 발생시켜 연소 또는 폭발을 일으킴 • 반드시 완전히 반응시키거나 산화시켜 고형물질로 폐기하거나 용액으로 만들어 폐기

유해물질 함유 폐기물	• 분진은 고온 용융하거나 고형화하여 처분 • 소각재는 지정폐기물을 매립할 수 있는 관리형 매립시설에 매립 안정화하여 처분하거나 시멘트·합성고분자 화합물을 이용하여 고형화 처분, 혹은 이와 비슷한 방법으로 고형화하여 처분 • 폐촉매는 안정화하여 처분하거나, 시멘트·합성고분자 화합물을 이용하여 고형화하여 처분하거나, 지정폐기물을 매립할 수 있는 관리형 매립시설에 매립 • 가연성 물질을 포함한 폐촉매는 소각할 수 있고, 만약 할로겐족에 해당하는 물질을 포함한 폐촉매를 소각하는 경우에는 고온 소각하여 처분 • 폐흡착제 및 폐흡수제는 고온 소각 처분대상물질을 흡수하거나 흡착한 것은 중 가연성은 고온 소각하고, 불연성은 지정폐기물을 매립할 수 있는 관리형 매립시설에 매립 • 일반소각 처분대상물질을 흡수하거나 흡착한 것 중 가연성은 일반 소각하고, 불연성은 지정폐기물을 매립할 수 있는 관리형 매립시설에 매립함 안정화하여 처분하거나, 시멘트·합성고분자 화합물을 이용하여 고형화 처분, 혹은 이와 비슷한 방법으로 광물유·동물유 또는 식물유가 포함된 것은 포함된 기름을 추출하는 등 재활용할 수 있음
산화성 물질	• 가열, 마찰, 충격 등이 가해질 경우 격렬히 분해되어 반응하는 물질이므로 분해를 촉진시킬 수 있는 연소성 물질과 철저히 분리 처리 • 환기 상태가 양호하고 서늘한 장소에서 처리함 • 과염소산을 폐기 처리할 때 황산이나 유기화합물들과 혼합하게 되면 폭발이 일어날 수도 있음
독성 물질	노출에 대한 감지, 경보장치를 마련하고 냉각, 분리, 흡수, 소각 등의 처리 공정으로 처리
과산화물 생성물질	• 과산화물은 충격, 강한 빛, 열 등에 노출될 경우 폭발할 수 있는 폭발성 화합물이므로 취급, 저장, 폐기 처리에는 각별한 주의가 필요 • 낮은 온도나 실온에서도 산소와 반응하거나 과산화합물을 형성할 수 있으므로 개봉 후 물질에 따라 3개월 또는 6개월 내 폐기 처리하는 것이 안전
폭발성 물질	• 산소나 산화제의 공급 없이 가열, 마찰, 충격에 격렬한 반응을 일으켜 폭발할 수 있으므로 취급에 주의 • 염소산칼륨은 갑작스러운 충격이나 고온 가열 시 폭발 위험이 있음 • 질산은과 암모니아수가 섞인 화학 폐기물을 방치할 경우, 폭발성이 있는 물질을 생성함 • 과산화수소와 금속, 금속 산화물, 탄소 가루 등이 혼합되면 폭발 가능성 있음 • 질산과 유기물, 황산과 과망간산칼륨 혼합 시 폭발의 위험이 있음

> **Tip**
>
> 지정폐기물의 사고예방을 위한 폐기물 정보의 기초자료 항목
>
> | No | 항목 | 개요 | 정보제공의 필요성 |
> |---|---|---|---|
> | 1 | 제공 연월일 | 정보제공일(유해성 정보자료 제공일) | 정보제공 일을 명확히 확인 |
> | 2 | 폐기물의 명칭 | 폐기물을 특정하는 구체적인 명칭, 통칭 | 폐기물을 특정하여 폐기물 의 취급(잘못과 오인을 방지) |
> | 3 | 배출사업자 명칭 | 사업자의 명칭, 주소, 전화번호, 담당자명 등 | 문의 및 위급시의 연락처를 명확히 기재 |
> | 4 | 폐기물 종류 | 사업장 일반폐기물, 지정폐기물의 구분과 법률상의 종류 | 반입확인 등록 확인 |
> | 5 | 폐기물의 포장 형태 | 용기형태 등 | 폐기물을 특정하여 폐기물의 취급(잘못과 오인을 방지) |
> | 6 | 폐기물의 수량 | 1회당의 폐기물 수량 | 처리계획의 수립과 처리능력을 초과하는 폐기물의 반입을 방지 |
> | 7 | 폐기물의 안정성·유해성 | 가열과 다른 물질과의 접촉 등에 의한 폭발유해물질 발생의 유무, 경시변화에 의한 품질의 안정성 등 | 적정한 처리방법을 결정하여 사고를 방지 |
> | 8 | 폐기물의 물리적·화학적 성상 | 형상, 색, 냄새, 비점, 융점, 인화점, 발화점, 용해성(물, 용제 등) 등 | 적정한 처리방법을 결정하고 사고예방에 필요한 정보 확보 |
> | 9 | 폐기물의 조성·성분 정보 | 함유하고 있는 위험물 및 유해물질의 유무, 함유한 경우는 그 명칭과 양 | 적정한 처리방법을 결정하고 사고예방에 필요한 정보 확보 |
> | 10 | 취급할 때의 주의사항 | 처리하는 데 있어서 주의사항, 안전대책, 이상 시 조치 등 | 사고예방 및 안전관리 |
> | 11 | 특별 주의사항 | 특별히 환기할 주의사항으로 피해야 할 처리방법, 폐기물의 성상 변화 등에 기인하는 환경오염의 가능성 포함 | 안전한 처리방법의 결정 및 사고예방 |
> | 12 | 기타정보 | 샘플 제공 유무, 폐기물의 발생 공정 등 | No.1~11에 기입해야 할 정보를 보충하거나 사고방지에 유효한 정보를 활용 |
>
> ※ 지정폐기물의 사고예방을 위한 폐기물 정보의 기초자료 항목 중 특히 중요한 정보는 다음의 4개 항목으로 구체적이고 세부적인 작성이 요구됨
> - 폐기물의 안정성·유해성
> - 폐기물의 물리적·화학적 성상
> - 폐기물의 조성·성분 정보
> - 취급할 때의 주의사항, 피해야 할 조건

02 연구실 화학(가스) 안전관리

CHAPTER 03 연구실 내 화학물질 누출 및 폭발 방지대책

> **키워드** 🔍
> 사고예방 설비기준, 안전유지기준, 안전진단 및 점검, 화학물질 누출, 방재방법, 화학물질(가스)의 폭발, 방지대책, 가스시설 전기방폭 기준

TOPIC. 1 화학물질의 누출 방지대책

1. 화학물질의 누출 특성 및 방재방법

독성 물질	• 독성 물질은 피부, 호흡, 소화 등을 통해 체내에 흡수 • 항상 후드 내에서만 사용해야 함 • 이런 물질들은 어떠한 반응의 부산물로 생기기도 하므로 이러한 부산물이 생기지 않도록 처리하는 것도 연구개발활동 계획에 포함되어야 함
산과 염기	• 산과 염기에 관련된 중요한 노출은 약품이 넘어져서 발생할 수 있는 화상, 해로운 증기의 흡입, 강산이 급격히 희석되면서 생겨나는 열에 의한 화재, 폭발 등이 있음 • 항상 산은 물에 가하면서 희석함 • 가능하면 희석된 산, 염기를 사용하도록 함 • 강산과 강염기는 공기 중 수분과 반응하여 치명적 증기를 생성시키므로 사용하지 않을 때는 뚜껑을 닫아 놓아야 함 • 산이나 염기가 눈이나 피부에 묻었을 때 즉시 적어도 15분 정도 깨끗한 흐르는 물로 씻어내야 함 • 특히, 불화수소는 가스 및 용액이 극한 독성을 나타내며 화상과 같은 즉각적인 증상이 없이 피부에 흡수되므로 취급에 주의해야 함 • 과염소산은 강산의 특성을 띠며 유기화물, 무기화물 모두와 폭발성 물질을 생성하며 가열, 화기와 접촉, 충격, 마찰 또는 저절로 폭발하므로 특히 주의하여야 함

유기용제	• 많은 유기용제가 해로운 증기를 가지고 있고 쉽게 인체에 침투가 가능하기 때문에 건강에 해로움
	• 용제를 사용하기에 앞서 화학물질의 위험성 데이터를 참조하여 용제와 관련한 위험, 안전조치, 응급절차 등을 알고 있어야 함
	  – 아세톤 : 독성과 가연성 증기를 가지므로 적절한 환기시설에서 보호장갑, 보안경 등 보호구를 착용하고 가연성 액체 저장실에 저장
	  – 메탄올 : 현기증, 신경조직 악화의 원인이 되는 해로운 증기를 가지고 있으므로 사용할 때는 환기시설을 작동시킨 상태에서 후드에서 사용하고 네오프렌 장갑을 착용
	  – 벤젠 : 발암물질로서 적은 양을 오랜 기간에 걸쳐 흡입할 때 만성 중독이 일어날 수 있음. 피부를 통해 침투되기도 하며, 증기는 가연성이므로 가연성 액체와 같이 저장
	  – 에테르 : 고열, 충격, 마찰에도 공기 중 산소와 결합하여 불안전한 과산화물을 형성하여 매우 격렬하게 폭발할 수 있고, 완전히 공기를 차단하여 황갈색 유리병에 저장. 암실이나 금속용기에 보관하는 것이 좋음

산화제	• 강산화제는 매우 적은 양으로도 심한 폭발을 일으킬 수 있으므로 방호복, 안면보호대 같은 보호구를 착용하고 다뤄야 함 • 좀 더 많은 산화제를 사용하고자 함이면 폭발방지용 방벽 등이 포함된 특별계획을 수립해야 함

2. 누출감지 및 경보장치

① 독성 가스 및 가연성 가스의 저장, 사용 설비에는 가스누출검지경보장치를 설치하여야 함
② 누출장치 및 경보장치의 조건
  ㉠ 경보농도 : 가연성 가스는 폭발 하한계의 1/4 이하, 독성 가스는 TLV-TWA(Threshold Limit Value-Time Weighted Average, 8시간 시간가중노출기준) 기준농도 이하
  ㉡ 암모니아를 제외한 가연성 가스의 가스누출감지경보장치는 방폭성능을 갖는 것이어야 함
  ㉢ 경보는 램프의 점등 또는 점멸과 동시에 경보를 울리는 것이어야 함
  ㉣ 가스 누출 시, 연구활동종사자가 상주하는 장소에 가스누출감지경보기를 설치하여야 함
  ㉤ 공기보다 무거운 가스의 경우 바닥면에서 30cm 이내, 공기보다 가벼운 가스의 경우 천장면에서 30cm 이내 설치
  ㉥ 건물 안에 설치되어있는 사용설비에는 누출한 가스가 체류하기 쉬운 장소에 이들 설비군의 둘레 10m마다 1개 이상의 비율로 계산한 수를 설치
  ㉦ 독성 가스 누출감지경보기는 대상 독성 가스의 노출 기준 이하에서 경보가 울리도록 설정하여야 함
  ㉧ 수소가스감지기를 연구실 내부에 설치하는 경우, 가스가 누출 발생 가능 부분 수직 상부에 설치하여야 함

3. 가스의 취급 및 보관 시 주의사항

① 연구실에 설치된 배관에는 가스명, 흐름방향 등을 표시하고, 각 밸브에는 개폐상태를 알 수 있도록 열림, 닫힘을 표시
② 만약에 밸브 조작으로 심각하게 안전상 문제가 있는 경우에는 함부로 밸브를 열 수 없도록 핸들 제거, 자물쇠 채움, 조작 금지 표지 등을 설치
③ 실린더 캐비닛은 한국가스안전공사의 검사를 받은 것을 사용
④ 구입하는 고압가스는 「고압가스 안전관리법」에 따라 판매허가를 받은 업체에서 구입하고, 구입 시 압력, 무게 등이 포함된 가스시험성적서 등 계약관련 서류를 받아 두어야 함
⑤ 가스 구입 시에는 구입 용기가 가스를 모두 사용할 때까지 충전기한이 남아 있는 용기를 구입하고 사용한 가스용기는 공급자에게 바로 반납
⑥ 고압가스 구입 시 판매업체로부터 물질안전보건자료를 받아서 비치함
⑦ 액화질소 등 초저온 가스용기는 밀폐된 공간에 보관하거나 사용하지 않고, 초저온가스를 보관 및 사용하는 곳은 충분한 환기가 되는 장소에서 하며, 또한 연구실에는 산소농도측정기를 설치해야 함
⑧ 초저온가스 등을 취급하는 경우에는 안면보호구 및 단열장갑을 착용함

4. 가스 누출 특성

(1) 누출의 형태

① 일반적인 누출 특성

㉠ 누출 특성은 인화성 물질의 물리적 상태, 온도와 압력에 따라 달라지며 물리적 상태는 다음과 같음
- 상승된(높은) 온도 또는 압력에서 존재할 수 있는 가스
- 압력에 의해 액화되는 가스 예 LPG
- 냉각에 의해서만 액화될 수 있는 가스 예 메탄
- 인화성 증기가 누출되는 액체

㉡ 파이프 접속부, 펌프, 압축기씰(Seal) 및 밸브 패킹 등의 단위장치로부터의 누출은 주로 적은 양으로 시작하나 누출이 중단되지 않으면, 누출률과 위험장소의 범위가 크게 증가될 수 있음

㉢ 인화점 이상에서의 인화성 물질 누출은 인화성 증기 또는 가스운을 발생시킬 수도 있음. 이는 초기 주변 공기보다 상대밀도가 낮거나 높을 수도 있고, 중립부력일 수도 있음

㉣ 누출의 모든 형태는 결국 가스 또는 증기 누출로 이어지고, 가스 또는 증기는 부력, 중립부력 또는 가라앉는 형태로 나타남. 이러한 특성은 누출의 특정형태에 의해 생성된 위험장소의 범위에 영향을 미치게 됨

㉤ 지면에서 위험장소의 수평 범위는 상대밀도의 증가함에 따라 증가하고, 위험원 상부의 수직 범위는 상대밀도가 저하됨에 따라 증가

② **가스상 누출** : 가스상 누출은 누출지점의 압력에 의존되는 누출원에서 가스제트(gas jet)나 가스플룸(gas plume)을 만듦

③ **액화가스 누출** : 액체 누출은 누출 점에서 부분적으로 플래시 증발(flash evaporation)하며, 증발되는 액체는 자신과 주위의 대기로부터 에너지를 흡수하여 누출된 유체를 냉각시킴

④ **냉동가스 누출** : 찬 액체는 지면 및 주변 환경에서 에너지를 흡수하므로 차고 짙은 가스 운을 발생시키는 비등현상을 일으킴

⑤ **에어로졸** : 가스가 아니라 공기 중에 부유 상태인 작은 방울로 구성

⑥ **증기** : 주위 환경과 평형상태에 있는 액체는 그 표면에 증기층이 생성

⑦ **액체 누출** : 인화성 액체가 누출되는 경우, 그 표면이 흡수성이 아니라면 액체 표면에 증기운이 형성되는 풀 형태로 나타남

(2) 누출률에 영향을 주는 인자

누출 특성 및 형태 (Nature and type of release)	개방 표면, 플랜지 누설 등과 같은 누출원의 물리적 특성에 관한 것
누출속도	누출원에서의 누출률은 누출압력에 따라 증가하는데 아음속(음속 이하) 누출에서 누출속도는 공정 압력과 관련이 있음
농도	누출된 인화성 물질의 질량은 누출된 혼합물 내의 인화성 증기 또는 가스의 농도에 따라 증가
인화성 액체의 휘발성	인화점이 낮으면 낮을수록 폭발 분위기의 범위는 더 커질 수 있으나 인화성 물질이 안개(분무) 형태로 누출된다면, 폭발 위험 분위기는 그 물질의 인화점 이하에서도 형성될 수 있음
액체 온도	액체는 온도 증가에 따라 증기압이 상승하는데 이는 증발에 따라 누출률이 증가

5. 연구실 가스 사고예방 설비기준

안전장치	설비기준
과압안전장치 설치	고압가스설비에는 그 고압가스설비 내의 압력이 상용의 압력을 초과하는 경우 즉시 상용의 압력 이하로 되돌릴 수 있도록 과압안전장치를 설치함
부식가스 누출감지경보기 및 자동차단장치 설치성 물질	독성 가스 및 공기보다 무거운 가연성 가스의 저장설비에는 가스가 누출될 경우 이를 신속히 검지하여 효과적으로 대응할 수 있도록 가스누출검지경보장치(이하 "검지경보장치"라 함)를 설치함(다만, 누출되어 공기 중에서 자기발화하는 가스는 불꽃감지기를 검지경보장치 설치기준에 적합하게 설치한 경우 동 기준에 적합한 것으로 봄)
긴급차단장치 설치	사용시설의 저장설비에 부착된 배관에는 가스 누설 시 안전한 위치에서 조작이 가능한 긴급차단장치를 설치함
역류방지장치 설치	독성 가스의 감압설비와 그 가스의 반응설비 간의 배관에는 긴급 상황 시 가스가 역류되는 것을 효과적으로 차단할 수 있는 역류방지장치를 설치함
역화방지장치 설치	수소화염 또는 산소 · 아세틸렌화염을 사용하는 시설의 분기되는 배관에는 가스가 역화되는 것을 효과적으로 차단할 수 있는 역화방지장치를 설치함
환기설비 설치	가연성 가스의 저장설비실에는 누출된 가스가 체류하지 않도록 기설비를 설치하고 환기가 잘 되지 아니하는 곳에는 강제환기시설을 설치함

(1) 과압안전장치 설치
① 과압안전장치 선정 : 가스설비 등에서의 압력 상승 특성에 맞게 다음 기준에 따라 과압안전장치를 선정
㉠ 기체 및 증기의 압력 상승을 방지하기 위해 설치하는 안전밸브
㉡ 급격한 압력 상승, 독성 가스의 누출, 유체의 부식성 또는 반응 생성물의 성상 등에 따라 안전밸브를 설치하는 것이 부적당한 경우에 설치하는 파열판
㉢ 펌프 및 배관에서 액체의 압력 상승을 방지하기 위해 설치하는 릴리프밸브 또는 안전밸브

ⓔ 위의 안전장치와 병행설치할 수 있는 자동압력제어장치(고압가스설비 등의 내압이상용의 압력을 초과한 경우 그 고압가스설비 등으로의 가스유입량을 줄이는 방법 등으로 그 고압가스설비 등 내의 압력을 자동적으로 제어하는 장치)

② **과압안전장치설치위치** : 과압안전장치는 고압가스설비 중 압력이 최고허용압력 또는 설계압력을 초과할 우려가 있는 다음의 구역마다 설치
  ㉠ 액화가스 저장능력이 300㎏ 이상이고 용기집합장치가 설치된 고압가스설비
  ㉡ 내·외부 요인에 따른 압력 상승이 설계압력을 초과할 우려가 있는 압력용기 등
  ㉢ 토출 측의 막힘으로 인한 압력 상승이 설계압력을 초과할 우려가 있는 압축기(다단압축기의 경우에는 각단) 또는 펌프의 출구 측
  ㉣ 배관 내의 액체가 2개 이상의 밸브로 차단되어 외부열원으로 인한 액체의 열팽창으로 파열이 우려되는 배관
  ㉤ 이외에 압력 조절 실패, 이상반응, 밸브의 막힘 등으로 압력 상승이 설계압력을 초과할 우려가 있는 고압가스설비 또는 배관 등

③ **과압안전장치작동압력** : 액화가스의 고압가스설비 등에 부착되어 있는 스프링식 안전밸브는 상용의 온도에서 해당됨. 고압가스설비 등 내의 액화가스의 상용의 체적이 해당됨. 고압가스설비 등 내의 내용적의 98%까지 팽창하게 되는 온도에 대응하는 해당 고압가스설비 등 내의 압력에서 작동

(2) **가스누출감지경보기 및 자동차단장치설치**
  ① **검지경보장치기능** : 검지경보장치는 가연성 가스 또는 독성 가스의 누출을 검지하여 그 농도를 지시함과 동시에 경보를 울려야 함
    ㉠ 경보는 접촉연소방식, 격막갈바니전지방식, 반도체방식, 그 밖의 방식으로 검지엘리먼트의 변화를 전기적 신호에 의해 이미 설정하여 놓은 가스농도(이하 "경보농도"라 한다)에서 자동적으로 울리는 것으로 함. 이 경우 가연성 가스경보기는 담배연기 등에, 독성 가스용 경보기는 담배연기, 기계세척유가스, 등유의 증발가스, 배기가스 및 탄화수소계가스 등 잡가스에는 경보하지 않아야 함
    ㉡ 경보농도는 검지경보장치의 설치장소, 주위 분위기온도에 따라 가연성 가스는 폭발하한계의 1/4 이하, 독성 가스는 TLV-TWA 기준농도 이하
    ㉢ 경보기의 정밀도는 경보농도설정치에 대하여 가연성 가스용에서는 ±25% 이하, 독성 가스용에서는 ±30% 이하
    ㉣ 검지에서 발신까지 걸리는 시간은 경보농도의 1.6배 농도에서 보통 30초 이내로 하는데 다만, 검지경보장치의 구조상이나 이론상 30초가 넘게 걸리는 가스(암모니아, 일산화탄소 또는 이와 유사한 가스)에서는 1분 이내
    ㉤ 검지경보장치의 경보정밀도는 전원의 전압 등 변동이 ±10%정도일 때에도 저하되지 않아야 함
    ㉥ 지시계의 눈금은 가연성 가스용은 0~폭발하한계값, 독성 가스는 0~TLV-TWA 기준농도의 3배값(암모니아를 실내에서 사용하는 경우에는 150ppm)을 명확하게 지시

ⓧ 경보를 발신한 후에는 원칙적으로 분위기 중 가스농도가 변화하여도 계속 경보를 울리고, 그 확인 또는 대책을 강구함에 따라 경보가 정지되게 함
  ② 검지경보장치구조 : 검지경보장치의 구조는 다음 기준에 적합한 것으로 함
      ㉠ 충분한 강도(특히 검지엘리먼트 및 발신회로는 내구성을 갖는 것일 것)를 지니며, 취급 및 정비(특히 검지엘리먼트의 교체 등)가 쉬워야 함
      ㉡ 가스에 접촉하는 부분은 내식성의 재료 또는 충분한 부식 방지 처리를 한 재료를 사용하고 그 외의 부분은 도장이나 도금처리가 양호한 재료
      ㉢ 가연성 가스(암모니아는 제외한다)의 검지경보장치는 방폭성능을 갖는 것으로 함
      ㉣ 2개 이상의 검출부에서 검지신호를 수신하는 경우 수신회로는 경보를 울리는 다른 회로가 작동하고 있을 때에도 해당 검지경보장치가 작동하여 경보를 울릴 수 있는 것으로서 경보를 울리는 장소를 식별할 수 있는 것으로 함
      ㉤ 수신회로가 작동상태에 있는 것을 쉽게 식별할 수 있어야 함
      ㉥ 경보는 램프의 점등 또는 점멸과 동시에 경보를 울리는 것이어야 함
  ③ 가스누출검지경보장치 설치장소 및 설치개수
      ㉠ 건축물 안에 설치되어 있는 사용설비 등 가스가 누출하기 쉬운 설비를 설치한 곳 주위에는 누출한 가스가 체류하기 쉬운 장소에 이들 설비군의 바닥면 둘레 10m마다 1개 이상의 비율로 계산한 수를 설치(단, 버너 등에 있어서는 파일럿 버너방식에 의한 인터록 기구를 설치하여 가스 누출의 우려가 없는 해당 버너 등의 부분은 제외)
      ㉡ 건축물 밖에 설치되어 있는 상기에 기재한 설비가 다른 설비, 벽이나 그 밖의 구조물에 인접하여 설치된 경우, 피트 등의 내부에 설치되어 있는 경우에는 누출한 가스가 체류할 우려가 있는 장소에 그 설비군의 바닥면 둘레 20m마다 1개 이상의 비율로 계산한 수를 설치
      ㉢ 검지경보장치의 검출부는 가스비중, 주위상황, 가스설비 높이 등 조건에 따라 적절한 높이에 설치
      ㉣ 검지경보장치의경보부, 램프의 점등 또는 점멸부는 관계자가 상주하는 곳으로 경보가 울린 후 각종 조치를 하기에 적합한 역화방지장치 설치

6. 연구실 가스설비 안전유지 기준

(1) 고압가스 저장 안전유지 기준
  ① 용기 보관 장소 또는 용기는 다음의 기준에 적합하게 할 것
      ㉠ 충전용기와 잔가스용기는 각각 구분하여 용기 보관 장소에 놓을 것
      ㉡ 가연성 가스·독성 가스 및 산소의 용기는 각각 구분하여 용기 보관 장소에 놓을 것
      ㉢ 용기 보관 장소의 주위 2m 이내에는 화기 또는 인화성 물질이나 발화성 물질을 두지 않을 것
      ㉣ 충전용기는 항상 40℃ 이하의 온도를 유지하고, 직사광선을 받지 않도록 조치할 것
      ㉤ 충전용기(내용적이 5L 이하인 것은 제외함)에는 넘어짐 등에 의한 충격 및 밸브의 손상을 방지하는 등의 조치를 하고 난폭한 취급을 하지 않을 것
  ② 고압가스설비 중 진동이 심한 곳에는 진동을 최소한도로 줄일 수 있는 조치를 할 것

③ 저장설비에 설치한 밸브 또는 콕크에는 밸브 등을 적절히 조작할 수 있도록 조치할 것
④ 안전밸브 또는 방출밸브에 설치된 스톱밸브는 그 밸브의 수리 등을 위하여 특별히 필요한 때를 제외하고는 항상 완전히 열어 놓을 것
⑤ 가연성 가스 또는 산소의 가스설비의 부근에는 작업에 필요한 양 이상의 연소하기 쉬운 물질을 두지 않을 것
⑥ 석유류·유지류 또는 글리세린은 산소압축기의 내부윤활제로 사용하지 않고, 공기압축기의 내부윤활유는 재생유가 아닌 것으로서 사용 조건에 안전성이 있는 것일 것
⑦ 가연성 가스 또는 독성 가스의 저장탱크의 긴급차단장치에 딸린 밸브 외에 가장 가까운 부근에 설치한 밸브는 가스를 송출 또는 이입하는 때 외에는 잠가 둘 것
⑧ 차량에 고정된 탱크(내용적이 2천L 이상인 것만을 말함)에 고압가스를 충전하거나 그로부터 가스를 이입 받을 때는 차량정지목을 설치하는 등 그 차량이 고정되도록 할 것
⑨ 차량에 고정된 탱크 및 용기에는 안전밸브 등 필요한 부속품이 장치되어 있어야 함

(2) 특수고압가스 및 특정고압가스
  ① 용기 유지관리(용기 취급방법)
    ㉠ 충전용기를 이동하면서 사용하는 때에는 손수레에 단단하게 묶어 사용하며 사용 종료 후에는 용기 보관실에 저장하여 둠
    ㉡ 사용설비에 특수고압가스 충전용기 등을 접속할 때와 분리할 때에는 해당 충전용기 등의 밸브를 닫힌 상태에서 해당 사용설비 내부의 가스를 불활성 가스로 치환하거나 해당 설비 내부를 진공으로 함
  ② 용기 안전조치
    ㉠ 고압가스의 충전용기는 항상 40℃ 이하를 유지하도록 함
    ㉡ 고압가스의 충전용기밸브는 서서히 개폐하고 밸브 또는 배관을 가열하는 때에는 열습포나 40℃ 이하의 더운 물을 사용함
    ㉢ 고압가스의 충전용기를 사용한 후에는 밸브를 닫아 둠
    ㉣ 충전용기(내용적 5L 이하의 것은 제외함)를 용기 보관 장소 또는 용기 보관실에 보관하는 경우 넘어짐 등으로 인한 충격 및 밸브 등의 손상을 방지하는 조치를 해야 함
    ㉤ 사이폰용기는 기화장치가 설치되어있는 시설에서만 사용하며, 사이폰용기의 액출구를 막음조치 하거나 기화공정 없이 액체를 그대로 사용하는 경우에는 그렇지 않음
  ③ 가스설비 유지·관리 : 가스설비의 안전성 및 작동성을 확보하고 사용설비 주위에서의 위해요소 발생을 방지하기 위하여 다음 기준에 따라 필요한 조치를 강구함
    ㉠ 밸브 등의 안전조치
      • 각 밸브 등에는 그 명칭 또는 플로시트(flow sheet)에 의한 기호, 번호 등을 표시하고 그 밸브 등의 핸들 또는 별도로 부착한 표시판에 당해 밸브 등의 개폐방향을 명시함
      • 밸브 등이 설치된 배관에는 내부 유체 종류를 명칭 또는 도색으로 표시하고 흐름방향을 표시함
      • 밸브 등의 조작위치에는 그 밸브 등을 확실하게 조작할 수 있도록 필요에 따라 발판을 설치함

- 밸브 등을 조작하는 장소는 밸브 등의 조작에 필요한 조도 150lux 이상이어야 하며, 이 경우 계기판에는 비상조명장치를 설치함
  - ⓒ 밸브 조작
    - 밸브 등의 조작에 대해서 유의해야 할 사항을 작업기준 등에 정하여 작업원에게 주지시킴
    - 조작함으로써 관련된 가스설비 등에 영향을 미치는 밸브 등의 조작은 조작 전·후에 관계부처와 긴밀한 연락을 취하여 상호 확인하는 방법을 강구함
    - 액화가스의 밸브 등에 대해서는 액봉상태로 되지 않도록 폐지 조작을 함
- ④ 사고예방설비 유지·관리 : 정전기 제거설비를 정상상태로 유지하기 위하여 다음 사항을 확인함
  - ⓙ 지상에서 접지 저항치
  - ⓒ 지상에서의 접속부의 접속상태
  - ⓒ 지상에서의 절선 그밖에 손상 부분의 유무

TOPIC. 2 화학물질의 폭발 방지대책

1. 연구실 화학물질(가스) 폭발 특성

① 폭발은 착화까지 연소와 동일하나 착화 이후 급격한 압력의 전파로 폭음과 함께 파괴를 수반함
② 물리적 폭발 : 기체나 액체의 팽창, 상변화 등의 물리현상이 압력 발생의 원인이 되는 것
③ 화학적 폭발 : 물체의 연소, 분해, 중합 등의 화학반응으로 압력이 상승
④ 화학적 폭발은 원인계와 생성계가 동일하지 않으므로 물적 조건과 에너지 조건을 통한 예방대책과 소극적인 방화대책이 필요
⑤ 화학적 폭발은 기상에서 많이 발생

가스폭발	• 가연성 가스와 지연성 가스와의 혼합기체에서 발생하며 폭발범위 내에 있고 점화원(불씨, 정전기 등)이 존재하여야 함 • 다량의 가연성 가스 또는 기화하기 쉬운 가연성 액체가 지표면에 유출되어 다량의 혼합기체가 형성되어 폭발이 일어나는 증기운 폭발(vapor cloud explosion)이 대표적인 예
분무폭발	고압의 유압설비 일부가 파손되어 내부의 가연성 액체가 공기 중에 분출되고 이것의 미세한 방울이 공기 중에 부유하고 있을 때 착화에너지가 주어지면 발생함
분진폭발	• 가연성 고체의 분진이 공기 중에 부유하고 있을 때 어떤 착화원에 의해 폭발하는 현상으로 단위용적당 발열량이 크기 때문에 역학적 파괴효과는 가스 폭발 이상 • 분진폭발의 조건은 가연성 분진, 자연성 가스(공기), 점화원의 존재, 밀폐된 공간 • 분진폭발을 예방하기 위해서는 불활성 가스로 완전히 치환하던가, 산소농도를 약 5% 이하로 하고, 점화원을 제거하여야 함
분해폭발	분해에 의해 생성된 가스가 열팽창되고 이때 생기는 압력 상승과 이 압력의 방출에 의해 일어나는 폭발 현상으로 가스폭발의 특수한 경우

2. 연구실 내 가스폭발 방지대책

(1) 폭발방지 방법

① 폭발의 조건에는 물적 조건인 폭발범위(연소범위)의 농도와 압력, 에너지 조건인 발화온도, 발화에너지, 충격감도가 있음

② 폭발방지는 가연물을 제거하고, 산소공급원을 차단하고, 점화원을 냉각하며 연쇄반응을 억제하는 방법으로 진행함

가연물 관리	• 실험 시작 전 가연물의 제거, 퍼지, 차단 확인 후 실험을 시작함 • 독성 · 가연성 가스 퍼지 후 가스잔류 여부를 확인하여 가스분진 누출 여부를 측정함
점화원 관리	• 화염, 고열물 및 고온표면, 충격 및 마찰, 단열압축, 자연발화, 화학반응, 전기, 정전기, 광선 및 방사선 등이 점화원으로 작용할 수 있는지 관리를 해야 함 • 산소와 점화원은 제거할 수 없으므로 가연물에 대한 격리, 제거, 및 방호가 중요함

(2) 폭발방지 안전장치

전기설비 방폭화	위험성 가스와 증기분진이 체류하는 장소의 조명, 모터, 제어반, 기타 전기설비의 점화원 관리
정전기 제거	전기 발생 제어, 정전기 축적 방지, 적정습도 유지, 이온화를 통해 정전기를 제거
가스농도 검지	가연성 가스가 누설하여 체류하는 위험장소에서는 폭발 위험성이 크므로 가스농도 검지가 필요
압력방출장치	압력방출은 방호할 장치의 일부분에 그 장치보다 내압이 작은 부분(안전밸브, 파열판, 폭압방산공, 가용합금압전밸브 등)을 구비하는 것 ※ 파열판을 설치하여야 하는 경우 • 반응 폭주 등 급격한 압력 상승의 우려가 있는 경우 • 운전 중 안전밸브에 이상물질이 누적되어 안전밸브의 기능을 저하시킬 우려가 있는 경우 • 화학물질의 부식성이 강하여 안전밸브 재질의 선정에 문제가 있는 경우 등
폭발억제장치	• 밀폐장치 내의 폭발에 대해서 폭발발생을 초기에 검출하여 연소억제제를 살포하여 화염을 소멸시키고 폭발성장을 정지하도록 하는 장치 • 폭발 검출기구, 억제제와 살포기구, 제어기구로 구성되어 있고, 작동이 빠르고 신뢰성이 요구되는 안전장치

① 가스농도 검지
  ㉠ 가스농도 검지방법
    • 배관이나 접속부 등에 비눗물을 발라 기포 발생 유무로 누설을 확인
    • 누설 시 가스농도 측정기나 분석기에서 발생하는 경보음이나 경보 등에 의해 확인
  ㉡ 종류 : 반도체식, 접촉연소식, 기체열전도도식 등이 있음

② 압력방출장치
  ㉠ 설치기준
    • 미연소 가연물이 대기로 유출하여 폭발할 우려가 있는 장소에 설치
    • 미연소 물질도 분출하여 장치 외부에서 폭발이 지속될 우려가 있는 장소에 설치

ⓒ 안전밸브
- 기계적 하중에 의해 밸브가 막혀있고 장치 내에 설정압력 도달 시 내부압력을 방출하는 기구
- 안전밸브는 압력이 일정압력 이하가 되면 자동 복원되어 내용물 방출이 정지
- 안전밸브는 방출량이 적어 급격한 압력 상승이나 폭발압력 방출에는 부적합

> **Tip**
> 안전밸브의 종류
> - Safety valve : 스팀, 공기, 가스에 이용되며 압력 증가에 따라 순간적으로 개방
> - Relief valve : 액체에 이용되며 압력 증가에 따라 서서히 개방
> - Safety-relief valve : 가스, 증기, 액체에 이용되며 압력 증가에 따라 중간정도 속도로 개방

ⓒ 파열판(Rupture disk)
- 금속 박판을 사용하여 구성하며 평판형보다 dome형이 신뢰성이 있고 규격화되어 있음
- 비정상반응에서 가스 발생속도의 추정이 가능하려면 이에 상당하는 배출량의 구경을 갖는 파열판을 설치해야 함

ⓔ 가용합금안전밸브
- 일반적으로 200℃ 이하의 융점을 갖는 금속을 가용합금이라 하며 화재온도 상승 시 금속이 용해하여 저장물을 방출하는 안전장치
- 폭발에 의한 순간적 고온에는 작동하지 않으므로 폭발 방출에는 부적합

ⓜ 폭압방산공
- 덕트, 건조기, 방, 건물 등의 일부에 설계 강도보다 낮은 부분을 만들어 폭발압력을 방출하게 함
- 폭발 vent 또는 폭발문이라 함
- 다른 압력방출장치에 비해 방출량이 크므로 특히 폭발 방호에 적합
- 구멍이 생긴 후 복원성이 없어서 회분식 장치에 이용

3. 연구실 내 폭발위험장소 선정 및 방폭형 구조

(1) 폭발위험장소
가연성 가스가 폭발할 위험이 있는 농도에 도달할 우려가 있는 장소(이하 "위험장소"라 함)의 등급은 다음과 같이 분류됨

0종 장소(zone 0)	• 지속적인 위험 분위기 • 폭발성 가스 혹은 증기가 폭발 가능한 농도로 계속해서 존재하는 지역
1종 장소(zone 1)	• 통상 상태에서의 간헐적 위험 분위기 • 상용 상태에서 위험분위기가 존재할 가능성이 있는 장소
2종 장소(zone 2)	• 이상 상태에서의 위험 분위기 • 이상 상태에서의 위험 분위기가 단시간 동안 존재할 수 있는 장소

(2) 방폭구조에 따른 분류

내압방폭구조	용기 내부에서 폭발성 가스 또는 증기가 폭발하였을 때 용기가 그 압력에 견디며, 접합면, 개구부 등을 통해서 외부의 폭발성 가스·증기에 인화되지 않도록 한 구조
압력방폭구조	용기 내부에 보호가스(신선한 공기 또는 불연성가스)를 압입하여 내부압력을 유지함으로써 폭발성 가스 또는 증기가 용기 내부로 유입하지 않도록 된 구조
안전증방폭구조	정상운전 중에 폭발성 가스 또는 증기에 점화원이 될 전기불꽃, 아크 또는 고온 부분 등의 발생을 방지하기 위하여 기계적, 전기적 구조상 또는 온도 상승에 대해서 안전도를 증가시킨 구조
유입방폭구조	전기불꽃, 아크 또는 고온이 발생하는 부분을 기름 속에 넣고, 기름면 위에 존재하는 폭발성 가스 또는 증기에 인화되지 않도록 한 구조
본질안전방폭구조	정상 및 사고 시에 발생하는 전기불꽃, 아크 또는 고온에 의하여 폭발성 가스 또는 증기에 점화되지 않는 것이 점화시험, 기타에 의하여 확인된 구조 등을 말함
비점화방폭구조	정상동작 상태에서는 주변의 폭발성 가스 또는 증기에 점화시키지 않고, 점화시킬 수 있는 고장이 유발되지 않도록 한 구조
몰드방폭구조	폭발성 가스 또는 증기에 점화시킬 수 있는 전기불꽃이나 고온 발생부분을 콤파운드로 밀폐시킨 구조
충전방폭구조	점화원이 될 수 있는 전기불꽃, 아크 또는 고온부분을 용기 내부의 적정한 위치에 고정시키고 그 주위를 충전물질로 충전하여 폭발성 가스 및 증기의 유입 또는 점화를 어렵게 하고 화염의 전파를 방지하여 외부의 폭발성 가스 또는 증기에 인화되지 않도록 한 구조

(3) 방폭기기 선정

① **선정조건** : 산업통상자원부 장관이 인정하는 기관 또는 다른 법령에 따른 검정기관이 실시하는 성능검정을 받은 것으로 하며, 외국 공인기관의 검정을 받은 것에 대해 검정의 전부 또는 일부를 면제할 수 있음

② **분류기준** : 가연성 가스의 폭발등급과 발화도(이하 "위험등급"이라 함) 분류 및 이에 대응하는 방폭기기의 등급 분류는 다음과 같음

㉠ 가연성 가스의 폭발등급 및 이에 대응하는 방폭전기기기의 폭발등급

〈내압방폭구조의 폭발등급〉

최대안전틈새 범위(mm)	0.9 이상	0.5 초과 0.9 미만	0.5 이하
가연성 가스의 폭발등급	A	B	C
방폭전기기기의 폭발등급	ⅡA	ⅡB	ⅡC

※ 비고 : 최대안전틈새는 내용적이 8L이고 틈새 깊이가 25mm인 표준용기 안에서 가스가 폭발할 때 발생한 화염이 용기 밖으로 전파하여 가연성 가스에 점화되지 않는 최대값

〈본질안전방폭구조의 폭발등급〉

최소점화전류비의 범위(mm)	0.8 초과	0.45 이상 0.8 이하	0.45 미만
가연성 가스의 폭발등급	A	B	C
방폭전기기기의 폭발등급	ⅡA	ⅡB	ⅡC

※ 비고 : 최소점화전류비는 메탄가스의 최소점화전류를 기준으로 나타낸다.

ⓒ 가연성 가스의 발화도 범위에 따른 방폭전기기기의 온도등급

가연성 가스의 발화도(℃) 범위	방폭전기기기의 온도등급
450 초과	T1
300 초과 450 이하	T2
200 초과 300 이하	T3
135 초과 200 이하	T4
100 초과 135 이하	T5
85 초과 100 이하	T6

③ **선정방법** : 전기설비는 폭발의 위험이 없는 안전한 장소에 설치하되 부득이하게 위험장소에 전기설비를 설치할 경우에는 기준에 맞는 방폭기기를 선정함

(4) 방폭기기 설치기준
① 방폭기기 결합부의 나사류를 외부에서 쉽게 조작함으로써 방폭성능을 손상시킬 우려가 있는 것은 드라이버, 스패너, 플라이어 등의 일반 공구로 조작할 수 없도록 한 자물쇠식 조임 구조로 함
② 방폭기기 설치에 사용되는 정션박스(Junction box), 푸울박스(Pull box), 접속함 등은 내압방폭구조 또는 안전증방폭구조의 것으로 함
③ 방폭전기기기 설비의 부속품은 내압방폭구조 또는 안전증방폭구조의 것으로 함
④ 본질안전방폭구조를 구성하는 배선은 본질안전방폭구조 이외의 전기설비배선과 혼촉을 방지하고, 그 배선은 다른 배선과 구별하기 쉽게 함
⑤ 도시가스 공급시설에 설치하는 정압기실 및 구역압력조정기실 개구부와 RTU(Remote Terminal Unit) BOX는 다음 기준에서 정한 거리 이상을 유지함
  ㉠ 지구정압기, 건축물 내 지역정압기 및 공기보다 무거운 가스를 사용하는 지역정압기 : 4.5m
  ㉡ 공기보다 가벼운 가스를 사용하는 지역정압기 및 구역압력조정기 : 1m

4. 가스폭발의 범위 · 형태 · 대책

(1) 가스폭발 범위
① **가연성 가스의 연소 조건** : 가연성 가스는 공기와 혼합된 상태에서만 연소할 수 있으며, 공기와 혼합되었다고 하더라도 특정 농도에서만 연소함
② 폭발범위
  ㉠ 정의 : 가연성 가스의 연소 조건에서의 농도의 범위를 말함. 즉 어떠한 가연성 가스의 폭발범위는 가연성 가스가 연소할 수 있는 가연성 가스의 농도 범위를 말함
  ㉡ 특징
    • 폭발범위는 온도와 압력이 높아질수록 범위가 넓어짐

- 일반적으로 주어지는 폭발범위는 상온, 상압에서의 범위를 보임
- 공기 중에서의 폭발범위보다 산소 중에서의 폭발범위가 더 넓음
- 어떠한 가스의 폭발범위가 넓다는 것은 그 가스가 위험하다는 것을 뜻함

ⓒ 주요 가스의 폭발범위

가스명	폭발범위(용량 %)		가스명	폭발범위(용량 %)	
	하한	상한		하한	상한
프로판	2.1	9.5	메탄	5	15
부탄	1.8	8.4	일산화탄소	12.5	74
수소	4	75	황화수소	4.3	45
아세틸렌	2.5	81	시안화수소	6.0	41
암모니아	15	28	산화에틸렌	3.0	80

③ 폭발한계

 ㉠ 폭발한계의 종류
- 폭발하한(LEL ; Lower Explosion Limit) : 폭발범위의 가장 작은 값
- 폭발상한(UEL ; Upper Explosion Limit) : 폭발범위의 가장 큰 값

 ㉡ 특징
- 폭발하한은 압력의 영향을 거의 받지 않으며, 온도의 영향을 받음. 일반적으로 온도 상승 시 폭발하한은 감소함
- 폭발상한은 온도와 압력 모두의 영향을 받음. 일반적으로 온도와 압력 상승 시 폭발상한도 상승함
- 불활성 가스를 혼합하면 폭발하한은 상승하며, 폭발상한은 감소함. 즉, 불활성 가스를 첨가할 시 가연성 가스의 위험성이 감소함

(2) 가스폭발 형태

① 비등액체팽창증기폭발(BLEVE ; Boiling Liquid Expanding Vapor Explosion) : 저장탱크 내의 가연성 액체가 끓으면서 기화한 증기가 팽창한 압력에 의해 폭발하는 현상

② 증기운 폭발(UVCE ; Unconfined Vapor Cloud Explosion)

 ㉠ 다량의 가연성 가스나 인화성 액체가 외부로 누출될 경우 해당 가스 또는 액체의 증기가 대기 중에 공기와 혼합하여 폭발성을 가진 증기운(Vapor Cloud)을 형성하고, 이때 점화원에 의해 점화할 경우 화구(Fire Ball)를 형성하며 폭발하는 형태

 ㉡ 증기운 폭발의 특징
- 증기운 상태의 크기가 커질수록 표면적이 넓어지기 때문에 착화 확률이 높아지게 됨
- 증기운 폭발이 발생하게 되면 주로 폭발로 인한 피해보다는 화재에 의한 재해 형태를 보임
- 가연성 증기가 난류 형태로 발생한 경우 공기와의 혼합이 더욱 잘 되어 폭발의 충격이 더욱 커지게 됨
- 기운 폭발의 충격파는 최대 약 1atm 정도이며, 폭발 효율이 낮음

(3) 폭발방지대책
  ① 폭발의 성립 조건
    ㉠ 공기 또는 산소와 혼합된 가연성 가스, 증기 및 분진이 일정농도(폭발범위)에 있을 때
    ㉡ 혼합된 물질의 일부에 점화원이 존재하여 최소점화에너지 이상의 에너지를 가할 수 있을 때
  ② 화재 및 폭발방지
    ㉠ 가연성 가스, 증기 및 분진이 폭발범위 내로 축적되지 않도록 환기 실시
    ㉡ 공기 또는 산소의 혼입 차단(불활성 가스 봉입 등)
    ㉢ 연구실 내 불꽃, 기계 및 전기적인 점화원의 제거 또는 억제
  ③ 비등액체팽창증기폭발(BLEVE) 방지대책
    ㉠ 탱크 내부의 온도가 상승하지 않도록 함
    ㉡ 내부에 상승된 압력을 빠르게 감소시켜 주어야 함
    ㉢ 탱크가 화염에 직접 가열되는 것을 피함
  ④ 증기운(UVCE) 폭발방지대책
    ㉠ 가연성 가스 또는 인화성 액체의 누출이 발생하지 않도록 지속적으로 관리
    ㉡ 가연성 가스 또는 인화성 액체의 재고를 최소화
    ㉢ 가스누설감지기 또는 인화성 액체의 누액 감지기 등을 설치하여 초기 누출 시 대응할 수 있도록 함
    ㉣ 긴급차단장치를 설치하여 누출이 감지되면 즉시 공급이 차단되도록 함

CHAPTER 04 화학 시설(설비) 설치·운영 및 관리

02 연구실 화학(가스) 안전관리

> **키워드**
> 화학 시설 설치, 화학시설 운영 및 관리, 구조기준, 안전장비 및 설비기준

TOPIC. 1 화학 시설(설비) 설치 · 운영 및 관리

1. 화학분야 설치기준

(1) 설계 일반
① 화학분야 연구실에서 사용하는 대부분의 물질은 인체에 유해하기 때문에, 데이터(data) 처리 및 문서 작업을 할 경우 반드시 실험 공간과 분리된 별도의 사무 공간에서 수행하여야 함
② 화학분야 연구실 내 각각의 실험장비가 점유하는 공간은 주 통행로와 분리될 수 있도록 장비별 안전구획선 및 안전작업영역을 설정·확보하여야 함
③ 연구실에 고압가스 실린더를 사용하는 장비가 있다면 안전한 통행로를 확보하여야 함
④ 화학분야 연구실의 바닥은 물질이 스며들지 못하고 해당 물질에 견딜 수 있는 재료를 사용하여야 함

(2) 안전장비 및 설비
① 부식성 물질 등 유해화학물질이 인체에 접촉할 경우를 대비하여 비상샤워장치 및 세안장치를 설치하여야 하며, 항상 사용할 수 있게 준비가 되어 있어야 함
② 각종 인화성 및 가연성 물질을 사용할 경우 흄후드를 설치하여야 함
③ 유기화합물 취급 업무를 행하는 연구실에는 유기화합물의 증기 발산원을 밀폐하는 조치를 취하여야 함
④ 고독성 물질을 사용하는 연구실의 경우에는 시약장이나 냉장고 등에도 음압을 유지할 수 있도록 하고, 환기설비를 설치하여 고독성 물질의 증기가 연구실 내부로 유입되지 않도록 하여야 함

2. 주요구조부분

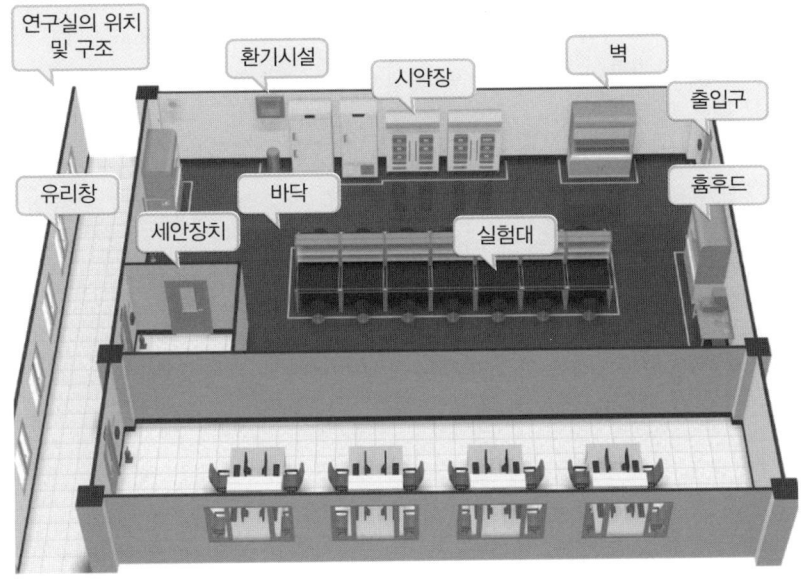

※ 그림 출처 : 국가연구안전정보센터, 분야별 연구실 표준모델

① 유리창 설치기준
　㉠ 연구실의 창문은 열었을 때 연구활동이나 통행하는 데에 방해가 되지 않도록 설치
　㉡ 화학물질을 취급하는 연구실의 경우 복도 또는 외부와 구획하는 벽에 설치하는 창은 망입유리 또는 방화유리로 하는 것이 바람직함

② 벽 설치기준
　㉠ 조적식 구조(예 벽돌, 돌, 콘크리트블록 구조 등)인 경계벽(내력벽이 아닌 벽)으로서 공간 분리를 할 경우, 벽의 두께는 90mm 이상으로 해야 함
　㉡ 화학물질을 취급하는 연구실의 경계벽(복도와의 경계벽은 제외)에는 창 또는 출입구를 설치하지 않는 것이 바람직함
　㉢ 내부 벽은 기밀성이 있어야 하며 내구성이 있는 물질(예 고광택 페인트)로 칠해져서 시설물이 오염되지 않도록 해야 함

③ 바닥 설치기준
　㉠ 바닥은 평탄하며, 미끄러지지 않는 구조일 것
　㉡ 화학설비, 유해물질 취급연구실의 바닥은 불연성, 불침투성의 재료를 사용
　㉢ 청소하기 쉬운 구조
　㉣ 사용하는 화학물질로 인해 부식되지 않는 재질로 보수해야 함

④ 출입구 설치 및 운영기준
　㉠ 피난구 유도등은 피난구의 바닥으로부터 높이 1.5m 이상에 위치
　㉡ 출입구의 폭은 장비들의 입출이 가능하도록 90cm 이상, 대형 장비를 사용하는 경우에는 장비의 출입을 위하여 폭이 120cm 이상
　㉢ 연구실 문은 내부에서 바깥(피난방향)으로 열리게 설치
⑤ 실험대 및 선반 설치기준
　㉠ 실험대의 표면은 화학물질 누출(spill) 시 물질이 흘러내리지 않고 체류할 수 있도록 설계, 체류 능력은 $5L/m^3$ 이상일 것
　㉡ 실험대와 실험대의 간격은 원활한 작업 영역의 확보 및 접근 용이성을 고려하여 최소 약 1.5m 이상의 거리를 두어야 함
　㉢ 바닥으로부터 높이 1.5m 이상의 실험대 선반에는 화학물질을 보관할 수 없음

3. 안전장비

① 시약장
　㉠ 시약장 간의 간격은 최소 0.25m의 거리를 확보해야 함
　㉡ 시약장 문은 저절로 닫히는 구조이어야 하며, 문에 인화성 물질에 대한 경고표지(화기주의) 등을 표시해야 함
　㉢ 출입문과 시약장과의 이격거리는 최소 3m를 유지해야 함
　㉣ 천정의 전등과 같이 점화원이 될 수 있는 요소와의 이격거리는 최소 3m를 유지해야 함
　㉤ 화학물질 저장 전용 캐비닛(chemical storage cabinet)이 있어도 저장 총량은 250L(액체), 250kg(고체)을 초과할 수 없음
　㉥ 각 시약장별 저장하는 물질에 대한 관리대장을 작성·보관
　㉦ 폭발성 물질, 발화성 물질, 인화성 물질, 독성 물질은 불연재료로 제작된 밀폐형 시약장에 보관
② 세안장치
　㉠ 유해물질을 취급하는 연구실에 설치해야 하며 연구실 내의 모든 인원이 쉽게 접근하고 사용할 수 있도록 준비되어 있어야 함
　㉡ 강산이나 강염기를 취급하는 곳에는 바로 옆에 설치
　㉢ 세안장치의 분사 노즐은 바닥으로부터 85~115cm 사이의 높이에 위치해야 함
　㉣ 세안장치의 가장자리로부터 15cm 이내에는 벽이나 방해물이 없어야 함
　㉤ 연구활동종사자에게 잘 보이는 곳에 세안장치 안내표지판을 설치
　㉥ 세안장치의 세척용수량은 최소 분당 1.5L 이상으로 유지되어야 함
　㉦ 조작밸브를 여는 경우 조작밸브가 1초 이내에 열리는지, 열린 상태가 지속되는지를 확인해야 함
　㉧ 세안장치는 실험실의 모든 장소에서 15m 이내, 또는 15~30초 이내에 도달할 수 있는 위치에 확실히 알아볼 수 있는 표시와 함께 설치

⟨세안장치 설치 기준⟩ ⟨세안장치 성능⟩

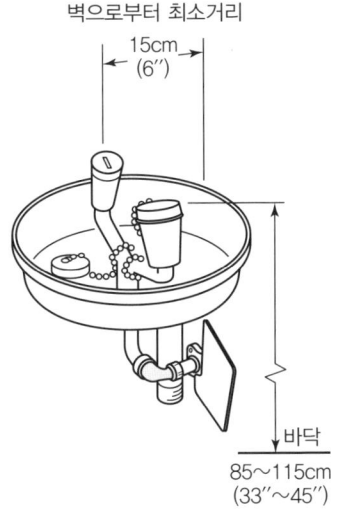
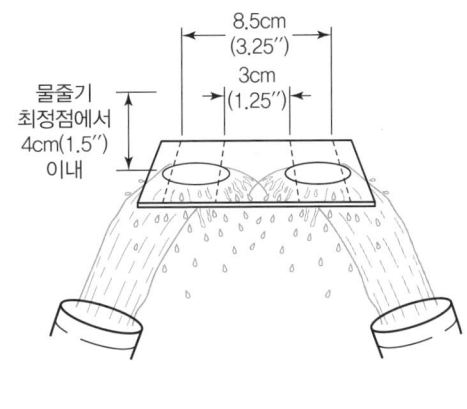

③ 비상샤워장치
  ㉠ 샤워꼭지는 긴급샤워기가 설치되는 바닥에서 210cm(82in) 이상 240cm (96in) 이하의 높이를 유지할 수 있도록 세척용수 공급관을 겸한 기둥을 설치
  ㉡ 세척용수의 분사범위는 바닥으로부터 150cm(60in)의 높이에서 지름이 50cm(20in) 이상이어야 함
  ㉢ 샤워기의 중심에서 반지름 45cm(16in) 이내에는 어떠한 방해물이 없어야 함
  ㉣ 샤워꼭지의 분사량은 최소 분당 80리터 이상이어야 하며 분사압력은 사용자가 다치지 않도록 충분히 낮아야 함
  ㉤ 샤워꼭지는 세척용수를 전면에 골고루 분사할 수 있어야 함
  ㉥ 조작밸브는 원터치로 1초 내에 조작이 가능하여야 하며 사용자가 의도적으로 잠그지 않는 한 계속하여 열려있는 형태이어야 함
  ㉦ 칸막이를 하는 경우에는 칸막이의 지름은 90cm(34in) 이상이어야 함
  ㉧ 위험물질 취급지역으로부터 10초 이내에 도달할 수 있는 곳에 설치함
  ㉨ 동파가 우려되는 곳에서는 동파방지를 위한 설비를 설치하여야 하며 세척용수의 온도가 섭씨 40도를 초과하지 않도록 조치하여야 함
  ㉩ 잘 보이는 곳에 긴급샤워기의 설치 안내표지판을 설치함

〈비상샤워장치 설치 기준〉

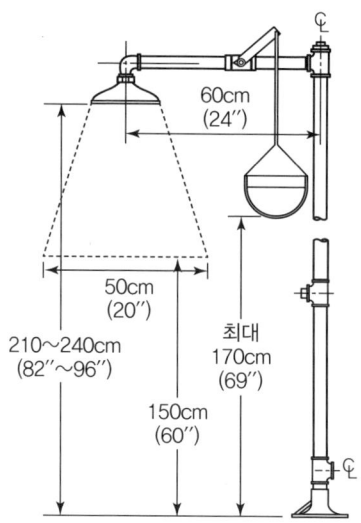

④ 흄후드

〈흄후드의 구조〉

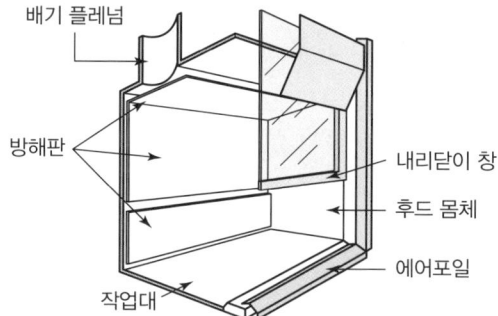

㉠ 화학약품을 이용한 실험 중 가스, 흄, 증기, 미스트 등의 유해인자가 발생할 수 있는 실험은 반드시 흄후드를 설치하여 흄후드 내에서 실험을 수행
㉡ 유해인자의 발생원을 제어할 수 있는 구조로 설치해야 하며, 포위식 또는 부스식 후드를 설치
㉢ 흄후드 몸체는 실험 중 발생할 수 있는 폭발, 화재 등에 견딜 수 있는 불연재료로 제작해야 함
㉣ 작업대는 내열, 내부식성에 강한 재질을 사용해야 하며, 화학약품 흘림 방지를 위하여 오목한 형태이어야 함
㉤ 흄후드의 덕트는 실험실에서 옥상으로 연결하며 배관의 끝단에 배풍기를 설치함

4. 안전설비

① **환기시설**
  ㉠ 모든 연구실은 기계적인 환기가 가능해야 하며, 환기는 외부의 공기를 유입시키고 내부의 공기를 바깥으로 배출되도록 하여야 함. 이때 연구실로 공급되는 공기량과 배출되는 공기량은 동일
  ㉡ 연구실 후드나 기타 국소배기설비의 배출공기는 건물로 재유입되지 않도록 충분한 속도로 방출되도록 설계
  ㉢ 환기 시스템은 24시간 작동하도록 설계되어야 하며, 온도, 압력 조절을 위한 시스템과 통합적으로 관리 되는 것이 좋음
  ㉣ 연구실 환기 시스템은 일반 덕트와 구분되어야 함
  ㉤ 공기공급 확산장치의 설치 위치는 연구실 후드, 배출설비, 화재감지나 소화설비 등의 성능에 악영향을 미치지 않는 곳이어야 함

② **국소배기장치**
  ㉠ 포위식 또는 부스식 후드의 설치가 어려울 경우 암후드, 캐노피후드 등 외부식 후드를 설치. 외부식 후드는 해당 유해인자 발산원에 가장 가까운 위치에 설치해야 함
  ㉡ 외부식 후드는 흄후드 설치기준에 준하여 설치
  ㉢ 단독배기가 불가능한 경우에는 흄후드 덕트로 연결하여 사용
  ㉣ 전기를 이용한 이동형 국소배기장치를 사용 시 제어속도, 필터 등을 주기적으로 확인하고 교체해야 함
  ㉤ 외부식 상방흡입형 후드는 제어풍속이 1.0m/s로 유지될 수 있도록 관리해야 함

STEP 01 | 핵심 키워드 정리문제

01 화학물질의 유해·위험성은 물리적 위험성, (　　　　　)(으)로 분류할 수 있다.

02 GHS-MSDS는 세계조화체계에 따른 (　　　　　)(으)로, 국제적으로 통일된 분류 기준에 따라 화학물질의 유해성 위험성을 분류하고 통일된 형태의 경고표지 및 MSDS를 사용함으로써 화학물질을 안전하게 사용하고 관리하기 위하여 필요한 정보를 기재한 자료이다.

03 연구실 사전유해인자위험분석을 실시해야 하는 화학물질 종류로는 「화학물질관리법」 제2조 제7호에 따른 유해화학물질, 「산업안전보건법」 제104조에 따른 유해인자(화학적인자), 「고압가스안전관리법 시행규칙」 제2조 제1항 제2호에 따른 (　　　　　)이/가 있다.

04 가연성 가스란 조연성 가스(지연성 가스)와 반응하여 빛과 열을 내며 연소하는 가스로서 폭발한계의 하한이 10% 이하인 것과 폭발한계의 상한과 하한의 차가 (　　　　　) 이상인 가스로 프로판, 부탄, 메탄 등이 이에 해당한다.

05 인화성 가스의 고압가스는 (　　　　　)을/를 반드시 설치하여 불꽃이 연료 또는 조연제인 산소로 유입되는 것을 차단하여 폭발 사고를 방지해야 한다.

06 가스의 폭발 위험성 분석에서 위험도는 (　　　　　)을/를 표시한 수치로 클수록 위험하며, 폭발상한과 하한의 차이가 클수록 위험하다.

07 고압가스 용기는 고압을 견디기 위하여 강한 금속 재료를 사용하기 때문에 내용물 확인이 어렵다. 그렇기 때문에 고압가스 용기는 약속에 의하여 고압가스의 내용물을 용기의 (　　　　　)(으)로 구별하고 있다.

08 화학물질 사고형태는 누출사고, (   ), 폭발사고 등이 있다.

09 연료가스 누출로 인한 화재 발생 시 가스기구의 코크를 잠근 후 시간이 있으면 (   )까지 잠가주도록 한다.

10 (   )은/는 부식되거나 파손되지 아니하는 재질로 된 보관시설 또는 보관용기를 사용하여 보관하여야 한다.

11 폐기물 보관표지에는 최초 수집된 날짜, 수집자 정보 외 용량, 상태, (   ), 잠재적인 위험도, 폐기물저장소 이동날짜가 포함된 폐기물 정보가 기재되어야 한다.

12 화학물질이 누출되면 자체의 위험성으로 피해를 입을 뿐만 아니라 (   )와/과 (   ) 같은 2차 사고로 이어질 가능성이 크므로 신속하고 적절하게 대처하는 것이 중요하다.

13 독성 가스 및 가연성 가스의 저장, 사용 설비에는 가스가 누출될 경우를 신속 감지하여 효과적으로 대응할 수 있도록 하기 위해 가스누출검지경보장치를 설치하여야 하며, 경보농도는 가연성 가스의 경우 (   ) 이하, 독성 가스의 경우 TLV-TWA 기준농도 이하로 한다.

14 가스 누출 특성은 인화성 물질의 (   ), 온도와 압력에 따라 달라진다.

15 고압가스설비에는 그 고압가스설비 내의 압력이 상용의 압력을 초과하는 경우 즉시 상용의 압력 이하로 되돌릴 수 있도록 하기 위하여 (   )을/를 설치한다.

16 화학물질 폭발의 조건에는 물적 조건인 폭발범위(연소범위)의 농도와 압력, 에너지 조건인 발화온도, 발화에너지, 충격감도가 있다. 폭발방지는 가연물 제거, 산소공급원 차단, 점화원을 냉각하며 (   )하는 방법으로 진행한다.

17 방폭전기기기의 용기(이하 "용기"라 한다) 내부에서 가연성 가스의 폭발이 발생할 경우 그 용기가 폭발압력에 견디고, 접합면, 개구부 등을 통해 외부의 가연성 가스에 인화되지 않도록 한 구조를 (　　　　　)(이)라 한다.

18 화학분야 안전장비 및 설비 중 부식성 물질 등 유해화학물질이 인체에 접촉할 경우를 대비하여 (　　　　　) 및 세안장치를 설치하여야 하며, 항상 사용 가능하게 준비가 되어 있어야 한다.

정답

01. 건강 및 환경 유해성 분류 02. 물질안전보건자료 03. 독성 가스 04. 20%
05. 역화방지장치(Flashback arrestor) 06. 폭발가능성 07. 색 08. 화재사고 09. 밸브 10. 지정폐기물
11. 화학물질명 12. 폭발, 화재 13. 폭발 하한계의 1/4 14. 물리적 상태 15. 과압안전장치 16. 연쇄반응을 억제
17. 내압방폭구조 18. 비상샤워장치

STEP 02 | 핵심 예상문제

01 연구실 내 화학물질을 처음 취급·사용하거나 폐기 또는 다른 저장소 등으로 이동시킬 경우 활용할 수 있는 GHS-MSDS 항목을 다음의 표에서 고르시오.

1	화학제품과 회사에 관한 정보	9	물리·화학적 특성
2	유해성·위험성	10	안전성 및 반응성
3	구성성분의 명칭 및 함유량	11	독성에 관한 정보
4	응급조치요령	12	환경에 미치는 영향
5	폭발·화재 시 대처방법	13	폐기 시 주의사항
6	누출사고 시 대처방법	14	운송에 필요한 정보
7	취급 및 저장방법	15	법적 규제 현황
8	노출방지 및 개인 보호구	16	그 밖의 참고사항

[정답]

7번, 8번, 13번, 14번

[참고]

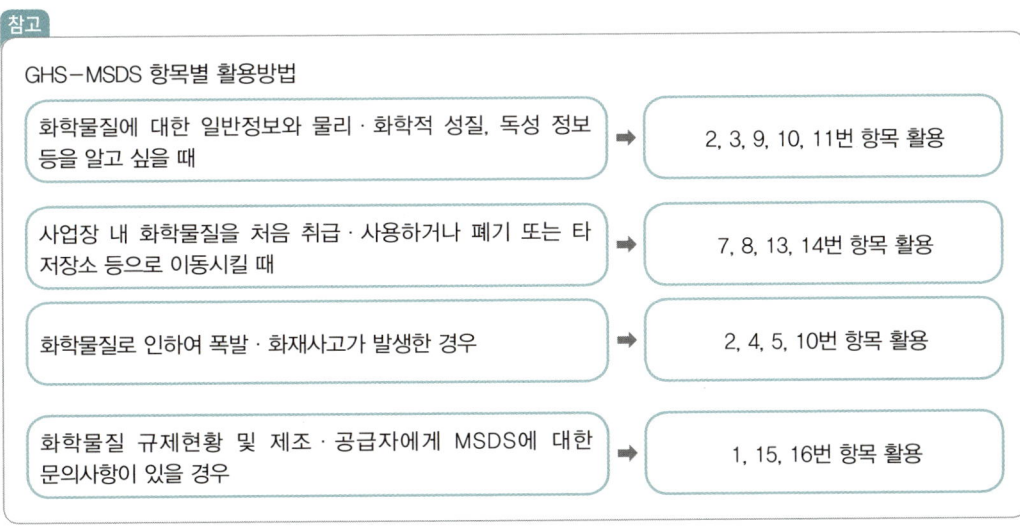

GHS-MSDS 항목별 활용방법

화학물질에 대한 일반정보와 물리·화학적 성질, 독성 정보 등을 알고 싶을 때	→	2, 3, 9, 10, 11번 항목 활용
사업장 내 화학물질을 처음 취급·사용하거나 폐기 또는 타 저장소 등으로 이동시킬 때	→	7, 8, 13, 14번 항목 활용
화학물질로 인하여 폭발·화재사고가 발생한 경우	→	2, 4, 5, 10번 항목 활용
화학물질 규제현황 및 제조·공급자에게 MSDS에 대한 문의사항이 있을 경우	→	1, 15, 16번 항목 활용

02 GHS-MSDS 경고표시 그림문자에서 다음 그림에 해당하는 유해·위험성에 대해 각각 서술하시오.

① 　② 　③ 　④

정답

① 인화성, ② 호흡기과민성, ③ 수생환경 유해성, ④ 고압가스

03 화학물질에 대한 응급 대응 시 화학물질(가스)의 위험성을 규정하기 위해 미국화재예방협회(NFPA ; National Fire Protection Association)에서 발표한 표준 시스템인 NFPA 704 표식에서 각 번호에 해당하는 색상과 위험성을 서술하시오.

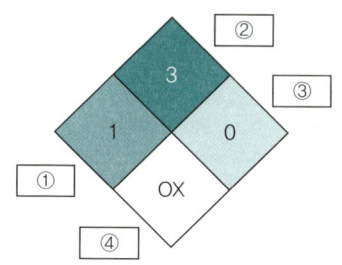

정답

① 청색, 건강위험성
② 적색, 화재위험성
③ 황색, 반응위험성
④ 백색, 기타위험성

참고

NFPA 407 표식 및 등급

등급	건강 위험성 (청색)	화재 위험성(인화점) (적색)	반응 위험성 (황색)
0	유해하지 않음	잘 타지 않음	안정함
1	약간 유해함	93.3℃ 이상	열에 불안정함
2	유해함	37.8~93.3℃	화학물질과 격렬히 반응함
3	매우 유해함	22.8~37.8℃	충격이나 열에 폭발 가능함
4	치명적임	22.8℃ 이하	폭발 가능함

04 연구실 사전유해인자위험분석을 실시해야 하는 화학물질 3가지 종류에 대해서 서술하시오(반드시 관련 법령 명기).

> 정답
> - 「화학물질관리법」 제2조 제7호에 따른 유해화학물질
> - 「산업안전보건법」 제104조에 따른 유해인자
> - 「고압가스안전관리법 시행규칙」 제2조 제1항 제2호에 따른 독성 가스

05 화학물질 누출 또는 중독 사고 시 예방조치 사항 3가지를 서술하시오.

> 정답
> - 화학물질을 성상별로 분류하여 보관한다.
> - 연구실에 GHS-MSDS를 비치하고 교육한다.
> - 다량의 인화물질을 보관하기 위한 별도의 보관 장소를 마련할 필요가 있다.
> - 부식성 물질 또는 급성 독성 물질은 취급하면서 누출 등으로 인해 인체에 접촉시키지 않도록 한다.

06 다음은 화학물질 취급 시 주의사항에 대한 설명이다. 빈칸에 들어갈 물질을 서술하시오.

산화성 액체 · 산화성 고체	분해가 촉진될 우려가 있는 물질에 접촉시키거나 가열 또는 마찰시키거나 충격을 가하지 않아야 함
(①)	화기나 그 밖에 점화원이 될 우려가 있는 것에 접근시키거나 주입 또는 가열하거나 증발시키지 않아야 함
(②), 인화성 고체	각각 그 특성에 따라 화기나 그 밖의 점화원이 될 우려가 있는 것에 접근시키거나 발화를 촉진하는 물질 또는 물에 접촉시키지 않아야 하며, 가열하거나 마찰 또는 충격을 가하지 않아야 함
폭발성 물질, (③)	화기나 그 밖에 점화원이 될 우려가 있는 것에 접근시키거나 가열 또는 마찰시키거나 충격을 가하지 않아야 함

> 정답
> ① 인화성 액체
> ② 반응성 물질
> ③ 유기과산화물

07 폭발하한이 2.1%인 프로판(C₃H₈)과 폭발하한이 5%인 메탄(CH₄)을 용적비 4:1로 혼합 시의 폭발하한계를 계산하시오.

[정답]

$$\frac{100}{L} = \frac{100 \times 80\%}{2.10\%} + \frac{100 \times 20\%}{5.00\%}$$

$L = 2.38\%$

[참고]

르샤틀리에(Le Chatelier) 공식
혼합가스는 르샤틀리에(Le Chatelier) 공식을 이용하여 하한계를 계산할 수 있다.

$$\frac{100}{L} = \frac{V_1}{L_1} + \frac{V_2}{L_2} + \frac{V_2}{L_2} + \cdots$$

08 다음 표는 가연성 및 독성 가스를 비롯한 가스의 종류에 따른 용기의 표시색을 구분한 것이다. 빈칸 안에 표시색을 서술하시오.

가스의 종류	도색의 색상		
	가연성 가스 및 독성 가스의 용기	의료용 가스용기	그 밖의 가스용기
액화석유가스	밝은 회색	–	–
수소	①	–	–
아세틸렌	②	–	–
액화암모니아	백색	–	–
액화염소	③	–	–
산소	–	백색	녹색
액화탄산가스	–	회색	청색
그 밖의 가스	④	–	–

[정답]
① 주황색
② 황색
③ 갈색
④ 회색

09 다음 빈칸에 들어갈 연구실 내 가스 사용 시 주의사항 내용을 서술하시오.

> - 넘어지면서 밸브 목에 손상을 입게 되면 내용물이 누출되어 피해가 증가할 수 있으므로 보관 시에는 반드시 (①)을/를 씌워 밸브 목을 보호할 수 있도록 한다.
> - 고압가스 용기는 반드시 (②) 이하에서 보관해야 하고 환기가 잘 되는 곳에서 사용해야 한다.
> - 가스 사용 전 누출 검사와 (③)의 정상적 작동 여부를 확인한다.
> - 인화성 가스의 고압가스는 (④)을/를 반드시 설치하여 불꽃이 연료 또는 조연제인 산소로 유입되는 것을 차단하여 폭발 사고를 방지해야 한다.

정답
① 캡
② 40℃
③ 압력조절기
④ 역화방지장치

10 연구실 화학물질 누출사고 시 연구실 안전환경관리자의 비상조치방안에 대해 3가지 서술하시오.

정답
- 누출물질에 대한 GHS-MSDS 확인 및 대응장비를 확보한다.
- 사고현장에 접근금지 테이프 등을 이용하여 통제 구역을 설정한다.
- 개인보호구 착용 후 사고처리(흡착제, 흡착포, 흡착펜스, 중화제 등 사용), 부상자 발생 시 응급조치 및 인근 병원으로 후송한다.

참고

연구실 화학물질 누출사고 시 역할별 비상조치방안

연구실책임자, 연구활동종사자	• 주변 연구활동종사자들에게 사고를 알린다. • 안전담당부서(필요 시 소방서, 병원)에 화학물질 누출 발생사고 상황을 신고(위치, 약품 종류 및 양, 부상자 유무 등)한다. • 화학물질에 노출된 부상자의 노출된 부위를 깨끗한 물로 20분 이상 씻어준다 (금수성 물질이나 인 등 물과 반응하는 물질이 묻었을 경우 물로 세척 금지). • 위험성이 높지 않다고 판단되면, 안전담당부서와 함께 정화 및 폐기작업을 실시한다.
연구실 안전환경관리자	• 누출물질에 대한 GHS-MSDS 확인 및 대응장비를 확보한다. • 사고현장에 접근 금지테이프 등을 이용하여 통제 구역을 설정한다. • 개인보호구 착용 후 사고처리(흡착제, 흡착포, 흡착펜스, 중화제 등 사용), 부상자 발생 시 응급조치 및 인근 병원으로 후송한다.

11 연구실 화재·폭발 사고 시 연구실 안전환경관리자의 비상조치방안에 대해 3가지 이상 서술하시오.

> [정답]
> - 방송을 통한 사고전파로 신속한 대피를 유도한다.
> - 호흡이 없는 부상자가 발생하면 심폐소생술을 실시하고 필요시 전기 및 가스설비 공급을 차단한다.
> - 화학물질의 누설, 유출 방지가 곤란한 경우 주변의 연소 방지를 중점적으로 실시한다.
> - 유해화학물질의 확산, 비산 및 용기의 파손, 전도 방지 등의 조치를 실행한다.
> - 소화 작업을 실시하는 경우 중화, 희석 등 사고조치를 병행한다.
> - 부상자 발생 시 응급조치 및 인근 병원으로 후송한다.

> [참고]
>
> **화재·폭발 사고 시 연구실 내 인력별 비상조치방안**
>
> | 구분 | 내용 |
> |---|---|
> | 연구실책임자, 연구활동종사자 | • 주변 연구활동종사자들에게 사고가 발생한 것을 알린다.
• 위험성이 높지 않다고 판단되면, 초기 진화를 실시한다.
• 2차 사고에 대비하여 현장에서 멀리 떨어진 안전한 장소에서 물 분무(금수성 물질이 있는 경우 물과의 반응성을 고려하여 화재 진압 실시)를 한다.
• 유해가스 또는 연소생성물의 흡입 방지를 위한 개인보호구를 착용한다.
• 화학물질에 노출된 부상자의 노출된 부위를 깨끗한 물로 20분 이상 씻어준다.
• 초기진화가 힘든 경우 지정대피소로 신속히 대피한다. |
> | 연구실 안전환경관리자 | • 방송을 통한 사고전파로 신속한 대피를 유도한다.
• 호흡이 없는 부상자 발생하면 심폐소생술을 실시하고 필요시 전기 및 가스설비 공급을 차단한다.
• 화학물질의 누설, 유출방지가 곤란한 경우 주변의 연소 방지를 중점적으로 실시한다.
• 유해화학물질의 확산, 비산 및 용기의 파손, 전도 방지 등의 조치를 실행한다.
• 소화 작업을 실시하는 경우 중화, 희석 등 사고조치를 병행한다.
• 부상자 발생 시 응급조치 및 인근 병원으로 후송한다. |

12 연구실 폐기물 관리 기본원칙을 4가지 이상 서술하시오.

> [정답]
> - 처리해야 되는 폐기물에 대한 사전 유해·위험성을 평가하고 숙지해야 한다.
> - 폐기하려는 화학물질은 반응이 완결되어 안정화되어 있어야 한다.
> - 화학물질의 성질 및 상태를 파악하여 분리, 폐기해야 한다.
> - 화학반응이 일어날 것으로 예상되는 물질은 혼합하지 않아야 한다.
> - 가스가 발생하는 경우, 반응이 완료된 후 폐기 처리해야 한다.
> - 적절한 폐기물 용기를 사용해야 하고, 용기의 70% 정도를 채워야 한다.
> - 수집 용기에 적합한 폐기물 스티커를 부착 및 기록 유지해야 한다.
> - 폐기물의 장기간 보관을 금지하고 폐기물이 누출되지 않도록 뚜껑을 밀폐하고, 누출 방지를 위한 장치를 설치해야 한다.
> - 만약의 상황을 대비하여 개인 보호구와 비상샤워기, 세안기, 소화기 등 응급안전장치가 설비되어 있어야 한다.

13 폐기물은 수집 때부터 폐기물 스티커를 부착해야 한다. 다음의 폐기물 스티커 ①~③에 해당하는 폐기물 종류를 쓰고, ④ 폐기물 스티커에 표기되어야 하는 정보 3가지를 서술하시오.

① 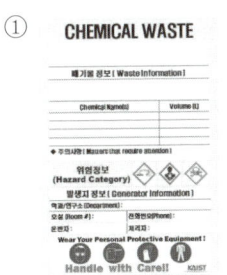 ② 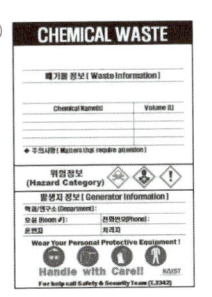 ③

④ 폐기물 정보 : 용량, 상태, (,   ,   )

> 정답
① 폐산
② 폐시약
③ 할로겐 유기용제
④ 화학물질명, 잠재적인 위험도, 폐기물저장소 이동날짜

14 지정폐기물의 보관창고에는 보관 중인 지정폐기물에 대한 정보 등을 적어 넣은 표지판을 설치해야 한다. 그림의 표지판에 들어갈 ①~③ 정보와 ④ 표지판의 색깔을 서술하시오.

지정폐기물 보관표지	
1. 폐기물의 종류 :	2. (①) : 톤
3. (②) :	4. 보관기간 : ~ (일간)
5. (③) • 보관 시 : • 운반 시 : • 처리 시 :	
6. 운반(처리) 예정 장소 :	
※ 표지의 색깔 : (④)	

> 정답
① 보관가능용량
② 관리책임자
③ 취급 시 주의사항
④ 노란색 바탕에 검은색 선 및 검은색 글자

15 다음은 지정폐기물의 저장 기준에 대한 설명으로, 빈칸에 들어갈 내용을 서술하시오.

> 지정폐기물 배출자는 그의 사업장에서 발생하는 지정폐기물 중 폐산, 폐알칼리, 폐유, 폐유기용제, 폐촉매, 폐흡착제, 폐흡수제, 폐농약, 폴리클로리네이티드비페닐 함유폐기물, 폐수처리 오니 중 유기성 오니는 보관이 시작된 날부터 (①)을/를 초과하여 보관하여서는 안 되며, 그 밖의 지정폐기물은 (②)을/를 초과하여 보관하여서는 안 된다. 다만, 천재지변이나 그 밖의 부득이한 사유로 장기보관 필요성이 있다고 관할 시·도지사나 지방환경관서의 장이 인정하는 경우 혹은 1년간 배출하는 지정폐기물의 총량이 (③)인 사업장의 경우에는 (④)의 기간 내에서 보관할 수 있다.

> [정답]
> ① 45일
> ② 60일
> ③ 3톤 미만
> ④ 1년

16 다음의 지정폐기물 처리방법에 해당하는 물질을 서술하시오.

> ① : 산성과 알칼리성 폐기물은 다른 폐기물과 섞이지 않도록 따로 분리 보관한다.
> ② : 주기율표 1~3족의 금속원소 덩어리가 포함된 폐기물로 물과 작용하여 발열반응을 일으키거나 가연성 가스를 발생시켜 연소 또는 폭발을 일으킨다. 반드시 완전히 반응시키거나 산화시켜 고형물질로 폐기하거나 용액으로 만들어 폐기한다.
> ③ : 노출에 대한 감지, 경보장치를 마련하고 냉각, 분리, 흡수, 소각 등의 처리 공정으로 처리한다.
> ④ : 과산화물은 충격, 강한 빛, 열 등에 노출될 경우 폭발할 수 있는 폭발성 화합물이므로 취급, 저장, 폐기 처리에는 각별한 주의가 필요하다. 낮은 온도나 실온에서도 산소와 반응하거나 과산화합물을 형성할 수 있으므로 개봉 후 물질에 따라 3개월 또는 6개월 내 폐기 처리하는 것이 안전하다.

> [정답]
> ① 부식성 물질
> ② 발화성 물질
> ③ 독성 물질
> ④ 과산화물 생성물질

17 다음은 지정폐기물의 사고예방을 위한 폐기물정보의 기초자료 항목 및 필요성에 대한 내용이다. 빈칸에 들어갈 중요한 정보 4가지를 서술하시오.

No	항목	개요	정보제공의 필요성
1	제공 연월일	정보제공일(유해성 정보자료 제공일)	정보제공일을 명확히 확인
2	폐기물의 명칭	폐기물을 특정하는 구체적인 명칭, 통칭	폐기물을 특정하여 폐기물의 취급(잘못과 오인을 방지)
3	배출사업자 명칭	사업자의 명칭, 주소, 전화번호, 담당자명 등	문의 및 위급 시의 연락처를 명확히 기재
4	폐기물 종류	사업장 일반폐기물, 지정폐기물의 구분과 법률상의 종류	반입 확인 등록 확인
5	폐기물의 포장 형태	용기형태 등	폐기물을 특정하여 폐기물의 취급(잘못과 오인을 방지)
6	폐기물의 수량	1회당의 폐기물 수량	처리계획의 수립과 처리능력을 초과하는 폐기물의 반입을 방지
7	①	가열과 다른 물질과의 접촉 등에 의한 폭발유해물질 발생의 유무, 경시변화에 의한 품질의 안정성 등	적정한 처리방법을 결정하여 사고를 방지
8	②	형상, 색, 냄새, 비점, 융점, 인화점, 발화점, 용해성(물, 용제 등) 등	적정한 처리방법을 결정하고 사고 예방에 필요한 정보 확보
9	③	함유하고 있는 위험물 및 유해물질의 유무, 함유한 경우는 그 명칭과 양	적정한 처리방법을 결정하고 사고 예방에 필요한 정보 확보
10	④	처리하는 데 있어서 주의사항, 안전대책, 이상 시 조치 등	사고예방 및 안전관리
11	특별 주의사항	특별히 환기할 주의사항으로 피해야 할 처리방법, 폐기물의 성상 변화 등에 기인하는 환경오염의 가능성 포함	안전한 처리방법의 결정 및 사고예방
12	기타정보	샘플 제공 유무, 폐기물의 발생공정 등	No. 1~11에 기입해야 할 정보를 보충하거나 사고방지에 유효한 정보를 활용

정답
① 폐기물의 안정성 · 유해성
② 폐기물의 물리적 · 화학적 성상
③ 폐기물의 조성 · 성분 정보
④ 취급할 때의 주의사항

18. 다음은 독성 가스 및 가연성 가스의 저장, 사용 설비에는 가스가 누출될 경우를 신속 감지하여 효과적으로 대응할 수 있도록 하기 위한 가스누출검지경보장치 설치기준이다. 빈칸 안에 들어갈 내용을 서술하시오.

> - 경보농도는 가연성 가스의 경우 폭발 하한계의 (①) 이하, 독성 가스의 경우 TLV-TWA (Threshold Limit Value-Time weighted Average, 8시간 시간가중노출기준) 기준농도 이하로 한다.
> - 암모니아를 제외한 가연성 가스의 가스누출감지경보장치는 (②)을/를 갖는 것이어야 한다.
> - 경보는 램프의 점등 또는 점멸과 동시에 경보를 울리는 것이어야 한다.
> - 설치장소 : 공기보다 무거운 가스의 경우 바닥면에서 (③) 이내 설치, 공기보다 가벼운 가스의 경우 천장면에서 (③) 이내 설치한다.
> - 설치개수 : 건물 안에 설치된 사용설비에는 누출한 가스가 체류하기 쉬운 장소에 이들 설비군의 둘레 (④) 마다 1개 이상의 비율로 계산한 수를 설치한다.
> - 독성 가스 누출감지경보기는 대상 독성 가스의 노출 기준 이하에서 경보가 울리도록 설정하여야 한다.
> - 수소가스감지기를 연구실 내부에 설치하는 경우, 가스가 누출 발생 가능 부분 수직 상부에 설치하여야 한다.

정답

① 1/4
② 방폭성능
③ 30cm
④ 10m

19. 고압가스설비에는 그 고압가스설비 내의 압력이 상용의 압력을 초과하는 경우 즉시 상용의 압력 이하로 되돌릴 수 있도록 하는 과압안전장치를 설치해야 한다. 다음 빈칸에 들어갈 과압안전장치를 서술하시오.

> - ① : 기체 및 증기의 압력 상승을 방지하기 위해 설치하는 장치
> - ② : 급격한 압력 상승, 독성 가스의 누출, 유체의 부식성 또는 반응생성물의 성상 등에 따라 안전밸브를 설치하는 것이 부적당한 경우에 설치하는 장치
> - ③ : 펌프 및 배관에서 액체의 압력 상승을 방지하기 위해 설치하는 장치
> - ④ : ①부터 ③까지의 안전장치와 병행 설치할 수 있는 장치

정답

① 안전밸브
② 파열판
③ 릴리프밸브
④ 자동압력제어장치

20 다음은 과압안전장치 설치 위치에 대한 설명이다. 빈칸에 들어갈 내용을 서술하시오.

> (1) 액화가스 저장능력이 (①) 이상이고 용기집합장치가 설치된 고압가스설비
> (2) 내·외부 요인에 따른 압력상승이 설계압력을 초과할 우려가 있는 (②) 등
> (3) 토출 측의 막힘으로 인한 압력상승이 설계압력을 초과할 우려가 있는 (③)의 출구 측
> (4) 배관 내의 액체가 2개 이상의 (④)(으)로 차단되어 외부 열원으로 인한 액체의 열팽창으로 파열이 우려되는 배관
> (5) (2)부터 (4)까지 이외에 압력 조절 실패, 이상 반응, 밸브의 막힘 등으로 압력 상승이 설계압력을 초과할 우려가 있는 고압가스설비 또는 배관 등

정답

① 300kg
② 압력용기
③ 압축기(다단 압축기의 경우에는 각 단) 또는 펌프
④ 밸브

21 가연성 가스와 독성 가스의 가스누출감지경보기의 "경보 농도"와 "정밀도" 기준을 서술하시오.

정답

- 경보농도 : 가연성 가스는 폭발 하한계의 1/4 이하, 독성 가스는 TLV-TWA 기준 농도 이하로 한다.
- 경보기의 정밀도 : 경보농도 설정치에 대하여 가연성 가스용에서는 ±25% 이하, 독성 가스용에서는 ±30% 이하로 한다.

22 다음은 가스누출검지경보장치 설치장소 및 설치개수에 대한 설명이다. 빈칸에 들어갈 내용을 서술하시오.

> (1) 건축물 안에 설치되어 있는 사용설비(버너 등에 있어서는 파일럿 버너방식에 의한 인터록 기구를 설치하여 가스누출의 우려가 없는 해당 버너 등의 부분은 제외한다) 등 가스가 누출하기 쉬운 설비를 설치한 곳 주위에는 누출한 가스가 체류하기 쉬운 장소에 이들 설비군의 바닥면 둘레 (①)마다 1개 이상의 비율로 계산한 수를 설치한다.
> (2) 건축물 밖에 설치되어 있는 (1)에 기재한 설비가 다른 설비, 벽이나 그 밖의 구조물에 인접하여 설치된 경우, 피트 등의 내부에 설치되어 있는 경우에는 누출한 가스가 체류할 우려가 있는 장소에 그 설비군의 바닥면 둘레 (②)마다 1개 이상의 비율로 계산한 수를 설치한다.
> (3) 검지경보장치의 검출부는 (③), 주위상황, (④) 높이 등 조건에 따라 적절한 높이에 설치한다.
> (4) 검지경보장치의 경보부, 램프의 점등 또는 점멸부는 관계자가 상주하는 곳으로 경보가 울린 후 각종 조치를 하기에 적합한 장소에 설치한다.

정답

① 10m
② 20m
③ 가스비중
④ 가스설비

23 다음은 연구실 가스사고 예방장치에 대한 설명이다. 빈칸에 들어갈 내용을 서술하시오.

> • 사용시설의 저장설비에 부착된 배관에는 가스 누설 시 안전한 위치에서 조작이 가능한 (①)을/를 설치한다.
> • 독성가스의 감압설비와 그 가스의 반응 설비 간의 배관에는 긴급 시 가스가 역류되는 것을 효과적으로 차단할 수 있는 (②)을/를 설치한다.
> • 수소화염 또는 산소·아세틸렌화염을 사용하는 시설의 분기되는 배관에는 가스가 역화되는 것을 효과적으로 차단할 수 있는 (③)을/를 설치한다.

정답

① 긴급차단장치
② 역류방지장치
③ 역화방지장치

24 고압가스 용기 보관 장소 또는 용기의 안전유지 기준으로 적합한 항목 4가지를 골라 번호를 쓰시오.

> ① 충전용기와 잔가스용기는 각각 구분하여 용기 보관 장소에 놓을 것
> ② 가연성 가스·독성 가스 및 산소의 용기는 같은 용기 보관 장소에 모아 놓을 것
> ③ 용기 보관 장소에는 계량기 등 작업에 필요한 물건 외에는 두지 않을 것
> ④ 용기 보관 장소의 주위 2m 이내에는 화기 또는 인화성 물질이나 발화성 물질을 두지 않을 것
> ⑤ 충전용기는 항상 상온의 온도를 유지하고, 직사광선을 받지 않도록 조치할 것
> ⑥ 충전용기(내용적이 10L 이하인 것은 제외한다)에는 넘어짐 등에 의한 충격 및 밸브의 손상을 방지하는 등의 조치를 하고 난폭한 취급을 하지 않을 것
> ⑦ 가연성 가스 용기 보관 장소에는 방폭형 휴대용 손전등 외의 등화를 지니고 들어가지 않을 것

정답

①, ③, ④, ⑦

참고

> ② 가연성 가스·독성 가스 및 산소의 용기는 각각 구분하여 용기 보관 장소에 놓을 것
> ⑤ 충전용기는 항상 40℃ 이하의 온도를 유지하고, 직사광선을 받지 않도록 조치할 것
> ⑥ 충전용기(내용적이 5L 이하인 것은 제외한다)에는 넘어짐 등에 의한 충격 및 밸브의 손상을 방지하는 등의 조치를 하고 난폭한 취급을 하지 않을 것

25 저장설비에 설치한 밸브 또는 콕크에는 종업원이 적절히 조작할 수 있도록 하는 안전조치를 3가지 이상 쓰시오.

정답
- 밸브 등의 개폐방향을 표시
- 배관 내의 가스, 그 밖의 유체의 종류 및 방향을 표시
- 안전상 중대한 영향을 미치는 밸브 등 중에서 항상 사용하지 않을 것에는 자물쇠를 채우거나 봉인
- 밸브 등을 확실히 조작하는 데 필요한 발판과 조명도를 확보

26 특수고압가스 및 특정고압가스의 사고예방하기 위해 설치하는 정전기 제거설비를 정상상태로 유지하기 위하여 지상에서 확인해야 하는 항목을 3가지 서술하시오.

정답
- 지상에서의 접지 저항치
- 지상에서의 접속부 접속상태
- 지상에서의 절선 그 밖에 손상 부분의 유무

27 연구실 화학물질 폭발 형태의 원인을 각각 서술하시오.

① 물리적 폭발 :
② 화학적 폭발 :

> [정답]
> ① 물리적 폭발 : 기체나 액체의 팽창, 상변화 등의 물리현상이 압력 발생의 원인이 되는 것
> ② 화학적 폭발 : 물체의 연소, 분해, 중합 등의 화학반응으로 압력이 상승

28 고압의 유압설비 일부가 파손되어 내부의 가연성 액체가 공기 중에 분출되고 이것의 미세한 방울이 공기 중에 부유하고 있을 때 착화에너지가 주어지면 발생하는 폭발의 형태를 서술하시오.

> [정답]
> 분무폭발

29 분진폭발의 조건과 예방 방법에 관해 서술하시오.

> [정답]
> - 조건 : 가연성 분진, 자연성 가스(공기), 점화원의 존재, 밀폐된 공간
> - 예방 : 불활성 가스로 완전히 치환하던가, 산소농도를 약 5% 이하로 하고, 점화원을 제거

30 폭발방지를 위한 방법 3가지를 서술하시오.

> [정답]
> - 가연물을 제거
> - 산소공급원을 차단
> - 점화원을 냉각하며 연쇄반응을 억제

31 폭발방지를 위한 점화원 관리에 해당하는 항목 3가지를 골라 번호를 쓰시오.

> ① 화염, 고열물 및 고온표면, 충격 및 마찰, 단열압축, 자연발화, 화학반응, 전기, 정전기, 광선 및 방사선 등이 점화원으로 작용할 수 있는지 관리를 해야 한다.
> ② 가연물의 물질특성 파악 후, 연구실 주변 가연물을 제거하거나, 용기나 배관 내용물 배출 표식 등 안전조치사항을 확인하거나, 용접 불꽃 비산 방지를 위한 각종 개구부 차단 여부를 확인하여 실험 시작 전 가연물의 제거, 퍼지, 차단 확인 후 실험을 시작한다.
> ③ 독성·가연성 가스 퍼지 후 가스잔류 여부를 확인하여 가스 분진누출 여부를 측정한다.
> ④ 가연성 물질, 인화성 물질 근처에 화기 작업을 금지하고 안전점검 및 화기 작업 허가를 철저히 한다.
> ⑤ 산소와 점화원은 제거가 불가능하므로 가연물에 대한 격리, 제거 및 방호가 중요하다.
> ⑥ 반응 내용물 제거하는 경우, 가연성 가스·분진 제거 후 공기로 치환하고, 잔존물 이송할 때는 철재 호스 사용 및 접지, 스파크가 일어나지 않는 재질의 방폭 공구를 사용한다.

정답

①, ④, ⑤

참고

②, ③, ⑥은 가연물 관리 내용임

32 기계적 하중에 의해 밸브가 막힌 경우 장치 내에 설정압력 도달 시 내부 압력을 방출하는 기구인 압력방출장치의 압력방출 특성에 맞는 밸브의 종류 서술하시오.

> ① 스팀, 공기, 가스에 이용되며 압력증가에 따라 순간적으로 개방된다.
> ② 액체에 이용되며 압력증가에 따라 서서히 개방된다.
> ③ 가스, 증기, 액체에 이용되며 압력증가에 따라 중간정도 속도로 개방된다.

정답

① Safety valve 또는 안전밸브
② Relief valve 또는 릴리프밸브
③ Safety-relief valve 또는 안전-릴리프 밸브

33 압력방출장치 중 하나인 파열판을 설치해야 하는 경우 3가지를 서술하시오.

> **정답**
> - 반응폭주 등 급격한 압력 상승의 우려가 있는 경우
> - 운전 중 안전밸브에 이상물질이 누적되어 안전밸브의 기능을 저하시킬 우려가 있는 경우
> - 화학물질의 부식성이 강하여 안전밸브 재질의 선정에 문제가 있는 경우

34 밀폐장치 내의 폭발에 대해서 폭발발생을 초기에 검출하여 연소억제제를 살포하여 화염을 소멸시키고 폭발성장을 정지하도록 하는 ① 장치와 ② 그 장치의 구성에 대해 서술하시오.

> **정답**
> ① 장치 : 폭발억제장치
> ② 구성 : 폭발 검출기구, 억제제와 살포기구, 제어기구로 구성

35 다음에 해당하는 가연성 가스가 폭발할 위험이 있는 농도에 도달할 우려가 있는 장소의 등급을 서술하시오.

> - 지속적인 위험 분위기
> - 폭발성 가스 혹은 증기가 폭발 가능한 농도로 계속해서 존재하는 지역

> **정답**
> 0종 장소(zone 0)
>
> **참고**
>
> | 폭발위험장소 | |
> |---|---|
> | 0종 장소(zone 0) | • 지속적인 위험 분위기
• 폭발성 가스 혹은 증기가 폭발 가능한 농도로 계속해서 존재하는 지역 |
> | 1종 장소(zone 1) | • 통상 상태에서의 간헐적 위험 분위기
• 상용 상태에서 위험분위기가 존재할 가능성이 있는 장소 |
> | 2종 장소(zone 2) | • 이상 상태에서의 위험 분위기
• 이상 상태에서 위험 분위기가 단시간 동안 존재할 수 있는 장소 |

36 다음 빈칸에 들어갈 방폭구조의 종류를 서술하시오.

(①)	용기 내부에서 폭발성 가스 또는 증기가 폭발하였을 때 용기가 그 압력에 견디며, 접합면, 개구부 등을 통해서 외부의 폭발성 가스·증기에 인화되지 않도록 한 구조
(②)	용기 내부에 보호가스(신선한 공기 또는 불연성가스)를 압입하여 내부압력을 유지함으로써 폭발성 가스 또는 증기가 용기 내부로 유입하지 않도록 한 구조
(③)	정상운전 중에 폭발성 가스 또는 증기에 점화원이 될 전기불꽃, 아크 또는 고온부분 등의 발생을 방지하기 위하여 기계적, 전기적 구조상 또는 온도 상승에 대해서 안전도를 증가시킨 구조
(④)	점화원이 될 수 있는 전기불꽃, 아크 또는 고온부분을 용기 내부의 적정한 위치에 고정시키고 그 주위를 충전물질로 충전하여 폭발성 가스 및 증기의 유입 또는 점화를 어렵게 하고 화염의 전파를 방지하여 외부의 폭발성 가스 또는 증기에 인화되지 않도록 한 구조

정답

① 내압방폭구조
② 압력방폭구조
③ 안전증방폭구조
④ 충전방폭구조

37 다음 가스 폭발 형태에 따른 방지대책에 대해 각각 2가지 이상 서술하시오.

① 비등액체팽창증기폭발(BLEVE)
② 증기운 폭발(UVCE)

정답

① 비등액체팽창증기폭발(BLEVE)
  • 탱크 내부의 온도가 상승하지 않도록 한다.
  • 내부에 상승된 압력을 빠르게 감소시켜 주어야 한다.
  • 탱크가 화염에 직접 가열되는 것을 피한다.
② 증기운 폭발(UVCE)
  • 가연성 가스 또는 인화성 액체의 누출이 발생하지 않도록 지속적으로 관리한다.
  • 가연성 가스 또는 인화성 액체의 재고를 최소화한다.
  • 가스누설감지기 또는 인화성 액체의 누액 감지기 등을 설치하여 초기 누출 시 대응할 수 있도록 한다.
  • 긴급차단장치를 설치하여 누출이 감지되면 즉시 공급이 차단되도록 한다.

38. 다음은 가연성 가스의 폭발등급 및 이에 대응하는 내압방폭구조의 폭발등급 관한 기준 표이다. 빈칸 안에 알맞은 수치를 서술하시오.

최대안전틈새 범위(mm)	(①) 이상	(②) 초과 (①) 미만	(②) 이하
가연성 가스의 폭발등급	A	B	C
방폭전기기기의 폭발등급	ⅡA	ⅡB	ⅡC

정답
① 0.9
② 0.5

39. 다음은 화학분야 연구실의 안전한 사용을 위한 설비·장비의 설계 기준으로 빈칸 안에 들어갈 내용을 서술하시오.

- 화학분야 연구실에서 사용하는 대부분의 물질은 인체에 유해하기 때문에 데이터(data) 처리 및 문서 작업을 할 경우 반드시 (①)에서 수행하여야 한다.
- 화학분야 연구실 내 각각의 실험장비가 점유하는 공간은 주 통행로와 분리될 수 있도록 장비별 (②)을/를 설정·확보하여야 한다.
- 연구실에 고압가스 실린더를 사용하는 장비가 있다면 (③)을/를 확보하여야 한다.
- 화학분야 연구실의 바닥은 물질이 스며들지 못하고 해당 물질에 견딜 수 있는 재료를 사용하여야 한다.

정답
① 실험 공간과 분리된 별도의 사무 공간
② 안전구획선 및 안전작업영역
③ 안전한 통행로

40 다음은 화학 시설(설비) 중 안전장비 및 설비 설치 시 기준으로 빈칸 안의 알맞은 내용을 서술하시오.

> - 부식성 물질 등 유해화학 물질이 인체에 접촉할 경우를 대비하여 (①)을/를 설치하여야 하며, 항상 사용 가능하게 준비가 되어있어야 한다.
> - 각종 인화성 및 가연성 물질을 사용할 경우 (②)을/를 설치하여야 한다.
> - 유기화합물 취급 업무를 행하는 연구실에는 유기화합물의 (③)하는 조치를 취하여야 한다.
> - 고독성 물질을 사용하는 연구실의 경우에는 시약장이나 냉장고 등에도 음압을 유지할 수 있도록 하고, (④)을/를 설치하여 고독성 물질의 증기가 연구실 내부로 유입되지 않도록 하여야 한다.

정답
① 비상샤워장치 및 세안장치
② 흄후드
③ 증기 발산원을 밀폐
④ 환기설비

MEMO

PART 03
연구실 기계·물리 안전관리

CHAPTER 01 | 기계 안전관리 일반
CHAPTER 02 | 연구실 내 위험기계 · 기구 및 연구장비 안전관리
CHAPTER 03 | 연구실 내 레이저, 방사선 등 물리적 위험요인에 대한 안전관리

03 연구실 기계·물리 안전관리

CHAPTER 01 기계 안전관리 일반

> **키워드**
> 기계 설비의 종류, 위험요인, 안전대책, 기계·기구 사고 시 비상조치, 사고원인 조사·분석, 사고대응·복구

TOPIC. 1 기계안전의 개념

1. 연구실 기계·기구의 정의 및 종류

(1) 연구실 기계·기구의 정의
　① 위험기계·기구·설비(이하 "위험기계기구"라 한다)란 유해하거나 위험한 작업을 필요로 하거나 동력(動力)으로 작동하는 기계·기구를 말함
　② 유해·위험방지를 위한 방호조치를 하지 않고 양도, 대여, 설치, 사용하여서는 아니 됨

(2) 연구실 기계·기구의 종류

연구실 실험·분석·안전장비		가스크로마토그래피, 만능재료시험기(UTM), 고압멸균기(autoclave), 무균실험대, 실험용 가열판, 연삭기, 오븐, 용접기, 원심분리기, 인두기, 전기로, 절단기, 조직절편기, 초저온 용기, 펌프/진공펌프, 혼합기, 흄후드, 반응성 이온 식각장비, 가열/건조기, 공기압축기, 압력용기, 레이저, UV장비 등
공구	수공구	해머(망치), 줄, 렌치(스패너), 드라이버, 쇠톱, 정, 바이스 등
	동력공구	전동드릴(핸드드릴), 핸드그라인더(휴대용연삭기), 금속절단기(고속절단기) 등
공작/가공 기계·기구		3D프린터, 선반, 밀링머신, 드릴링 머신, 밴드쏘(띠톱), 머시닝센터(CNC 머신), 연삭기, 방전가공기, 프레스, 전단기, 원심기, 분쇄기, 교류아크용접기, 조형기, 증착장비 등
중량물 운반 기계·기구		천장크레인(호이스트), 리프트 등

2. 연구실 기계 사고의 주요 원인 및 위험요인

(1) 연구실 기계·기구의 주요 사고원인
　① 기계 자체가 실험용, 개발용으로 변형·제작되어 안전성이 떨어짐
　② 기계의 사용방식이 자주 바뀌거나 사용하는 시간이 짧음
　③ 기계의 사용자가 경험과 기술이 부족한 연구활동종사자인 경우
　④ 기계의 담당자가 자주 바뀌어 기술이 축적되기 어려움

⑤ 연구실 환경이 복잡하여 여러 가지 기계가 한 곳에 밀집·보관됨
⑥ 기계 자체의 결함으로 인해 사고가 발생할 수 있음
⑦ 방호장치의 고장, 미설치 등으로 사고가 발생할 수 있음
⑧ 보호구를 착용하지 않고 설비를 사용하여 사고가 발생할 수 있음

(2) 기계·기구의 위험요소
① 운동하는 기계는 작업점을 가지고 있음
② 기계의 작업점은 큰 힘을 가지고 있음
③ 기계는 동력을 전달하는 부분이 있음
④ 기계의 부품 고장은 언제든지 반드시 일어남

(3) 기계·기구의 동작 형태
기계의 운동은 형태에 따라 분류 시 회전운동, 왕복운동 또는 미끄럼운동, 회전과 미끄럼운동의 조합, 진동운동으로 나눌 수 있음

회전동작 (Rotating Motion)	• 접촉 및 말려듦 • 고정부와 회전부 사이에의 끼임, 협착, 트랩 형성 • 회전체 자체 위험
횡축동작 (Rectilineal Motion)	작업점과 기계적 결합부 사이에서 고정부에 운동부가 횡축동작을 하며 위험점이 형성
왕복동작 (Reciprocating Motion)	운동부와 고정부 사이에 전후/좌우 등 이동 시 형성

(4) 위험점

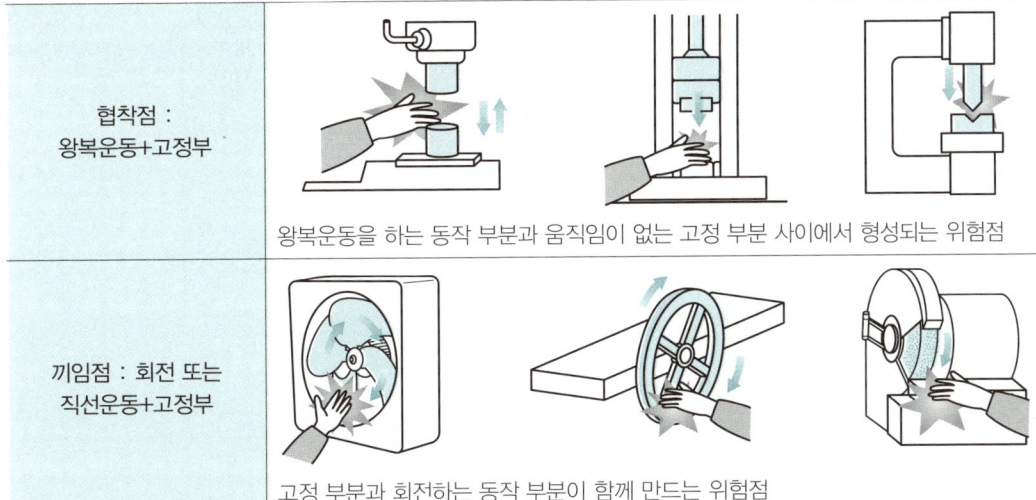

| 협착점 :
왕복운동+고정부 | 왕복운동을 하는 동작 부분과 움직임이 없는 고정 부분 사이에서 형성되는 위험점 |
| 끼임점 : 회전 또는
직선운동+고정부 | 고정 부분과 회전하는 동작 부분이 함께 만드는 위험점 |

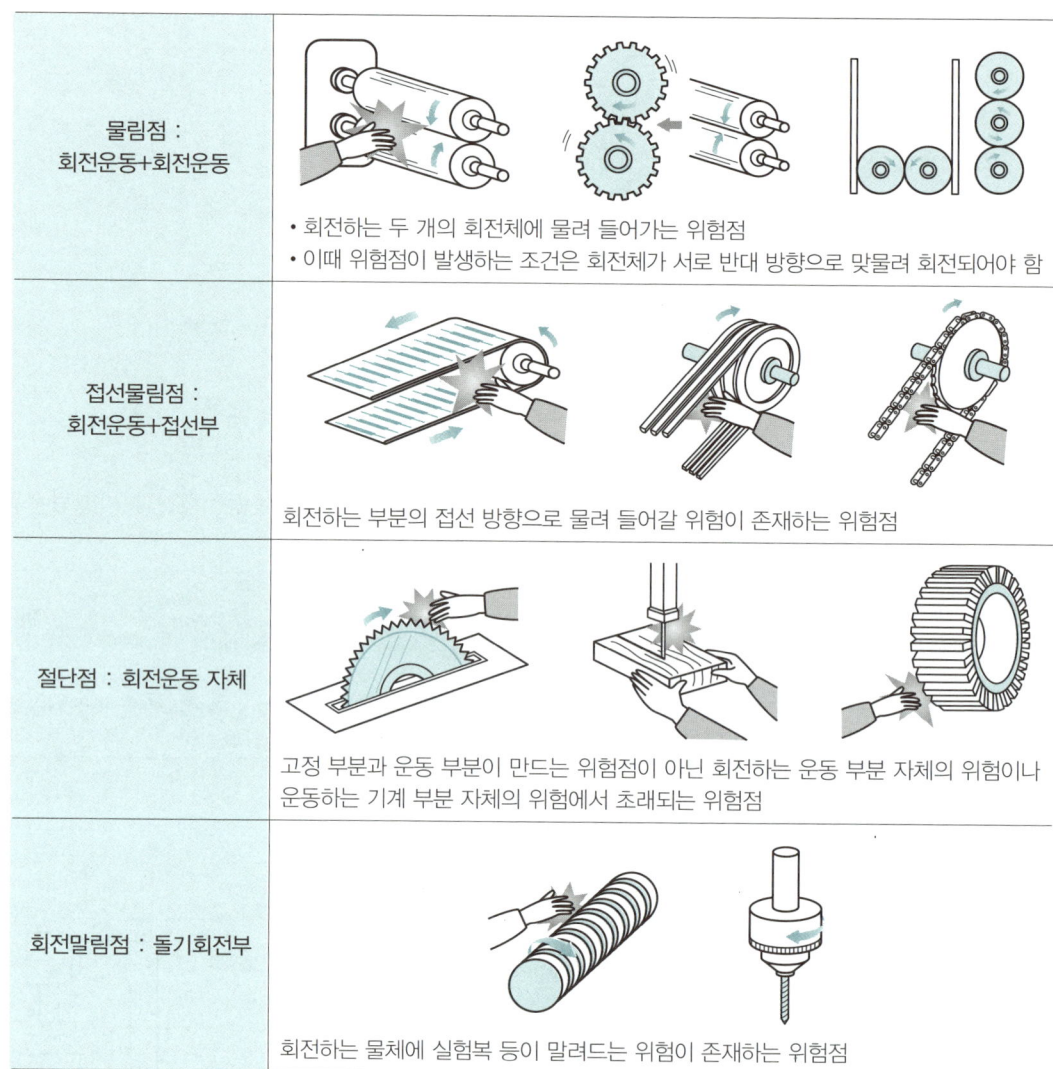

(5) 사고체인의 요소
   ① 1요소 : 함정(Trap)
   ② 2요소 : 충격(Impact)
   ③ 3요소 : 접촉(Contact)
   ④ 4요소 : 얽힘, 말림(Entanglement)
   ⑤ 5요소 : 튀어나옴(Ejection)

3. 연구실 기계·기구 설비의 방호조치

(1) 방호장치 개요

① 방호장치 개념 : 기계적·물리적 위험으로부터 작업자의 안전을 보호받기 위해 일시적 또는 영구적으로 설치하는 장치

② 방호장치의 일반원칙

작업의 편의성	• 방호장치로 인해 실험에 방해가 되어서는 안 됨 • 실험에 방해가 되는 방호장치는 불안전한 행동의 원인을 제공함
작업점 방호	방호장치는 사용자를 위험으로부터 보호하기 위한 것이므로 위험한 작업 부분이 완전히 방호되어야 함
외관상 안전화	외관상으로 불안전하게 설치된 기계의 모습은 사용자에게 심리적인 불안감을 줌으로써 불안전한 행동을 유발하게 되므로 외관상 안전화를 유지해야 함
기계성능과 특성의 보장	방호장치는 해당 기계의 특성에 적합하지 않거나 성능이 보장되지 않으면 기능을 발휘하지 못하게 됨

③ 방호장치 선정 시 고려사항

방호의 정도	위험을 예지하는 것인가, 방지하는 것인가를 고려할 것
적용의 범위	기계 성능에 따라 적합한 것을 선정할 것
보수성의 난이도	점검, 분해, 조립하기 쉬운 구조일 것
신뢰성	가능한 한 구조가 간단하며 방호능력의 신뢰도가 높을 것
작업성	작업성을 저해하지 않을 것
경제성	성능대비 가격의 경제성을 확보할 것

④ 방호장치의 분류

4. 연구실 기계 · 기구 설비의 안전수칙

(1) 일반 안전수칙
① 혼자 실험하지 않음
② 기계를 작동시킨 채 자리를 비우지 않음
③ 사용법 및 안전관리 매뉴얼을 숙지한 후 사용
④ 보호구를 올바르게 사용
⑤ 기계에 적합한 방호장치가 설치되어 있고 작동이 유효한지 확인
⑥ 기계에 이상이 없는지 수시로 확인
⑦ 기계, 공구 등을 제조 당시의 목적 외의 용도로 사용하도록 해서는 아니 됨
⑧ 피곤할 때는 휴식을 취하며 바른 작업자세로 주기적인 스트레칭을 실시
⑨ 실험 전 안전점검, 실험 후 정리정돈을 실시
⑩ 안전통로를 확보

(2) 연구실 기계 · 기구 취급 시 안전수칙

연구실 실험 · 분석 · 안전 장비 안전수칙	가스크로마토그래피, 고압멸균기(autoclave), 레이저, UV 장비, 무균실험대, 실험용 가열판, 연삭기, 오븐, 용접기, 원심분리기, 인두기, 전기로, 절단기, 조직절편기, 초저온 용기, 펌프/진공펌프, 혼합기, 흄후드, 반응성 이온 식각장비, 3D프린터, 만능재료시험기(UTM), 가열/건조기, 공기압축기, 압력용기 등의 작업 안전수칙을 이해하고 사고 예방을 위해 적용할 수 있음
수공구 안전수칙	• 수공구는 사용 전에 깨끗이 청소하고 점검한 후에 사용함 • 정, 끌과 같은 기구는 때리는 부분이 버섯 모양과 같이 변하면 교체함 • 자루가 망가지거나 헐거우면 바꾸어 끼우도록 함 • 수공구는 사용 후 반드시 전용 보관함에 보관하도록 함 • 끝이 예리한 수공구는 덮개나 칼집에 넣어서 보관 및 이동함 • 파편이 튈 위험이 있는 실험에는 보안경을 착용함 • 망치 등으로 때려서 사용하는 수공구는 손으로 수공구를 잡지 말고 고정할 수 있는 도구를 사용함 • 각 수공구는 일정한 용도 이외에는 사용하지 않도록 함 • 수공구를 던지지 않음
동력공구 안전수칙	• 동력공구는 사용 전에 깨끗이 청소하고 점검한 후에 사용함 • 실험에 적합한 동력공구를 사용하고 사용하지 않을 때에는 적당한 상태를 유지함 • 전기로 동력공구를 사용할 때에는 누전차단기에 접속하여 사용함 • 스파크 등이 발생할 수 있는 실험 시에는 주변의 인화성 물질을 제거한 후 실험 실시 • 전선의 피복이 손상된 부분이 없는지 사용 전 확인함 • 철제 외함 구조로 된 동력공구 사용 시 손으로 잡는 부분은 절연조치를 하고 사용하거나 이중절연구조로 된 동력공구를 사용함 • 동력공구를 착용한 채로 이동하지 않음 • 동력공구 사용자는 보안경, 장갑 등 개인보호구를 반드시 착용함 • 동력공구는 사용 후 반드시 지정된 장소에 보관할 수 있도록 함 • 사용할 수 없는 동력공구는 꼬리표를 부착하고 수리될 때까지 사용하지 않음

공작/가공기계 안전수칙	선반, 밀링머신, 드릴링 머신, 밴드쏘(띠톱), 머시닝센터(CNC 머신), 연삭기, 방전가공기, 프레스, 전단기, 원심기, 분쇄기, 교류아크용접기, 조형기, 증착장비, 3D프린터 등 연구실 공작/가공기계의 작업 안전수칙을 이해하고 사고예방을 위해 적용할 수 있음
중량물 운반 기계·기구 안전수칙	리프트, 천장크레인(호이스트) 등의 작업 안전수칙을 이해하고 사고예방을 위해 적용할 수 있음

※ 연구실 실험·분석·안전 장비 및 공작/가공기계, 중량물 운반 기계·기구 안전수칙 학습자료 : 연구실 주요기기·장비 취급관리 가이드라인, 과학기술정보통신부·국가연구안전관리본부, 2019. 연구실 안전교육 표준교재 기계안전, CHAPTER 3. 기계별 위험요인 및 안전관리법(p. 28~125)

TOPIC. 2   사고 발생 시 비상조치 요령 및 사고원인 대응·복구

1. 연구실 기계사고 발생 시 일반적 비상조치 방안

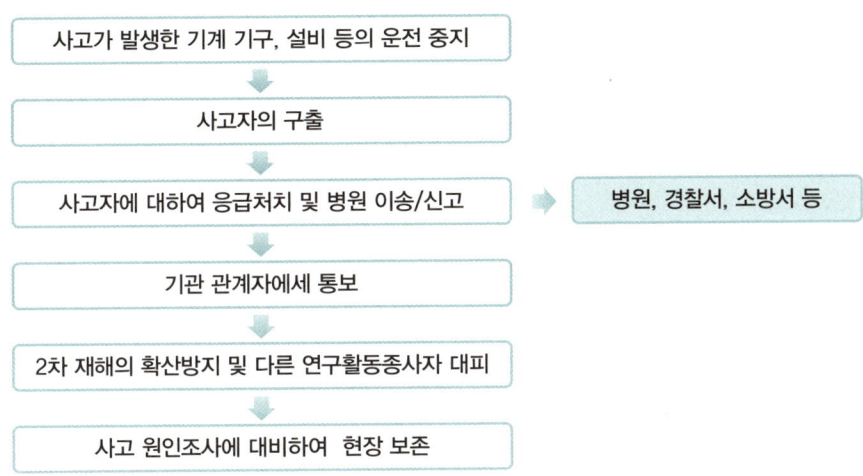

2. 연구실 기계·기구 관련 사고 발생 시 대처요령

① 비상연락망 숙지
② 구급약 상비
③ 응급 및 소화시설 정비 및 관리
④ 심폐소생술, 인공호흡 등 인명구조 방법 숙지 및 훈련
⑤ 연구실책임자, 연구활동종사자, 연구실안전환경관리자 등 직무별 사고대응 매뉴얼에 관한 이해
⑥ 연구실 기계·기구별 사고 발생 시 대처요령을 이해하고 적용

CHAPTER 02 연구실 내 위험기계·기구 및 연구장비 안전관리

03 연구실 기계·물리 안전관리

> **키워드**
>
> 연구실 기계·기구 종류, 위험요인, 안전수칙, 기계·기구 안전관리 이론, 안전점검·진단, 보호구 및 안전표지, 사전유해인자위험분석, 안전교육 및 지도, 사고원인 및 재발장지대책, 취급 시 인적 오류, 사고원인 및 재발방지 대책, 사용 전후 안전관리

TOPIC. 1 연구실 기계·기구 종류, 위험요인 및 방호조치

1. 연구실 기계·기구의 종류 및 용도, 구조

연구실 실험·분석·안전 장비의 종류	• 안전장비 : 고압멸균기(autoclave), 흄후드, 생물작업대 등 • 실험장비 : 고압멸균기(autoclave), 무균실험대, 실험용 가열판, 연삭기, 오븐, 용접기, 원심분리기, 인두기, 전기로, 절단기, 조직절편기, 초저온 용기, 펌프/진공펌프, 혼합기, 흄후드, 반응성 이온 식각장비, 가열/건조기, 공기압축기, 압력용기 등 • 실험분석 장비 : 가스크로마토그래피, 만능재료시험기(UTM) 등 • 광학기기 : 레이저, UV장비 등
산업용 기계·기구의 종류	• 공작기계 : 선반, 드릴링 머신, 밀링머신, 연삭기 등 • 금속가공기계 : 프레스, 절단기, 용접기 등 • 제철제강기계 : 압연기, 인발기, 제강로, 열처리로 등 • 전기기계 : 차단기, 발전기, 전동기 등 • 열유체기계 : 보일러, 내연기관, 펌프, 공기압축기, 터빈 등 • 섬유기계 : 제면기, 제사기, 방적기 등 • 목공기계 : 목공선반, 목공용 둥근톱 기계, 기계식 대패, 띠톱기계 등 • 건설기계 : 불도저, 해머, 포장기계, 준설기 등 • 화학기계 : 저장탱크, 증류탑, 열교환기 등 • 하역운반기계 : 양중기, 컨베이어, 엘리베이터 등

2. 연구실 기계·기구의 위험요소 및 안전대책, 사용 시 보호구

(1) 연구실 주요 실험·분석·안전 장비

① 가스크로마토그래피

주요 위험요소	• 감전 • 오븐에서 고온 발생 • 분진, 흄, 가스에 의한 폭발 위험 등

안전대책	• 기기 내부에 전류가 흐르기 때문에 전원 코드가 연결된 상태에서 기기 커버 등을 제거된 상태로 사용 금지 • 수소 등 가연성 · 폭발성 가스를 운반기체로 사용하는 경우 가스 누출검지기 등 설치 • 전원 차단 전 가스 공급 차단 • 스파크에 의한 가스 폭발을 방지하기 위해 전원 작동 전 가스 공급 차단 • 비정상 전원 차단 시 즉시 가스 공급 차단 • 주입구, 오븐, 검출기, 밸브 상자, 냉각 팬 주위 등 고온 발생 부위 접촉 금지 • 장갑, 보안경 등 개인보호구 착용
보호구	보안경 또는 안면보호구, 실험복, 방진마스크, 보호장갑(취급물질을 고려하여 선택 착용)

② 고압증기멸균기

주요 위험요소	• 고온 증기 등에 의한 화상 • 독성 흄에 노출 • 화재 폭발
안전대책	• 고압증기멸균기가 너무 뜨겁다고 판단되면 문(뚜껑)을 넓게 열어서 멸균 물질 적재 전에 냉각 필요 • 증류수 보충 전에 안전온도 이하로 충분히 냉각되었는지 확인 • 멸균봉지의 제한 무게 초과 금지, 가득 채우기 금지, 느슨하게 봉하기 • 문(뚜껑)을 완전히 열기 전에 압력과 온도가 충분히 낮아진 후 수동밸브를 열어 남아 있는 증기 제거 • 고온멸균기는 방폭구조가 아니므로 가연성, 폭발성, 인화성 물질 사용 금지 • 보안경 또는 안면 마스크 및 내열장갑을 착용
보호구	보안경 또는 안면보호구, 실험복, 내열성 안전장갑, 발가락을 보호할 수 있는 신발

③ 레이저

주요 위험요소	• 눈에 조사 시 망막 손상 또는 실명의 위험 • 피부에 조사 시 화상 위험, 레이저 가공 중 불꽃 발생에 의한 화재 위험 • 누전이나 단락으로 인한 감전 위험
안전대책	• 레이저빔을 반사 또는 산란시킬 수 있는 물체는 빔이 통과하는 경로에서 제거 • 보안경을 썼더라도 레이저광을 직접 응시 금지 • 레이저 사용 표시 부착, 장비 가동 시에는 안전교육을 받은 자만 출입 • 보안경을 착용하여 산란된 레이저 노출 최소화 • 장비 종료 전 빔을 차단하고 시스템 셔터 폐쇄
보호구	레이저 등급 및 파장에 적합한 보안경, 실험복, 보호장갑(취급물질을 고려하여 선택 착용)

④ 무균실험대

주요 위험요소	• 내부 살균용 자외선(UV)에 의한 눈, 피부 화상 위험 • 무균실험대 내부의 실험 기구 등 살균을 위한 알코올램프 등 화기에 의한 화재 위험 • 인체감염균, 바이러스, 유해화학물질 등 유해위험물질 취급에 따른 누출·감염
안전대책	• 기기의 UV램프 작동 중 유리창(Sash) 열기 금지 • UV램프를 직접 눈으로 바라보지 않기 • 내부 소독 후 사용 전, 후에 반드시 UV램프 전원 차단 • 누전을 방지하기 위한 접지 필요 • 알코올 등으로 손 소독 후 화기 접근 금지 • (가스버너 등) 사용 시에만 점화가 가능하도록 작동 페달 등 설치 및 사용 • 내부 전기 사용 시 허용 전류량에 맞도록 사용 • 산, 유기용제, 유해 생물입자, 유해가스 등을 다루는 경우 무균실험대 사용 금지(흄후드나 생물안전작업대 사용) • 무균실험대의 풍속 확인 ※ 적절한 풍속은 0.3~0.6m/s이며, 작업공간의 평균풍속은 ±20% 범위인 경우 고른 풍속으로 판단
보호구	보안경 또는 안면보호구, 실험복, 보호장갑(취급물질을 고려하여 선택 착용)

⑤ 실험용 가열판

주요 위험요소	• 플레이트(가열판)의 고열에 의한 화재나 화상 위험 • 과열로 인한 장비의 손상 및 화재 위험 • 부적절한 재료 또는 방법 등으로 인한 폭발 또는 발화 위험 • 고온의 액체 튐 등의 위험
안전대책	• 주변 인화성 물질 제거 • 가연성, 폭발성, 인화성 재료 사용 금지 • 가열판에 손가락 등 접촉 금지 • 교반기능을 사용할 경우 교반속도를 급격히 높이거나 낮추지 않도록 주의 • 화학용액 등 액체가 넘치거나 흐른 경우 고온에 주의하여 즉시 제거
보호구	보안경 또는 안면보호구, 실험복, 보호장갑(취급물질을 고려하여 선택 착용)

⑥ 오븐

주요 위험요소	• 고온 • 부적절한 재료 사용에 따른 폭발 또는 발화 위험 • 고전압을 사용하는 기기로 감전 위험
안전대책	• 초자기구 내열성 여부를 확인하고 사용하며, 오븐에 넣을 때 부딪히지 않게 주의 • 열기로 인한 화상을 방지하기 위해 오븐 문 바로 앞에서 열지 않기 • 오븐 문을 천천히 열어 오븐의 열기를 배출 • 가연성·인화성·폭발성 물질 사용 금지 ※ 특히 분말 시료나 분진 발생의 위험이 있는 경우, 고온 작동이 아니더라도 내부 화재발생 위험이 크므로 내부에 팬이 작동하는 강제순환오븐에는 사용 금지
보호구	보안경 또는 안면보호구, 실험복, 내열성 안전장갑, 발가락을 보호할 수 있는 신발

⑦ 원심분리기

주요 위험요소	• 회전축의 변형에 의한 무게균형 파괴 • 덮개 또는 잠금장치 사이에 손가락 등 끼임 위험 • 로터 등 회전체 충돌, 접촉에 의한 신체 상해 위험
안전대책	• 방호덮개 설치 및 연동 장치 설치 • 기계 가동 전 정상 작동 여부 확인 후 작업 실시 • 감전을 예방하기 위해 접지 실시 • 최고 사용 회전수를 초과한 사용 금지 • 원심기가 정지한 후 덮개를 열어야 함 • 정비, 수리 및 청소 등의 작업 시 기계의 전원을 차단한 후 작업 • 폭발성, 휘발성 증기 발생 물질은 원심 분리 금지 • 수평한 곳에 설치 후 작업 • 회전 중인 챔버(Chamber) 등을 손으로 감속 및 정지 금지 • 설치 후 3년이 경과한 시점에서 2년마다 안전검사를 받아야 함
보호구	보안경 또는 안면보호구, 실험복, 보호장갑(취급물질을 고려하여 선택 착용)

⑧ 조직절편기

주요 위험요소	• 나이프/블레이드 설치 또는 조작 중 베임 • 시료의 파편이 튈 위험 • 파라핀 잔해물에 의한 미끄러져 넘어짐 등으로 인한 신체 상해 위험 • 동결 시료를 다루는 중 저온에 의한 동상 위험 등
안전대책	• 시료와 고정클램프 사이에 손가락이 끼지 않도록 주의 • 시료 고정 헤드가 움직이지 않도록 핸드휠 등 고정 • 조직절편기 블레이드의 날카로운 면 접촉 금지 • 시료 절편 중 시료와 블레이드 사이에 손가락 접촉 금지 • 절편된 시료는 브러쉬 등을 이용하여 다루기 • 사용 후 블레이드 안전가드로 덮기 • 사용한 블레이드는 칼날보관 용기 등 적절한 곳에 폐기 • 파라핀 잔해물이 작업대 또는 바닥에 떨어진 경우 청소하여 파라핀에 의한 미끄럼 방지
보호구	보안경 또는 안면보호구, 실험복, 보호장갑(취급물질을 고려하여 선택 착용), 미끄럼방지 신발

(2) 안전장비보호구 착용 시 유의사항

안전모	• 높은 곳에서부터의 떨어짐 및 물체의 떨어짐으로부터 머리를 보호 • 안전모 착용 시 반드시 턱끈을 바르게 사용할 것 • 머리 크기에 맞도록 내피를 조정하여 사용할 것 • 충격을 받은 안전모나 변형된 것은 폐기할 것
안전화	• 물체의 떨어짐 및 찔림으로부터 발을 보호 • 자신의 발 크기에 맞는 안전화를 착용할 것 • 일반 등산화 등 앞측에 토우캡이 없는 것은 안전화의 역할을 하지 못함 • 안전화 뒤축을 구부려 착용하지 말 것 • 실험복 바지 하단은 각반을 사용하여 날림을 방지할 것
보안경	• 유해물질 및 유해 광선으로부터 눈을 보호 • 보안경 렌즈에 상처가 많은 것은 사용하지 않을 것
안전대	• 높은 곳에서부터의 떨어짐으로부터 신체 보호 • 높은 곳에서 실험 시에는 반드시 안전대를 착용하고 체결할 것 • 실험 전에 후크 작동 및 구명줄의 상태를 확인할 것 • 후크는 이동 시에도 벗지 않고 이동할 것

※ 연구실 주요기기 · 장비 취급관리 가이드라인, 과학기술정보통신부 · 국가연구안전관리본부, 2019. 등 참고
※ 연구실 설치 · 운영 가이드라인 과학기술정보통신부 · 국가연구안전관리본부, 2019. 등

TOPIC. 2 기계 · 기구의 안전관리방법

1. 연구실 기계 · 기구와 관련된 안전관리 이론

(1) 기계 · 기구 설비의 안전화를 위한 기본원칙
　① 위험의 분류 및 결정
　② 설계에 의한 위험 제거 또는 감소
　③ 방호장치의 사용
　④ 안전작업방법의 설정과 실시

(2) 기계 · 기구 및 설비의 본질적 안전조건(안전설계 방법)
　① 기계 설계단계부터 가능한 조작상의 위험이 없도록 설계해야 함
　② 안전설계 기능이 기계설비에 내장되어 있어야 함
　③ 페일 세이프(Fail Safe)의 기능이 있어야 함
　　㉠ 기능 3단계

1단계 페일 패시브(Fail Passive)	부품이 고장나면 통상적으로 기계는 정지하는 방향으로 이동
2단계 페일 엑티브(Fail Active)	부품이 고장나면 기계는 경보를 울리는 가운데 짧은 시간 동안 운전이 가능
3단계 페일 오퍼레셔널(Fail Operational)	부품에 고장이 있어도 기계는 추후 보수가 될 때까지 안전한 기능을 유지

ⓒ 적용 예시
- 항공기는 비행 중 엔진 고장 시 다른 엔진으로 운행이 가능하도록 설계
- 승강기는 정전 시 마그네틱 브레이크가 작동하여 운전을 정지시키도록 설계
- 정격속도 이상의 주행 시 조속기가 작동하여 긴급 정지
- 석유난로가 기울어지면 자동적으로 소화
- 철도 신호 고장 시 청색 신호는 반드시 적색으로 변경

④ 풀 푸르프(Fool Proof)의 기능이 있어야 함
  ㉠ Fool Proof화의 원리

1그룹	• 발생방지를 위한 Fool Proof화 원리 • 불량상태의 원인이 되는 작업 실수가 일어나지 않도록 사전에 방지 • 배제화 : 작업을 하지 않아도 되게 하는 것 • 대체화 : 작업을 하는 데 있어 필요로 하는 기억 · 지각 · 판단 · 동작 등의 기능을 인간에게 맡기지 않도록 하는 것 • 용이화 : 작업에 필요한 기능을 인간에게 용이한 것으로 하는 것
2그룹	• 파급방지를 위한 Fool proof화 원리 • 작업 미스의 결과인 불량상태가 커지지 않도록 하는 것 • 이상검출 : 미스를 검출하여 처치하는 것 • 영향완화 : 미스의 영향을 완화하는 작업이나 완충물을 마련해 두는 것

ⓒ 적용 예시 : 가드식, 양수조작식, 인터록, 손쳐내기식, 수인식, 안전블록 등
- 동력 전달 장치의 덮개를 벗기면 운전 정지
- 프레스의 경우 실수하여 손이 금형 사이로 들어가면 슬라이드 하강이 자동적으로 작동 정지
- 승강기의 경우 과부하되면 경보가 울리고 작동 중지
- 크레인 와이어로프의 권과 방지장치
- 로봇작업장의 방책문을 닫지 않으면 로봇이 작동되지 않음
- 세탁기 구동 시 상단뚜껑을 열면 동작이 자동으로 멈추고 경고음 발생
- 약병의 안전마개를 열기 위해서 힘을 아래 방향으로 가해 돌리는 것

> **Tip**
>
> 페일 세이프(Fail Safe)와 풀 푸르프(Fool Proof)
> - 페일 세이프(Fail Safe) : 기계 · 기구 또는 그 부품이 파손되거나 고장이 발생해도 기계 · 설비가 항시 안전하게 작동되는 기능을 말함
> - 풀 푸르프(Fool Proof) : 인간이 기계 등의 취급을 잘못해도 그것이 바로 사고나 재해와 연결되는 일이 없는 기능

(3) 기계설비의 안전조건
  ① 외관상의 안전화
    ㉠ 가드(Guard)의 설치 : 기계의 외형 부분
    ㉡ 별실 또는 구획된 장소에서의 격리 : 원동기 및 동력전달창치(벨트, 기어, 샤프트, 체인 등)
    ㉢ 안전 색채조절 : 기계장비 및 부수되는 배관

〈기계장비 및 부수되는 배관의 색상 예시〉

구분	색상	구분	색상
시동 스위치	녹색	증기배관	암적색
급정지 스위치	적색	가스배관	황색
대형 기계	밝은 연녹색	기름배관	암황적색
고열을 내는 기계	청녹색, 회청색	–	–

  ② 기능의 안전화
    ㉠ 소극적 대책(1차적 대책) : 이상 시에 기계를 급정지시키거나 방호장치가 작동하도록 함
    ㉡ 적극적 대책(2차적 대책) : 회로를 개선하여 오동작을 방지하거나 별도의 안전한 회로에 의하여 정상기능을 찾도록 함
  ③ 구조의 안전화
    ㉠ 구조의 안전화 종류
      • 재료의 결함에 대응한 구조의 안전화
      • 설계상의 결함에 대응한 구조의 안전화
      • 가공의 결함에 대응한 구조의 안전화
    ㉡ 구조의 안전화 방법
      • 안전율의 적용
        $$-\text{안전율} = \frac{\text{기초강도}}{\text{허용응력}} = \frac{\text{극한강도}}{\text{최대설계응력}} = \frac{\text{파괴하중}}{\text{최대사용하중}} = \frac{\text{파단강도}}{\text{안전하중}}$$
        − 안전 여유 = 극한강도 − 허용능력 = 극한하중 − 정격하중
      • 안전율 결정인자
        − 재료 및 균질성에 대한 신뢰도
        − 하중견적 정확도의 대소
        − 응력계산 정확도의 대소
        − 응력의 종류와 성질의 상이
        − 불연속 부분의 존재
        − 사용상에 있어서 예측할 수 없는 변화의 가능성 대소
        − 공작정도의 양부

- Cardullo의 안전율 산정법

  > S=A×B×C
  > • A : 탄성률로서 정하중의 경우에는 인장강도와 항복점의 비, 반복하중일 경우에는 인장강도와 피로강도의 비
  > • B : 충격률로서 하중이 충격적으로 작용하는 경우 생기는 응력과 같은 하중이 정적으로 작용하는 경우 생기는 응력과의 비
  > • C : 여유율로서 재료의 결함, 응력의 선정 및 계산의 부정확도, 잔류응력, 열응력, 관성력 등 우연적 추가 응력의 산정 정도를 보아 여유를 두는 값

④ 작업의 안전화를 위한 설계
- 안전한 기동장치의 배치
- 정지장치와 정지 시의 시건장치
- 급정지 버튼, 급정지장치 등의 구조와 배치
- 작업자가 위험부분에 접근 시 작동하는 검출형 방호장치의 이용
- 연동장치(Interlock)된 방호장치의 이용
- 작업을 안전화하는 치공구류 이용

⑤ 인간공학적인 안전한 작업환경 구현 방안
- 기계에 부착된 조명, 기계에서 발생하는 소음 등의 검토, 개선
- 기계류 표시와 배치를 적절히 하여 오인이 안 되도록 할 것
- 작업대나 의자 높이 또는 형을 적당히 할 것
- 충분한 작업공간의 확보
- 작업 시 안전한 통로나 계단의 확보

⑥ 방호의 원리
- 위험제거 : 위험한 잠재요인이 원칙적으로 발생될 수 없게 하는 것
- 차단(위험상태의 제거) : 위험성으로부터 연구활동종사자를 격리
- 덮어씌움(위험상태의 삭감) : 사람과 기인물이 겹쳐지는 재해 가능 영역의 한쪽을 안전하게 덮어씌움
- 위험에 적응 : 위험이 존재하는 기계설비에 연구활동종사자를 적응시키는 것(제어시스템의 글자판을 쉽게 눈에 띄게 함)

2. 연구실 기계 · 기구와 관련된 안전점검 · 진단

(1) 연구실 실험 · 분석 · 안전 장비의 관리 및 점검 내용

가스크로마토그래피	• 가스배관 · 밸브 등 가스 누출 여부 확인 • 미사용 시 가스 공급 차단 여부 확인 • 기기 사용 종료 후 냉각 여부 확인 • 잔여 가스 확인 등
고압멸균기(autoclave)	• 전선코드의 피복상태 및 콘센트 연결상태(접지 등) 확인 • 내부 및 바스켓 상태 확인 • 가연성, 폭발성, 인화성 화학물질 사용 여부 확인 • 내부의 증류수 수위 레벨 확인 등
레이저	• 레이저 보호창 또는 안전덮개 등 안전방호 장치 설치 여부 확인 • 레이저 위치 및 레이저빔 경로 · 반사체 등 위치 확인, 비상 스위치 설치 및 작동 여부 확인 • 레이저 발생장치 주변 인화성 물질 사용 · 비치 여부 확인 등
무균실험대	• UV램프 정상 작동 여부 확인 • 헤파필터 상태 확인 • 무균실험대의 풍속 확인 등
실험용 가열판	• 적정한 설치(수평, 통풍 등) 상태 확인 • 적정 온도 유지 여부 확인 등
흄후드	• 흄후드 제어풍속 확인 | 구분	가스 상태	입자 상태
---	---	---
관리대상유해물질	0.4	0.7
허가대상유해물질	0.5	1.0	 • 흄후드 내부 공기 흐름 방해 요소 여부 확인 • 흄후드 내 400Lux 이상 조도 유지 확인 • 흄후드 사용 후 잔류 가스 배출 확인 • 연구실 내 흄후드 배치 적정성 확인 • 흄후드 내 스파크 발생 가능성 확인 • 흄후드 내 불필요한 물건 방치 여부 확인 • 흄후드 근처의 소화기 배치 여부
초저온 용기	• 초저온 용기의 형태 및 밸브 등 이상 여부 확인 • 질소 등 가스 누출 여부 확인 • 액화가스 식별표 부착 여부 확인 • 초저온 용기의 전도 방지 여부 확인

(2) 동력공구의 관리 및 점검 내용

전동드릴	• 전선 코드의 피복상태 및 콘센트 연결상태(접지 등) 확인 • 드릴비트 등 절삭 공구의 손상이나 균열 여부 • 작업에 적절한 드릴비트 사용 여부 • 전원 플러그 제거 전에 전원 차단 여부 확인 • (탁상용 드릴 등) 바닥 또는 작업대에 고정 여부

고속절단기	• 휠 커버, 안전커버 등 방호장치 설치 및 상태 확인 • 비상정지스위치 설치 및 작동 여부 확인 • 감전에 대비한 접지 및 누전차단기 접속 여부 확인 • 지석(톱)의 갈라짐, 깨짐, 조임 여부 등 확인 • 지석의 균형 확인 • 절단 재료 고정 장치 상태 확인

(3) 공작/가공 기계 · 기구의 관리 및 점검 내용

밀링머신	• 방호장치 설치 및 상태 확인 • 비상정지스위치 설치 및 작동 여부 확인 • 감전에 대비한 접지 및 누전차단기에 접속 여부 확인 • 밀링 커터 교체 및 유지, 보수 시 전원 차단 여부 확인 • 밀링 머신 주변의 정리정돈 여부 확인 • 윤활유나 절삭유 확인 • 밀링머신 사용 종료 후 각종 레버 위치 및 전원 차단 확인
연삭기	• 방호 덮개 등 방호장치 설치 및 상태 확인 • 비상정지스위치 부착 및 작동 여부 확인 • 감전에 대비한 접지 및 누전차단기에 접속 여부 확인 • 연마석의 갈라짐, 깨짐 등 확인 • 연마석의 균형 확인 • 연마석과 공작물 받침대 간격 확인 : 연마석과 공작물 받침대 간격은 3mm 이내가 적당 • 연삭기의 방호덮개 노출 각도 확인 : 방호덮개 노출각도는 90° 이하로 중심축에서 상부의 각도가 50° 이하가 적당
원심분리기	• 설치장소의 적정 여부 및 적절한 전원 공급 여부 • 회전속도에 적절한 튜브, 병 등 사용 여부 • 원심분리기 도어(문)의 작동 여부 • 로터 덮개의 잠김 여부 • 청소 및 유지보수 시 전원 분리 여부 • 청소 및 유지보수 여부
교류아크용접기	• 전선 코드의 피복상태 및 콘센트 연결 상태(접지 등) 확인 • 용접기 주위의 인화성 및 가연성 물질 보관 여부 확인 • 용접기 작업대의 환기 여부 확인 • 용접봉 홀더 및 케이블의 절연상태 확인
프레스	• 프레스 머신의 적절한 설치 여부 • 비상정지스위치 부착 및 작동 여부 확인 • 감전에 대비한 접지 및 누전차단기에 접속 여부 확인 • 프레스 머신 방호장치 설치 여부 확인 • 동력전달장치 또는 유압계통 등 가압 장치의 이상 여부 확인 • 금형 등 부착 · 해체 시 전원 차단 여부 확인 • 청소 등 유지 · 보수 시 전원 차단 여부 확인

(4) 중량물 운반 기계·기구의 관리 및 점검 내용

천장크레인(호이스트)	• 크레인의 방호장치 설치 및 작동 여부 확인 　- 과부하 방지장치 　- 권과 방지장치 　- 훅 해지장치 　- 비상정지스위치 • 와이어로프 상태 확인 • 크레인의 정격하중 확인

(5) 「연구실안전법」에 따른 안전점검 및 정밀안전진단 기준, 대상, 주기, 실시자, 점검항목 및 방법 이해
　① 일상점검 항목(기계안전분야) : 「연구실 안전점검 및 정밀안전진단에 관한 지침」[별표 2]
　② 정기점검·특별안전점검 항목(기계안전 분야) : 「연구실 안전점검 및 정밀안전진단에 관한 지침」[별표 3]

3. 연구실 기계·기구 사고의 인적·물적 원인

(1) 기계·기구 사고의 인적 원인

교육적 결함	안전교육의 결함, 교육의 불완전, 표준작업방법의 결여
작업자의 능력 부족	무경험, 미숙련, 무지, 판단 착오
규율 미흡	규칙이나 작업기준에 불복
부주의	주의 산만
불안전 동작	서두름, 중간행동 생략
정신적 부적당	피로하기 쉬움, 성미가 급함
육체적 부적당	육체적 결함보유자, 몸이 약하거나 피로가 쉽게 오는 사람

(2) 기계·기구 사고의 물적 원인

설비나 시설에 위험이 존재	방호 불충분, 설계 불량
기구에 결함이 있음	기구가 불량한 것
구조물이 안전하지 못함	불량비상구
환경의 불량	환기 불량, 조명 불량, 정리정돈 불량
설계의 불량	작업계획 불량, 설비배관계획 불량
작업복, 보호구의 결함	작업복, 보호구 등의 불량

4. 연구실 기계·기구의 사용 전·후 안전관리

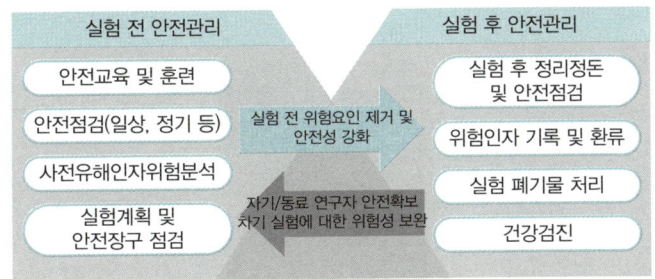

(1) 실험 전 안전수칙
   ① 기계 및 기구의 대표적인 위험점 확인 및 주의·보호 조치 실시
   ② 위험기계의 경우 기계 제작자가 공급하는 안전 매뉴얼을 반드시 확인하고, 기계작동 방법을 숙지한 후 실시
   ③ 기계작업 시 실수 및 오작동에 대한 안전설계 기능(Fail Safe, Fool Proof 등)이 있는지 확인한 후, 실수 및 오작동에 대응한 안전설계기능의 작동 여부 확인
   ④ 실수로 인한 위험상황 발생 시 적어도 인명피해가 최소화되도록 개인보호구 등 적절한 자기방호조치 실시
   ⑤ 실험 전 기계의 이상 여부 확인 후 실험 수행
   ⑥ 개인보호구의 상태 확인 및 적절성 확인
   ⑦ 기타 실험 전 안전관리 시 유의사항 숙지

(2) 실험 전 개인보호구 선정
   ① 작업의 대상에 따른 보호장갑, 보호복 및 안전화 선정 방법

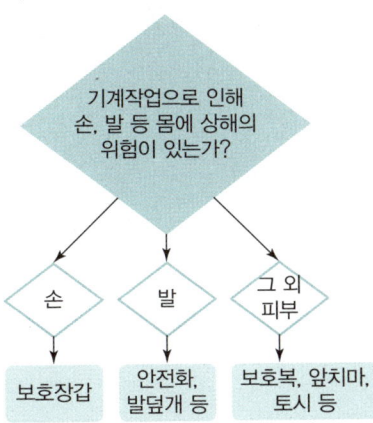

② 작업의 대상에 따른 공기호흡기(방독마스크, 방진마스크) 선정 방법
   ※ 유해물질 흡입 가능성, 입자상 혹은 가스·증기상 물질 여부, 독성 강도 등 고려

③ 작업의 대상에 따른 안면보호구(보안경, 보안면, 안전고글 등) 선정 방법
   ※ 얼굴과 눈에 튀거나 자극을 줄 수 있는지 여부, 입자상 물질 혹은 용액·증기상 물질 여부 등 고려

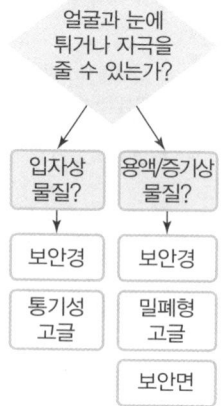

④ 작업의 대상에 따른 안전헬멧, 귀마개 · 귀덮개 선정 방법
※ 소음의 크기가 인해 유해한지 여부 등 고려

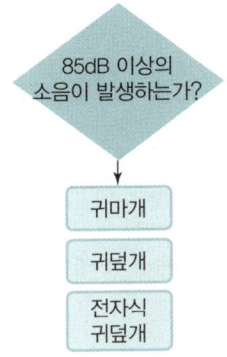

(3) 실험 후 안전수칙
① 실험 후 기계 · 기구의 정리정돈 및 안전점검 실시
② 개인보호구의 기능상 문제가 없는지 보호구 상태 확인 후 재사용 혹은 폐기
③ 실험 후 실험 폐기물 처리
※ 기계작업 후 발생되는 폐기물(칼날, 송곳, 톱, 뾰족하거나 날카로운 물건 등)은 위험제거 및 위험보호조치 실시 후 폐기 등
④ 실험 후 위험요소 및 위험요인 기록 및 환류
⑤ 실험 후 위험요소에 대한 제거 및 보호 조치
⑥ 건강검진 실시 기준, 실시 대상, 실시 종류, 실시 주기, 실시 주체 등을 확인하고 건강검진 실시
⑦ 타 실험 후 안전관리 시 유의사항 숙지

03 연구실 기계·물리 안전관리

연구실 내 레이저, 방사선 등 물리적 위험요인에 대한 안전관리

> **키워드**
> 물리적 위험요인, 사전유해인자위험분석, 안전관리 대책, 응급조치, 비상대응, 사고원인조사, 분석 및 안전대책 수립

TOPIC. 1 물리적 위험요인의 종류 및 위험성

1. 연구실 물리적 위험요인의 종류와 정의

(1) 연구실 내 물리적 위험요인의 정의
　　에너지 형태로 인체에 전달되어 건강장애를 유발하는 인자

(2) **연구실 내 발생 가능한 물리적 위험요인의 종류**
　① 소음 : 소음성난청을 유발할 수 있는 85데시벨(dB) 이상의 시끄러운 소리
　② 진동
　　㉠ 착암기, 핸드 해머 등의 공구를 사용함으로써 발생되는 백랍병, 레이노 현상, 말초순환장애 등의 국소 진동
　　㉡ 차량 등을 이용함으로써 발생되는 관절통, 디스크, 소화장애 등의 전신 진동
　③ 방사선 : 직접, 간접으로 공기 또는 세포를 전리하는 능력을 가진 알파선, 베타선, 감마선, 엑스선, 중립자선 등의 전자선
　④ 이상기압 : 게이지 압력이 cm^2당 1kg 초과 또는 미만인 기압
　⑤ 이상기온 : 고열, 한랭, 다습으로 인하여 열사병, 동상, 피부질환 등을 일으킬 수 있는 기온
　⑥ 분진 : 대기 중에 부유하거나 비산 강하하는 미세한 고체상의 입자상 물질
　⑦ 전기, 레이저, 위험기계·기구 13종[(산업안전보건법 시행령 제28조의 6(안전검사 대상 유해·위험기계 등)] : 프레스, 전단기, 크레인, 리프트, 압력용기, 곤돌라, 국소배기장치, 원심기, 롤러기, 사출성형기, 고소작업대, 컨베이어, 산업용 로봇
　⑧ 조립에 의한 기계·기구(설비 및 장비 포함) 등도 물리적 유해인자에 포함

2. 연구실 물리적 위험요인의 위험성, 사고 발생원인 및 과정

(1) 소음

인체에 미치는 영향	• 불쾌감, 정신피로를 발생시켜서 재해를 증가시킬 수 있고 작업능률을 저하, 청력장해를 초래할 수 있음 • 청력장해는 일시적인 난청인 경우와 영구적으로 오는 난청 2가지의 경우가 있음 • 영구적인 난청(직업성 난청)은 높은 소음에 장기간 노출될 때 회복되지 않는 내이성 난청의 일종이며, 나중에는 말소리까지도 침범당하여 잘 듣지 못함
예방	• 소음발생이 큰 기계, 기구를 교체하거나 격리 • 발생원에 대한 방음흡음시설(칸막이 등) 설치 • 작업 시에는 귀마개, 귀덮개 등 차음보호구 착용

(2) 진동

위험분석	해머, 체인톱, 연삭기, 임팩트 렌즈 등 진동으로 인하여 건강장해를 유발할 수 있는 기계 기구를 사용하는 작업
인체에 미치는 영향	• 국소진동이 직접 수지부에 가하여져 수지부 혈관 및 관절에 기계적 공진 현상을 일으켜 말초장해를 유발하며 중추, 말초, 골관절 장해를 일으킴 • 손가락의 창백현상, 손가락의 감각 이상, 두통, 감작현상 등의 증상
예방	• 진동흡수 장갑을 착용한 후 작업 • 철저한 공구 보수 관리 • 작업시간을 단축 • 저진동공구를 사용 • 방진구를 설치 • 제진시설을 설치

(3) 이상기압

위험분석	• 이상기압에서 잠함공법이나 압기공법으로 하는 작업 • 고압작업에 종사하는 근로자가 작업실에 출입할 때 가압 또는 감압을 받는 장소
인체에 미치는 영향	고압하에서는 가스가 혈액 속에 용해되어 있다가 급격한 감압으로, 특히 질소가 혈관과 조직 내에 기포를 형성하고 혈관이 약한 부위에 따라 피부의 가려움 및 근육통, 관절통, 호흡곤란, 시력장해, 반신불수 등을 일으킬 수 있음
예방	• 수심에 따른 체재시간의 한도와 적절한 감압법을 엄수하여야 함 • 고기압 환경에 부적절한 고령자, 결핵 천식 등의 만성호흡기 질환자, 심맥관계 이상자, 만성부비강염, 중이염, 골관절 이상자 등은 관련 작업을 하지 않도록 하여야 함

(4) 분진

위험분석	작업하는 장소에서 발생하거나 흩날리는 미세한 분말 상태의 물질이 퍼진 상태에서의 작업
인체에 미치는 영향	• 광물성 분진 : 진폐증의 자·타각 증상이나 소견은 호흡기계에서 비롯된 호흡곤란, 기침, 담액 과다, 흉통, 혈담, 피로 등의 증상 • 면분진 : 특징적인 자각증상인 월요 증상(Monday disease)은 흉부압박감, 가슴통증, 호흡곤란, 기침 등인데 특히 월요일에 심하고 주말에 이를수록 점차 경미해짐(월요일에는 면분진에 노출되지 않는 것을 전제)
예방	• 발진 공정의 습식화 및 분진억제 대책 수립 및 시행 • 발진원 포위 격리 및 밀폐 등을 실시함 • 방진마스크를 반드시 착용하고 작업

(5) 자외선

인체에 미치는 영향	• 피부의 홍반현상, 색소침착, 각막의 부종과 괴사, 피부암 등을 일으킬 수 있음 • 용접 시에 발생되는 자외선은 각막결막염과 노출된 피부에 장해를 일으킴 • 불활성 가스 또는 금속 아크용접 등은 강력한 자외선을 발생하며 눈 및 피부에 화상을 입히는 경우가 많음
예방	• 유해광선 장해를 예방하는 근본원칙에 따라 방사선 발생원의 격리, 산란선 누선방지 등 방사선의 피폭방지에 있어 필름 배지(film badge) 또는 포켓선량계로 피폭량을 측정하여야 함 • 피부보호의, 보호안경, 보호장갑, 안전모(방열용) 등 개인보호구 착용

TOPIC. 2 레이저 안전관리

1. 레이저의 개요

(1) 레이저(Laser)

① Light Amplification by Stimulated Emission of Radiation의 약어
② 전자기파의 유도 방출(stimulated emission) 현상을 통해 빛을 증폭(light amplification)하는 장치 및 시스템

(2) 관련 용어

① **노출한계**(AEL ; Accessible Emission Limit) : 레이저 등급별로 허용되는 최대 레이저 출력
② **최대허용노광량**(MPE ; Maximum Permissible Exposure) : 통상적인 환경에서 직접적인 노출에도 신체 손상을 일으키지 않는 최대 레이저 출력
③ **공칭장해구역**(NHZ ; Nominal Hazard Zone)
  ㉠ 레이저의 출력이 최대허용노광량을 초과하는 구역
  ㉡ 레이저 광선의 발산각·출력·지름에 영향을 받음

④ 출력(Power)
　　㉠ 단위시간 동안 조직에 가해진 레이저 에너지의 양
　　㉡ 단위시간당 목표점에 도달하는 광자의 수를 말하며 Watt(W)로 표시함
　　㉢ 출력 = 에너지량/조사기간(W = J/sec)
⑤ 출력밀도(Power density, Irradiance)
　　㉠ 단위면적에 가해진 출력
　　㉡ 열손상 정도와 관계가 있으며 W/cm^2로 표시함
　　㉢ 출력밀도 = 출력/단위면적($Pd = W/cm^2$)

2. 레이저 기술기준

(1) 매질에 따른 레이저의 종류
　① 고체 레이저 : YAG, YLF, YVO4, 루비, 유리
　② 기체 레이저 : CO_2 레이저(출력이 큼), Ar 레이저, He-Ne 레이저
　③ 액체 레이저 : 색소 레이저
　④ 기타 : Excimer 레이저, 반도체 레이저

(2) 레이저 광선
　① 장거리까지 강도가 유지됨
　② 비교적 낮은 수준에서도 눈에 대한 심각한 위험을 일으킴
　③ 렌즈 집광 시, 매우 높은 강도로 응축됨
　④ 가시/비가시광 스펙트럼에서 발생

(3) 생물학적 위험
　① 레이저 광선과 유관/무관하게 발생할 수 있음
　② 모든 파장에서 발생할 수 있음
　③ 주로 눈과 피부에 발생함

(4) 레이저 사고의 특징
　① 주로 눈의 손상을 유발함
　② 빔 정렬 작업 시 발생함
　③ 작업자의 실수로 발생함

(5) 개인보호구
　① 3등급 및 4등급 레이저 사용 시 레이저용 보안경을 반드시 착용해야 함
　② 레이저용 보안경은 반드시 ANSI 표준에 부합해야 하며, 광학밀도(OD)와 파장이 표시된 것이어야 함
　③ 4등급 레이저 사용 시 적절한 피부보호 장비가 필요함

3. 레이저 등급 분류표(IEC 60825-1)

국제 전자기술 위원회(IEC ; International Electrotechnical Commission)는 레이저 광선에 직접적 혹은 간접적으로 노출되었을 경우 발생할 수 있는 잠재적인 피부 및 안구의 손상 가능성에 따라 레이저의 등급을 정의 및 분류

등급	노출한계	설명	보호구
1	-	위험 수준이 매우 낮고 인체에 무해	-
1M	-	렌즈가 있는 광학기기를 통한 레이저빔 관측 시 안구 손상 위험 가능성 있음	-
2	최대 1mW(0.25초 이상 노출)	눈 깜박임(0.25초)으로 위험으로부터 보호 가능	-
2M		렌즈가 있는 광학기기를 통한 레이저빔 관측 시 안구 손상 위험 가능성 있음	-
3R	최대 5mW(가시광선 영역에서 0.35초 이상 노출)	레이저빔이 눈에 노출 시 안구 손상 위험	보안경 착용 권고
3B	500mW(315nm 이상의 파장에서 0.25초 이상 노출)	직접 노출 또는 거울 등에 의한 정반사 레이저빔에 노출되어도 안구 손상 위험	보안경 착용 필수
4	500mW 초과	직·간접에 의한 레이저빔에 노출에 안구 손상 및 피부 화상 위험	보안경 착용 필수

※ 미국에서는 FDA(CDRH)가 규정하는 21CFR Part 1040.10에 레이저 제품 관련 규제 내용이 정리되어 있음

4. 눈과 피부의 손상

파장	눈의 영향	피부의 영향
자외선 C(200~280nm)	광각막염	• 홍반(화상) 생성 • 피부암, 피부 노화 촉진
자외선 B(280~315nm)	광각막염	착색 증대
자외선(Ultra Violet) A (315~400nm)	광화학적 백내장	• 색소 침착 • 피부 화상
가시광선(Rainbow) (400~780nm)	광화학적 효과와 온열효과로 인한 망막 손상	• 색소 침착 • 광민감성 반응 • 피부 화상
적외선(Infra Red) A (780~1400nm)	백내장, 망막 화상	피부 화상
적외선 B (1.4~3.0μm)	각막 화상, 방수 흐림, 백내장	피부 화상
적외선 C (3.0~1,000μm)	각막 화상만 발생	피부 화상

5. 레이저 사용자의 준수사항

① 레이저안전지침서를 숙독해야 함
② 표준작업절차서(SOP), 작업 및 안전지침과 연구실별 레이저 지침을 검토해야 함
③ 레이저 안전 및 상세 레이저 절차에 대한 교육을 받아야 함
④ 모든 서면절차, 안전수칙을 준수하고 적절한 개인보호구(PPE)를 올바로 사용해야 함
⑤ 연구실책임자로부터 작업허가를 받아야 함
⑥ 레이저 안전에 정통한 전문가의 직접적인 감독하에 작업해야 함
⑦ 적절한 PPE를 착용하고, 안전절차 및 SOP를 준수해야 함
⑧ 행정적, 공학적 안전대책을 항시 준수해야 함
⑨ 전원 차단 스위치 및 소화기의 위치와 사용법을 파악해야 함
⑩ 고전압 장비로 작업 시, 2인 이상이 작업을 함께 수행해야 함
⑪ 레이저 광선 작업 시, 빛을 반사시키는 금속 액세서리를 착용하지 않아야 함
⑫ 보안경을 착용한 경우라도 레이저 광선을 직시하지 않으며, 간접 관찰해야 함
⑬ 비광선 위험요소에도 충분한 주의를 기울여 부상과 질병을 예방해야 함
⑭ 플라즈마 및 2차 방사에 유의해야 함
⑮ 잠재적으로 유해한 상황, 연구활동종사자의 부상 또는 재산피해 발생 시 안전 관련 부서로 즉시 알려야 함

6. 비상조치

① 즉시 레이저를 끄고 인터록 키를 제거
   ※ 인터록 키를 제거할 수 없는 경우 모든 이에게 연구실에서 대피하라고 알리고, 자신은 가장 마지막에 나가야 함
② 레이저로 인한 화재 발생 시 비상조치
   ㉠ 연구실 내부의 사람들을 즉시 대피시키기
   ㉡ 대피와 동시에 큰 소리로 "불이야"를 계속 외치고, 화재경보기를 울리기
   ㉢ 대피로를 확보한 다음, 출입구를 등지고 소화기를 이용하여 초기 소화를 시도
   ㉣ 심각한 부상 발생 시 의료지원을 요청
   ㉤ 119에 신고함

TOPIC. 3 　방사선 안전관리

1. 방사선
① **방사능** : 핵연료로 쓰이는 우라늄 등은 방사능을 가진 물질, 즉 방사성 물질로 방사능은 방사선을 내보낼 수 있는 능력
② **방사선** : 방사선은 방사성 물질에서 나오는 에너지의 흐름으로, 물체를 통과하는 투과력이 있음
③ **방사선의 특징** : 방사선에는 알파선, 베타선, 감마선 등이 있으며, 각각의 특성에 따라 투과력도 다름

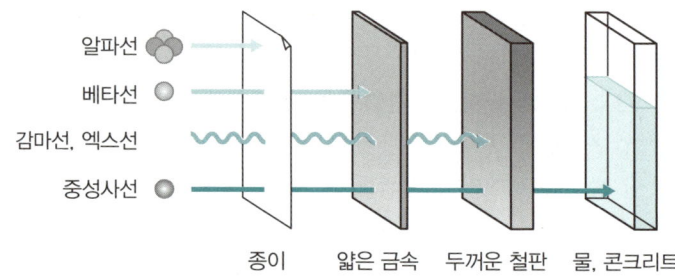

2. 방사선 방호원칙

(1) 외부피폭 방호원칙
　① **차폐**
　　㉠ 방사선원(α선, β선, γ선, X선)에 따른 적절한 물질로 차폐하는 것
　　㉡ α선의 경우 특별한 차폐체가 필요하지 않지만, β선은 알루미늄 또는 플라스틱, γ선, X선은 납 또는 두꺼운 콘크리트로 차폐하는 것이 좋음

〈넓은 감마선에 방에 대한 반가층 두께(cm)〉

핵종	차폐체		
	납	철	콘크리트
Co-60	1.2	2.6	6.1
I-131	0.7	-	4.6
Cs-137	0.7	1.5	4.9
Ir-192	0.6	1.3	4.1
Au-198	1.1	-	4.1
Ra-226	1.3	2.1	7.0

② 거리
  ㉠ 방사선의 세기는 방사선을 내는 방사선원으로부터의 거리의 제곱에 반비례
  ㉡ 방사선 방호를 위해서는 방사선원(방사성 물질)에서 조금이라도 더 멀리 떨어져 있도록 하는 것이 좋음

③ 시간
  ㉠ 방사선에 노출되는 시간을 최대한 줄이는 것이 좋음
  ㉡ 방사선량률이 일정한 장소에 있는 사람이 받는 선량은 그 장소에 머무르고 있는 시간에 직접 비례
  ㉢ 선량=(선량률)×(시간)이므로 방사선 작업 시간을 단축하면 선량도 줄어듦

(2) 내부피폭 방호원칙
  ① 격리
    ㉠ 방사성 물질을 작업자의 작업환경에서 격리시키면 방사성 물질이 인체 내에 섭취되는 것을 방지함
    ㉡ 방사성 물질을 작업환경에서 격리시키는 방법으로는 작업장소의 제한이나 또는 후드(hood), 글러브박스(glove box), 핫셀(hot cell) 등이 대표적
  ② 희석
    ㉠ 발생한 방사선 오염을 제염, 혼합 등의 수단으로 희석시켜 농도를 감소시키는 방법
    ㉡ 비밀봉 방사성 동위원소를 사용하는 기관에서 공기정화계통을 두어 오염된 공기를 인출하여 제염을 거쳐 배기하고 대신 깨끗한 공기를 공급함으로 작업장 공기 중 오염 농도를 줄이는 것이 대표적
  ③ 차단
    ㉠ 작업자(종사자)가 방사선 방호복을 착용하는 수동적인 개념의 방법
    ㉡ 작업장의 오염감축이 더 이상 어렵고 오염이 유의한 수준일 경우 실시하는 방법에 해당하며, 방독면 착용이 가장 대표적

3. 선량한도

(단위 : 밀리시버트)

구분	유효선량한도	등가선량한도	
		수정체	손·발 및 피부
1. 방사선작업종사자	연간 50을 넘지 않는 범위에서 5년간 100	연간 150	연간 500
2. 수시출입자, 운반종사자 및 법 제96조 단서에 따라 교육훈련 등의 목적으로 위원회가 인정한 18세 미만인 사람	연간 6	연간 15	연간 50
3. 제1호 및 제2호 외의 사람	연간 1	연간 15	연간 50

4. 방사선작업종사자 및 수시출입자 교육

① 근거 : 「원자력안전법」 제106조 및 동법 시행령 제148조, 시행규칙 제138조
② 대상 : 방사선작업종사자, 수시출입자, 방사선안전관리자
③ 교육과정 및 시간, 교육비(시행규칙 제138조 제6항 관련)

〈교육과정 및 시간〉

교육과정	신규		정기			
	기본교육	직장교육	기본교육			직장교육
			방사선 안전관리자	이외의 방사선 작업종사자	수시출입자	
일반	8시간 이상	4시간 이상	매년 3시간 이상	매년 3시간 이상	매년 3시간 이상	매년 3시간 이상
방사선 투과 검사	12시간 이상	6시간 이상	매년 5시간 이상	매년 5시간 이상	매년 5시간 이상	매년 5시간 이상

〈교육내용 및 기관〉

기본	기본교육	직장교육
교육내용	• 원자력시설 이용에 따른 안전관리 • 방사성 물질 등의 취급 • 방사선장해방어 · 방사선안전 관계 법령 • 그 밖에 이용업체의 특성에 따른 교육	• 이용업체의 방사선안전관리규정 • 이용업체의 방사선원 및 방사선 장비의 특성 • 그 밖에 이용업체의 특성에 따른 교육
교육기관	한국원자력안전재단	자체 혹은 지정교육기관 위탁 시행

5. 방사선 안전관리 수칙

① 방사선 작업 시에는 반드시 개인선량계를 착용함
② 방사선 3대 원칙(차폐, 거리, 시간)을 준수하고 방사선에 의한 노출을 최소화하여야 함
③ 방사선 작업종사자는 사용하는 방사선원에 대한 특성을 숙지하고 작업 중에 발생할 수 있는 사고에 대처할 수 있어야 함
④ 방사선 작업은 사용시설 또는 방사선관리구역 안에서만 실시함
⑤ 방사선관리구역(10μSv/hr)을 설정하여 작업장 출입을 관리하고, 1μSv/hr 초과 구역에 대하여 일반인의 접근 여부를 감시함
⑥ 감마선조사장치 사용 시 콜리메터(collimator), 차폐벽 등을 이용하여 방사선 관리구역을 최소화함
⑦ 방사선 관리구역에서는 흡연 및 음식물 섭취를 금함
⑧ 방사선조사기 1대당 방사선 측정기 1대 이상을 휴대하여 이상 유무를 점검함
⑨ 방사선조사기 및 방사선발생장치의 안전 여부와 저장함 등의 잠금 상태를 매일 확인함
⑩ 방사선조사기 및 원격조작장치 사용 전, 사용 후 점검 및 정기점검을 생활화하여 사고를 예방함
⑪ 방사선조사기 고장, 분실, 오염 등의 사고 발생 시 방사선위험구역을 설정하고 방사선안전관리자에게 즉각 보고함
⑫ 기타 안전관리 규정에 대한 제반 사항을 철저히 준수함

6. 방사선 관련 개인 보호장구

(1) 개요
① 보통 개인 피폭선량의 측정에는 필름 배지ㆍ포켓 선량계 등이 사용됨
② 방사선의 유무를 알아내는 방사선 검출기는 전리작용을 응용한 GM 계수관식, 반도체식, 형광작용을 응용한 계수관식, 사진 작용을 응용한 필름 배지, 화학 작용을 응용한 유리 선량계 등이 있음

(2) 피폭선량측정 주요 휴대 장비
① 포켓 도시미터(Pocket Dosimeter)
　㉠ 만년필형의 개인용 방사선 감시 장치로, 전리함형의 개인 선량계
　㉡ 소형이어서 휴대하기 편리함
　㉢ 사용 전에 도시미터 충전기에 대전시켜 바늘이 최소 어느 정도의 눈금이 되도록 조정
　㉣ 일정 시간이 지난 후 방사선으로 인하여 발생한 방전에 의해 바늘이 움직인 것을 눈금에서 읽어 피폭된 누적선량을 직접 읽을 수 있게 되어 있음
② 서베이 미터(Survey Meter)
　㉠ 방사성 물질 유무나 조사 선량율을 측정하는 휴대용 방사선 검출기
　㉡ X선, 감마선용과 베타선, 알파선, 중성자 측정용이 있음

③ 알람 모니터(Alarm Monitor)
  ㉠ 개인 경보 선량계로서, 방사선 작업자에게 경보를 발하여 방사선 피폭을 예방할 수 있도록 알려주는 측정기
  ㉡ 방사선량율이 많을수록 경보음의 간격은 짧아짐
④ 필름 배지(Film badge)
  ㉠ 방사선에 의한 필름의 흑화도에서 피폭선량을 측정하는 선량계의 한 종류
  ㉡ 방사선 검출용으로 특별 제작된 필름을 휴대용 용기에 넣고 작업 중에 배지로서 가슴에 달고 있다가 작업이 끝난 후에 이것을 현상하여 흑화된 정도로 피폭량을 알 수 있음
⑤ 방사선 개인 보호구
  ㉠ 작업조건 및 환경, 대응 등에 따라 적절한 개인보호구를 착용하여 작업하도록 함
  ㉡ 방사성 동위원소를 취급하는 때에는 방사성 물질이 흩날림으로 근로자의 신체가 오염될 우려가 있으므로 보호복, 보호장갑, 신발덮개, 보호모 등의 보호구를 지급하고 착용하도록 함
  ㉢ 방사선을 차폐할 수 있는 납안경, 납치마 등을 착용하도록 함

〈방사선 개인 보호구〉

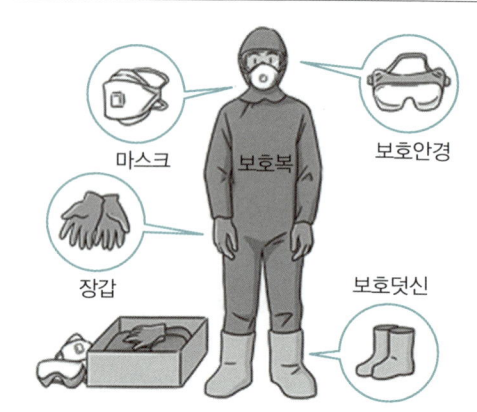

방호복 세트
• 방사성 물질 오염으로부터 작업자 보호 • 방진마스크, 고글(보호안경, 보호복, 보호장갑으로 구성
사용법
• '보호복 → 보호덧신 → 마스크 → 고글(보호안경) → 장갑' 순서로 착용한다. • '보호덧신 → 보호복 → 고글(보호안경) → 방진마스크 → 장갑' 순서로 탈의한다. • 탈의는 지정된 장소에서 실시하며 방사성 물질에 의한 피부 및 호흡기 오염을 억제하기 위하여 장갑을 마지막에 탈의해야 한다.

7. 방사선 물질의 취급요령 및 수칙

① 선원 노출(사고 인지) 시 즉시 대피
② 방사선 관리구역 주변에 접근 및 출입금지
③ 응급조치 후 방사선 안전관리자와 책임자에게 즉시 보고
④ 선원의 위치를 서베이 미터로 확인
⑤ 조사기 또는 납판 등으로 차폐(방사선량률 최소화)
⑥ 주변에 감시인 배치
⑦ 노출된 선원은 손으로 취급하지 말고 원격조작 장치나 선원집게(Source Tong)를 이용
⑧ 방사선 안전관리자 또는 책임자의 지시에 따라 조치

8. 방사선 사고 발생 시 조치

① 작업 중 지나친 성급함을 피함
② 개봉 방사선원을 맨손으로 취급해서는 아니 됨(장갑 및 보호용구 착용)
　※ 용액인 경우 입으로 피펫을 조작해서는 아니 됨(자동 피펫을 사용)
③ 개봉 및 밀봉 방사선원 작업자는 사용하는 선원에 적합한 개인 보호용구 및 피폭선량계를 반드시 착용하여야 함
④ 방사선량이 높은 방사성 물질을 조제하거나 사용하는 작업실은 4수준의 방호시스템을 갖추어야 함
⑤ 방사선량이 높은 방사성 물질 취급 시에는 가능한 한 원격조정 로봇장치를 이용하여야 함
　※ 방사선에 노출될 우려가 있는 작업장소에는 관계 근로자 외의 출입금지 표지를 게시
⑥ 개봉 방사선원 취급자는 수세시설 혹은 샤워시설을 갖춘 곳에서 작업함
⑦ 작업자는 1회용 휴지나 손수건을 사용하고, 사용 후 적절한 방사성 물질 폐기함에 처리함
⑧ 방사선원을 조제하거나 사용하는 장소에는 관계자 외 출입금지 조치를 함
⑨ 방사선원을 조제하거나 사용하는 장소에서는 먹거나, 마시거나, 담배를 피우거나, 냄새를 맡거나 혹은 화장품 사용을 금지하고, 그 내용을 작업장 안의 잘 보이는 곳에 게시함
⑩ 손에 상처를 입은 작업자는 의사의 검진에 의한 확인을 받기 전에 작업을 하여서는 아니 됨
⑪ 방사선 물질의 보관·저장 또는 운반은 부식되거나 새지 않는 용기에 하며, 용기 끝면에 방사선 용기 표시를 해야 함
⑫ 개봉 선원을 조제하거나 사용하는 종사자는 사용 장소를 떠나기 전에 사용한 선원을 보관함에 보관하고 사용 장소를 깨끗이 청소한 후, 손을 잘 씻고 적절한 선량계를 사용하여 손과 몸 및 의복의 오염을 측정하여 신체 일부의 오염이 확인되었을 때는 샤워를 하여 오염을 제거하여야 함

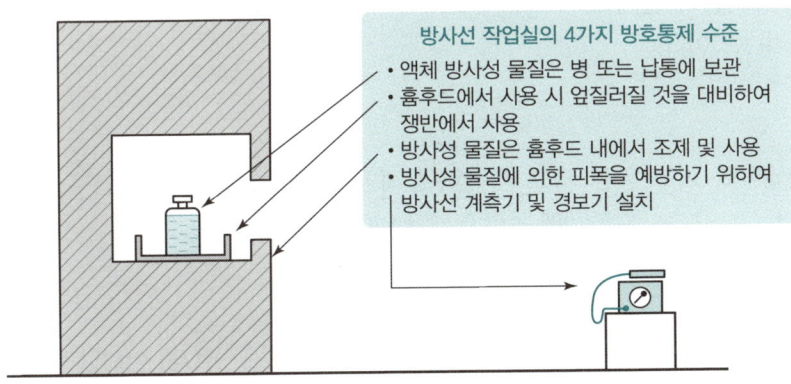

〈방사선 작업실의 4가지 방호통제 수준〉

방사선 작업실의 4가지 방호통제 수준
- 액체 방사성 물질은 병 또는 납통에 보관
- 흄후드에서 사용 시 엎질러질 것을 대비하여 쟁반에서 사용
- 방사성 물질은 흄후드 내에서 조제 및 사용
- 방사성 물질에 의한 피폭을 예방하기 위하여 방사선 계측기 및 경보기 설치

STEP 01 | 핵심 키워드 정리문제

01 기계·기구의 위험 요소 중 하나는 '운동하는 기계는 (　　　　　)을/를 가지고 있다'는 것이다.

02 기계·기구 중 연삭숫돌과 작업받침대, 교반기의 날개와 하우스, 반복왕복운동을 하는 기계 부분에서 발생하는 고정 부분과 회전하는 동작 부분이 함께 만드는 위험점은 (　　　　)이다.

03 방호장치란 기계적·물리적 위험으로부터 (　　　　　)을/를 보호하기 위해 일시적 또는 영구적으로 설치하는 장치를 말한다.

04 방호장치에는 위험원을 방호하는 포집형 방호장치와 (　　　　　)하는 격리형, 위치제한형, 접근거부형, 접근반응형 방호장치 등이 있다.

05 기계·기구 설비 사고 발생 시 일반적 비상조치 방안 중 5단계는 폭발이나 화재의 경우 소화 활동을 개시함과 동시에 (　　　　　)에 노력하고 현장에서 다른 연구활동종사자를 대피시키는 것이다.

06 연구실 기계·기구 관련 사고 시 연구실책임자, 연구활동종사자, 연구실안전환경관리자 등 직무별 (　　　　　)에 관한 이해가 있어야 한다.

07 연구실 기계·기구 사용 시 작업 단계별 (　　　　　)을/를 이해할 수 있어야 한다.

08 연구실 기계·기구 사용 시 보호구, 안전대책을 이해하고, 각 기계·기구별 적절한 (　　　　) 체크리스트 항목을 도출할 수 있어야 한다.

09 기계설비의 계획, 설계, 제작, 설치, 건설, 사용에서 폐기에 이르기까지 전 과정에 대한 ( )을/를 취하여야 한다.

10 인간이 기계 등의 취급을 잘못해도 그것이 바로 사고나 재해와 연결되는 일이 없는 기능을 ( )라 한다.

11 기계설비의 안전조건에서 회로를 개선하여 오동작을 방지하거나 별도의 안전한 회로에 의하여 정상기능을 찾도록 하는 것을 ( )라 한다.

12 가스배관·밸브 등 가스 누출 여부 확인, 미사용 시 가스 공급 차단 여부 확인, 기기 사용 종료 후 냉각 여부 확인, 잔여 가스 확인 등이 필요한 연구실 실험·분석·안전장비는 ( )이다.

13 기계·기구 사고의 원인 중 교육적 결함, 작업자의 능력 부족, 규율 미흡, 부주의 등은 ( )에 속한다.

14 실험 전 안전수칙 중 하나로 실수로 인한 위험상황 발생 시 적어도 인명피해가 최소화되도록 ( ) 등 적절한 자기방호 조치 실시해야 한다.

15 연구실 내 소음, 진동, 분진, 고온, 저온, 고압, 저압, 진공, 유해광선, 레이저, 자외선, 방사선 등을 ( ) 위험요인이라 한다.

16 연구실 물리적 위험요인에 대해 ( )을/를 실시할 수 있다.

17 연구실 물리적 위험요인 각각에 대해 ( ), 저감, 자기방호, 피해확산의 방안을 수립 및 이행한다.

18 방사선 방호의 원칙 중 외부피폭 방호원칙에 해당하는 것은 (　　　　　), (　　　　　), (　　　　　)이다.

정답

01. 작업점 02. 끼임점 03. 작업자의 안전 04. 위험장소를 방호 05. 2차 재해의 확산방지
06. 사고대응 매뉴얼 07. 위험요소 08. 안전점검 09. 안전조치 10. 풀 푸르프(Fool Proof) 11. 기능의 안전화
12. 가스크로마토그래피 13. 인적 원인 14. 개인보호구 15. 물리적 16. 사전유해인자위험분석
17. 발생원인 제거 18. 차폐, 거리, 시간

STEP 02 | 핵심 예상문제

01 다음은 연구실 기계 · 기구의 정의이다. 빈칸 안에 들어갈 내용을 서술하시오.

> 위험기계 · 기구 · 설비(이하 "위험기계기구"라 한다)란 유해하거나 위험한 작업을 필요로 하거나 (①)(으)로 작동하는 기계 · 기구를 말하며 유해 · 위험방지를 위한 (②)을/를 하지 아니하고는 양도, 대여, 설치, 사용하여서는 아니 된다.

[정답]
① 동력(動力), ② 방호조치

02 기계 · 기구의 위험요소에 해당하는 내용을 3가지 이상 서술하시오.

[정답]
- 운동하는 기계는 작업점을 가지고 있음
- 기계의 작업점은 큰 힘을 가지고 있음
- 기계는 동력을 전달하는 부분이 있음
- 기계의 부품 고장은 언제든지 반드시 일어남

03 다음에서 설명하고 있는 기계 · 기구의 동작 형태에 대해 서술하시오.

(①)	• 접촉 및 말려듦 • 고정부와 회전부 사이에의 끼임, 협착, 트랩 형성 • 회전체 자체 위험
(②)	작업점과 기계적 결합부 사이에서 고정부에 운동부가 교차하며 위험점이 형성
(③)	운동부와 고정부 사이에 전후/좌우 등 이동 시 형성

[정답]
① 회전동작
② 횡축동작
③ 왕복동작

04 기계·기구의 위험점에서 다음 그림에 해당하는 위험점의 종류에 대해 서술하시오.

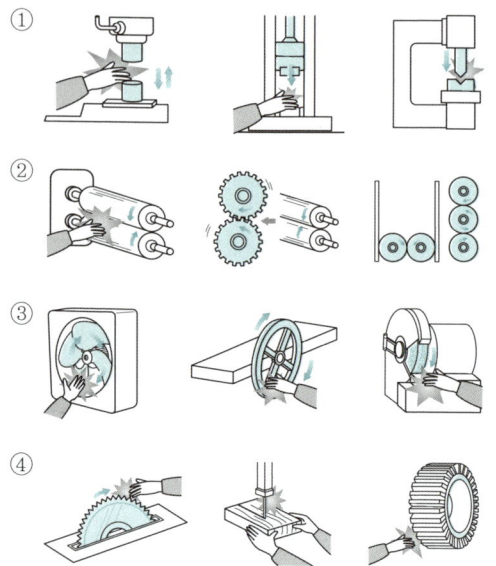

정답
① 협착점
② 물림점
③ 끼임점
④ 절단점

05 기계·기구의 위험점에 대한 설명으로, 빈칸에 해당하는 위험점을 서술하시오.

구분	내용
(①)	왕복운동을 하는 동작 부분과 움직임이 없는 고정 부분 사이에서 형성되는 위험점
끼임점	고정 부분과 회전하는 동작부분이 함께 만드는 위험점
(②)	• 회전하는 두 개의 회전체에 물려 들어가는 위험점 • 이때 위험점이 발생하는 조건은 회전체가 서로 반대 방향으로 맞물려 회전되어야 함
(③)	회전하는 부분의 접선 방향으로 물려 들어갈 위험이 존재하는 위험점
절단점	고정 부분과 운동 부분이 만드는 위험점이 아닌 회전하는 운동 부분 자체의 위험이나 운동하는 기계 부분 자체의 위험에서 초래되는 위험점
(④)	회전하는 물체에 실험복 등이 말려드는 위험이 존재하는 위험점

정답
① 협착점
② 물림점
③ 접선물림점
④ 회전말림점

06 기계·기구의 사고체 5요소를 서술하시오.

정답
- 1요소 : 함정(Trap)
- 2요소 : 충격(Impact)
- 3요소 : 접촉(Contact)
- 4요소 : 얽힘, 말림(Entanglement)
- 5요소 : 튀어나옴(Ejection)

07 기계적·물리적 위험으로부터 작업자의 안전을 보호받기 위해 일시적 또는 영구적으로 설치하는 방호장치의 일반원칙에 대한 설명이다. 빈칸에 들어갈 방호장치의 일반원칙을 서술하시오.

(①)	• 방호장치로 인해 실험에 방해가 되어서는 안 됨 • 실험에 방해가 된다는 것은 불안전한 행동의 원인을 제공
(②)	방호장치는 사용자를 위험으로부터 보호하기 위한 것이므로 위험한 작업 부분이 완전히 방호되어야 함
(③)	외관상으로 불안전하게 설치되어 있는 기계의 모습은 사용자에게 심리적인 불안감을 줌으로써 불안전한 행동을 유발하게 되므로 외관상 안전화를 유지해야 함
(④)	방호장치는 해당 기계의 특성에 적합하지 않거나 성능이 보장되지 않으면 기능을 발휘하지 못하게 됨

정답
① 작업의 편의성
② 작업점 방호
③ 외관상 안전화
④ 기계성능과 특성의 보장

08 기계·기구의 방호장치 선정 시 고려사항을 4가지 이상 서술하시오.

정답
- 방호의 정도
- 적용의 범위
- 보수성의 난이도
- 신뢰성
- 작업성
- 경제성

09 다음은 연구실 기계·기구 중 동력공구 취급 시 안전수칙이다. 빈칸에 들어갈 내용을 서술하시오.

- 실험에 적합한 동력공구를 사용하고 사용하지 않을 때에는 적당한 상태를 유지함
- 전기로 동력공구를 사용할 때에는 (①)에 접속하여 사용함
- 스파크 등이 발생할 수 있는 실험 시에는 주변의 (②)을/를 제거한 후 실험을 실시함
- 전선의 피복이 손상된 부분이 없는지 사용 전 확인함
- 철제 외함 구조로 된 동력공구 사용 시 손으로 잡는 부분은 (③)을/를 하고 사용하거나 이중절연구조로 된 동력공구를 사용함
- 동력공구는 사용 후 반드시 (④)에 보관할 수 있도록 함
- 사용할 수 없는 동력공구는 꼬리표를 부착하고 수리될 때까지 사용하지 않음

정답
① 누전차단기
② 인화성 물질
③ 절연조치
④ 지정된 장소

10 다음은 연구실 기계사고 발생 시 일반적 비상조치 순서이다. 빈칸에 알맞은 내용을 서술하시오.

- 1단계 : 사고가 발생한 기계 기구, 설비 등의 운전 중지
- 2단계 : (①)
- 3단계 : 사고자에 대하여 (②), 경찰서·소방서 등에 신고
- 4단계 : 기관 관계자에게 통보
- 5단계 : 폭발이나 화재의 경우 소화 활동을 개시함과 동시에 (③)에 노력하고 현장에서 다른 연구활동종사자를 대피시킴
- 6단계 : 사고 원인조사에 대비하여 (④)

정답
① 사고자 구출
② 응급처치 및 병원 이송
③ 2차 재해의 확산방지
④ 현장 보존

11 연구실 기계·기구 관련 사고 시 대처요령을 3가지 서술하시오.

> [정답]
> - 비상연락망 숙지
> - 구급약 상비
> - 응급 및 소화시설 정비 및 관리
> - 심폐소생술, 인공호흡 등 인명구조 방법 숙지 및 훈련
> - 연구실책임자, 연구활동종사자, 연구실안전환경관리자 등 직무별 사고대응 매뉴얼에 관한 이해
> - 연구실 기계·기구별 사고 발생 시 대처요령을 이해하고 적용

12 다음 연구실 기계·기구별로 설치해야 할 방호장치를 서술하시오.

(①) : 아세틸렌 용접장치 또는 가스집합용접장치
(②) : 양중기 (크레인, 승강기, 곤돌라, 리프트)
(③) : 압력용기
(④) : 연삭기

> [정답]
> ① 안전기(수봉식, 건식)
> ② 과부하 방지장치, 권과 방지장치, 비상정지장치, 제동장치
> ③ 압력방출장치, 언로드 밸브
> ④ 방호덮개, 칩 비산방지장치

13 다음의 위험요소에 해당하는 연구실 기계·기구를 서술하시오.

(①)	• 고전압, 전기 쇼트로 인한 감전의 위험 • 컬럼 오븐의 고열에 의한 화상위험 • 분진, 흄, 가스에 의한 폭발 위험 등
(②)	• 고온 증기 등에 의한 화상 • 독성 흄에 노출 등 • 화재 폭발
(③)	• 내부 살균용 자외선(UV)에 의한 눈, 피부 화상 위험 • 내부의 실험 기구 등 살균을 위한 알코올램프 등 화기에 의한 화재 위험 • 인체감염
(④)	• 플레이트(가열판)의 고열에 의한 화재나 화상 위험 • 과열로 인한 장비의 손상 및 화재 위험 • 부적절한 재료 또는 방법 등으로 인한 폭발 또는 발화 위험 • 고온의 액체 튐 등의 위험

정답
① 가스크로마토그래피
② 고압증기멸균기
③ 무균실험대
④ 실험용 가열판

14 연구실 기계·기구 중 레이저 기기의 주요 위험요인을 서술하시오.

정답
- 눈에 조사 시 망막 손상 또는 실명의 위험
- 피부에 조사 시 화상 위험, 레이저 가공 중 불꽃 발생에 의한 화재 위험
- 누전이나 단락으로 인한 감전 위험 등

15 다음 연구실 기계·기구 취급 시 착용해야 하는 안전보호구를 서술하시오.

오븐	(①)
조직절편기	(②)
레이저	(③)
고압증기멸균기	(④)

정답
① 보안경 또는 안면보호구, 실험복, 내열성 안전장갑, 발가락을 보호할 수 있는 신발
② 보안경 또는 안면보호구, 실험복, 보호장갑(라텍스 장갑, 니트릴 장갑 등 취급물질을 고려하여 선택 착용), 미끄럼방지 신발
③ 레이저 등급 및 파장에 적합한 보안경, 실험복, 보호장갑(취급물질을 고려하여 선택 착용)
④ 보안경 또는 안면보호구, 실험복, 내열성 안전장갑, 발가락을 보호할 수 있는 신발

16 연구실 기계·기구 중 가스크로마토그래피 기기 취급 시 착용해야 하는 안전보호구 4가지를 골라 서술하시오.

① 보안경 또는 안면보호구
② 실험복
③ 내열성 안전장갑
④ 발가락을 보호할 수 있는 신발
⑤ 방진마스크
⑥ 보호장갑(취급물질을 고려하여 선택 착용)
⑦ 미끄럼방지 신발

정답
①, ②, ⑤, ⑥

17 최대 5mW(가시광선 영역에서 0.35초 이상 노출)의 레이저빔이 눈에 노출 시 안구 손상 위험을 줄 수 있어 보안경 착용이 권고되는 레이저 안전등급을 서술하시오.

정답
3R 등급

18 500mW(315nm 이상의 파장에서 0.25초 이상 노출)의 레이저빔에 직접 노출 또는 거울 등에 의한 정반사 레이저빔에 노출되어도 안구 손상 위험이 있어 보안경 착용이 필수가 되는 레이저 안전등급을 서술하시오.

정답
3B 등급

참고

레이저 안전등급 분류(IEC 60825-1)

등급	노출한계	설명	비고
1	-	위험 수준이 매우 낮고 인체에 무해	-
1M		렌즈가 있는 광학기기를 통한 레이저빔 관측 시 안구 손상 위험 가능성 있음	-
2	최대 1 mW(0.25초 이상 노출)	눈을 깜박(0.25초)여서 위험으로부터 보호 가능	-
2M		렌즈가 있는 광학기기를 통한 레이저빔 관측 시 안구 손상 위험 가능성 있음	-
3R	최대 5mW(가시광선 영역에서 0.35초 이상 노출)	레이저빔이 눈에 노출 시 안구 손상 위험	보안경 착용 권고
3B	500mW(315nm 이상의 파장에서 0.25초 이상 노출)	직접 노출 또는 거울 등에 의한 정반사 레이저빔에 노출되어도 안구 손상 위험	보안경 착용 필수
4	500mW 초과	직·간접에 의한 레이저빔에 노출에 안구 손상 및 피부화상 위험	보안경 착용 필수

19 수공구 중 해머(망치) 사용 시 안전대책으로 해머 선택의 기준을 서술하시오.

> **정답**
>
> 맞는 공구의 표면보다 약 1인치(2.54cm) 더 큰 직경의 내리치는 표면을 한 망치를 선택해야 한다.

20 연구실 기계·기구 중 가스크로마토그래피 기기의 위험요소별 안전대책을 서술하시오.

위험요소	안전대책
가스에 의한 폭발 위험	• (①) 등 누출 여부 확인 후 기기 작동 • 수소 등 가연성·폭발성 가스를 운반기체로 사용하는 경우 (②) 등 설치
시료 등 누출 위험	• 주입구에 적합한 모드 및 주입기(syringe) 사용 • 주입 전까지 (③) 확인
전원 차단 시 가스에 의한 폭발위험	• 전원 차단 전 (④) • 비정상 전원 차단 시 즉시 가스 공급 차단

> **정답**
>
> ① 가스 연결라인, 밸브
> ② 가스누출검지기
> ③ 시료의 밀봉
> ④ 가스 공급 차단

21 다음은 연구실 기계·기구 중 밀링머신의 위험요소별 안전대책이다. 빈칸에 들어갈 내용을 서술하시오.

위험요소	안전대책
재료 설치 시 작업 중 재료가 이탈하여 신체 상해 위험	• 재료 고정 시 바이스(클램프)의 (①) 확인 • 고정된 부분보다 돌출되어 있는 부분이 많은 재료는 클램프 등으로 보강하여 고정
밀링 커터에 의한 손가락 등 상해 위험	• 밀링 커터의 (②) 제거 금지 • 기계 조작 시 장갑 착용 금지 또는 (③)이/가 잘되는 가죽장갑 등 착용 • 밀링 커터 회전 시 절삭 칩 제거 금지
(④)에 의한 눈 손상 위험	보안경 또는 안면보호구 착용
칩 제거 또는 날카로운 가공부위에 의한 손가락 등 상해 위험	칩 제거 시 전용 용구(청소용 솔) 이용

> **정답**
>
> ① 직각도와 평행도
> ② 안전가드
> ③ 손에 밀착
> ④ 칩

22 다음은 연구실 기계·기구 중 연삭기의 위험요소별 안전대책이다. 빈칸에 들어갈 내용을 서술하시오.

위험요소	안전대책
연마석 파편에 의한 상해 위험	• 연마석의 깨짐, 갈라짐 확인 및 필요에 따라 교체 • 숫돌 교체 후 (①) 이상 공회전 필요 • 사용 전 (②) 정도 공회전 필요
연마석에 의한 손가락 등 상해 위험	• 연삭기의 (③) 제거 금지 • 가죽장갑 등 보호구 착용 • 손가락을 연삭기로부터 멀리 유지 • 연삭면 등 마찰열이 발생할 수 있는 부위 접촉 금지
칩에 의한 눈 손상 위	• 보안경 또는 안면보호구 착용 • 연삭기 (④) 제거 금지

정답
① 3분
② 1분
③ 방호덮개
④ 칩 비산 방지판

23 다음은 연구실 기계·기구 중 흄후드의 위험요소별 안전대책이다. 빈칸에 들어갈 내용을 서술하시오.

위험요소	안전대책		
불충분한 공기 흐름	공기흐름 게이지 확인하여 규정 유속 이상 유지(단위 : m/s)		
	구분	가스 상태	입자 상태
	관리대상유해물질	(①)	0.7
	허가대상유해물질	(②)	1.0
	흄후드 앞쪽 또는 뒤쪽 끝에 있는 에어포일 막지 않기		
흄(증기) 누출 위험	재료는 흄후드 입구에서 최소 (③) 이상 공간을 두고 넣기 사용 후 잔류 가스 배출을 위해 약 (④)간 흄후드 가동 필요		
화학물질에 의한 화상	장갑, 실험복 등 적절한 개인보호구 착용		

정답
① 0.4
② 0.5
③ 15cm
④ 20분

24 연구실 기계·기구 설비의 안전화를 위한 기본원칙 4가지를 서술하시오.

> [정답]
> - 위험의 분류 및 결정
> - 설계에 의한 위험 제거 또는 감소
> - 방호장치의 사용
> - 안전작업방법의 설정과 실시

25 고장이 발생한 경우라도 피해가 확대되지 않고 단순 고장으로 마무리되도록 하거나 항상 안전을 유지할 수 있도록 하는 설계를 의미하는 Fail Safe(페일 세이프)의 기능 3단계 의미에 대해 서술하시오.

- Fail Passive : (①)
- Fail Active : (②)
- Fail Operational : (③)

> [정답]
> ① 부품이 고장 나면 통상기계는 정지하는 방향으로 이동
> ② 부품이 고장 나면 기계는 경보를 울리는 가운데 짧은 시간 동안의 운전 가능
> ③ 부품이 고장이 있어도 기계는 추후 보수가 될 때까지 안전한 기능을 유지

26 Fail Safe(페일 세이프)가 적용된 예시를 3가지 서술하시오.

> [정답]
> - 항공기 비행 중 엔진 고장 시 다른 엔진으로 운행이 가능하도록 설계
> - 승강기 정전 시 마그네틱 브레이크가 작동하여 운전을 정지시키는 경우
> - 정격속도 이상의 주행 시 조속기가 작동하여 긴급 정지
> - 석유난로가 기울어지면 자동적으로 소화
> - 철도신호 고장 시 청색신호는 반드시 적색으로 변경

27 Fool proof(풀 푸르프)화의 원리 중 발생방지에 해당하는 원리를 서술하시오.

- (①) : 작업을 하지 않아도 되게 하는 것
- (②) : 작업을 하는 데 있어서 필요로 하는 기억, 지각, 판단, 동작 등의 기능을 인간에게 맡기지 않도록 하는 것
- (③) : 작업에 필요한 기능을 인간에게 용이한 것으로 하는 것

정답
① 배제화
② 대체화
③ 용이화

28 Fool proof(풀 푸르프)화가 적용된 예시를 3가지 서술하시오.

정답
- 가드(고정, 조정, 경고가드)
- 인터록
- 양수조작식
- 손쳐내기식, 수인식
- 안전블록

참고

가공기계에 쓰이는 Fool proof(풀 푸르프) 예시
(1) 가드
  ① 고정가드 : 열리는 입구부에서 가공물, 공구 등은 들어가나 손은 위험영역에 미치지 않게 한다.
  ② 조정가드 : 가공물이나 공구에 맞추어 형상 또는 길이, 크기 등을 조절할 수 있다.
  ③ 경고가드 : 손은 위험영역에 들어가나 그전에 경고가 발생한다.
  ④ 인터록 : 기계가 작동 중에는 열리지 않고 열려 있을 시는 기계가 가동되지 않는다.
(2) 조작기계
  ① 양수조작식 : 두 손으로 동시에 조작하지 않으면 기계가 작동하지 않고 손을 떼면 정지 또는 역전복귀한다.
  ② 컨트롤 : 조작기계를 겸한 가드문을 닫으면 기계가 작동하고 열면 정지한다.
(3) 록기구
  ① 인터록 : 기계식, 전기식, 유압공압식 또는 그와 같은 조합에 따라 2개 이상의 부분이 서로 구속하게 된다.
  ② 열쇠식 인터록 : 열쇠의 이용으로 한 쪽을 시건하지 않으면 다른 쪽이 개방되지 않는다.
  ③ 키록 : 한 개 또는 다른 몇 개의 열쇠를 가지고 모든 시건을 열지 않으며 기계가 조작되지 않는다.
(4) 트립기구
  ① 접촉식 : 접촉판, 접촉봉 등에 신체의 일부가 위험구역에 접근하면 기계가 정지 또는 역전복귀한다.
  ② 비접촉식 : 광전자식, 정전용량식 등에 의해 신체의 일부가 위험구역에 접근하면 기계가 정지 또는 역전복귀한다. 신체의 일부가 위험구역 내에 들어 있으면 기계는 가동되지 않는다.
(5) 오버런기구
  ① 검출식 : 스위치를 끈 후의 타성운동이나 잔류전하를 검지하여 위험이 있는 때에는 가드를 열지 않는다.
  ② 타이밍식 : 기계식 또는 타이머 등에 의해 스위치를 끄고 일정시간 후에 이상이 없어도 가드 등을 열지 않는다.
(6) 밀어내기 기구
  ① 자동가드식 : 가드의 가동부분이 열려있는 때에 자동적으로 위험지역으로부터 신체를 밀어낸다.
  ② 손쳐내기식, 수인식 : 위험상태가 되기 전에 손을 위험지역으로부터 떨쳐 버리거나 혹은 잡아당겨 되돌린다.
(7) 기동방지 기구
  ① 안전블록 : 기계의 기동을 기계적으로 방해하는 스토퍼 등 통상은 안전 플러그 등과 병용한다.
  ② 안전플러그 : 제어회로 등에 준비하여 접점을 차단하는 것으로 불의의 기동을 방지한다.
  ③ 레버록 : 조작레버를 중립위치에 자동적으로 잠근다.

29 기계·기구 및 설비의 본질적 안전설계 기법으로 기계설비 또는 장치의 일부가 고장 났을 때, 기능 저하가 되더라도 전체로서는 기능을 정지시키지 않는 기법을 서술하시오.

정답

페일 소프트(Fail soft)

30 다음은 기계설비의 안전조건 중 외관상의 안전화 방법에 관한 내용이다. 빈칸에 들어갈 내용을 서술하시오.

(①)	기계의 외형 부분
(②)	원동기 및 동력전달장치(벨트, 기어, 샤프트, 체인 등)
(③)	기계장비 및 부수되는 배관

정답

① 가드(Guard)의 설치
② 별실 또는 구획된 장소에서의 격리
③ 안전 색채조절

31 다음은 기계설비의 안전조건 중 기계장비 및 부수되는 배관별 안전색에 대한 표이다. 빈칸에 들어갈 내용을 서술하시오.

구분	색상	구분	색상
시동 스위치	(①)	증기배관	암적색
급정지 스위치	(②)	가스배관	(③)
대형 기계	밝은 연녹색	기름배관	암황적색
고열을 내는 기계	(④)	–	–

정답

① 녹색
② 적색
③ 황색
④ 청녹색, 회청색

32 기계설비의 안전조건 중 기능의 안전화 방법을 서술하시오.

- 소극적 대책(1차적 대책) : (①)
- 적극적 대책(2차적 대책) : (②)

정답
① 이상 시에 기계를 급정지시키거나 방호장치가 작동하도록 한다.
② 회로를 개선하여 오동작을 방지하거나 별도의 안전한 회로에 의하여 정상기능을 찾도록 한다.

33 기계·기구 설계 시 고려해야 하는 안전율의 정의에 대해 서술하고, 안전율과 힘의 관계에서 빈칸에 들어갈 내용을 서술하시오.

(1) 안전율 : (　　　　　　)
(2) 안전율 = $\dfrac{기초강도}{(①)} = \dfrac{극한강도}{(②)} = \dfrac{파괴하중}{(③)} = \dfrac{파단강도}{(④)}$

정답
(1) 하중의 종류에 따라 결정되는 기초강도와 허용응력의 비를 안전율이라 한다.
(2) ① 허용응력, ② 최대설계응력, ③ 최대사용하중, ④ 안전하중

34 기계·기구 설계의 안전율 결정 시 고려해야 하는 항목을 4가지 서술하시오.

정답
- 재료 및 균질성에 대한 신뢰도
- 하중견적의 정확도의 대소
- 응력계산의 정확도의 대소
- 응력의 종류와 성질의 상이
- 불연속 부분의 존재
- 사용상에 있어서 예측할 수 없는 변화의 가능성 대소
- 공작정도의 양부

35 기계사고의 안전화 방안에 대한 기계설비의 안전조건을 서술하시오.

안전화 조건	안전화 방안
(①)	기계의 위험 부분(회전체와 돌출부 등)을 없애거나 기계 몸체에 내장
(②)	작업자가 작업 중 위험 부분에 이르면 안전 장치가 작동함
(③)	작업 중 기계고장 등의 사고 발생 상황에서 재해를 방지하는 부품을 사용
(④)	기계 설계 시 적정재료 선정, 충분한 강도를 확보하고, 신뢰성 있게 제작

> **정답**
> ① 외관의 안전화
> ② 작업의 안전화
> ③ 기능의 안전화
> ④ 구조의 안전화

36 기계 · 기구 사고의 인적원인에 해당하는 항목의 번호를 골라 쓰시오.

> ① 교육적 결함 : 안전교육의 결함, 교육의 불완전, 표준작업방법의 결여
> ② 구조물이 안전하지 못한 것 : 불량비상구
> ③ 부주의 : 주의 산만 등
> ④ 설비나 시설에 위험이 있는 것 : 방호 불충분, 설계불량
> ⑤ 불안전 동작 : 서두름, 중간행동 생략
> ⑥ 정신적 부적당 : 피로하기 쉬움, 성미가 급함
> ⑦ 작업복, 보호구의 결함 : 작업복, 보호구 등의 불량

> **정답**
> ①, ③, ⑤, ⑥

> **참고**
>
> 기계 · 기구 사고의 인적 원인 및 물적 원인
> - 기계 · 기구 사고의 인적 원인
>
> | 교육적 결함 | 안전교육의 결함, 교육의 불완전, 표준작업방법의 결여 |
> |---|---|
> | 작업자의 능력 부족 | 무경험, 미숙련, 무지, 판단 착오 |
> | 규율 미흡 | 규칙이나 작업기준에 불복 |
> | 부주의 | 주의 산만 |
> | 불안전 동작 | 서두름, 중간행동 생략 |
> | 정신적 부적당 | 피로하기 쉬움, 성미가 급함 |
> | 육체적 부적당 | 육체적 결함보유자, 몸이 약하거나 피로가 쉽게 오는 사람 |
>
> - 기계 · 기구 사고의 물적 원인
>
> | 설비나 시설에 위험이 존재 | 방호 불충분, 설계 불량 |
> |---|---|
> | 기구에 결함이 있음 | 기구가 불량한 것 |
> | 구조물이 안전하지 못함 | 불량비상구 |
> | 환경의 불량 | 환기 불량, 조명 불량, 정리정돈 불량 |
> | 설계의 불량 | 작업계획 불량, 설비배관계획 불량 |
> | 작업복, 보호구의 결함 | 작업복, 보호구 등의 불량 |

37 실험 전 개인보호구 선정 시 작업의 대상에 따른 공기호흡기(방독마스크, 방진마스크) 선정 절차 중 빈칸에 들어갈 내용을 서술하시오.

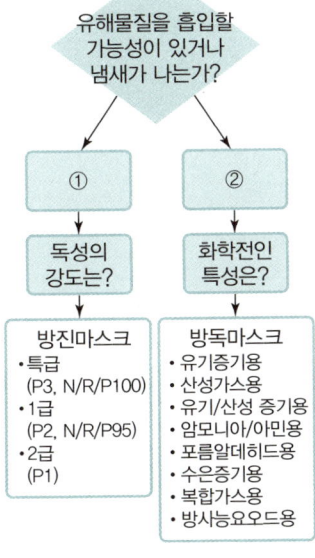

정답
① 입자상 물질
② 화학적 특성

38 연구실 내 물리적 유해인자 중 진동을 저감시키는 방법에 대해 3가지 서술하시오.

정답
- 저진동공구를 사용한다.
- 방진구를 설치한다.
- 제진시설을 설치한다.

39 연구실 내 물리적 유해인자 중 진폐증의 자·타각 증상이나 소견은 호흡기계에서 비롯된 호흡곤란, 기침, 담액 과다. 흉통, 혈담, 피로 등을 유발하는 원인과 그 예방법에 대해 2가지 이상 서술하시오.

> **정답**
> - 증상 : (광물성) 분진
> - 발진 공정의 습식화 및 분진억제 대책을 수립, 시행함
> - 예방법
>   – 발진원 포위, 격리 및 밀폐 등을 실시함
>   – 방진마스크를 반드시 착용하고 작업함

40 방사선의 방호원칙을 각각 3가지씩 서술하시오.

> - 외부피폭 방호원칙 : (①)
> - 내부피폭 방호원칙 : (②)

> **정답**
> ① 차폐, 거리, 시간
> ② 격리, 희석, 차단

41 방사선 보호구의 탈의 순서를 서술하시오.

착의 순서	보호복 → 보호덧신 → 마스크 → 고글(보안경) → 장갑
탈의 순서	(①) → (②) → (③) → (④) → (⑤)

> **정답**
> ① 보호덧신
> ② 보호복
> ③ 고글(보호안경)
> ④ 방진마스크
> ⑤ 장갑

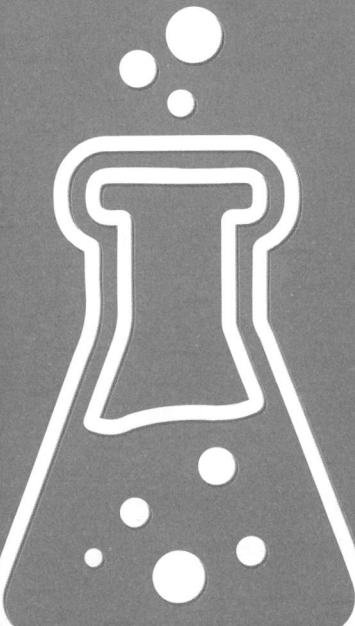

PART 04
연구실 생물 안전관리

CHAPTER 01 | 생물(LMO 포함) 안전관리 일반
CHAPTER 02 | 생물 시설(설비) 설치·운영 및 관리
CHAPTER 03 | 연구실 내 생물체 관련 폐기물 안전관리
CHAPTER 04 | 연구실 내 생물체 누출 및 감염방지 대책

04 연구실 생물 안전관리

01 생물(LMO 포함) 안전관리 일반

> **키워드**
> 생물안전, 생물위해성, 생물안전관리(조직 및 체계), 생물안전 관련 장비 및 개인보호구

TOPIC. 1 용어 정의

1. 생물안전의 정의
연구실에서 병원성 미생물 및 감염성 물질 등 생물체를 취급함으로써 초래될 가능성이 있는 위험으로부터 연구활동종사자와 국민의 건강을 보호하기 위하여, 적절한 지식과 기술 등의 제반 규정 및 지침 등 제도 마련 및 안전·장비시설 등의 물리적 장치 등을 갖추는 포괄적 행위

2. 생물보안의 정의
감염병의 전파, 격리가 필요한 유해 동물, 외래종이나 유전자변형생물체의 유입 등에 의한 위해를 최소화하기 위한 일련의 선제적 조치 및 대책을 말함

3. 생물안전 관련 용어 정의

용어	정의
생물체	유전물질을 전달하거나 복제할 수 있는 모든 생물학적 존재(생식 능력이 없는 유기체, 바이러스 및 바이로이드 포함)
생물보안관리 (Biosecurity Management)	생물체 또는 이들이 생성하는 독소의 도난, 유실, 무단, 접근 등 고의적인 유출을 막기 위해 사용되는 보안, 통제, 책임의 포괄적 사항
생물안전관리 (Biosafety Management)	위해 가능 생물체를 취급하면서 발생할 수 있는 위험으로부터 사람과 환경에 대한 안정성을 확보하는 일련의 활동
(살아 있는) 유전자변형생물체 (LMO ; Living Modified Organism)	다음 항목의 현대 생명공학기술을 이용하여 새롭게 조합된 유전물질을 포함한 생물체 • 인위적으로 유전자를 재조합하거나 유전자를 구성하는 핵산을 세포 또는 세포 내 소기관으로 직접 주입하는 기술 • 분류학에 의한 과(科, family)의 범위를 넘는 세포융합기술(자연 상태의 생리적 증식이나 재조합이 아니고 전통적인 교배나 선발에서 사용되지 아니하는 기술) 예 형광 고양이, 유전자변형 마우스, 파란장미 등

유전자변형생물체 (GMO ; Genetically Modified Organism)	• LMO 및 LMO를 이용하여 제조·가공한 것까지 포함한 유전자변형조합체, 생식 또는 번식이 가능하지 않은 것까지 포함 　예 말린 파파야, 옥수수 통조림 등 • LMO가 생식과 번식이 가능한 살아 있는 생물체만을 일컫는 데 반해, GMO는 생식이 불가능한 생물체 모두를 포함한 것으로 LMO보다 좀 더 넓은 범위의 용어
시험·연구용 유전자변형생물체	연구시설에서 사용되거나 개발되는 유전자변형식물, 유전자변형동물, 유전자변형미생물을 모두 포함하는 개념
유전자재조합분자	어떤 세포 내에서 복제 가능한 DNA(벡터)와 이종의 DNA를 효소 등을 이용하여 시험관 안에서 결합시켜 제작한 DNA
유전자재조합실험	유전자재조합분자를 세포에 도입하여 이종의 DNA를 복제하는 실험, 유전자재조합분자가 도입된 세포를 이용하는 실험, 벡터를 이용하지 않으면서 이종의 DNA를 직접 세포에 주입하여 복제하는 실험 등
숙주	유전자재조합실험에서 유전자재조합분자가 도입되는 세포
벡터	유전자재조합실험에서 숙주에 이종의 DNA를 운반하는 DNA
숙주-벡터계	숙주와 벡터의 조합
대량배양실험	유전자재조합실험 중 10L 이상의 배양용량 규모로 실시하는 실험
고위험병원체	생물테러의 목적으로 이용되거나 사고 등에 의하여 외부에 유출될 경우 국민 건강에 심각한 위험을 초래할 수 있는 감염병병원체
생물작용제	• 자연적으로 존재하거나 유전자를 변형하여 만들어져 인간이나 동식물에게 사망, 고사, 질병, 일시적 무능화나 영구적 상해를 일으키는 미생물 또는 바이러스 • 화학무기, 생물무기의 금지와 특정 화학물질, 생물작용제 등의 제조, 수출입 규제 등에 관한 법률로 정하는 물질
독소	생물체가 만드는 물질 중 인간이나 동식물에게 사망, 고사, 질병, 일시적 무능화 또는 영구적 상해를 일으키는 것으로써, 화학무기, 생물무기의 금지와 특정화학물질 생물 작용 제 등의 제조 수출입 규제 등에 관한 법률로 정하는 물질
실험실	출입을 관리하기 위한 전실에 의해 다른 구역으로부터 격리된 실험실, 복도 등으로 구성되는 구역
실험구역	전실을 포함한 실험구역으로 안전관리의 단위가 되는 구역 또는 건물을 말하며 신고 또는 허가 신청 시의 신청 단위
LMO 연구실	유전자변형생물체 개발과 실험을 행하는 연구실
생물이용 연구실	• 연구실 내에서 생물체(세균, 바이러스, 진균, 동물, 곤충, 식물 등)나 생물체의 일부 또는 그 유래 물질을 취급하는 연구실 • 생물이용 연구실에서는 일반생물, LMO 이외에 고위험병원체, 생물작용제, 독소 등을 이용하여 실험을 시행할 수 있으며, 관련 법령에 따른 생물안전 준수 및 연구시설 신고, 허가 등의 절차를 따라야 함
생물 위해관리 (Biorisk Management)	• 생물위해 : 생물학적 요인이 일으킬 수 있는 손해 발생 가능성과 그 심각성의 조합 • 생물위해관리 : 생물위해를 관리하는 것으로 생물안정과 생물보안 측면 모두 포함
생물재해 (Biohazard)	병원체로 인하여 발생할 수 있는 사고 및 피해로 실험실 감염과 확산 등을 포함

TOPIC. 2 생물이용 연구실의 안전관리 관련 법령

분류	해당 법률	약칭
연구실 안전	연구실 안전환경 조성에 관한 법률	연구실안전법
	교육시설 등의 안전 및 유지관리 등에 관한 법률	–
생물안전 및 보안	유전자변형생물체의 국가 간 이동 등에 관한 법률	유전자변형생물체법, LMO법
	생명공학육성법	
	감염병과 예방 및 관리에 관한 법률	감염병예방법
	화학무기·생물무기의 금지와 특정화학물질·생물작용제 등의 제조·수출입 규제 등에 관한 법률	생화학무기법
	국민보호와 공공안전을 위한 테러방지법	테러방지법
	가축전염병 예방법	–
	수산생물질병 관리법	–
	식물방역법	
사업장	산업안전보건법	–
사업장, 공중이용시설 등	중대재해 처벌 등에 관한 법률	중대재해처벌법
생명윤리	생명윤리 및 안전에 관한 법률	생명윤리법
동물윤리	동물보호법	–
	실험동물에 관한 법률	–
생명자원	생명연구자원의 확보·관리 및 활용에 관한 법률	생명연구자원법
	병원체자원의 수집·관리 및 활용 촉진에 관한 법률	병원체자원법
	농업생명자원의 보존·관리 및 이용에 관한 법률	농업생명자원법
	해양수산생명자원의 확보·관리 및 이용 등에 관한 법률	해양생명자원법
	생물다양성 보전 및 이용에 관한 법률	생물다양성법
폐기물	폐기물관리법	

TOPIC. 3 생물안전의 구성 요소

생물안전 확보에 필요한 중요 요소는 위해성 평가능력 확보, 물리적 밀폐(Physical Containment) 확보, 운영방안 확보 및 이행 3가지임

1. 연구실의 체계적인 위해성 평가능력 확보

(1) 정의

실험실 생물안전을 위해서는 취급하는 미생물 및 감염성 물질 등이 갖는 위해 정도에 따라 등급을 정하고 실험 내용에 따라 생물안전 수준을 고려하는 것이 필요

(2) 생물학적 위해성 평가(Biological risk assessmen)

① 위해(Risk)의 정의
  ㉠ 잠재적인 인체감염 위험이 있는 병원체를 취급하는 연구실에서 실험과 관련된 병원체 등 위험요소(hazard)를 바탕으로 실험의 위해(risk)가 어느 정도인지를 추정하고 평가하는 과정
  ㉡ 위험요소(hazard)에 노출되거나 위험요소로 인하여 손상(harm)이나 건강의 악영향을 일으킬 수도 있는 기회(chance) 또는 가능성(probability)을 의미

자발적 위해도	흡연과 같이 개인이나 사회의 어떤 활동이 위해도를 갖고 있다는 사실을 이미 알고 받아들이는 위해도
비자발적 위해도	수질오염이나 대기오염과 같이 개인이 통제할 수 없는 상황에서 어쩔 수 없이 받아들여야 하는 위해도로 사회적 국가적 관리하에 조절되어야 할 위해도

② 위해성 평가(Risk Assessment)
  ㉠ 특정 조건에서 위험원에 노출될 시 발생할 수 있는 악영향 및 그 가능성, 그에 따라 수반되는 불확실성을 과학적이고 객관적으로 규명하는 것
  ㉡ 인간이 환경적 위험에 노출되었을 경우, 발생 가능한 영향을 정성 또는 정량적으로 추정함
  ㉢ 위험성 평가는 연구실 환경, 연구활동종사자 및 작업 형태 등 평가하고자 하는 대상 및 목적에 따라 위험요소, 위해성의 특성, 노출의 종류 등이 달라질 수 있음
  ㉣ 위해성 평가 결과는 해당 실험의 위해감소 관리를 위한 생물이용 연구실의 밀폐 수준, 개인보호장비, 생물안전장비 및 안전수칙 등을 결정하는 주요 인자가 됨

〈위해성 평가의 5단계〉

1단계	위험요소 확인 (Hazard Identification)	• 인체 질병을 유발할 수 있는 대상 병원성 미생물이나 실험활동을 정하고 미생물이나 실험활동에 존재하는 위험요소를 찾아내는 단계 • 그 물질에 대한 모든 동물 실험자료 및 인체 피해에 대한 자료(역학 연구)를 토대로 위험성 여부를 확인 • 병원성 미생물의 정보, 실험실 획득 감염 사례, 실험과정에 사용되는 기술 및 실험 조건, 동물 실험의 실시 여부, 유전자재조합실험 여부 등에 대한 정보를 수집
2단계	노출평가 (Exposure Assessment)	• 병원체가 실험자에게 실질적으로 노출된 양 또는 노출 예상치에 대해 평가하는 단계 • 그 물질의 매체 중 농도 또는 생물학적 감시(Biological Monitoring) 자료를 토대로 추정 • 노출과 용량은 시간의 함수로써 표현되는데 노출은 농도와 시간으로 표현되는 반면, 용량은 양과 시간으로 표시

3단계	용량-반응 평가 (Dose-response Assessment)	• 사람이 유해물질의 특정 용량에 노출되었을 경우, 유해한 영향을 발생시킬 확률이 얼마인가를 결정하는 단계 • 사람의 반응확률을 추정하기 위해 일반적으로 고용량에서 수행된 동물실험 자료를 이용 • 사람이 노출될 수 있는 매체 중의 오염물질의 농도는 저농도로 존재하기 때문에, 용량-반응평가에서는 동물에서 사람으로의 용량 변환(Dose Scaling), 고용량에서 저용량으로의 수학적 통계모델인 외삽절차(Extrapolation Procedure)가 필요
4단계	위해 특성 (risk characterization)	• 위험요소 확인에서 노출평가까지의 정보를 통합하여 해당 인구 집단에서의 위해 발생 가능성과 건강에 미치는 심각성 및 악영향을 정성·정량적으로 추정하는 단계 • 병원체, 환경과 인간 집단 간 상호 관계의 평가가 포함 • 위험의 심각성이나 기간을 정성·정량적으로 기술하는 단계 • 주요 위험요소는 병원체 특성, 숙주의 특성, 환경적 특성임
5단계	위해성 판단 (risk evaluation)	• 위해성 평가 4단계 결과를 토대로 추정된 최종 위해 신뢰도에 따라 복합적인 정책·관리적 결정을 내리는 과정 • 위해 기준을 선택하고 추정된 각 위해요인들을 상호비교(compare estimated risks)한 후 이를 통해 위해 우선순위(priorities/rank risks)를 선정 • 위해관리(risk management)의 전략과 수단을 개발하거나 제안하기 위한 것

2. 취급 생물체에 적합한 물리적 밀폐(Physical Containment) 확보

① 밀폐의 정의 : 미생물 및 감염성 물질 등을 취급·보존하는 실험 환경에서 이들을 안전하게 관리하는 방법을 확립하는 데 있어 기본적인 개념
② 물리적 밀폐 확보 구성 3요소

연구실 준수사항 및 안전관련 기술	• 표준 미생물 실험실의 생물안전수칙 및 안전기술 준수 • 병원성 미생물 또는 감염성 물질을 취급하는 시험·연구종사자는 그 위험성에 대하여 충분히 숙지 • 생물안전관리규정을 제정하여 운영 • 표준 실험실 생물안전수칙, 표준작업정차서(SOP) 제정
안전장비	• 병원체 및 감염성 물질 등에 노출되는 것을 차단하거나 최소화시키기 위한 물리적 밀폐 기능이 있는 중요 안전장비로 생물안전작업대(BSC ; Biological Safety Cabinet)가 있음 • 원심분리과정 중 에어로졸이 배출되는 것을 방지하기 위한 안전 원심 캡 • 시험·연구종사자가 직접 착용함으로써 스스로 본인을 보호할 수 있는 개인 보호구로 장갑, 실험복, 가운, 신발 덮개, 장화, 호흡보호구, 안면보호대, 보안경 등이 있음
안전시설	• 인체에 질병을 유발시킬 수 있는 잠재적 가능성이 높은 미생물을 다루는 경우 필요 • 생물안전연구시설의 밀폐수준은 취급하는 미생물의 전파 위험도에 따라 달라짐

③ 밀폐의 중요성 : 감염성 에어로졸의 노출에 의한 감염 위험성이 클 경우에는 미생물이 외부환경으로 방출되는 것을 방지하기 위해 높은 수준의 1차 밀폐(primary containment)와 더불어 여러 단계의 2차 밀폐(secondary containment)가 요구됨

1차적 밀폐	• 연구활동종사자와 연구실 내부 환경이 감염성 병원체 등에 노출되는 것을 방지할 때 적용 • 1차적 밀폐는 정확한 미생물학적기술의 확립과 적절한 안전방지를 사용하는 것이 중요
2차적 밀폐	• 실험 외부환경이 감염성 병원체 등에 오염되는 것을 방지할 때 적용 • 연구시설의 올바른 설계 및 설치, 시설 관리·운영을 위한 수칙 등을 마련하고 준수하는 활동

3. 운영방안 확보 및 이행

① 기관생물안전위원회 구성, 생물안전관리책임자 임명 및 기관생물안전관리규정 등 적절한 생물안전관리 및 운영을 위한 방안들을 확보하고 이행
② 조직과 인력 : 생물안전관리책임자(biological safety officer, IBO)를 임명하고, 생물안전위원회(IBC ; Institution Biosafety Committee)를 설치·운영
③ 병원체 등록 및 기록물 관리 : 주요 실험과 사용 미생물 및 병원체를 규정에 맞게 등록하고, 보관 위치 등에 대한 기록과 관련 자료들의 목록을 마련하여 관리
④ 생물안전 교육 프로그램 실시 : 생물안전 3등급 이상의 특수연구시설 출입자에 대하여는 별도의 생물안전 3등급 시설 운영규정 및 근무 시 필요한 준수사항을 교육 및 이행
⑤ 응급조치 확보 : 감염 및 유출 등에 대비하여 기관 내 의료관리자 임명, 응급조치요령 마련
⑥ 생물재해에 대한 위해성 평가능력 확보

4. 연구실 주요 위해요소

① 생물학적 위험(biological hazards) 요소
② 화학적 위험(chemical hazards) 요소
③ 기계적 위험(mechanical hazards) 요소
④ 전기적 위험(electrical hazards) 요소
⑤ 열역학적 위험(thermodynamic hazards) 요소
⑥ 방사능적 위험(radiations hazards) 요소

TOPIC. 4 생물안전관리 조직

1. 기관생물안전위원회(IBC)의 구성
기관생물안전위원회는 위원장 1인 및 생물안전관리책임자 1인, 외부위원 1인을 포함한 5인 이상의 내·외부위원으로 구성

2. 기관생물안전관리책임자의 역할
① 기생물안전관리규정의 제·개정에 관한 사항
② 기관 내 생물안전 준수사항 이행 감독에 관한 사항
③ 기관 내 생물안전 교육·훈련 이행에 관한 사항
④ 연구실 생물안전 사고 조사 및 보고에 관한 사항
⑤ 생물안전에 관한 국내·외 정보수집 및 제공에 관한 사항
⑥ 기타 기관 내 생물안전 확보에 관한 사항
⑦ 고위험병원체 취급 기관의 경우 고위험병원체의 검사·보존·관리 및 이동에 관련된 안전관리 심의에 관한 사항

3. 생물안전관리자(Divisional Biosafety Officer)의 역할
① 기관 또는 연구실 내 생물안전관리 실무
② 기관 또는 연구실 내 생물안전 준수사항 이행 감독 실무
③ 기관 또는 연구실 내 생물안전 교육·훈련 이행 실무
④ 기관 또는 연구실 내 연구실 생물안전 사고 조사 및 보고 실무
⑤ 기관 또는 연구실 내 생물안전에 필요한 정보수집 및 제공
⑥ 기타 기관 또는 연구실 내 생물안전 확보에 관한 사항

4. 연구(실)책임자(PI ; Principal Investigator)의 역할
① 해당 유전자재조합실험 등 생물체 취급 실험의 위해성 평가
② 해당 유전자재조합실험 등 생물체 취급 실험의 관리·감독
③ 시험·연구종사자(연구활동종사자)에 대한 생물안전 교육·훈련
④ 유전자변형생물체 등 생물체의 취급관리에 관한 사항
⑤ 기타 해당 실험의 생물안전 확보에 관한 사항

| TOPIC. 5 | 생물안전표지 |

유전자변형생물체연구시설 출입문 앞에 생물안전표지(유전자변형생물체명, 안전관리등급, 시설 관리자의 이름과 연락처 등)를 부착

 유전자변형생물체연구시설

시 설 번 호	LML 13-001
안전관리등급	2등급
L M O 명 칭	
운 영 책 임 자	한 생 명
연 락 처	012-345-6789

| TOPIC. 6 | 생물안전 관련 장비 및 개인보호구 |

1. 생물안전작업대(Biological Safety Cabinet)

(1) 생물안전작업대 정의
병원성 미생물 및 감염성 물질을 다루는 연구실에서 취급물질, 연구활동종사자 및 연구 환경을 안전하게 보호하기 위해 사용하는 1차적 밀폐장치로 물리적 밀폐기능이 있는 대표적인 실험장비

(2) 생물안전작업대의 종류

구분	특성	기타
CLASS I	여과 배기, 작업대 전면부 개방, 최소 유입풍속 유지, 시험, 연구종사자 보호	일반 미생물 실험 수행(단, 실험물질 오염의 가능성이 있음)
CLASS II	여과 급 배기, 작업대 전면부 개방, 최소유입풍속 및 하방향풍속 유지, 시험·연구종사자 및 실험물질 보호 가능	구조, 기류 속도, 흐름 양상, 배기 시스템 등에 따라 Type A1, A2, B1, B2로 구분
CLASS III	최대 안전 밀폐 환경 제공, 시험·연구종사자 및 실험물질 보호 가능	-

구분		배기량	전면부 최소 평균 기류속도(m/sec)
CLASS I		급기의 100%	0.36
CLASS II	A1	급기의 30%	0.38~0.51
	A2	급기의 30%	0.51
	B1	급기의 70%	0.51
	B2	급기의 100%	0.51
CLASS III		급기의 100%	-

(3) 생물안전작업대 설치·배치
① 생물안전작업대(BSC)나 화학적 흄후드 같은 작업기구들이 위치한 반대편에 바로 위치해서는 아니 됨
② 개방된 전면을 통해 생물안전작업대로 흐르는 기류의 속도는 약 0.45m/s를 유지
③ 프리온을 취급하는 밀폐구역의 헤파필터는 bag-in/bag-out 능력이 있어야 함. 또한 필터를 안전하게 제거하기 위한 절차를 보유해야 함
④ 하드덕트가 있는 BSC는 배관의 말단에 "배기" 송풍기를 가지고 있어야 함

참고

BL등급별 취급물질 및 권장 안전장비

구분	취급물질	권장 안전장비(BSC)
BL 1	건강한 성인에게 질병을 일으키지 않는 미생물	BSC Class I 이상
BL 2	장출혈성 대장균, 콜레라균 등	BSC Class II 이상
BL 3	신종플루, 구제역, 광우병, 사스 등	BSC Class II 이상
BL 4	에볼라 바이러스, 크리미안 콩고 출혈열 바이러스 등	BSC Class II 이상

(4) 생물안전작업대 주의사항
① 생물안전작업대는 취급 미생물 및 감염성물질에 따라 적절한 등급 선택, 생물안전작업대의 성능 및 규격을 보증할 수 있는 인증서 및 성적서 등을 구매업체로부터 제공받아 검토·보관
② 생물안전작업대는 항상 청결한 상태로 유지
③ 생물안전작업대에서 작업하기 전·후에 손을 닦고, 작업 시에는 실험복과 장갑을 착용
④ 생물안전작업대의 일정한 공기 흐름을 방해할 수 있는 물체들은 생물안전작업대 안에 두지 않음
⑤ 피펫, 실험기기 등의 저장을 최소화(생물안전작업대 근처 실험에 필요한 물건들을 놓아둠)
⑥ 생물안전작업대 내에서 작업자는 팔을 크고 빠르게 움직이는 행위를 하지 말아야 함
⑦ 생물안전관리자 및 연구(실)책임자 등은 일정한 기간을 두고 생물안전작업대의 공기 흐름 및 헤파필터 효율 등에 대한 점검을 실시
⑧ 연구활동종사자는 생물안전작업대가 어떻게 작동하는지를 이해하고 실험을 수행하기 전에 계획을 세워, 실험과정에서 발생 가능한 위해로부터 스스로를 보호해야 함

참고

주기별 생물안전작업대 관리 요령

구분	점검 사항
Week	70% 알코올을 적신 거즈 패드로 UV램프 청소 및 점검
Month	• Smoke Pattern Test : BSC 내부의 공기 흐름 누출 및 이상 확인, BSC가 위치한 실내의 공기 흐름 확인 • 풍속계를 통한 BSC 하방향 기류, 면풍속 측정·확인 • 차압계 및 LCD Display 정상 작동 확인
Year	1년에 1회 이상 전문가를 통한 장비 점검

2. 고압증기멸균기

(1) 고압증기멸균기 정의
고압증기멸균기를 이용하는 습열멸균법은 실험 등에서 널리 사용되는 멸균법으로 일반적으로 121℃에서 15분간 멸균처리하는 방식

(2) 고압증기멸균기 사용 시 일반적인 사항
① 고압증기멸균기의 작동 여부를 확인하기 위한 화학적, 생물학적 지표인자(Indicator) 사용
② 멸균이 진행되는 동안 내용물을 안전하게 담은 상태로 유지할 수 있는 적절한 용기 선택
③ 멸균을 실시할 때마다 각 조건에 맞는 효과적인 멸균 시간 선택
④ 고압증기멸균기 사용일지의 작성 및 관리
⑤ 고압증기멸균기의 작동방법에 대한 교육 실시

(3) 멸균 지표인자(Indicator)

구분		내용
화학적 지표인자 (Chemical Indicator)	화학적 색깔변화 지표인자	• 고압증기멸균기가 작동 후 121℃(250F)의 적정온도에서 수분 동안 노출되면 색깔이 변함 • 이는 멸균기 내의 열 침투에 대해 빠른 시간 내에 시각적으로 관찰이 가능하게 함 • 멸균 대상물 중앙 부위에 위치하도록 배치하여 사용
	테이프 지표인자	• 테이프 지표인자는 열 감지기능이 있는 화학적 지표인자가 종이테이프에 부착되어 있음 • 멸균기의 온도가 121℃에 이르렀는가를 확인시켜 줄 뿐 병원체들이 실제로 멸균시간 동안에 사멸이 되었다는 것을 증명하지는 못함 • 비오염화를 시키는 모든 물건에 사용할 수 있음 • 3~4개 정도의 줄이 있는 멸균테이프를 고압증기멸균용 통, 봉투 또는 개별 용기 등의 외부 표면에 부착하여 사용
생물학적 지표인자 (Biological Indicator)		• 고압기증기멸균기의 미생물을 사멸시키는 기능이 적절한지를 가늠하기 위해서 고안됨 • 고압증기멸균기의 효능을 측정하기 위해 사용할 수 있음 • 살아있는 포자 스트립(Spore Strip)이나 초자가 들어 있는 배지와 지표 염색약이 들어 있는 작은 유리앰플로 되어 있음 • 성공적으로 멸균이 된 경우, 시험용 바이알(Vial)에서는 포자의 증식 없이 깨끗하고 맑은 용액 상태로 지시약의 색깔 변화가 없음 • 바이알(Vial)의 용액이 혼탁하거나 색깔이 변했다면 용액 내 포자가 발아한 것으로, 고압증기멸균이 정상적으로 작동하지 않는 것을 의미

(4) 사용 시 주의사항
① 멸균 대상물이 고압증기멸균에 적당한 것인지 확인. 알맞은 용기 및 포장재를 선택하여 사용
② 멸균기 내부의 물 상태를 확인하고, 부족한 경우 증류수 또는 깨끗한 물을 첨가함
③ 멸균 대상물 외부 중앙에 멸균테이프를 붙이고 대상품목의 포장용기 및 멸균 봉투 등은 증기가 침투할 수 있을 정도로 묶거나 닫음
④ 멸균기 내부에 대상물이 몰리거나 치우치지 않게 골고루 적재

⑤ 멸균기 문의 잠금장치 등을 이용하여 완전히 닫고, 가동시간, 온도, 압력 등을 확인한 후 작동
⑥ 뚜껑이나 마개 등으로 튜브 등 멸균용기를 꽉 막아 놓는 것은 피해야 함
⑦ 고압증기멸균기는 절대로 건조한 상태로 가동해서는 안 됨
⑧ 내열성 장갑, 보안경, 고글 등의 필요한 개인 보호구를 착용
⑨ 멸균이 종료되면, 문을 열기 전에 압력이 0점에 간 것을 확인
⑩ 멸균기에서 물품을 꺼내기 전에 10분 정도 냉각시킴

3. 원심분리기

① 원심분리기 사용 시, 설명서를 완전히 숙지한 후 사용
② 장비는 사용자가 불편하지 않은 높이로 설치
③ 원심분리관 및 용기는 견고하고 두꺼운 재질로 제조된 것을 사용하며 원심분리할 때는 항상 뚜껑을 단단히 잠금
④ 버킷 채로 균형을 맞추어 사용하여야 하며, 동일한 무게의 버킷 내에 원심관의 위치가 대각선 방향으로 서로 대칭이 되도록 조정하여야 하고, 로터에 직접 넣을 경우 제조사에서 제공하는 지침에 따라 그 양을 조절
⑤ 사용하고자 하는 원심관이 홀수일 경우 증류수나 70% 알코올을 빈 원심분리관에 넣어 무게 조절용 원심분리관으로 사용

4. 균질화기, 진탕기 및 초음파 파쇄기

① 실험실에서는 가정용 판매되는 균질화 장비를 사용하지 않음
② 실험 전 장비의 결함 여부나 사용되는 뚜껑, 용기 등에 찌그러진 곳이 있는지 항상 점검하고 개스킷의 장착 여부도 반드시 확인
③ 균질화기, 진탕기 및 초음파 분쇄기 등의 장비 가동 시 용기 안에는 압력이 발생하며, 이에 따라 발생하는 내부의 에어로졸은 뚜껑과 용기 사이를 통해 외부로 누출될 수 있음
④ 파손 가능성, 감염성 물질의 노출 및 작업자의 부상 가능성이 있는 유리로 제조된 용기보다는 플라스틱, PTEE(Polytetrafluoroethylene)로 제작된 용기를 사용하는 것이 좋음
⑤ 장비를 사용할 경우 투명한 플라스틱 상자에 넣어 사용하거나 생물안전작업대 안에서 사용하는 것이 더욱 안전
⑥ 사용이 끝난 후 용기는 반드시 생물안전작업대 안에서 개봉하며, 초음파 파쇄기를 사용할 경우 귀마개를 하는 것도 종사자 안전에 도움이 됨
⑦ 유리로 된 분쇄기(Grinder)에는 종사자가 실험 중 사용하는 장갑이 붙으므로 플라스틱으로 된 분쇄기를 사용하는 것이 좋으며 조직분쇄기는 반드시 생물안전작업대에서 사용

5. 개인보호구

① 개인보호구의 정의 : 연구실에서 미생물을 취급하거나 유해화학물질 등을 다루는 등의 과정에서 발생 가능한 위해로부터 연구활동종사자의 안전을 지켜주는 가장 기본적인 장비

② 개인보호구의 종류 : 일반적으로 보안경 또는 고글, 일회용 장갑, 수술용 마스크 또는 방진마스크 등이 있음

〈생물 연구활동별 보호구 종류(연구실안전법 시행규칙 별표1)〉

연구활동	보호구
감염성 또는 잠재적 감염성이 있는 혈액, 세포, 조직 등 취급	• 보안경 또는 고글 • 일회용 장갑 • 수술용 마스크 또는 방진마스크
감염성 또는 잠재적 감염성이 있으며 물릴 우려가 있는 동물 취급	• 보안경 또는 고글 • 일회용 장갑 • 수술용 마스크 또는 방진마스크 • 잘림 방지 장갑 • 방진모(防塵帽 : 먼지 방지 모자) • 신발덮개
보건복지부장관이 「생명공학육성법」 제14조 및 같은 법 시행령 제12조의2에 따라 작성·시행하는 실험지침에 따른 생물체의 위험군 분류 중 건강한 성인에게는 질병을 일으키지 않는 것으로 알려진 바이러스, 세균 등 감염성 물질 취급	• 보안경 또는 고글 • 일회용 장갑
실험지침에 따른 생물체의 위험군 분류 중 사람에게 감염됐을 경우 증세가 심각하지 않고 예방 또는 치료가 비교적 쉬운 질병을 일으킬 수 있는 바이러스, 세균 등 감염성 물질 취급	• 보안경 또는 고글 • 일회용 장갑 • 호흡보호구

③ 개인보호구 사용 시 주의사항
   ㉠ 개인보호구 선택 시 미생물 및 위해물질의 감염경로 및 신체 노출부위 고려(예 흡입, 섭취, 주사 또는 주입, 흡수 등)
   ㉡ 개인보호구는 연구활동종사자가 항상 착용하기 쉬운 곳, 접근이 용이한 곳에 보관·관리
   ㉢ 깨지거나 오염된 개인보호구는 반드시 폐기
   ㉣ 연구실책임자 및 안전관리 담당자는 실험에 맞는 개인보호구를 선택 및 비치
   ㉤ 연구실책임자 및 안전관리 담당자는 연구활동종사자들에게 보호구 착용 교육을 실시
   ㉥ 개인보호구는 실험 수행 전에 착용하고 실험 종료 후 신속히 탈의
   ㉦ 개인보호구를 착용한 상태로 일반구역(복도, 출입문 등)의 출입을 삼가고, 비오염 물품, 공용장비를 만지는 등의 행위로 오염을 확산시키지 않도록 함

02 생물시설(설비) 설치·운영 및 관리

04 연구실 생물 안전관리

> **키워드**
> 생물안전시설등급, 생물안전시설 설치기준, 운영기준

TOPIC. 1 생물체 위험군

1. 생물체 위험군

생물체는 인체에 미치는 위해 정도에 따라 4개 위험군으로 나누어짐

생물체 위험군	대상	생물안전등급
제1위험군	건강한 성인에게는 질병을 일으키지 않는 것으로 알려진 생물체 예 E. coli	1등급
제2위험군	사람에게 감염되었을 경우 증세가 심각하지 않고 예방 또는 치료가 비교적 용이한 질병을 일으킬 수 있는 생물체 예 Vibrio cholerae, 장관 병원성 E. coli, Hepatitis virus Measles virus	2등급
제3위험군	사람에게 감염되었을 경우 증세가 심각하거나 치명적일 수 있으나 예방 또는 치료가 가능한 질병을 일으킬 수 있는 생물체 예 acillus anthracis, Brucella abortus, Yesinia petis, SARS virus	3등급
제4위험군	사람에게 감염되었을 경우 증세가 매우 심각하거나 치명적이며 예방 또는 치료가 어려운 질병을 일으킬 수 있는 생물체 예 Ebola virus Marburg virus, Hendra-like virus	4등급

2. 연구시설의 생물안전등급(Biosafety Level)

연구활동종사자에 대한 위해 정도와 수행하는 실험 내용, 생물체의 위험 정도에 따라 1~4등급으로 구분

① 생물안전 1등급 실험실(Basic-Biosafety Level 1, BL 1)
② 생물안전 2등급 실험실(Basic-Biosafety Level 2, BL 2)
③ 생물안전 3등급 밀폐실험실 (Containment-Biosafety Level 3, BL 3)
④ 생물안전 4등급 최고 밀폐실험실(Maximum Containment-Biosafety Level 4, BL 4)

3. 유전자변형생물체(LMO) 연구실 신고 · 허가

① 시험 · 연구용 LMO 안전관리 신고 · 허가 및 승인

	LMO 연구시설			LMO 수입		LMO 개발 · 실험	
	1 · 2등급 연구시설	3 · 4등급 연구시설 (환경위해성)	3 · 4등급 연구시설 (인체위해성)	모든 시험 · 연구용	고위험 시험 · 연구용	고위험 시험 · 연구용	시험 · 연구용 환경방출 시험 (포장시험)
생물체 위험군 분류	허가	허가	허가	신고	승인	승인	승인

② 시험 · 연구용 LMO 연구시설의 안전관리등급의 분류 및 허가 또는 신고대상

생물안전등급	대상 연구시설	허가 또는 신고 여부
1등급	건강한 성인에게는 질병을 일으키지 아니하는 것으로 알려진 유전자변형생물체와 환경에 대한 위해를 일으키지 아니하는 것으로 알려진 유전자변형생물체를 개발하거나 이를 이용하는 실험을 실시하는 시설	신고
2등급	사람에게 발병하더라도 치료가 용이한 질병을 일으킬 수 있는 유전자변형생물체와 환경에 방출되더라도 위해가 경미하고 치유가 용이한 유전자변형생물체를 개발하거나 이를 이용하는 실험을 실시하는 시설	
3등급	사람에게 발병하였을 경우 증세가 심각할 수 있으나 치료가 가능한 유전자변형생물체와 환경에 방출되었을 경우 위해가 상당할 수 있으나 치유가 가능한 유전자변형생물체를 개발하거나 이를 이용하는 실험을 실시하는 시설	환경위해성 허가
4등급	사람에게 발병하였을 경우 증세가 치명적이며 치료가 어려운 유전자변형생물체와 환경에 방출되었을 경우 위해가 막대하고 치유가 곤란한 유전자변형생물체를 개발하거나 이를 이용하는 실험을 실시하는 시설	인체위해성 허가

③ 시험 · 연구용 LMO 연구시설의 생물안전등급에 따른 생물안전관리 조직 및 구성

구분	기관생물안전위원회 설치 · 운영	생물안전관리책임자 임명	생물안전관리자 지정
생물안전 1등급 시설	권장	필수	권장
생물안전 2등급 시설	필수	필수	권장
생물안전 3, 4등급 시설	필수	필수	의무

TOPIC. 2 ▶ 생물분야 시설(설비) 일반 설치 및 운영기준

1. 연구시설의 등급별 설치 및 운영기준

(1) 생물안전 1등급 연구시설(BL 1 ; Biosafety Level 1)
 ① **정의** : 건강한 성인에게 질병을 일으키지 않는 것으로 알려진 병원체를 이용하는 실험을 실시하는 시설
 ② **설치기준**
  ㉠ 실험구역과 일반구역 구분(권장)
  ㉡ 주 출입구에는 잠금장치 설치(권장)
  ㉢ 출입구 앞에 개인 의류 및 실험복을 보관하는 장소 설치(권장)
  ㉣ 고압증기멸균기를 설치(필수)
  ㉤ 폐기물 및 실험폐수 처리 설비(권장)
  ㉥ 시설 외부와 연결되는 통신 시설 설치, 시설 내부 모니터링 장비 설치(권장)
 ③ **운영기준**
  ㉠ 적절한 개인보호장비 착의
  ㉡ 출입문 앞에 생물안전표지를 부착
  ㉢ 실험실 출입문은 항상 닫아 두며 승인받은 사람만 출입(권장)
  ㉣ 전용 실험복 등 개인 보호구를 비치하여 사용(권장)
  ㉤ 지정된 구역에서만 실험 수행
  ㉥ 실험 종료 후 또는 퇴실 시에는 손을 씻어야 함
  ㉦ 날카로운 물질 취급 주의
  ㉧ 작업한 표면 오염 제거

(2) 생물안전 2등급 연구시설(BL 2 ; Biosafety Level 2)
 ① **정의** : 사람에게 경미한 질병을 일으키고, 발병하더라도 치료가 용이한 질병을 일으킬 수 있는 병원체를 이용하는 실험을 실시하는 시설
 ② **설치기준**(1등급 연구시설 설치기준 외에 다음 기준이 추가 적용됨)
  ㉠ 연구실 출입, 현관, 전실 등을 경유하도록 설치(권장)
  ㉡ 장비 반입을 위한 문 또는 구역 설치(권장)
  ㉢ 실험구역 또는 실험실 내부에 손 소독기 및 눈 세척기 설치(권장)
  ㉣ 생물안전작업대와 에어로졸의 외부 유출을 방지할 수 있는 원심분리기 사용(권장)
  ㉤ 연구시설에서 배출되는 공기는 헤파필터를 통해 배기(권장)
  ㉥ 생물안전작업대 설치(권장)
  ㉦ 고형물폐기처리 설비 설치(필수)
 ③ **운영기준**(1등급 연구시설 운영기준 외에 다음 기준이 추가 적용됨)
  ㉠ 기관생물안전위원회 구성 및 운영(필수)
  ㉡ 생물안전관리책임자 임명(필수)

ⓒ 생물안전관리규정과 절차를 포함한 기관생물안전지침 마련
ⓔ 출입대장 작성(권장)
ⓜ 실험과 관련 없는 물품은 반입 금지
ⓗ 실험구역에서만 실험복 착용
ⓢ 감염성물질을 운반할 때에는 견고한 밀폐 용기에 담아 이동
ⓞ 유전자변형생물체 보관장소에 생물재해표시 부착 및 관리대장 작성

(3) 생물안전 3등급 연구시설(BL 3 ; Biosafety Level 3)
① 정의 : 사람에게 발병하였을 경우 증세가 심각할 수 있으나 치료가 가능한 병원체를 이용하는 실험을 실시하는 시설
② 설치기준(2등급 연구시설 설치기준 외에 다음 기준이 추가 적용됨)
  ㉠ 실험실 접근에 대한 통제
  ㉡ 공조기기실은 밀폐구역과 인접하여 설치(권장)
  ㉢ 양문형 고압증기멸균기 사용
  ㉣ 밀폐구역 내부 기물들은 화학적 살균, 훈증소독이 가능한 재질 사용
  ㉤ 밀폐구역 내의 이음새는 시설의 완전밀폐가 가능한 비경화성 밀봉제 사용
  ㉥ 공기조절 및 음압유지를 위한 별도의 공조장치 설치
  ㉦ 외부에서 공급되는 진공펌프라인을 설치할 경우, 헤파필터를 장착
  ㉧ 시설 환기는 시간당 최소 10회 이상 유지
  ㉨ 급배기 덕트에는 역류방지댐퍼(BDD ; Back Draft Damper) 설치
  ㉩ 배기 헤파 필터 전단에 기밀형 댐퍼 설치
  ㉪ 별도 폐수탱크 설치
③ 운영기준(2등급 연구시설 운영기준 외에 다음 기준이 추가 적용됨)
  ㉠ 출입대장 비치 및 기록
  ㉡ 전용 실험복 등 보호장구 비치 및 사용
  ㉢ 시설운영사항 및 그와 관련된 절차를 포함한 기관생물안전지침을 마련하여 적용
  ㉣ 실험 감염 사고에 대한 기록 작성 보고 및 보관
  ㉤ 최초 실험 수행 전에 시험·연구종사자에 대한 정상 혈청을 채취 및 보관(필요시 정기적으로 혈청을 채취하고 건강검진 실시)
  ㉥ 퇴실 시 실험복 탈의 및 샤워로 오염 제거(권장)

(4) 생물안전 4등급 연구시설(BL 4 ; Biosafety Level 4)
① 정의 : 사람에게 발병하였을 경우 증세가 치명적이며 치료가 어려운 병원체를 이용하는 실험을 실시하는 시설
② 설치기준(3등급 연구시설 설치기준 외에 다음 기준이 추가 적용됨)
  ㉠ 내부 벽은 설정 압력의 1.25배에도 뒤틀림이나 손상이 없도록 설치
  ㉡ 시설 환기는 시간당 최소 20회 이상 유지
  ㉢ 배기 덕트에 2단의 헤파필터 설치

ⓔ 배기 헤파필터 전단에 버블타이트형 댐퍼 또는 동급 이상의 댐퍼 설치
　　　ⓜ 배기 헤파필터 전단부분의 덕트 및 배기 헤파필터 박스는 2,500Pa 이상의 압력을 30분간 견디는 구조를 가짐(이때, 누기율은 1% 이내를 유지)
　　　ⓑ 급기 덕트에 헤파필터 설치
　　　ⓢ 예비용 배기 필터박스를 설치
　　　ⓞ 실험구역 또는 실험실 내부에 손 소독기 및 눈 세척기 설치
　③ 운영기준(3등급 연구시설 운영기준 외에 다음 기준이 추가 적용됨)
　　　㉠ 퇴실할 때에는 샤워로 오염을 제거
　　　㉡ 처리 전 폐기물은 별도의 안전한 장소 또는 폐기물 전용 용기에 보관
　　　㉢ 폐기물은 생물학적 활성을 제거한 후 처리
　　　㉣ 실험폐기물 처리에 대한 규정 마련
　④ **제4위험군 병원체를 다루고자 할 때 사용되는 연구시설은 다음의 장치 설치 필수**
　　　㉠ 양압복 및 호흡용 공기공급시스템
　　　㉡ 화학샤워시스템
　　　㉢ 폐수처리설비
　　　㉣ 헤파필터 시스템
　　　㉤ 기밀문

04 연구실 생물 안전관리

03 연구실 내 생물체 관련 폐기물 안전관리

키워드
생물체 관련 폐기물 종류, 안전관리 지침, 폐기물 처리

TOPIC. 1 폐기물의 분류

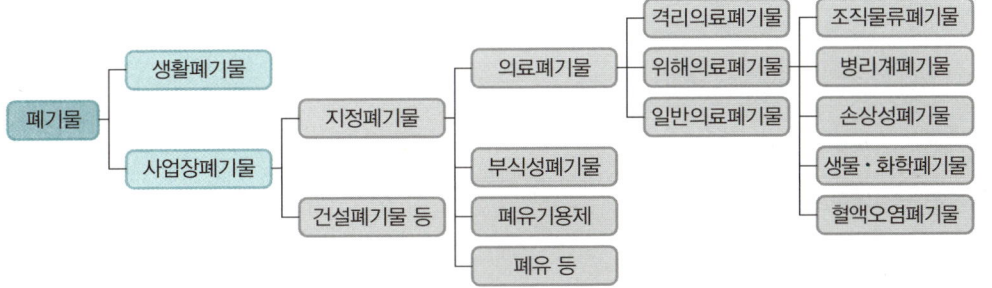

1. 사업장 폐기물
사업장에서 발생되는 폐기물을 말하며, 일반폐기물과 지정폐기물, 건설폐기물로 구분

2. 지정폐기물
① 정의 : 사업장폐기물 중 폐유, 폐산 등 주변환경을 오염시킬 수 있거나 의료폐기물 등 인체에 위해를 줄 수 있는 유해한 물질
② 종류 및 예시

특정시설에서 발생되는 폐기물	• 폐합성고분자 화합물 • 오니류(수분 함량이 95% 미만이거나 고형물 함량이 5% 이상인 것에 한함)
부식성 폐기물	• 폐산(액체상태의 폐기물로서 수소이온 농도지수가 2.0 이하인 것에 한함) • 폐알칼리
유해물질 함유 폐기물	• 분진(대기오염방지시설에서 포집된 것에 한하되, 소각시설에서 발생되는 것 제외) • 폐주물사 및 샌드블라스트 폐사, 폐내화물 및 재벌구이 전에 유약을 바른 도자기 조각, 소각재, 안정화 또는 고형화 처리물, 폐촉매, 폐흡착제 및 폐흡수제

폐유기용제	• 할로겐족(아래의 물질 또는 이를 함유한 물질에 한함) • 기타 폐유기용제
폐페인트 및 폐락카	페인트 및 락카와 유기용제가 혼합된 것으로써 페인트 및 락카 제조업, 용적 5m³ 이상 또는 동력 3마력 이상의 도장시설, 폐기물을 재활용하는 시설에서 발생되는 것과 페인트 보관용기에 잔존하는 페인트를 제거하기 위하여 유기용제와 혼합된 것을 포함
폐유	기름성분을 5% 이상 함유한 것을 포함, 폴리클로리네이티드비페닐 함유 폐기물 및 폐식용유 제외
폐석면	• 석면의 제조, 가공 시 또는 공작물, 건축물의 제거 시 발생되는 것(스레트 등 고형화되어 있어 비산될 우려가 없는 것 제외) • 스레트 등 고형화된 석면제품 등의 연마, 절단, 가공 고정에서 발생된 부스러기 및 연마, 절단, 가공 시절의 집진기에서 모아진 분진 • 석면의 제거작업에 사용된 비닐시트, 방전마스크, 작업복 등
폴리클로리네이티드비페닐 함유 폐기물	• 액체상태의 것(1L당 2mg 이상 함유한 것에 한함) • 스레트 등 고형화된 석면제품 등의 연마, 절단, 가공 공정에서 발생된 부스러기 및 연마, 절단, 가공 시설의 집진기에서 모아진 분진
폐유독물	「유해화학물질관리법」 제2조 제3호의 규정에 의한 유독물을 폐기하는 경우에 한함
감염성 폐기물	환경부령이 정하는 의료기관이나 시험, 검사기관 등에서 발생되는 것에 한함

3. 의료폐기물

(1) 의료폐기물 정의

보건 · 의료기관, 동물병원, 시험 · 검사기관 등에서 배출되는 폐기물 중 인체에 감염 등 위해를 줄 우려가 있는 폐기물과 인체조직 등 적출물, 실험동물의 사체 등 보건 · 환경보호상 특별한 관리가 필요하다고 인정되는 폐기물

(2) 의료폐기물 종류별 분류기준

의료폐기물은 격리, 위해 및 일반 의료폐기물 3가지로 구분

구분	대상	안전관리등급
격리 의료폐기물		「감염병의 예방 및 관리에 관한 법률」 제2조 제1항에 따른 감염병으로부터 타인을 보호하기 위하여 격리된 사람에 대한 의료행위에서 발생한 일체의 폐기물
위해 의료 폐기물	조직물류 폐기물	인체 또는 동물의 조직 · 장기 · 기관 · 신체의 일부, 동물의 사체, 혈액 · 고름 및 혈액생성물(혈청, 혈장, 혈액제제)
	병리계 폐기물	시험 · 검사 등에 사용된 배양액, 배양용기, 보관균주, 폐시험관, 슬라이드, 커버글라스, 폐배지, 폐장갑
	손상성 폐기물	주사 바늘, 봉합 바늘, 수술용 칼날, 한방 침, 치과용 침, 파손된 유리재질의 시험기구
	생물, 화학 폐기물	폐백신, 폐항암제, 폐화학치료제
	혈액오염 폐기물	폐혈액백, 혈액투석 시 사용된 폐기물, 그 밖에 혈액이 유출될 정도로 포함되어 있어 특별한 관리가 필요한 폐기물

	• 혈액 · 체액 · 분비물 · 배설물이 함유되어 있는 탈지면, 붕대, 거즈, 일회용 기저귀, 생리대, 일회용 주사기, 수액세트 등을 말함
일반 의료폐기물	• 체액, 분비물, 배설물만 있는 경우 일반의료폐기물 액상으로 처리

(3) 의료폐기물 분류, 보관용기, 보관방법 및 기준

폐기물 종류		전용 용기	도형 색상	내용	보관시설	보관 기간
격리 의료폐기물		상자형 합성수지류	붉은색	감염병으로부터 타인을 보호하기 위하여 격리된 사람에 대한 의료행위에서 발생한 일체의 폐기물	• 성상이 조직물류일 경우 : 전용보관시설 (4℃ 이하) • 조직물류 외 : 전용 보관시설(4℃ 이하) 또는 전용보관창고	7일
위해 의료 폐기물	조직물류 폐기물	상자형 합성수지류 (치아 제외)	노란색	인체 또는 동물의 조직 · 장기 · 기관 · 신체 일부, 동물의 사체, 혈액 · 고름 및 혈액생성물 (혈청, 혈장, 혈액제제)	전용보관시설(4℃ 이하) ※ 치아 및 방부제에 담 긴 폐기물은 밀폐된 전용보관창고	15일 (치아는 60일)
		상자형 합성수지류	녹색	인체 조직물류 중 태반(재활용 하는 경우)	전용보관시설(4℃ 이하)	15일
	손상성 폐기물	상자형 합성수지류	노란색	주사 바늘, 봉합 바늘, 수술용 칼날, 한방 침, 치과용 침, 파손 된 유리재질의 시험기구	전용보관시설(4℃ 이하) 또는 전용보관창고	30일
	병리계 폐기물	봉투형 또는 상자형 골판지류	검정색 또는 노란색	시험 · 검사 등에 사용된 배양 액, 배양용기, 보관균주, 폐시 험관, 슬라이드, 커버글라스, 폐배지, 폐장갑	전용보관시설(4℃ 이하) 또는 전용보관창고	15일
	생물화학 폐기물			폐백신, 폐항암제, 폐화학치료제	전용보관시설(4℃ 이하) 또는 전용보관창고	15일
	혈액오염 폐기물			폐혈액백, 혈액투석 시 사용된 폐기물, 기타 혈액이 유출될 정도로 포함되어 특별한 관리가 필요한 폐기물	전용보관시설(4℃ 이하) 또는 전용보관창고	15일
일반의료폐기물				혈액 · 체액 · 분비물 · 배설물이 함유되어 있는 탈지면, 붕대, 거즈, 일회용기저귀, 생리대, 일회용주사기, 수액세트	전용보관시설(4℃ 이하) 또는 전용보관창고	15일※

※ 일반의료폐기물 중 입원실이 없는 의원, 치과의원 및 한의원에서 발생되는 것으로 4℃ 이하로 냉장보관하는 경우 30일까 지 가능

※ 도형 모양 : ☣

(4) 의료폐기물 전용용기 사용 및 처리

① 의료폐기물 전용용기는 봉투형 용기 및 상자형 용기로 구분, 봉투형 용기의 재질은 합성수지류, 상자형 용기의 재질은 골판지류 또는 합성수지류로 함
② 봉투형 용기에는 그 용량의 75% 미만으로 의료폐기물을 넣어야 하며, 위탁처리 시 상자형 용기에 담아 배출
③ 전용용기의 표시사항에 각 항목을 작성해야 함

〈의료폐지물 전용용기 표시사항〉

이 폐기물은 감염의 위험성이 있으므로 주의하여 취급하시기 바랍니다.			
배출자		종류 및 성질과 상태	
사용개시 연월일※		수거 연월일	
수거자		중량(킬로그램)	

※ 사용개시 연월일 : 의료폐기물을 전용용기에 최초로 넣은 날을 기재

(5) 의료폐기물 분류 및 처리방법

폐기물 종류	적용 폐기물	처리방법
조직물류폐기물	인체 또는 동물의 조직, 장기, 기관, 신체의 일부, 동물의 사체, 혈액, 고름 및 혈액생성물(혈청, 혈장, 혈액제제)	고압멸균
병리계폐기물	시험, 검사 등에 사용된 배양액, 배양용기, 보관균주, 폐시험관, 슬라이드, 커버글라스, 폐배지, 폐장갑	
손상성폐기물	주사 바늘, 봉합 바늘, 수술용 칼날, 한방 침, 치과용 침, 파손된 유리재질의 시험기구	
혈액오염폐기물	폐혈액백, 혈액투석 시 사용된 폐기물, 그 밖의 혈액이 유출될 정도로 포함되어 있어 관리가 필요한 폐기물	
일반 의료폐기물	혈액, 체액, 분비물, 배설물이 함유되어 있는 탈지면, 붕대, 거지, 일회용 기저귀, 생리대, 일회용 주사기, 수액세트	

(6) 의료폐기물 보관시설 유지관리

① 보관창고 바닥과 안벽은 세척이 쉽도록 물에 잘 견디는 타일, 콘크리트 등의 재질로 설치
② 보관창고는 소독장비와 이를 보관할 수 있는 시설을 갖추고, 냉장시설에는 내부 온도를 측정할 수 있는 온도계를 부착
③ 냉장시설은 4℃ 이하의 설비를 갖추어야 하며, 보관 중에는 내부 온도를 4℃ 이하로 유지
④ 보관창고, 보관장소, 냉장시설은 주 1회 이상 약물소독으로 소독
⑤ 보관창고와 냉장시설은 의료폐기물이 밖에서 보이지 않는 구조로 되어있어야 하며, 외부인의 출입을 제한
⑥ 보관창고, 보관장소, 냉장시설에는 보관 중인 의료폐기물의 종류, 양, 보관기간 등을 확인할 수 있는 표지판을 설치하여 출입문에 붙여야 함

〈의료폐기물 보관표지〉

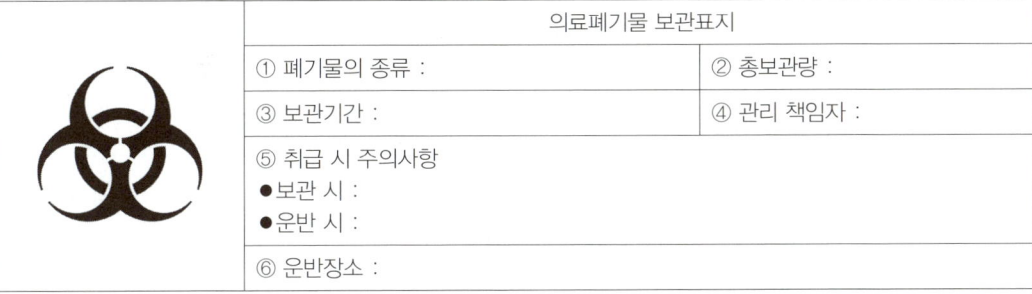

	의료폐기물 보관표지	
	① 폐기물의 종류 :	② 총보관량 :
	③ 보관기간 :	④ 관리 책임자 :
	⑤ 취급 시 주의사항 ● 보관 시 : ● 운반 시 :	
	⑥ 운반장소 :	

TOPIC. 2 실험폐기물 처리

1. 실험폐기물 처리 관련 규정
① 폐기물관리법에 따라 폐기물을 구분하고 성상별(멸균, 비멸균, 손상, 액상 등)로 전용용기에 폐기
② 폐기물 종류별로 기간 내에 폐기할 수 있도록 기관 실험폐기물 처리 규정 마련 필수
③ 폐기 기록서 구비
④ 폐기물 위탁 수거처리 확인서

2. 실험폐기물 분류 및 처리방법

폐기물 종류	적용 폐기물	처리방법
폐유기용제	클로로포름 등 할로겐족 폐유기용제 알코올 등 할로겐족을 제외한 폐유기용제	고온 소각
부식성 폐기물	폐산, 폐알칼리	고온 소각
폐유독물	유해성이 있는 폐화학물질	고온 소각
기타 폐기물	화학약품을 모두 사용한 시약 공병 화학물질이 묻은 장갑, 실험용 기자재 등	일반소각

3. 시험폐기물의 처리기준
① 처리 전 폐기물은 별도의 안전한 장소 또는 폐기물 전용 용기에 보관
② 폐기물은 생물학적 활성을 제거한 후 처리
③ 실험폐기물 처리에 대한 규정을 마련
④ 등급별 처리기준을 반드시 확인하여 올바르게 처리

〈유전자재조합실험폐기물 분류 및 처리방법〉

생물안전 1등급 시설	폐기물 및 실험폐수는 고압증기멸균 또는 화학약품처리 등 생물학적 활성을 제거할 수 있는 설비에서 처리
생물안전 2등급 시설 (1등급 시설 기준에 추가)	연구시설에서 배출되는 공기는 헤파필터를 통해 배기(권장)
생물안전 3등급 시설 (2등급 시설 기준에 추가)	• 연구시설에서 배출되는 공기는 헤파필터를 통해 배기 • 별도 폐수탱크를 설치하고, 압력기준(고압증기멸균 방식 : 최대 사용압력의 1.5배, 화학약품처리 방식 : 수압 70kPa 이상)에서 10분 이상 견딜 수 있는지 확인
생물안전 4등급 시설 (3등급 시설 기준에 추가)	• 실험폐수는 고압증기멸균을 이용하는 생물학적 활성을 제거할 수 있는 설비를 설치 • 연구시설에서 배출되는 공기는 2단의 헤파필터를 통해 배기

TOPIC. 3 생물체 관련 폐기물 처리방법

1. 소독과 멸균에 관한 용어 및 의미

항미생물체 (Antimicrobial)	미생물을 죽이거나 미생물의 성장과 증식을 억제하는 물질
방부제 (Antiseptic)	미생물을 반드시 죽이지는 않으며 미생물의 성장과 증식을 저해하는 성분
살생제 (Biocide)	생물체를 죽이는 물질을 지칭하는 일반적인 용어
화학적 살균제 (Chemical Germicide)	미생물을 죽이는 데 사용되는 화학물질 또는 화학물질 혼합물
오염 제거 (Decontamination)	• 미생물을 죽이거나 제거하는 과정 • 유해 화학물질과 방사성 물질의 제거나 중화에도 같은 용어를 사용
소독제 (Disinfectant)	미생물은 죽이지만 포자까지는 죽이지 않는 물리적 또는 화학적 수단
소독 (Disinfection)	미생물은 죽이지만 반드시 포자까지는 죽이지 않는 물리적 또는 화학적 수단
살미생물제 (Microbicide)	미생물을 죽이는 화학물질 또는 화학물질 혼합물
살포자제 (Sporocide)	미생물과 포자를 죽이는 데 사용하는 화학물질 또는 화학물질 혼합물
멸균 (Sterilization)	모든 종류의 미생물과 포자를 죽이거나 제거하는 과정

2. 세척

① 소독·멸균을 하기 전, 대상 물품의 외부 표면 등에 부착된 유기물, 토양, 기타 이물질 등을 제거하여 효과적인 소독·멸균이 가능하게 함
② 소독·멸균 대상품에 부착되어 있는 물질들은 소독·멸균의 효과를 저하시킬 수 있으므로 기계적인 마찰, 세제, 효소 등을 사용하여 충분히 이물질 등을 제거한 후에 소독·멸균 등을 실시

3. 소독

① 미생물의 생활력을 파괴시키거나 약화시켜 감염 및 증식력을 없애는 조작을 의미
② 미생물의 영양세포를 사멸시킬 수 있으나 포자는 파괴하지 못함
③ 사멸 능력에 따른 구분

높은 수준의 소독 (High Level Disinfection)	노출시간이 충분하면 세균 아포까지 죽일 수 있으며 모든 미생물을 파괴할 수 있는(germicidal) 소독 가능
중간 수준의 소독 (Intermediate Level Disinfection)	결핵균, 진균을 불활성화시키지만, 세균 아포를 죽일 수 있는 능력은 없음
낮은 수준의 소독 (Low Level Disinfection)	세균, 바이러스 일부 진균을 죽이지만, 결핵균이나 세균 아포 등과 같이 내성이 있는 미생물은 죽이지 못함

④ 소독 방법에 따른 구분

물리적 소독	건열에 의한 방법	• 화염멸균법 : 물체를 직접 건열하여 미생물을 태워 죽이는 방법, 아포까지 제거 • 건열멸균법 : 건열멸균기를 이용하여 미생물을 산화시켜 미생물이나 아포 등을 멸균하는 방법, 170℃에서 1~2시간 건열 • 소각법
	습열에 의한 방법	• 자비멸균법 : 물을 끓인 후 10~30분간 처리하는 방법 • 고온증기멸균법 : 고압증기 멸균기를 이용하여 120℃에서 20분 이상 멸균하는 방법, 미생물·아포까지 제거
자연적 소독		자외선 멸균법, 여과멸균법, 방사선 멸균법이 있음
화학적 소독		소독제 또는 살생물제(biocide)를 이용하여 짧은 시간에 살균하는 방법

⑤ 소독제의 소독효과에 영향을 미칠 수 있는 요인

소독제의 농도	• 일반적으로 소독제의 농도가 높을수록 소독제의 효과도 높아지지만, 기구의 손상을 초래할 가능성도 커짐 • 소독하고자 하는 물체에 부식, 착생, 기능의 이상을 주지 않으면서 살균에 적절한 농도를 유지할 수 있어야 함
미생물 오염의 종류와 농도	일반적으로 미생물의 수가 많을수록 소독의 효과는 감소, 또한 미생물의 종류에 따라서도 차이가 있음
유기물의 존재	• 혈액, 단백질 토양 등의 오염물질은 소독제 및 멸균제가 미생물과 접촉하는 것을 방해하거나 불활성화시킴 • 유기물이 많을수록 소독에 필요한 접촉시간은 지연되므로, 소독을 실시하기 전에 세척 등의 유기물 제거과정이 필요
접촉시간	• 소독제의 효과가 나타나기 위해서는 일정 시간 동안 소독제와 접촉하고 있어야 함 • 필요한 접촉시간은 소독제의 종류와 기타 다른 영향요인들에 의해 결정됨 • 일반적으로 노출시간이 길어질수록 미생물의 숫자는 감소
물리적, 화학적 요인	• 사용하는 희석용매의 물리적, 화학적 요인이 영향을 미칠 수 있음 • 물에 용해되어 있는 칼슘이나 마그네슘은 비누와 작용하여 침전물을 형성하거나 소독제를 중화시킬 수 있음 • 물의 종류 즉, 지하수나 경수, 수돗물 • 정제수인지에 따라 영향을 받음 • 온도도 소독제의 효과에 영향을 미침(일반적으로 온도가 높을수록 소독력은 증가) • 기구에 형성된 생막(Biofilm)은 소독제로부터 생막 안쪽의 미생물들을 보호하는 역할을 하여 소독력을 저하시키기도 함

⑥ 소독제 종류별 특성

소독제	장점	단점	실험실 사용 범위
알코올	• 낮은 독성 • 부식성 없음 • 잔류물이 적음 • 반응속도가 빠름	• 증발속도가 빨라 접촉시간 단축 • 고무·플라스틱 손상 가능 • 가연성	피부소독, 작업 대 표면, Clean bench 소독 등
석탄산 화합물	유기물에 비교적 안정적	• 자극성 냄새 • 부식성이 있음	실험장비 및 기구 소독, 실험실 바닥, 기타 표면 등
염소계 화합물	• 넓은 소독범위 • 저렴한 가격 • 저온에서도 살균효과가 있음	• 피부, 금속에 부식성 • 빛·열에 약함 • 유기물에 의해 불활성화	폐수처리, 표면, 기기 소독, 비상 유출사고 발생 시 등
요오드	• 넓은 소독범위 • 활성 pH 범위가 넓음	• 포자에 대한 가변적 소독 효과 • 유기물에 의해 소독력 감소	표면소독, 기기 소독 등
제4급 암모늄	• 계면활성제와 함께 소독 효과를 나타냄 • 비교적 안정적	• 포자에 효과가 없음 • 바이러스에 제한적 효과	표면소독, 벽·바닥 소독 등
글루타알데히드	• 넓은 소독범위 • 유기물에 안정적 • 금속 부식성이 없음	• 온도, pH에 영향을 받음 • 가격이 비쌈 • 자극성 냄새가 남	표면소독, 기기, 장비, 유리제품 소독 등

산화에틸렌	• 넓은 소독범위 • 열 또는 습기가 필요하지 않음	• 가연성 • 돌연변이성 • 잠재적 암 유발성	가스멸균
과산화수소	• 빠른 반응속도 • 잔류물이 없음 • 독성이 낮고 친환경적임	• 폭발 가능성(고농도) • 일부 금속에 부식 유발	표면소독, 기기 및 장비 소독 등

4. 멸균

① 모든 형태의 생물, 특히 미생물을 파괴하거나 제거하는 물리적, 화학적 행위
② 멸균 처리 과정

습열멸균	• 고압증기멸균기를 이용하여 121℃에서 15분간 멸균을 실시 • 물에 의한 습기로 열전도율 및 침투효과가 좋아 멸균에 가장 효과적이며 신뢰할 수 있는 방법 • 환경독성이 없어 많은 실험실 및 연구시설에서 사용되고 있음
건열멸균	• 160℃ 또는 그 이상의 온도에서 2~4시간 동안 멸균을 실시 • 포자를 포함하여 모든 미생물을 사멸시킬 수 있음
가스멸균	• 산화에틸렌 증기에 노출시키는 것으로 주로 일회용 플라스틱 실험도구를 멸균하는 데 사용 • 밀폐된 공간에서 160℃의 온도로 4시간 동안 노출시켜 멸균이 이루어짐

③ 건열멸균은 완전한 비부식성이며 고온(160℃)에서 2~4시간 동안 견딜 수 있는 물품의 처리에 사용(소각도 일종의 건열)
④ 습열멸균은 고압증기멸균 방식으로 사용할 때 가장 효과적임
⑤ 소독·멸균 효과에 영향을 미치는 요소

유기물의 양, 혈액, 우유, 사료, 동물 분비물 등	소독, 멸균 효과를 저하시키며, 많은 종류의 유기물은 소독제를 중화시킴
표면 윤곽	표면이 거칠거나 틈이 있으면 멸균이 충분히 이루어지지 않음
소독제 농도	모든 종류의 소독제가 고농도일 때 미생물을 빨리 죽이거나 소독 효과가 높은 것은 아니며, 대상물의 조직, 표면 등의 손상을 일으킬 수도 있음
시간 및 온도	적정온도 및 시간은 소독제의 효과를 증대시킬 수 있으나, 고온 또는 장시간 처리할 경우, 소독제 증발 및 소독효과 감소의 원인이 됨
상대습도	포름알데히드의 경우 70% 이상의 상대습도가 필요
물의 경도 및 세균의 부착능	-

⑥ 멸균 여부 확인 방법(멸균 여부 확인 시 적어도 두 가지 이상을 함께 사용하여야 함)

기계적·물리적 확인	• 멸균과정 동안의 진공, 압력, 시간, 온도를 측정하는 멸균기 소독 차트를 확인하는 방법 • 멸균기 취급자는 멸균과정 동안 멸균 사이클을 표시하고 기록계 확인
화학적 확인	• 멸균 과정 중의 변수의 변화에 반응하는 화학적 표지 확인 • 멸균 과정의 오류 발견이 비교적 쉽고 가격이 저렴
생물학적 확인	• 멸균 후 생물학적 표지인자의 증식 여부 확인

5. 소각

① 소각은 오염 제거 조치를 하거나 하지 않은 상태로 동물 사체와 해부학적 폐기물, 기타 실험실 폐기물의 처리에 유용
② 소각 장치를 실험실에서 관리하는 경우에는 감염성 물질을 고압증기멸균 대신에 소각하여 처리할 수 있음
③ 적절한 소각을 위해서는 효율적인 온도 관리수단과 2차 연소실이 필요. 특히, 단일 연소실을 구비한 장치는 감염성 물질, 동물 사체, 플라스틱의 처리에 적절하지 않음
④ 1차 연소실의 온도가 최소 800℃이고, 2차 연소실 온도는 최소 1,000℃인 장치가 가장 이상적
⑤ 소각할 폐기물은 플라스틱 백(Bag)에 담아 소각 장치로 이동하고, 소각 장치 운전자는 적재와 온도 관리에 관한 교육 필수

6. 살균소독에 대한 미생물의 저항성

(1) 고유 저항성(instinct resistance, inherent feature)
① 미생물의 고유한 특성 즉, 미생물의 구조, 형태 등의 특성, 균속, 균종 등에 따라 갖게 되는 소독제에 대한 고유 저항성을 의미
② 그람음성세균은 그람양성세균보다 소독제에 대한 저항성이 강하며, 포자의 경우 외막 등의 구조적 특성 때문에 영양세포보다 강한 저항성을 갖게 됨. 이에 적합한 소독제를 선택

(2) 획득 저항성(acquired resistance, develop over time)
미생물이 환경, 소독제 등에 노출되거나 치사농도보다 낮은 농도의 소독제를 지속적으로 사용하는 과정에서 획득되는 내성

(3) 소독제에 대한 미생물의 저항성
① 소독제에 대한 미생물의 저항성은 미생물의 종류에 따라 다양함
② 세균 아포가 가장 강력한 내성을 보이며, 지질 바이러스가 가장 쉽게 파괴
③ 영양형 세균, 진균, 지질 바이러스 등은 낮은 수준의 소독제에도 쉽게 사멸되며, 결핵균이나 세균의 아포는 높은 수준의 소독제에 장기간 노출되어야 사멸이 가능함

⟨소독과 멸균에 대한 미생물의 내성 수준⟩

미생물	내성	예시	필요한 소독 방법
프리온	높음 ↓ 낮음	CJD	프리온 소독
세균 아포		*Bacillus subtillis*	멸균
Coccidia		*Cryptosporidium sp.*	
항산균		*M. tuberculosis, M. terrae*	높은 수준의 소독
비지질, 소형바이러스		*Poliovirus, Coxsackie virus*	중간 수준의 소독
진균		*Aspergillus sp., Candida sp.*	
영양형 세균		*S. aureus, P. aeruginosa*	낮은 수준의 소독
지질, 중형바이러스		HIV, HSV, HBV	

04 연구실 내 생물체 누출 및 감염방지 대책

> **키워드**
> 생물안전 사고 유형, 비상조치 및 비상대응, 응급처치

TOPIC. 1 연구실 생물안전 사고 대응

1. 생물안전 사고 유형별 대응

(1) 감염성 물질 등이 안면부에 접촉되었을 경우
　① 눈에 물질이 튀거나 들어간 경우, 즉시 눈 세척기(Eye Washer) 또는 흐르는 깨끗한 물을 사용하여 15분 이상 세척하고 눈을 비비거나 압박하지 않도록 주의
　② 필요한 경우 샤워실을 이용하여 전신 세척
　③ 발생사고에 대해 연구실책임자에게 즉시 보고하고 필요한 조치를 받음
　④ 연구실책임자는 기관 생물안전관리책임자 또는 의료관리자에게 보고하고, 취급하였던 감염성 물질을 고려한 적절한 의학적 조치 등을 취함

(2) 안면부를 제외한 신체에 접촉되었을 경우
　① 장갑 또는 실험복 등 착용하고 있던 개인 보호구를 신속히 벗음
　② 즉시 흐르는 물로 세척 또는 샤워
　③ 오염 부위 소독
　④ 발생사고에 대해 연구실책임자에게 즉시 보고하고 필요한 조치를 받음
　⑤ 연구실책임자는 기관 생물안전관리책임자 및 의료관리자에게 보고하고, 취급하였던 감염성 물질을 고려한 적절한 의학적 조치 등을 취함

(3) 감염성 물질 등을 섭취한 경우
　① 즉시 개인 보호구를 벗고 즉각적인 의료적 처지가 가능하도록 의료관리자에게 연락하여 조치에 따르고 의료기관으로 이송
　② 섭취한 물질과 사고 사항을 즉시 기록하여 치료에 도움이 될 수 있도록 관련자들에게 전달

(4) 주사기에 찔렸을 경우

① 신속히 찔린 부위의 보호구를 벗고 주변을 압박, 방혈 후 15분 이상 충분히 흐르는 물 또는 생리식염수로 세척
② 발생사고에 대해 연구실책임자에게 즉시 보고하고 필요한 조치를 받음
③ 연구실책임자는 기관 생물안전관리책임자 및 의료관리자에게 보고하고, 취급하였던 병원성 미생물 또는 감염성 물질을 고려하여 적절한 의학적 조치를 받도록 함

(5) 기타 물질 또는 실험 중 부상을 당했을 경우

① 발생한 사고에 대하여 연구실책임자 및 의료관리자에게 즉시 보고하여 필요한 조치를 받음
② 연구실책임자는 기관 생물안전관리책임자 또는 의료관리자에게 보고하고 취급하였던 감염성 물질을 고려한 적절한 의학적 조치 등을 하도록 함

2. 행동 주체별 생물안전사고 대응요령

(1) 병원성 물질 유출의 경우

대응 단계	해당연구실(연구실책임자, 연구활동종사자)	안전담당부서 및 생물안전관리자
사고 예방·대비단계	• 연구실은 승인받은 자만 출입하고 출입문은 항상 닫아 둠 • 연구실별 생물사고 대응 도구(biological spill kit) 구비 • 병원체 특성별 병원 연계체계 구축 • 자체 생물안전위원회에서 위해성 평가를 완료한 생물실험체, 병원체, LMO에 한하여 실험 • 일상점검 실시	• 생물위해성평가 실시 여부 감독 • 생물실험 시설 주변에 대한 정기 소독 등 감염방지 대책 시행 • 생물실험 후 폐기물 발생에 따른 적정한 폐기 수립 및 시행
사고 대응단계	• 부상자의 오염된 보호구는 즉시 탈의하여 멸균봉투에 넣고 오염부위를 세척한 뒤 소독제 등으로 오염 부위 소독 • 부상자 발생 시 부상 부위 및 2차 감염 가능성 확인 후 기관 내 안전환경관리자에게 알리고, 필요시 소방서 신고 • 흡수지로 오염 부위를 덮은 뒤 그 위에 소독제를 충분히 부어 오염의 확산을 방지한 뒤 퇴실 • 2차 피해 우려 시 접근금지 표시를 하여 2차 유출 확대 방지	• 사고 접수 후 응급치료도구와 생물안전사고 대응도구(biobgical spill kit)를 가지고 사고현장으로 출동 • 사고현장 출동 시 적절한 개인 보호구 착용 후 사고수습 지원(마스크, 1회용 실험복, 안전장갑, 1회용 덧신 등) • 사고현장 접근금지 테이프 설치 및 현장 통제 • 필요시 생물안전위원회 소집 및 사고 대책위원회 구성
사고 복구단계	• 오염된 연구실 탈 오염 처리 및 오염 확산 방지 처리 • 사고원인 조사에 협조 • 생물안전사고 부상자의 감염 여부 관찰, 진단 및 치료 • 부상자 가족에게 사고내용 전달 및 대응 • 피해복구 및 재발방지 대책 마련·시행	• 사고 조사 완료 전까지 해당 연구실 출입 통제 • 사고 발생지 탈 오염 처리 및 오염 확산 방지 확인 후 연구실 사용 재개 결정 • 부상자의 감염 완치 여부 확인 • 연구실사고 보험 청구 • 기관 생물안전위원회에서 확립된 사고 방지(안) 실행을 연구실책임자 및 사고자에 지시, 기관 내 사고사례 전파 시행

(2) 동물 물림, 바늘 등에 의한 부상의 경우

대응 단계	해당연구실(연구실책임자, 연구활동종사자)	안전담당부서 및 생물안전관리자
사고 예방·대비단계	• 연구실은 승인받은 자만 출입하고 출입문은 항상 닫아 둠 • 연구실별 생물사고 대응 도구(biological spill kit) 구비 • 병원체 특성별 병원 연계체계 구축 • 자체 생물안전위원회에서 위해성 평가를 완료한 생물실험체, 병원체, LMO에 한하여 실험 • 일상점검 실시	• 생물위해성평가 실시 여부 감독 • 생물실험 시설 주변에 대한 정기 소독 등 감염방지 대책 시행 • 생물실험 후 폐기물 발생에 따른 적정한 폐기 수립 및 시행 • 생물실험 종사자에 대한 정기 건강검진 조치
사고 대응단계	• 즉시 실험을 멈추고 부상 부위에 식염수나 비상약 소독제로 소독하고 출혈 시 지혈 • 실험 중인 동물을 케이지에 넣어 보관하거나 병원체를 밀봉하고 부상자의 소독 및 지혈 등을 지원 • 생물안전관리자, 동물실관리자 등에게 경위를 설명하여 사고대응 지시를 받음	• 부상 정도 및 병원체 특성에 따라 적절한 처치 지시 • 실험동물 사고 시 파상풍 예방 주사 유무를 확인하고 파상풍 치료 주사 및 항생제 치료 안내 • 병원체 사용 중 찔림 사고는 병원체에 의한 2차 감염 관찰 및 예방 치료 • 사고 발생 직후 치료 외에도 2차 발병 가능성을 확인하여 추가 치료 및 완전 치료를 반드시 확인
사고 복구단계	• 사고원인 조사에 협조 • 생물안전사고 부상자의 감염 여부 관찰, 진단 및 치료 • 부상자 가족에게 사고내용 전달 및 대응 • 피해복구 및 재발방지 대책마련·시행	• 사고원인 조사 • 부상자의 감염 완치 여부 확인 • 연구실사고 보험 청구 • 기관 생물안전위원회에서 확립된 사고 방지(안) 실행을 연구실책임자 및 사고자에 지시, 기관 내 사고 사례 전파 시행

TOPIC. 2 　비상시 사고 상황에 대한 조치

1. 실험구역 내에서 감염성 물질 등이 유출된 경우

① 종이타월이나 소독제가 포함된 흡수 물질 등으로 유출물을 천천히 덮어 에어로졸 발생 및 유출 부위가 확산되는 것을 방지
② 유출 지역에 있는 사람들에게 사고 사실을 알려 연구활동종사자들이 즉시 사고구역을 벗어나게 하고 연구실책임자 및 생물안전관리자에게 보고하고 지시에 따름
③ 사고 시 발생한 에어로졸이 가라앉도록 20~30분 정도 방치한 후, 개인 보호구를 착용하고 사고 지역으로 돌아감
④ 장갑을 끼고 핀셋을 이용하여 깨진 유리조각 등을 집고, 날카로운 기기(주사 바늘 등) 등은 손상성 의료폐기물 전용용기에 넣음
⑤ 유출된 모든 구역의 미생물을 비활성화시킬 수 있는 소독제로 처리하고 20분 이상 그대로 둠

⑥ 종이타월 및 흡수 물질 등은 의료폐기물 전용용기에 넣음
⑦ 소독제를 사용하여 유출된 모든 구역을 닦음
⑧ 청소가 끝난 후 처리작업에 사용했던 기구 등은 의료폐기물 전용 용기에 넣어 처리하거나 재사용할 경우 소독 및 세척함
⑨ 장갑, 작업복 등 오염된 개인 보호구는 의료폐기물 전용 용기에 넣어 처리하고, 노출된 신체 부위를 비누와 물을 사용하여 세척하고, 필요한 경우 소독 및 샤워 등으로 오염 제거

2. 생물안전작업대 내에서 감염성 물질 등이 유출된 경우

① 생물 안전작업대의 팬을 가동시킨 후 유출 지역에 있는 사람들에게 사고 사실을 알리고 연구실책임자 및 생물안전관리자에게 보고
② 장갑, 호흡보호구 등 개인 보호구를 착용하고 70% 에탄올 등의 효과적인 소독제를 사용하여 작업대 벽면, 작업 표면 및 이용한 장비들에 뿌리고 적정 시간 동안 방치
③ 종이타월을 사용하여 소독제와 유출 물질을 치우고 모든 실험대 표면을 닦아냄
④ 생물안전작업대에서 모든 물품을 제거하기 전에 벽면에 묻어 있는 모든 오염물질을 살균 처리하고 UV램프 작동
⑤ 청소가 끝난 후 처리작업에 사용했던 기구 등은 의료폐기물 전용 용기에 넣어 처리하거나 재사용할 경우 소독 및 세척
⑥ 장갑, 작업복 등 오염된 개인 보호구는 의료폐기물 전용 용기에 넣어 소독, 폐기, 노출된 신체 부위를 비누와 물을 사용하여 세척하여야 하며 필요한 경우 소독 및 샤워 등으로 오염 제거
⑦ 만약 유출된 물질이 생물안전작업대 내부로 들어갈 경우, 기관 생물안전관리책임자 및 관련 회사에 알리고 지시에 따름

TOPIC. 3 유전자변형생물체(LMO) 비상시 조치 및 관리

1. 유전자변형생물체(LMO) 비상상황

(1) 정의

2등급 이상의 연구시설에서 다뤄지는 LMO의 유출로 인하여, 국민의 건강과 생물 다양성의 보전 및 지속적인 이용에 중대한 부정적인 영향이 발생 또는 발생할 우려가 있다고 인정되는 상황

(2) 비상상황 판단

LMO의 유출이 발생하였을 경우 비상상황 해당 여부와 해당 유출등급은 유출 또는 유출이 의심되는 유전자변형생물체의 위해도와 유출범위에 따라 판단

등급	유출 상황		보고 범위	수습
	위해도	유출 범위		
주의	1등급 연구시설	모든 범위	연구시설 설치 및 운영책임자에게 보고하고 자체처리 후 기록	자체처리
	2등급 연구시설	국소적 범위로 확산제어가 가능한 경우		
경보	2등급 연구시설	광범위한 범위로 확산제어를 위한 별도의 조치가 필요한 경우	연구시설의 부서장을 통해 과학기술정보통신부 보고 • 1차 유선보고 • 2차 서면보고	비상조치
위험	3등급 이상 연구시설	모든 범위		

① 유전자변형생물체(LMO) 유출이 발생되면 위해도와 유출범위에 따라 '주의', '경보', '위험' 등급으로 구분되며, 이 중 '경보', '위험' 등급만이 비상상황으로 분류
② 1등급 연구시설에 일어난 LMO의 모든 유출은 주위 등급에 해당
③ 2등급 연구시설에 일어난 LMO의 유출범위에 따라 주의와 경보 등급으로 구분
④ 3등급 연구시설 이상에서 일어난 LMO 유출은 위험 등급에 해당

(3) 유전자변형생물체(LMO) 유출등급에 따른 수습
① LMO 유출에 따른 수습은 유출등급에 따라 자체처리 또는 비상조치로 구분

구분	내용
자체처리	• LMO 유출등급이 주의 등급에 해당하는 경우로 LMO의 회수 및 생물학적 활성 제거 등, LMO 유출 발생기관에서 이뤄지는 자체적인 처리를 말함 • 자체처리는 연구시설 설치, 운영책임자 및 생물안전관리책임자(생물안전위원회)가 중심이 되며, 자체처리 시에는 반드시 사후기록으로 작성함
비상조치	• 비상상황에 해당하는 '경보', '위험' 등급에서 이뤄지는 조치를 말함 • 비상상황이 발생하면 유관기관에 1차 유선보고 및 2차 서면보고(비상상황발생보고서)하고, 유관기관에서 파견한 비상조치반을 중심으로 비상조치를 실시 • 비상상황이 발생하는 즉시 현장으로 비상조치반을 구성, 파견하는 것이 원칙이나, 발생 연구기관의 지리적 위치, 기타 제반사항을 고려하여 비상조치반의 구성, 파견이 즉시 이뤄질 수 없을 때에는 사과발생기관이 중심이 되어 유관기관 LMO 전문가심사위원회의 자문 및 안내를 바탕으로 사전 비상조치가 이뤄지도록 함 • 유관기관에서 구성, 파견한 비상조치반은 사전 비상조치에 대한 보고를 받고 유출 LMO의 위해도 및 유출범위를 고려하여 적절성을 검토한 뒤, 유출 발생기관의 생물안전관리책임자(생물안전 위원회)와 연구시설 설치, 운영책임자와 함께 비상조치를 실시

② LMO 유출등급에 따른 수습 알고리즘

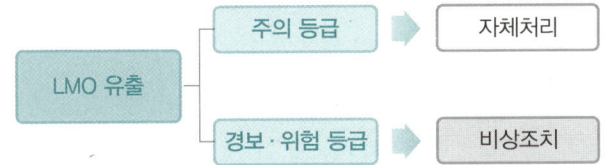

(4) 유전자변형생물체(LMO) 유출 시 연락체계도

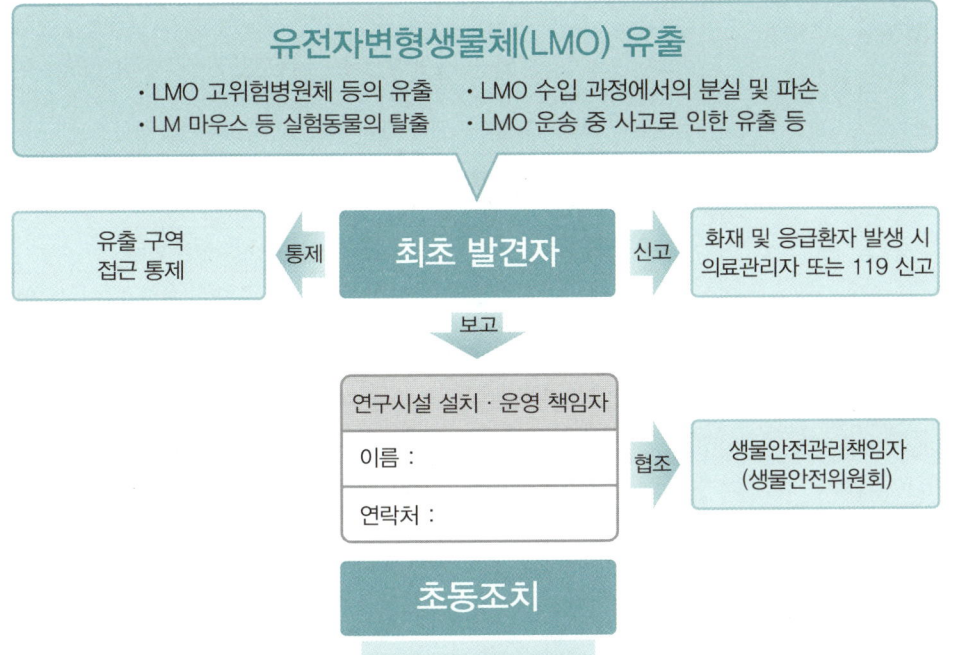

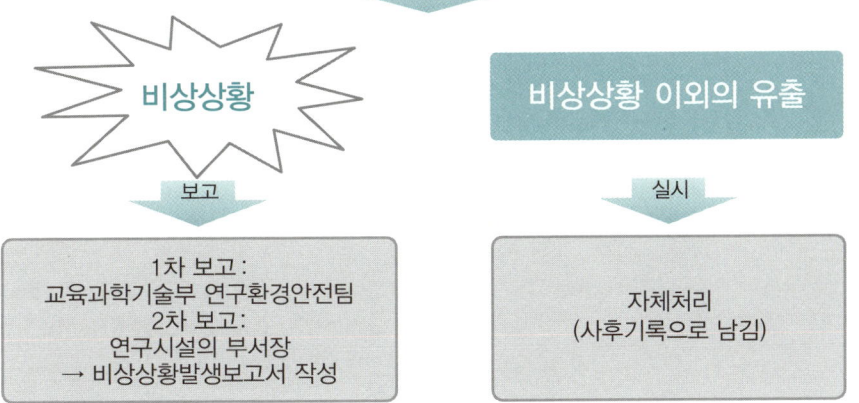

(5) 유전자변형생물체(LMO) 유출 시 행동체계도 6단계

단계	구분	내용
1단계	연락 및 통제	최초 발견자는 연구시설(격리된 시험포장, 수입 및 운송단계)에서 LMO 유출(또는 발견) 시 접근을 통제하고 즉시 연구시설 설치·운영 책임자에게 보고(응급환자 발생 시 의료관리자 또는 119 신고)
2단계	초동조치	연구시설 설치·운영 책임자는 연락받는 즉시 생물안전관리책임자(생물안전위원회)와 협조하여 초동조치 실시(출입통제, 경고표지판 부착, 상황전파 및 대피, 유출 LMO 확산방지를 위한 조치 등)

3단계	조사판단	• 연구시설 설치·운영 책임자는 생물안전관리책임자(생물안전위원회)와 함께 유출 상황을 조사하여 비상상황 해당 여부 판단
		• 비상상황 발생
		  − 1차 유선보고 : 교육과학기술부
		  − 2차 서면보고 : 연구시설의 부서장은 '유전자변형생물체 비상상황발생보고서'를 작성하여 보고 → 비상조치 실시
		• 비상상황 이외의 유출 : 기관 자체처리 후 반드시 사후기록 작성

4단계	비상조치	교육과학기술부에서 구성·파견한 비상조치반을 중심으로 LMO 제거 및 피해확산 방지를 위한 비상조치 실시(필요시 사후 모니터링) **발생 형태 / 사고수습 형태** • 연구시설 / 잘못된 사용, 화재, 폭발 : 회수 및 불활성화 조치를 취하고, 위험군에 노출된 연구자는 적절한 조치를 받을 수 있도록 함 • 수입 및 운송 / 분실, 도난 : 수입 또는 보관 시 이용기관의 협조를 통해 이동경로 확인 및 유실물 센터를 이용한 분실, 도난 LMO 확보에 중점을 둠 • 수입 및 운송 / 용기파손 : 유출된 LMO의 위험성 제거를 위하여 회수 및 불활성화 등의 적절한 조치를 취함 • 수입 및 운송 / 운송 중 : 외부환경 유출에 따른 확산방지와 유출 LMO 제거를 위한 조치 취함 • 격리포장 / 펜스붕괴, 홍수, 태풍, 지진 : 펜스의 붕괴, 홍수, 태풍, 지진 등으로 인해 LMO가 외부환경에 유출되었을 경우 회수, 제거, 방재둑 설치 등 유출범위를 최소화할 수 있도록 함
5단계	최종보고	연구기관의 장은 LMO 유출부터 비상조치까지 전 과정을 문서화하여 교육과학기술부에 보고
6단계	분석 및 재발방지	연구기관의 장은 상황종료 후 LMO 유출사고에 대한 분석 및 개선책을 마련하고 개선책을 바탕으로 재발방지교육 및 홍보 실시

TOPIC. 4 연구실사고 원인 및 응급 처치

1. 상처 및 출혈사고 원인
① 방심과 부주의에서 오는 사고 : 실험, 실습 시 제시된 실험방법을 무시하고 '이 정도는 괜찮겠지'하는 생각으로 시약의 양이나 농도를 초과 사용함으로 사고 발생
② 지식의 부족에서 오는 사고 : 실험 전 MSDS/GHS(물질안전보건자료)를 미확인하여, 사용물질의 위험성을 인지하지 못한 것에서 사고 발생
③ 실험조작의 미숙에서 오는 사고 : 유해 위험한 기구, 장비 사용 시 그 위험특성을 파악하지 못하여 사고 발생
④ 안전보호구 미착용에서 오는 사고 : 실험 중 반드시 안전보호구는 착용해야 하나, 귀찮다는 이유로 미착용하여 사고 발생
⑤ 안전수칙 미준수에서 오는 사고 : 유해 위험한 실험기구, 장비 사용과 융·복합과 복잡 다양한 실험에 맞는 안전수칙 미준수에서 사고 발생

2. 응급처치
① 옷에 불이 붙었을 때
  ㉠ 당황하여 뛰지 말고 불이 붙은 옷을 벗거나, 바닥에 구르거나, 담요나 실험복을 덮어 불을 끔
  ㉡ 얼굴 부근의 불이 아닐 경우 화학화재용 소화기를 사용하거나, 물에 섞이지 않는 유기용매에 의한 불이 아닌 경우에는 비상샤워기로 샤워 실시
② 불에 의한 화상을 입었을 때
  ㉠ 흐르는 찬물로 화상 부위를 15분 이상 식혀줌
  ㉡ 인근 병원으로 이송하여 치료
③ 화학물질에 의한 화상을 입었을 때
  ㉠ 초기 치료 목표는 노출된 화학물질의 제거와 추가 노출을 막는 것임
  ㉡ 즉시 물로 씻거나 비상샤워기로 샤워를 하고 인근 병원으로 이송하여 치료
④ 눈에 화학물질이 들어갔을 때 : 즉시 세안기를 이용하여 15분 이상 씻은 후 인근 병원으로 이송하여 치료
⑤ 유독한 기체를 흡입하였을 때
  ㉠ 즉시 통풍이 잘되는 곳으로 옮겨, 앉거나 누워서 깊게 호흡
  ㉡ 다량의 기체 흡입 시 즉시 인근 병원으로 이송하여 치료
⑥ 베었을 때 : 에탄올로 소독하고, 깨끗한 붕대나 천을 사용하여 지혈시킨 후 인근 병원으로 이송하여 치료
⑦ 화재·폭발이 발생하였을 때
  ㉠ 연구실에서 모든 학생을 대피시킴
  ㉡ 부상자는 즉시 인근 병원으로 이송하여 치료
  ㉢ 화재 발생 시 근처 소화기로 초기진화하고, 큰 화재는 신속하게 119에 연락

TOPIC. 5 사후 처리

1. 사고 보고 및 기록
① 모든 사고는 연구실책임자와 안전관리 담당 부서에 보고되어야 하고 기록으로 남겨야 하며, 안전관리 담당자에 의해 조사됨
② 사고보고 및 조사는 연구활동종사자에게 책임을 묻고, 비난하기 위한 것이 아니라 동종 혹은 유사한 사고를 막기 위한 것에 목적을 둠
③ 경미한 사고라도 조사를 통해 조처가 취해질 때 큰 사고를 막을 수 있음
④ 유해물질에 의한 장기적 노출도 같은 요령으로 안전관리 부서에 제출
⑤ 보험과 책임성의 문제도 초기 사고 기록이 존재한다면 효과적으로 처리될 수 있음

STEP 01 | 핵심 키워드 정리문제

01 (　　　　　　)(이)란 위해가능 생물체를 취급하면서 발생할 수 있는 위험으로부터 사람과 환경에 대한 안정성을 확보하는 일련의 활동을 말한다.

02 (　　　　　　)(이)란 생물학적 요인이 일으킬 수 있는 손해 발생 가능성과 그 심각성의 조합을 말한다.

03 (　　　　　　)(이)란 잠재적인 인체감염 위험이 있는 병원체를 취급하는 연구실에서 실험과 관련된 병원체 등 위험요소(hazard)를 바탕으로 실험의 위해(risk)가 어느 정도인지를 추정하고 평가하는 과정이다.

04 (　　　　　　)(이)란 미생물 및 감염성 물질 등을 취급 보존하는 실험 환경에서 이들을 안전하게 관리하는 방법을 확립하는 데 있어 기본적인 개념이다.

05 (　　　　　　)은/는 병원성 미생물 및 감염성물질을 다루는 연구실에서 취급물질, 연구활동종사자 및 연구 환경을 안전하게 보호하기 위해 사용하는 1차적 밀폐장치로 물리적 밀폐능이 있는 대표적인 실험장비이다.

06 생물안전작업대 종류 중 여과 배기, 작업대 전면부 개방, 최소 유입풍속 유지, 시험, 연구종사자 보호하는 특성을 가진 것은 (　　　　　　)이다.

07 (　　　　　　)은/는 고압기증기멸균기의 미생물을 사멸시키는 기능이 적절한지를 가늠하기 위해서 고안된 것이다.

08 (　　　　　　　)(이)란 연구실에서 미생물을 취급하거나 유해화학물질 등을 다루는 과정에서 발생 가능한 위해로부터 연구활동종사자의 안전을 지켜주는 가장 기본적인 장비이다.

09 사람에게 감염되었을 경우 증세가 심각하거나 치명적일 수 있으나 예방 또는 치료가 가능한 질병을 일으킬 수 있는 생물체의 위험군은 (　　　　　　　) 위험군이다.

10 생물안전 1등급 연구시설의 설치기준에 필수 사항으로 설치해야 하는 것은 (　　　　　　　)이다.

11 (　　　　　　　)은/는 사업장폐기물 중 폐유, 폐산 등 주변환경을 오염시킬 수 있거나 의료폐기물 등 인체에 위해를 줄 수 있는 유해한 물질이다.

12 (　　　　　　　)은/는 주사 바늘, 봉합 바늘, 수술용 칼날, 한방 침, 치과용 침, 파손된 유리재질의 시험기구 등이다.

13 폐혈액백, 혈액투석 시 사용된 폐기물, 기타 혈액이 유출될 정도로 포함되어 특별한 관리가 필요한 폐기물은 (　　　　　　　)폐기물이다.

14 실험폐기물 중 폐유기용제, 부식성 폐기물, 폐유독물의 처리를 위해서는 (　　　　　　　)을/를 해야 한다.

15 (　　　　　　　)(이)란 모든 형태의 생물, 특히 미생물을 파괴하거나 제거하는 물리적, 화학적 행위이다.

16 소독제 중 반응속도가 빠르고 잔류물이 없으며 독성이 낮고 친환경적인 것은 (　　　　　　　)이다.

17 ( )(이)란 비상상황에 해당하는 '경보', '위험' 등급에서 이뤄지는 조치를 말한다.

> 정답
> 01. 생물안전관리 02. 생물위해 03. 생물학적 위해성 평가 04. 밀폐 05. 생물안전작업대 06. CLASS 1
> 07. 생물학적 지표인자 08. 개인보호구 09. 제3위험군 10. 고압증기멸균기 11. 지정 폐기물 12. 손상성 폐기물
> 13. 혈액오염 14. 고온 소각 15. 멸균 16. 과산화수소 17. 비상조치

STEP 02 | 핵심 예상문제

01 다음 빈칸에 들어갈 내용을 서술하시오.

> (①)은/는 생식과 번식이 가능한 살아있는 생물체만을 일컫는 데 반해, (②)은/는 생식이 불가능한 생물체 모두를 포함한 것으로 (③)보다 좀 더 넓은 범위의 용어이다.

정답

① LMO, ② GMO, ③ LMO

02 생물안전 확보에 필요한 중요 요소 3가지를 서술하시오.

정답

위해성 평가능력 확보, 물리적 밀폐 확보, 운영방안 확보 및 이행

03 다음 빈칸에 들어갈 내용을 서술하시오.

> 생물학적 위해성 평가 5단계 중 (①)단계에서 (②)와/과 (③)은/는 시간의 함수로써 표현되는데, (④)은/는 농도와 시간으로 표현되는 반면, (⑤)은/는 양과 시간으로 표시된다.

정답

① 노출평가, ② 노출, ③ 용량, ④ 노출, ⑤ 용량

04 다음 빈칸에 들어갈 내용을 서술하시오.

> 위해란 위험요소(hazard)에 노출되거나 위험요소로 인하여 손상(harm)이나 건강의 악영향을 일으킬 수 있는 (①) 또는 (②)을/를 의미한다.

정답
① 기회(chance), ② 가능성(probability)

05 물리적 밀폐 확보 구성에 필요한 3요소를 서술하시오.

정답
연구실 준수사항 및 안전관련 기술, 안전장비, 안전시설

06 생물안전작업대 종류별 배기량과 기류 속도에 관한 표이다. 빈칸에 들어갈 내용을 서술하시오.

구분		배기량	전면부 최소 평균 기류속도(m/sec)
CLASS I		(①)	0.36
CLASS II	A1	급기의 30%	(③)
	A2	급기의 30%	0.51
	B1	(②)	0.51
	B2	급기의 100%	0.51
CLASS III		급기의 100%	—

정답
① 급기의 100%, ② 급기의 70%, ③ 0.38~0.51

07 다음 빈칸에 들어갈 내용을 서술하시오.

> 고압증기멸균기를 이용하는 습열멸균법은 실험 등에서 널리 사용되는 멸균법으로 일반적으로 (①)℃에서 (②)분간 멸균처리하는 방식이다.

정답

① 121, ② 15

08 다음 빈칸에 들어갈 내용을 서술하시오.

> 멸균 지표인자는 화학적 지표인자와 생물학적 지표인자로 나눌 수 있으며, 이 중 화학적 지표인자는 (①) 지표인자와 (②) 지표인자로 구분된다.

정답

① 화학적 색깔변화, ② 테이프

09 다음은 원심분리기 사용 시 주의 사항이다. 빈칸에 들어갈 내용을 서술하시오.

> - 원심분리기 사용 시, 설명서를 완전히 숙지한 후 사용
> - 장비는 사용자가 불편하지 않은 높이로 설치
> - 원심분리관 및 용기는 견고하고 두꺼운 재질로 제조된 것을 사용하며 원심분리할 때는 항상 뚜껑을 단단히 잠금
> - 버켓 채로 균형을 맞추어 사용하여야 하며, 동일한 무게의 버켓 내에 원심관의 위치가 (①) 방향으로 서로 (②)이/가 되도록 조정하여야 하고, 로터에 직접 넣을 경우 제조사에서 제공하는 지침에 따라 그 양을 조절
> - 사용하고자 하는 원심관이 (③)일 경우 증류수나 70% (④)을/를 빈 원심분리관에 넣어 무게조절용 원심분리관으로 사용

정답

① 대각선, ② 대칭, ③ 홀수, ④ 알코올

10 감염성 또는 잠재적 감염성이 있는 혈액, 세포, 조직 등을 취급하는 연구활동 시 착용해야 하는 보호구를 3개 이상 서술하시오.

정답
보안경 또는 고글, 일회용 장갑, 수술용 마스크 또는 방진마스크

11 연구시설의 생물안전등급은 연구활동종사자에 대한 위해 정도와 수행하는 실험 내용, 생물체의 위험 정도에 따라 1~4등급으로 다음과 같이 구분한다. 빈칸에 들어갈 내용을 서술하시오.

- 생물안전 1등급 실험실 : BL 1
- 생물안전 2등급 (①) : BL 2
- 생물안전 3등급 (②) : BL 3
- 생물안전 4등급 (③) : BL 4

정답
① 실험실, ② 밀폐실험실, ③ 최고 밀폐 실험실

12 다음 빈칸에 들어갈 내용을 서술하시오.

생물안전 1등급 시설의 경우 기관생물안전위원회 설치·운영은 (①) 사항이며, 생물안전관리책임자 임명은 (②) 사항이다.

정답
① 권장, ② 필수

13 다음은 생물안전 등급에 따른 허가 신고 여부이다. 빈칸에 들어갈 내용을 서술하시오.

생물안전등급	허가 또는 신고 여부
1등급	(①)
2등급	
3등급	(②)
4등급	(③)

정답
① 신고, ② 환경위해성 허가, ③ 인체위해성 허가

핵심 예상문제 **237**

14 생물안전 2등급 연구시설의 운영기준 필수 사항을 서술하시오.

정답

기관생물안전위원회를 구성 및 운영, 생물안전관리책임자 임명

15 다음은 생물안전 4등급 연구시설의 설치기준이다. 빈칸에 들어갈 내용을 서술하시오.

- 내부 벽은 설정 압력의 (①)배 압력에 뒤틀림이나 손상이 없도록 설치
- 시설 환기는 시간당 최소 (②)회 이상 유지
- 배기 덕트에 (③)단의 헤파필터 설치
- 배기 헤파필터 전단에 버블타이트형 댐퍼 또는 동급 이상의 댐퍼 설치
- 배기 헤파필터 전단부분의 덕트 및 배기 헤파필터 박스는 (④)Pa 이상의 압력을 (⑤)분간 견디는 구조를 가짐. 이때, 누기율은 1% 이내를 유지
- 급기 덕트에 헤파필터 설치
- 예비용 배기 필터박스를 설치
- 실험구역 또는 실험실 내부에 손 소독기 및 눈 세척기 설치

정답

① 1.25, ② 20, ③ 2, ④ 2,500, ⑤ 30

16 사업장 폐기물은 사업장에서 발생되는 폐기물을 말한다. 이 중 일반폐기물의 종류를 서술하시오.

정답

지정폐기물, 건설폐기물

17 위해 의료폐기물의 종류를 3가지 이상 서술하시오.

정답

- 조직물류 폐기물
- 병리계 폐기물
- 손상성 폐기물
- 생물 · 화학 폐기물
- 혈액오염 폐기물

18 다음 빈칸에 들어갈 내용을 서술하시오.

> 손상성 폐기물의 전용용기는 (①)이며, 도형의 색상은 (②)이다.

[정답]
① 상자형 합성수지류, ② 노란색

19 다음 빈칸에 들어갈 내용을 서술하시오.

> 격리 의료 폐기물의 보관기간은 (①)일이고, 손상성 폐기물의 보관기간은 (②)일이다.

[정답]
① 7, ② 30

20 다음 빈칸에 들어갈 내용을 서술하시오.

> 의료폐기물 전용용기의 (①) 용기에는 그 용량의 (②)% 미만으로 의료폐기물을 넣어야 하며, 위탁처리 시 상자형 용기에 담아 배출해야 한다.

[정답]
① 봉투형, ② 75

21 다음은 의료폐기물 보관시설 유지관리 방법이다. 빈칸에 들어갈 내용을 서술하시오.

- 보관창고 바닥과 안벽은 세척이 쉽도록 물에 잘 견디는 타일, 콘크리트 등의 재질로 설치
- 보관창고는 (①)와/과 이를 보관할 수 있는 시설을 갖추고, 냉장시설에는 내부 온도를 측정할 수 있는 온도계를 부착
- 냉장시설은 (②)℃ 이하의 설비를 갖추어야 하며, 보관 중에는 내부 온도를 (③)℃ 이하로 유지
- 보관창고, 보관장소, 냉장시설은 주 (④)회 이상 약물소독으로 소독
- 보관창고와 냉장시설은 의료폐기물이 밖에서 보이지 않는 구조로 되어있어야 하며, 외부인의 출입을 제한
- 보관창고, 보관장소, 냉장시설에는 보관 중인 의료폐기물의 종류, 양, 보관기간 등을 확인할 수 있는 표지판을 설치하여 출입문에 붙여야 함

정답

① 소독장비, ② 4, ③ 4, ④ 1

22 다음은 생물안전 등급별 실험폐기물의 처리방법 중 생물안전 3등급에 대한 처리방법이다. 빈칸에 들어갈 내용을 서술하시오.

- 연구시설에서 배출되는 공기는 (①)을/를 통해 배기
- 별도 (②)을/를 설치하고, 압력기준[고압증기멸균 방식 : 최대 사용압력의 (③)배, 화학약품처리 방식 : 수압 (④)kPa 이상]에서 (⑤)분 이상 견딜 수 있는지 확인

정답

① 헤파필터, ② 폐수탱크, ③ 1.5, ④ 70, ⑤ 10

23 소독제의 소독효과에 영향을 미칠 수 있는 요인을 3개 이상 서술하시오.

정답

소독제의 농도, 미생물 오염의 종류와 농도, 유기물의 존재, 접촉시간, 물리적·화학적 요인

24 멸균 처리 과정의 3가지 종류를 서술하시오.

정답

습열멸균, 건열멸균, 가스멸균

25 다음은 가스멸균에 대한 설명이다. 빈칸에 들어갈 내용을 서술하시오.

> - (①) 증기에 노출시키는 것으로 주로 일회용 플라스틱 실험도구를 멸균하는 데 사용
> - 밀폐된 공간에서 (②)℃의 온도로 (③)시간 동안 노출 시켜 멸균이 이루어짐

[정답]
① 산화에틸렌, ② 160, ③ 4

26 소독·멸균 효과에 영향을 미치는 요소를 3개 이상 서술하시오.

[정답]
유기물의 양, 표면윤곽, 소독제 농도, 시간 및 온도, 상대습도, 물의 경도 및 세균의 부착능

27 다음은 소각에 대한 내용이다. 빈칸에 들어갈 내용을 서술하시오.

> - 적절한 소각을 위해서는 효율적인 온도 관리 수단과 2차 연소실이 필요하다.
> - 1차 연소실의 온도가 최소 (①)℃이고, 2차 연소실 온도는 최소 (②)℃인 장치가 가장 이상적이다.
> - 소각할 폐기물은 (③)에 담아 소각 장치로 이동하고, 소각 장치 운전자는 적재와 온도 관리에 관한 교육 필수이다.

[정답]
① 1,000, ② 800, ③ 플라스틱 백(Bag)

28 다음 빈칸에 들어갈 내용을 서술하시오.

> 유전자변형생물체(LMO) 유출이 발생되면 위해도와 유출범위에 따라 '주의', '경보', '위험' 등급으로 구분되며, 이 중 (①), (②)등급만이 (③)(으)로 분류된다.

[정답]
① 경보, ② 위험, ③ 비상상황

29 생물안전 등급별 실험폐기물의 처리방법 중 생물안전 4등급의 처리방법에 대해 서술하시오.

> **정답**
> - 실험폐수는 고압증기멸균을 이용하는 생물학적 활성을 제거할 수 있는 설비를 설치
> - 연구시설에서 배출되는 공기는 2단의 헤파필터를 통해 배기

30 유전자변형생물체(LMO) 유출 시 행동체계도 6단계를 서술하시오.

> **정답**
> - 1단계 : 연락 및 통제
> - 2단계 : 초동조치
> - 3단계 : 조사판단
> - 4단계 : 비상조치
> - 5단계 : 최종보고
> - 6단계 : 분석 및 재발방지

31 생물이용 연구실의 안전관리 관련 법령 중 생물안전 및 보안에 해당되는 법령을 3개 이상 서술하시오.

> **정답**
> 유전자변형생물체의 국가 간 이동 등에 관한 법률, 생명공학육성법, 감염병과 예방 및 관리에 관한 법률, 화학무기·생물무기의 금지와 특정화학물질·생물작용제 등의 제조·수출입 규제 등에 관한 법률, 국민보호와 공공안전을 위한 테러방지법, 가축전염병 예방법, 수산생물질병 관리법, 식물방역법

32 생물학적 위해성 평가 5단계를 서술하시오.

> **정답**
> - 1단계 : 위험요소 확인
> - 2단계 : 노출평가
> - 3단계 : 용량–반응 단계
> - 4단계 : 위해특성
> - 5단계 : 위해성 판단

33 연구실 주요 위해요소를 5개 이상 서술하시오.

> 정답
- 생물학적 위험요소
- 화학적 위험요소
- 기계적 위험요소
- 전기적 위험요소
- 열역학적 위험요소
- 방사능적 위험요소

34 감염성 에어로졸의 노출에 의한 감염 위험성이 클 경우에는 미생물이 외부환경으로 방출되는 것을 방지하기 위해 높은 수준의 1차적 밀폐와 2차적 밀폐가 필요하다. 이때 1차적 밀폐와 2차적 밀폐에 대해 서술하시오.

> 정답

1차적 밀폐	• 연구활동종사자와 연구실 내부 환경이 감염성 병원체 등에 노출되는 것을 방지할 때 적용 • 1차적 밀폐는 정확한 미생물학적기술의 확립과 적절한 안전방지를 사용하는 것이 중요
2차적 밀폐	• 실험 외부환경이 감염성 병원체 등에 오염되는 것을 방지할 때 적용 • 연구시설의 올바른 설계 및 설치, 시설 관리 운영하기 위한 수칙 등을 마련하고 준수하는 활동

35 고압증기멸균기 사용 시 일반적인 주의사항을 3개 이상 서술하시오.

> 정답
- 고압증기멸균기의 작동 여부를 확인하기 위한 화학적, 생물학적 지표인자(Indicator) 사용
- 멸균이 진행되는 동안, 내용물을 안전하게 담은 상태로 유지할 수 있는 적절한 용기의 선택
- 멸균을 실시할 때마다 각 조건에 맞는 효과적인 멸균 시간 선택
- 고압증기멸균기 사용일지의 작성 및 관리
- 고압증기멸균기의 작동방법에 대한 교육 실시

36 생물체는 인체에 미치는 위해 정도에 따라 4개 위험군으로 나누어진다. 생물체 위험군과 대상에 대하여 서술하시오.

> 정답

생물체 위험군	대상
제1위험군	건강한 성인에게는 질병을 일으키지 않는 것으로 알려진 생물체
제2위험군	사람에게 감염되었을 경우 증세가 심각하지 않고 예방 또는 치료가 비교적 용이한 질병을 일으킬 수 있는 생물체
제3위험군	사람에게 감염되었을 경우 증세가 심각하거나 치명적일 수 있으나 예방 또는 치료가 가능한 질병을 일으킬 수 있는 생물체
제4위험군	사람에게 감염되었을 경우 증세가 매우 심각하거나 치명적이며 예방 또는 치료가 어려운 질병을 일으킬 수 있는 생물체

37 소독제 중 요오드의 장점과 단점을 서술하시오.

> 정답

- 장점 : 넓은 소독범위, 활성 pH 범위가 넓음
- 단점 : 포자에 대한 가변적 소독효과, 유기물에 의해 소독력 감소

38 실험폐기물 처리 관련 규정에 대해 서술하시오.

> 정답

- 폐기물관리법에 따라 폐기물을 구분하고 성상별(멸균, 비멸균, 손상, 액상 등)로 전용용기에 폐기
- 폐기물 종류별로 기간 내에 폐기할 수 있도록 기관 실험폐기물 처리 규정 마련 필수
- 폐기 기록서 구비
- 폐기물 위탁 수거처리 확인서

39 생물안전 사고 유형별 대응에서 감염성 물질 등이 안면부에 접촉되었을 경우 대응 방안을 서술하시오.

> 정답

- 눈에 물질이 튀거나 들어간 경우, 즉시 눈 세척기(Eye Washer) 또는 흐르는 깨끗한 물을 사용하여 15분 이상 세척하고 눈을 비비거나 압박하지 않도록 주의
- 필요한 경우 샤워실을 이용하여 전신 세척
- 발생사고에 대해 연구실책임자에게 즉시 보고하고 필요한 조치를 받음
- 연구실책임자는 기관 생물안전관리 책임자 또는 의료관리자에게 보고하고, 취급하였던 감염성 물질을 고려한 적절한 의학적 조치 등을 취함

40 병원성 물질이 유출되었을 경우 사고 대응단계에서 안전담당부서 및 생물안전관리자가 해야 할 대응요령을 서술하시오.

> 정답
> - 사고 접수 후 응급치료도구와 생물안전사고 대응도구(biobgical spill kit)를 가지고 사고현장으로 출동
> - 사고현장 출동 시 적절한 개인 보호구 착용 후 사고 수습 지원(마스크, 1회용 실험복, 안전장갑, 1회용 덧신 등)
> - 사고현장 접근금지 테이프 설치 및 현장 통제
> - 필요시 생물안전위원회 소집 및 사고 대책위원회 구성

MEMO

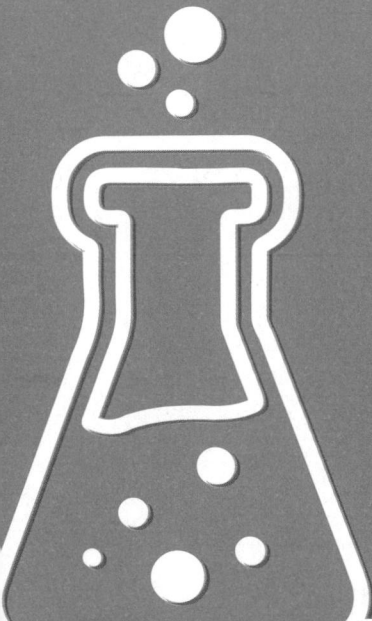

PART 05
연구실 전기·소방 안전관리

CHAPTER 01 | 소방기초이론
CHAPTER 02 | 소방안전관리
CHAPTER 03 | 전기 일반 및 위험성 분석
CHAPTER 04 | 전기화재 원인
CHAPTER 05 | 정전기, 감전 예방, 소화 안전규칙
CHAPTER 06 | 방재장비 및 방재설비
CHAPTER 07 | 소방시설 및 운영기준
CHAPTER 08 | 전기시설 및 운영기준

01 소방기초이론

키워드
연소, 화재, 소화

TOPIC. 1 연소

1. 연소 관련 기본 용어

① **연소** : 물질이 빛이나 열 또는 불꽃을 내면서 빠르게 산소와 결합하는 반응으로 가연물이 공기 중의 산소 또는 산화제와 반응하여 열과 빛을 발생하면서 산화하는 현상
② **인화점** : 가연성 증기가 발생하고 이 증기가 대기 중에서 연소범위 내로 산소와 혼합될 수 있는 최저온도

〈가연물의 인화점〉

가연물질	인화점(℃)	가연물질	인화점(℃)
아세트알데하이드	−37.7	메틸알코올	11
이황화탄소	−30	에틸알코올	13
휘발유	−20 ~ −43	등유	30 ~ 60
아세톤	−18	중유	60 ~ 150
톨루엔	4.5	글리세린	160

③ **연소점(Fire point)** : 가연성 액체(고체)를 공기 중에서 가열하였을 때 점화한 불에서 발열하여 계속적으로 연소하는 액체(고체)의 최저온도
④ **발화점(착화점, Auto ignition point)** : 별도의 점화원이 존재하지 않는 상태에서 온도가 상승하면 스스로 연소를 게시하게 되는 온도를 가지는데 이때 화염이 발생하는 최저온도

⟨가연물의 발화점⟩

가연물질	발화점(℃)	가연물질	발화점(℃)
황린	34	석탄	350
셀룰로이드	180	부탄	365
휘발유	257	중유	400
등유	245	목재	400 ~ 450
에틸알코올	363	프로판	423

⑤ 연소범위(연소한계, 폭발범위, 폭발한계) : 연소할 수 있는 가연물과 공기 혼합 비율의 범위
  ㉠ 연소하한계 : 연소할 수 있는 가연물 혼합 비율의 최소 한계(산소 과잉, 연료 부족)
  ㉡ 연소상한계 : 연소할 수 있는 가연물 혼합 비율의 최대 한계(산소 부족, 연료 과잉)

⟨가연물의 연소범위⟩

가연물질	연소범위(vol%)	가연물질	연소범위(vol%)
아세틸렌	2.5 ~ 81	아세톤	2 ~ 13
수소	4.1 ~ 75	프로판	2.1 ~ 9.5
메틸알코올	7 ~ 37	휘발유	1.4 ~ 7.6
에틸알코올	3.5 ~ 20	중유	1 ~ 5
암모니아	15 ~ 28	등유	0.7 ~ 5

⑥ 한계산소농도(최소산소농도) : 가연성 혼합가스 내에 화염이 전파될 수 있는 최소한의 산소 농도
  ※「불활성 가스 치환에 관한 기술지침(KOSHA GUIDE P-80-2011)」, 한국산업안전보건공단, 2011
⑦ 증기 비중 : 대기중에서 공기와의 무게의 비:증기 비중＝기체의 분자량/공기의 분자량
  예 Cl_2의 증기 비중＝70.9054/29＝2.45

2. 연소의 요소

① 개요 : 가연물질(가연물), 산소공급원, 점화원을 연소의 3요소라고 하며 연쇄반응까지 합하여 연소의 4요소라고 부르기도 함
② 가연물질
  ㉠ 불에 잘 타거나 또는 그러한 성질을 가지고 있는 물질
  ㉡ 이연성 물질(쉽게 불에 탈 수 있는 물질)이라고도 함
  ㉢ 고체, 액체, 기체 대부분의 유기화합물과 가연성 가스
  ㉣ 활성화 에너지가 작아 적은 에너지만으로도 활성화 상태에 도달하여 발화에 이르게 됨과 동시에 반응열이 크기 때문에 연소가 잘 됨

③ 산소 공급원

공기	• 공기 중에 함유되어 있는 산소(O_2)는 공기 중에 약 1/5 정도 존재함 • 산소는 공기 중의 다른 물질과 기체 상태로 충분히 혼합되어 있어 공기는 가연성 물질을 연소하는 데 필요한 산소의 공급원이 됨
산화제	• 가열, 충격, 마찰에 의해 산소를 발생함 • 제1류 위험물 : 산소를 함유하고 있는 강산화제로 염소산염류, 과염소산염류, 과산화물, 질산염류, 과망간산염류, 무기과산화물류 등 • 제6류 위험물 : 과염소산, 질산 등
자기반응성 물질	• 분자 내에 가연물과 산소를 충분히 함유하고 있는 위험물로 연소 속도가 빠르고 폭발을 일으킬 수 있는 물질 • 제5류 위험물 : 니트로글리세린(NG), 셀룰로이드, 트리니트로톨루엔(TNT) 등

④ 점화에너지
   ㉠ 가연물이 연소를 시작할 때 필요한 열에너지
   ㉡ 점화원의 '원'은 원인의 개념으로 열원, 열에너지, 필요에너지, 발화원, 착화원, 활성화에너지 등과 동일 의미임
   ㉢ 점화원의 형태 분류

구분	종류
물리적 점화원	마찰열, 기계적 스파크, 단열압축 등
전기적 점화원	합선(단락), 누전, 반단선, 불완전접촉(접속), 과전류, 트래킹 현상, 정전기 방전 등
화학적 점화원	화학적 반응열, 자연발화 등

   ㉣ 점화원 종류별 특징 및 예방 대책

구분	특징	예방 대책
마찰열	접촉하고 있는 두 물체가 마찰할 때 생기는 열	마찰 부위에 윤활 조치를 충분히 할 것, 마찰열 발생지점과 가연물 또는 위험물질 간 충분한 거리 유지할 것
기계적 스파크	금속, 특히 철을 함유하는 금속이 충격 또는 마찰할 때 발생하는 열로 육안으로 확인할 수 있는 스파크가 발생함	충격 시 스파크가 발생하지 않는 공구(고무, 가죽, 나무 등)로 대체할 것, 스파크 발생 작업 시 가연물 제거 등
단열압축	• 기체의 온도를 높이기 위해 기체를 압축하는 방법 • 탱크나 실린더 내 압력을 가할 시 발생	압력탱크 내 가연성 연료-공기 혼합기 발생 억제, 용기 내 이상압력 발생 억제 등
합선 (단락)	전기가 통하고 있는 도체의 절연 상태가 나빠져 서로 통전되는 경우, 특히 선간 저항체의 간섭없이 직접적으로 접촉하는 상태를 말함	선간 및 도체 간 절연 상태 점검, 전선의 꺾임이나 눌림, 하중, 장력, 열, 자외선 등 절연파괴의 환경 제거, 방폭구조 적용, 가연물 격리 관리 등
누전	전기가 설계된 회로 외의 경로로 흘러가는 현상	누전차단기 설치, 도체의 절연 피복 및 절연체 손상 방지, 가연물 관리 방폭구조 적용, 전기회로상 청결 유지 및 가연물 관리 등

반단선	전기 코드가 전기기구 사용 시의 반복 굴절 등에 의해 피복 내부에서 소선 일부가 끊어진 상태	배선의 운동부 수시 점검, 코드 스토퍼 적용, 운동부의 완만한 운동반경 유지, 방폭구조 적용 등
불완전 접촉 (접속)	접촉(접속) 불량이라고도 하며 접속부의 불완전한 접속이나 접촉에 의해 저항이 발생하는 현상	접촉압력 상승, 접촉면적 증가, 고유저항이 낮은 재료 사용, 진동 억제, 사용 중 발열 여부 점검, 방폭구조 적용, 전기회로상 접촉면 청결 유지 및 가연물 관리 등
과전류	회로상에 설계된 것 이상의 전류가 흐르는 현상	과부하 차단기 사용, 허용전류 내 전류 사용, 서지보호장치 적용, 방화구조 적용, 전기회로상 접촉면 청결 유지 및 가연물 관리 등
트래킹 현상	전압이 인가된 도체 사이의 유기절연체에 탄화도전로가 형성되는 현상	과전류 차단기 설치, 절연체 표면의 청결 유지, 누수 및 습기 수시 점검, 소호 장치 등, 아크 감소 대체, 무기질 절연재료의 사용, 방폭구조 적용 등
정전기 방전	자유전자의 축적이 많아지면 정전압이 상승하고, 정전압이 상당량 상승하면 전계를 형성하는데 이때 반대 극성의 물체(또는 전위차가 큰 물체)와 가까워졌을 때 전자가 아크(Arc)로서 순간 방전되는 현상	제전 대책 강구, 접지, 본딩 유지, 습도 유지, 가연물 관리, 방폭구조 적용 등
화학적 반응열	• 반응열만 발생시키는 경우 : 생석회와 수분이 반응할 경우 생석회는 수산화칼슘을 생성하는데 이 물질이 연소되지는 않으나 반응열로 인해 주변 가연물에 화재 발생할 수 있음 • 반응열과 물질 자체가 연소하는 경우 : 산소화합물(산소 또는 물)과 금속나트륨이 반응할 경우 열과 수소를 발생시킴 • 금속의 화학반응에 의한 경우 : 마그네슘 분말, 알루미늄 분말, 아연 분말 등의 경우 공기 중 수분과 반응하여 산화발열이나 수소를 발생시키고 공기 중에 부유하여 폭발할 수 있음	화학물질의 분리 보관, 주변 가연물과 충분한 거리 유지, 반응 폭주 예방 대책 등
자연발화	일반적인 대기 상황에서 별도의 열원 없이 물질 스스로가 발열하여 발화에 이르는 현상	공기 유통으로 열을 분산, 저장실의 온도는 낮게 유지, 가연물 관리, 습도가 높은 곳은 피함 등

⑤ **연쇄반응**

㉠ 한 개의 라디칼이 주변의 분자를 공격하면 두 개의 라디칼이 만들어지면서 라디칼 수가 급격히 증가하는 현상

㉡ 라디칼 : 가연성 물질과 산소 분자가 점화에너지를 받아 불안정한 과도기적 물질로 나누어지면서 활성화되는 상태

3. 연소 형태의 이해
① 기체의 연소 : 혼합연소, 확산연소
② 액체의 연소 : 증발연소, 분무연소 등
③ 고체의 연소 : 분해연소, 증발연소, 표면연소 등

TOPIC. 2   화재이론

1. 화재
실화, 방화, 자연발화 등 사람의 의도에 반하거나 고의에 의해 발생하는 연소현상

2. 화재의 분류
① **일반화재(A급 화재)** : 산소와 친화력이 큰 가연물에 의한 화재로 나무, 종이, 의류 등 일반적인 가연물들의 연소를 말하며, 일반적으로 사무실이나, 가옥 등 생활공간이 연소되는 화재를 말함

가연물	면직물, 목재 및 목재 가공품, 종이, 볏짚, 플라스틱, 석탄 등
발생 원인	연소기 및 화기 사용 부주의, 담뱃불, 불장난, 방화, 전기 등 다양한 점화원이 존재할 수 있음
예방 대책	열원의 취급 주의, 가연물을 열원으로부터 격리 및 보호 등
소화 방법	소화수에 의한 냉각소화, 폼(Form) 및 분말소화기를 이용한 질식소화가 유리함

② **유류화재(B급 화재)** : 가솔린이나 시너, 알코올 등 인화성 액체 가연물이 연소하는 화재를 말함

가연물	휘발유, 시너, 알코올, 동·식물류 등으로 주된 가연물이 유류인 화재
발생 원인	A급 화재에 비하여 발열량이 크며, 누설된 가연물이 낮은 온도에서 증발하므로 유증기가 공기와 혼합을 이루면 A급 화재의 점화원은 물론 정전기, 스파크 등 낮은 에너지를 가지는 점화원에서도 착화됨
예방 대책	환기나 통풍시설 작동, 방폭 대책 강구, 가연물을 점화원으로부터 격리 및 보호, 저장시설의 지정
소화 방법	• 폼(Form)이나 분말소화기를 이용, CO_2 등 불활성 가스를 사용한 질식소화가 유리 • 소화수 등으로 냉각소화를 시도할 경우 흐르는 물의 표면을 따라 화염이 유동하여 화재를 확신시킬 수 있음

③ **전기화재(C급 화재)** : 전기가 흐르고 있는 장치(고압의 송전, 배전시설, 컴퓨터, TV 등 사무 및 생활 가전기기)에서 발생한 화재

가연물	화재 성장 후에는 주변의 여러 가지 가연물이 연소될 수 있을 것이나, 전기적인 원인에 의해 발화하는 경우에는 배선의 피복이나 전기·전자 기기의 외함이 됨
발생 원인	절연 피복 손상, 아크, 접촉 저항 증가, 합선, 누전, 트래킹, 반단선 등의 전기적인 발열에 의해 발화할 수 있으며, 기타 다른 원인에 의한 전기기설의 화재도 연소 중인 현재 전기가 흐르고 있다면 C급 화재로 분류

예방 대책	전기기기의 규격품 사용, 퓨즈 차단기 등 안전장치의 적용, 과열부 사전 검색 및 차단, 접속부 접촉 상태 확인 및 보수, 점검 등
소화 방법	• 분말소화기 사용을 추천하며, 소화수 등의 사용 시 경우에 따라 감점의 위험이 있음 • 장비 및 시설비용을 감안하여 CO_2 등의 불활성 기체를 통한 질식소화의 방법이 권장됨

④ **금속화재(D급 화재)** : 금속을 포함한 화재

가연물	금속칼륨, 금속나트륨, 마그네슘, 리튬, 칼슘 등
발생 원인	위험물의 수분 노출, 작업공정에서 열 발생, 처리 및 반응제어 과실, 공기 중 방치 등 정전기에 의한 폭발
예방 대책	금속 가공 시 분진 생성 억제, 기계 및 공구에서 발생하는 열의 적절한 냉각, 환기시설 작동, 자연발화성 금속의 저장용기나 저장액 보관, 수분접촉 금지, 분진에 대한 폭발방지대책 강구
소화 방법	가연물의 제거 및 분리, 질식 소화의 방법이 있음. 금수성 물질이므로 소화수 등 수계소화약제에 의한 진화는 불가하며, 금속분진이 있는 경우에는 소화작업에서 압력이 발생하여 그 공기의 유동에 의해 2차 폭발이나 화재 확산의 위험성이 있음

⑤ **주방화재(K급 화재)** : 조리에 사용되는 유지류(식용유 등)의 과열에 의한 화재

가연물	콩기름, 포도씨 기름, 돼지기름, 버터, 참기름 등 다양한 식용 식물성, 동물성 기름이 해당됨
발생 원인	대부분 식용 기름의 조리 중 과열 또는 방치에 의해 화재 발생
예방 대책	조리기구 과열방지장치 장착, 조리된 음식 방치 금지, 적절한 기름 온도 유지, 조리기구 근처 가연물 제거, 조리시설 상방에 자동소화기 설치
소화 방법	• 주방화재에 적응성이 있는 K급 소화기로 소화함 • 소화수 등 수계소화 방법을 사용하였을 때에는 고온의 유면에 접촉된 물방울이 순간 기화되면서 발생한 압력에 의해 기름이 비산되고, 비산된 미분의 기름에 의해 화재가 급격히 성장할 수 있으며 인체에 화상의 위험이 있음

3. 연기

① 연기 : 다량의 유독가스를 함유하고 유동 확산이 빠르며, 광선을 흡수하고 천장 부근 상층에서부터 축적되어 하층까지 이루어진 것 등을 의미. 화재로 인한 연기는 고열
② 연기의 성질 : 기체 중 완전 연소가 되지 않은 가연물이 고체 미립자가 되어 떠다니는 상태로, 눈에 보이는 연소생성물로서 고체입자(탄소, 타르)와 농축 습기로 구성됨
③ 연기의 확산과 유동
    ㉠ 연기는 미립자 상태의 액체 및 고체가 혼합되어 공기의 유동에 따라 자연스럽게 이동
    ㉡ 연기 성분 중 고체인 그을음(탄소)은 이동 중 다른 물체에 축적 및 부착되는데, 이 상태를 확인하여 연기의 이동 방향을 판단할 수 있음
    ㉢ 매끄러운 부분보다 거친 부분에 부착 및 축적이 용이함
④ 위험성
    ㉠ 연기 속에 포함된 불투명 미립자들은 광원을 가려 빛을 막기 때문에 연기가 짙어질수록 시야 확보가 어려워져 피난 활동이 지연되거나 불가능해짐

ⓒ 연소 시에 발생하는 유독가스는 대부분 자극성이 강하여 눈을 뜨기 어렵게 만들고 두통, 의식상실, 구토, 산소 결핍 등의 증상을 유발함
ⓒ 화재 피해자 대부분의 사망 원인은 열기에 의한 것보다는 일산화탄소 및 유독가스의 중독이 대부분임
ⓔ 위급 상황 시 시야의 장애는 심리적으로 패닉을 초래하는 중요한 요소임
ⓜ 피해 당사자가 극도의 위험한 상황에 처했다는 것을 인식하는 것만으로도 패닉을 초래할 수 있음
ⓗ 시각적, 생리적 요인에 의해 영향을 받으면 패닉 현상은 더욱 촉진되거나 가중됨

⑤ **농도**
  ㉠ 유독가스 농도가 짙은 경우 사망을 초래하는 치명적인 요소가 됨
  ㉡ 농연에서는 단 수회의 호흡만으로도 의식을 잃거나 사망하는 것으로 알려짐

⑥ **안전대책** : 연기가 위로부터 축적되기 때문에 피난 유도등은 바닥이나 낮은 곳에 설치하도록 되어 있음

⑦ **연소가스의 종류와 특성**

일산화탄소 (CO)	• 상온에서 염소와 작용하여 유독성 가스인 포스겐($COCl_2$)을 생성하기도 함 • 무색·무취·무미의 환원성이 강한 가스 • 인체 내 헤모글로빈과 결합하여 산소 운반기능을 약화시킴으로써 질식하게 함
이산화탄소 (CO_2)	• 무색무미의 기체로 공기보다 무거움 • 가스 자체는 독성이 거의 없으나, 다량 존재할 경우 사람의 호흡 속도를 증가시키고 혼합된 유해가스의 흡입을 증가시켜 위험을 가중시킴
황화수소 (H_2S)	• 황을 포함한 유기화합물이 불완전 연소하면 발생하며 계란 썩은 냄새가 남 • 0.2% 이상 농도 : 후각 마비 • 0.4~0.7%에서 1시간 이상 노출 : 현기증 및 호흡기 통증 발생 • 0.7% 이상 농도 : 신경 계통에 영향을 미치고 호흡기가 무력해짐
이산화황 (SO_2, 아황산가스)	• 유황이 함유된 동물의 털, 고무, 일부 목재류 등이 연소하는 화재 시에 발생 • 무색의 자극성 냄새를 가진 유독성 기체로 눈, 호흡기 점막 등을 상하게 하고 질식사를 유발함 • 유황을 저장 또는 취급하는 공장에서의 화재 시 주의를 요함
암모니아 (NH_3)	• 질소 함유물(나일론, 나무, 실크, 아크릴 플라스틱, 멜라닌수지)이 연소할 때 발생하는 연소 생성물 • 유독성이며 강한 자극성을 가진 무색의 기체 • 냉동실의 냉매로 많이 쓰이고 있으므로 냉동 창고 화재 시 누출 가능성이 큼
시안화수소 (HCN, 청산가스)	• 질소 성분을 가지고 있는 합성수지, 동물의 털, 인조견 등의 섬유가 불완전 연소할 때 발생하는 맹독성 가스 • 0.3% 농도에서 즉시 사망할 수 있음
포스겐 ($COCl_2$)	• 열가소성 수지인 폴리염화비닐(PVC), 수지류 등이 연소할 때 발생 • 맹독성 가스로 허용 농도는 0.1ppm(0.4mg/m³) • 일반적인 물질 연소 시에는 거의 생성되지 않으나 일산화탄소와 염소가 반응하여 생성되기도 함

⑧ 연소생성물 : 유기가연물(건축재료, 가구, 의류 등)은 일반적으로 화재열을 받으면 열분해한 다음 공기 중의 산소와 반응, 연소하여 여러 가지 생성물을 발생시킴

〈연소물질과 생성 가스〉

연소물질	생성 가스
탄화수소류 등	일산화탄소 및 탄산가스
셀룰로이드, 폴리우레탄 등	질소산화물
질소 성분을 가진 모사, 비단 피혁 등	시안화수소
나무, 종이 등	아황산가스
PVC, 방염 수지, 플로오린화수지, 플루오린화수소 등의 할로겐화물	HF, HCl, Hbr, 포스겐 등
멜라민, 나일론, 요소수지 등	암모니아
폴리스틸렌(스티로폼) 등	벤젠

4. 건축물의 화재 양상 이해

① 실내화재의 양상 : 건물화재는 건물 내의 일부분으로부터 발화하여 출화를 거쳐 최성기에 이르며, 인접 건물 등 외부로 연소가 확대됨

초기	• 외관 : 창 등의 개구부에서 하얀 연기가 나옴 • 연소 상황 : 실내가구 등의 일부가 독립적으로 연소
성장기	• 외관 : 개구부에서 세력이 강한 검은 연기가 분출 • 연소 상황 : 가구 등에서 천장면까지 화재가 확대되며, 실내 전체에 화염이 확산되는 최성기의 전초단계 • 연소 위험 : 근접한 동으로 연소가 확산될 수 있음
최성기	• 외관 : 연기의 양은 적어지고 화염의 분출이 강해지며 유리가 파손됨 • 연소 상황 : 실내 전체에 화염이 충만하며 연소가 최고조에 달함 • 연소 위험 : 강렬한 복사열로 인해 인접 건물로 연소가 확산될 수 있음
감쇠기 (감퇴기)	• 외관 : 지붕이나 벽체가 불타 떨어지고 대들보나 기둥도 무너져 떨어지며 연기는 흑색에서 백색으로 변함 • 연소 상황 : 화세가 쇠퇴함 • 연소 위험 : 연소 확산의 위험은 없음 • 활동 위험 : 바닥이 무너지거나 벽체 낙하 등의 위험이 있음

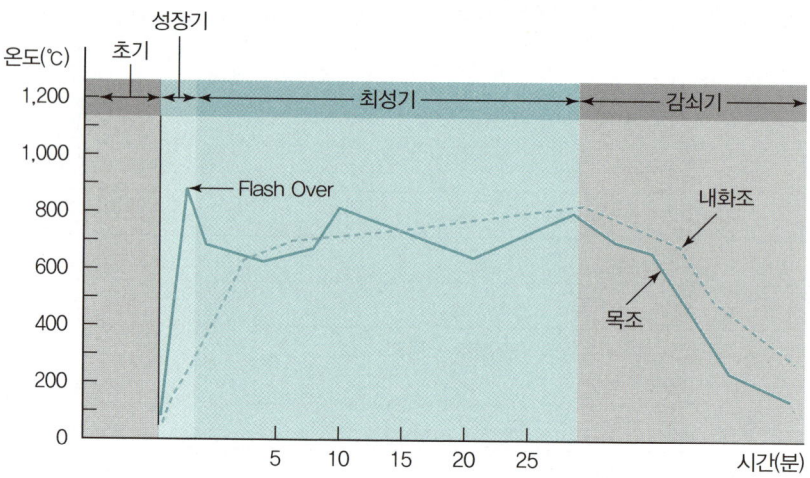

〈실내화재의 진행 상황〉

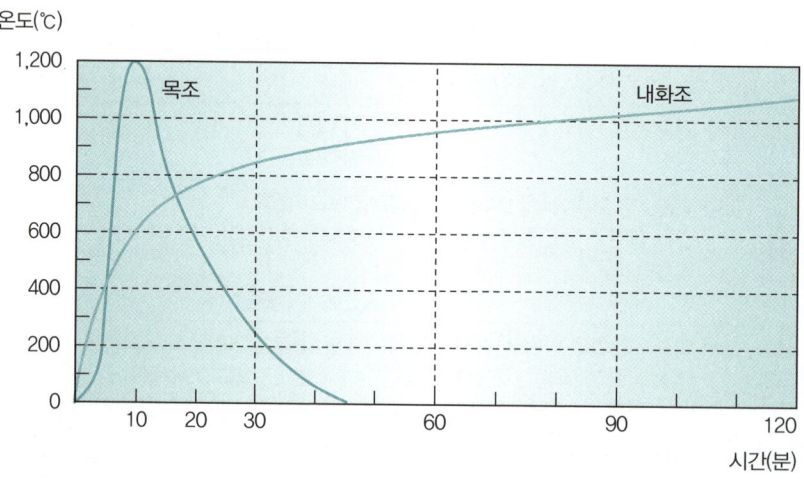

〈실내화재의 진행과 온도 변화〉

② 실내화재의 현상

훈소	작열연소(Glowing combustion)의 한 종류로, 유염착화에 이르기에는 온도가 낮거나 산소가 부족한 상황으로 인해 화염 없이 가연물의 표면에서 작열하며 소극적으로 연소되는 현상
플래시오버	산소 공급이 충분한 구획실에서 화재가 발생했을 때, 미연소가연물이 화염으로부터 멀리 떨어져 있더라도 천장으로부터 축적된 고온의 열기층이 하강함에 따라 그 복사열에 의해 가연물이 열분해되고, 이때 발생한 가연성 가스 농도가 지속적으로 증가하여 연소범위 내에 도달하면 착화되어 화염에 덮이게 되는 현상
백드래프트	화재 발생 시 산소 공급이 원활하지 않아 불완전 연소인 훈소 상태가 지속될 때 실내 온도가 높아지고 공기의 밀도 감소로 부피가 팽창하게 되며, 이때 실내 상부 쪽에 고온의 기체가 축적되고 외부에서 갑자기 공기가 유입되면 급격히 연소가 활발해져 강한 폭풍과 함께 화염이 실외로 분출되는 화학적 고열가스폭발 현상

③ 플래시오버와 백드래프트의 비교

구분	플래시오버	백드래프트
개념	화재 초기 단계에서 연소불로부터의 가연성 가스가 천장 부근에 모이고, 그것이 일시에 인화해서 폭발적으로 방 전체가 불꽃이 도는 현상	연소에 필요한 산소가 부족하여 훈소 상태에 있는 실내에 산소가 갑자기 다량 공급될 때 연소가스가 순간적으로 발화하는 현상으로, 화염이 폭풍을 동반하여 산소가 유입된 곳으로 분출
현상 발생 전 온도	인화점 미만	이미 인화점 이상
현상 발생 전 산소 농도	연소에 필요한 산소가 충분	연소에 필요한 산소가 불충분
발생 원인	온도 상승(인화점 초과)	외부(신선한) 공기의 유입
연소 속도	빠르게 연소하여 종종 압력파를 생성하지만, 충격파는 생성되지 않음	음속에 가까운 연소 속도를 보이며 충격파의 생성으로 구조물을 파괴할 수 있음
발생 단계	• 일반적 : 성장기 마지막 • 최성기 시작점 경계	• 일반적 : 감쇠기 • 예외적 : 성장기
악화 요인	열(복사열)	산소
핵심	증기 상태 복사열의 바운스로 인한 전실 화재 확대	산소 유입, 화학적 CO 가스 폭발

TOPIC. 3 소화이론

1. 소화의 원리

연소의 3요소인 가연물, 산소공급원, 점화원 중 어느 하나 이상 또는 전부를 제거하거나 연쇄반응 인자의 전달을 차단하는 것으로 연소의 4요소 중 한 가지 이상을 제거하는 것

2. 소화 방법

제거소화	• 가연물 등을 제거하여 소화하는 방법 • 전기화재 시 전기 스위치를 내려 전기 흐름을 차단 • 가스화재 시 가스 밸브를 차단하여 가스 흐름을 차단 • 화원으로부터 격리(예 입으로 촛불을 불어 끄기) • 산불 화재 시 방화선을 구축하여 맞불 등 풍하 쪽으로 주위 산림을 벌채 • 유류탱크 화재 시 탱크 밑으로 기름을 빼내는 것 • 화재 시 창고 등에서 물건을 빼내어 신속히 분리해서 옮기는 것
질식소화	• 산소 공급을 차단하여 연소를 중지시키는 것 • 수건, 담요, 이불 등으로 덮어서 소화 • 거품, 무상주수, 분말, CO_2 소화설비로 연소물을 질식

냉각소화	• 연소물을 냉각하여 착화온도 이하가 되게 하여 연소하는 것 • 물 등의 액체를 사용하는 방법 • O_2 등 기체에 의한 방법 및 고체를 사용하는 방법
억제소화 (부촉매소화)	• 화염이 발생하는 연소반응을 주도하는 라디칼(radical)을 제거하여 연소반응을 중단시키는 것 • 가연물 내 활성화된 수소기와 수산기에 부촉매 소화제(분말, 할로겐 등)를 반응시켜서 더 이상의 연소생성물(CO, CO_2, H_2O 등) 생성을 억제시키는 방법 • 부촉매 소화약제의 종류 : 할로겐화합물, 분말 소화약제, 강화액 소화약제

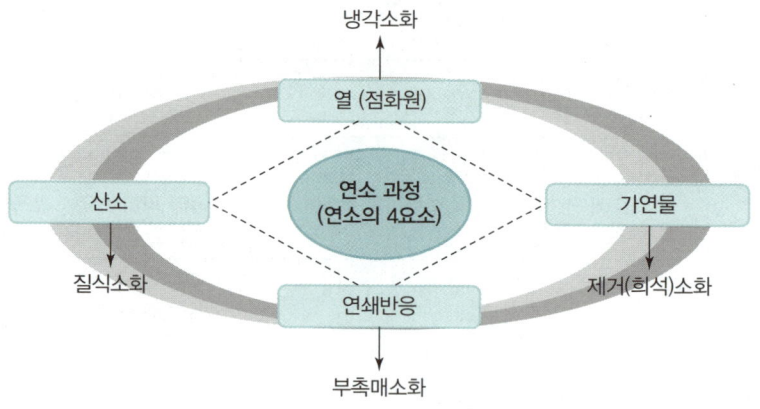

※ 출처 : 연구실 안전교육 표준교재(소방안전)

3. 소화약제의 종류 및 특성, 소화효과, 적응화재

(1) 물 소화약제

특징	물은 침투성이 있고 쉽게 구할 수 있기 때문에 주로 A급 화재에 사용
소화효과	냉각, 질식, 유화, 희석소화효과
적응화재	일반화재(무상주수 시 B급, C급 화재 등 사용)

(2) 강화액 소화약제

특징	소화 성능을 높이기 위해 물에 탄산칼륨(또는 인산암모늄) 등을 첨가함
소화효과	냉각, 부촉매, 질식효과
적응화재	A급, B급 화재 등(무상주수 시 변전실 화재에 적응 가능)

(3) 폼 소화약제

특징	• 화원에 다량의 거품을 방사하여 화원의 표면을 덮으면 공기 공급이 차단되기 때문에 주수효과는 질식소화 효과이며 폼의 수분이 증발하면서 냉각소화 효과도 있음 • 기계폼 소화설비는 90% 이상의 물과 계면활성제 등의 혼합물에 공기를 혼합하여 거품을 일으켜 발포함 • 기계폼은 팽창비가 커서 가연성(인화성) 액체의 화재인 옥외 등 대규모 유류탱크 화재에 적합하며 재착화 위험성이 작음 • 폼은 주로 물로 구성되어 있기 때문에 변전실, 금수성 물질, 인화성 액화가스 등에는 사용이 제한됨
소화효과	질식, 냉각효과 및 열의 이동 차단효과
적응화재	일반화재, 유류화재

(4) 이산화탄소 소화약제

특징	• 이산화탄소 기체를 탄산가스, 액체를 액화탄산가스, 고체를 드라이아이스라 함 • 유류(B급)화재에 적합하며, 전기에 대해 절연성이 우수하기 때문에 전기(C급)화재에도 적합함
소화효과	질식, 냉각, 피복효과
적응화재	전기화재, 통신실 화재, 유류화재 등

(5) 할론(Halon)

특징	지방족 탄화수소인 메탄, 알코올 등의 분자에 포함된 수소원자의 일부 또는 전부를 할로겐 원소(F, Cl, Br, I 등)로 치환한 화합물 중 소화약제로서 사용이 가능한 것을 총칭함
소화효과	억제효과 및 질식, 냉각효과
적응화재	전기화재, 통신실 화재, 유류화재 등

(6) 할로겐화합물 및 불활성기체 소화약제

특징	비전도성이며 휘발성이 있거나 증발 후 잔여물이 없는 소화약제(할론 1301, 할론 2402, 할론 1211 제외)
소화효과	질식, 억제효과 등
적응화재	B급, C급 화재, 지하층, 무창층 사용 가능

(7) 분말 소화약제

특징	물과 같은 유동성이 없기 때문에 주로 유류화재에 사용되며 전기적인 전도성이 없어 전기화재에도 사용됨
소화효과	질식, 부촉매, 냉각소화효과
적응화재	유류(B급), 전기(C급)(제3종 분말은 A, B, C급 화재에 적합)

4. 화재별 소화 방법

일반화재 소화 방법	• 일반화재는 가장 대표적인 화재 상황으로 목재, 종이, 섬유 등 일상 어디서나 발생할 우려가 가장 높은 화재임 • 가연물 보관을 적게 하고, 화재가 발생한 경우 분말(3종)소화기, 옥내소화전 등을 활용하여 화재를 소화할 수 있도록 해야 함
유류, 가스화재 소화 방법	• 인화성 액체, 가연성 가스류로 화재 발생 시 연소 확대 및 폭발 우려가 매우 높음 • 인화성 액체 화재 시 물을 사용할 경우 연소 확대의 우려가 매우 높음 • 분말소화기, 이산화탄소소화기, 할로겐화합물소화기, 할로겐화합물 및 불활성기체 소화기 등을 사용하여 소화
전기화재 소화 방법	• 전기제품의 과전류, 과열 등에 의해 발생 • 물을 사용할 경우 감전의 우려가 높음 • 분말소화기, 이산화탄소소화기, 할로겐화합물소화기, 할로겐화합물 및 불활성기체 소화기 등을 사용하여 소화
금속화재 소화 방법	• 실험 및 연구를 위해 주로 사용하는 금속류(칼륨, 나트륨 등)에서 주로 발생 • 물과 급속도로 반응하여 폭발을 일으킬 우려가 높음 • 팽창질석, 팽창진주암, 건조사 등을 이용하여 소화
동·식물유 화재	• 가정에서 사용하는 식용유 등에 의해 발생 • 물을 사용할 경우 화재가 확대될 우려가 높음 • 분말소화기, 이산화탄소소화기, 할로겐화합물소화기, 할로겐화합물 및 불활성기체 소화기 등을 사용하여 소화

05 연구실 전기·소방 안전관리

소방안전관리

> **키워드**
> 화재안전, 위험물

TOPIC. 1 화재안전

1. 연구실 환경에 따른 화재 위험성

(1) 전기실험실의 위험성, 위험요인

위험성	• 전기실험실은 고압 또는 저압을 이용하여 실험하는 경우로, 분전반 앞에 물건 적재 시 분전반 위치 확인이 곤란하고 유사시 분전반 내의 차단기를 조작할 수 없음 • 실험 기계 및 전원 플러그와 콘센트의 접지 실시 후 실험을 실시해야 하나 생략하는 경우가 많음
위험요인	환기팬 분진, 차단기 충전부 노출, 전선, 콘센트, 미인증 물품 사용, 실험 기기의 플러그와 콘센트의 접속 상태 불량, 바닥에 전선 방치 등

(2) 가스 취급 실험실의 위험성, 위험요인

위험성	• 가스를 취급하는 실험실에서는 가스를 외부에 보관해야 하나 많은 실험실에서 내부에 가스를 보관하고 사용하고 있음 • 가연성, 조연성, 독성 가스를 분류하여 보관해야 함에도 많은 실험실에서 동일 장소에 보관하고 사용하고 있음
위험요인	가스 성상별 구분 보관 미비, 전도 방지 조치 미비, 가스탐지 설치 위치 부적합, 가스용기 충전 기한 초과, 가스누설 경보장치 미설치 등

(3) 화학실험실의 위험성, 위험요인

위험성	• 대부분의 실험실에서 실험용 시약을 보관하여 사용하는 관계로 화재 발생의 우려가 매우 높음 • 약품 취급 시 성상별로 분리하여 보관하여야 하며 흄후드의 정기적 점검, 폐액 등의 분리배출이 이뤄져야 하나 그렇지 못한 경우가 많음
위험요인	독성 물질 시건 미비, 성상별 분리보관 미비, 흄후드 사용 및 관리 미비, MSDS 관리 미비, 폐액 등 분리보관 미비, 세안기, 샤워기 미설치 등

(4) 폐액, 폐기물 보관장소의 위험성, 위험요인

구분	내용
위험성	• 폐기물 보관장소는 직사광선이 없고, 통풍이 잘되며, 주변에 화기의 취급이 없어야 하며, 금연표지, 화기 취급 엄금 표지, 폐기물 등 보관 수칙 등 게시판이 부착되어야 함 • 폐액은 성상별로 분류되어 보관되고 일정한 양이 되는 경우 폐기물 업자에 의해 조치가 되어야 하나 미비로 인한 화재 및 폭발사고가 종종 발생함
위험요인	폐기물의 특성 및 성상에 따른 분리보관 미비, 유독성 가스 등 배출설비 미비, 밀폐 상태 미비한 상태로 보관, 보관장소의 부적정, 보관 용량 초과 등

2. 연구실화재의 주요 원인 및 예방 대책

(1) 전기화재

구분	내용
주요 발생 원인	• 전선의 합선 또는 단락에 의한 발화 • 누전에 의한 발화 • 과전류(과부하)에 의한 발화 • 규격 미달의 전선 또는 전기기계·기구 등의 과열, 배선 및 전기기계·기구 등의 절연 불량 상태, 또는 정전기로부터의 불꽃
예방 대책	• 전기기구를 사용하지 않을 때는 스위치를 끄고 플러그를 뽑아 둔다. • 개폐기는 과전류 차단 장치를 설치하고 습기나 먼지가 없는 사용하기 쉬운 위치에 부착한다. • 각종 전기 공사 및 전기 시설 설치 시 전문면허업체에 의뢰하여 정확하게 규정에 의한 시공을 하도록 한다. • 누전으로 인한 화재를 예방하기 위해서 누전차단기를 설치하고 한 달에 1~2회 작동 유무를 확인한다. • 전기담요는 자주 밟거나 접어서 사용하면 접힌 부분에 열이 발생하며, 각종 장식용 트리 등에 설치한 소형 전구는 너무 오랫동안 사용하지 않도록 한다. • 한 개의 콘센트나 소켓에서 여러 선을 끌어 쓰거나 한꺼번에 여러 가지 전기기구를 꽂는 문어발식 사용을 하지 않는다. • 전기기구 구입 시 [전], [검] 또는 [KS]표시가 있는지 확인하고, 사용 전에는 반드시 사용설명서를 읽어본다.

(2) 유류화재

구분	내용
주요 발생 원인	• 석유난로에 불을 끄지 않고 기름을 넣을 때 • 주유 중 새어 나온 유류의 유증기가 공기와 적당히 혼합된 상태에서 불씨가 닿을 경우 • 유류 기구 사용 도중 이동할 때 • 불을 켜놓고 장시간 자리를 비울 때 • 난로 가까이에 불에 타기 쉬운 물건을 놓았을 때
예방 대책	• 유류는 이외의 다른 물질과 함께 저장하지 않도록 하고, 유류저장소는 환기가 잘되도록 하며 가솔린 등 인화 물질은 용도에 맞게 사용한다. • 급유 중 흘린 기름은 반드시 닦아 내고 난로 주변에는 소화기나 모래 등을 준비해 둔다. • 석유난로 주변은 늘 깨끗이 하고 불이 붙어있는 상태로 이동하거나 주유해서는 아니 된다. • 휘발유 또는 신나(희석제)는 휘발성이 극히 강해 낮은 온도(겨울철)에서도 조그마한 불씨와 접촉하게 되면 순식간에 인화하여 화재를 일으키므로 절대로 담뱃불이나 불씨를 접촉시켜서는 아니 된다. • 열기구 가까이에 가연성 물질을 놓아서는 안 되며, 한 방향으로 열기가 나가도록 되어있는 열기구의 경우에는 가연물이 그 방향으로부터 적어도 1m 이상은 떨어져 있도록 해야 한다. • 실내에 페인트, 신나 등으로 도색 작업을 할 경우에는 창문을 완전히 열어 충분한 환기를 시켜준다.

(3) 가스화재

구분	내용
주요 발생 원인	• 실내에 용기 보관 가스 누설 • 점화 미확인으로 누설 폭발 • 환기 불량에 의한 질식사 • 가스 사용 중 장기간 자리 이탈 • 성냥불로 누설 확인 중 폭발 • 호스 접촉 불량 방치 • 조정기 분해 오조작 • 코크 조작 미숙 • 인화성 물질(연탄 등) 동시 사용

예방 대책	• 사용 전
	  −가스불을 켜기 전에 새는 곳이 없는지 냄새를 맡아 확인한다.
	  −가스 연소 시에는 많은 공기가 필요하므로 창문을 열어 실내를 환기시킨다.
	  −가스렌지 주위에는 가연물을 가까이 두지 않도록 한다.
	• 사용 중
	  −점화용 손잡이를 천천히 돌려 점화시키고 불이 붙어 있는지 꼭 확인한다.
	  −사용 중에는 자리를 뜨지 않도록 한다.
	  −가스 연소 시에는 파란 불꽃이 되도록 공기 조절기를 조절하여 사용토록 한다.
	• 사용 후
	  −가스 사용 후에는 코크와 중간밸브를 반드시 잠근다.
	  −장기간 연구실을 비울 때에는 용기밸브(LPG의 경우)나 메인밸브(도시가스)까지 차단하는 것이 안전하다.
	  −가스 용기는 자주 이동하지 말고 한 곳에 고정하여 사용한다.

	• 평상시
	– 연소 시 불구멍(버너헤드)이 막히지 않도록 항상 깨끗이 청소를 하고 호스(배관)와 이음새 부분에서 혹시 가스가 새지 않는지 비눗물이나 점검액 등을 이용해 수시로 누설 여부를 확인한다.
	– LPG 용기는 직사광선을 피해 보관하도록 한다.
	– 휴대용 가스렌지를 사용할 경우 그릇의 바닥이 삼발이보다 넓은 것을 사용하지 않도록 하고 다 쓰고 난 캔은 반드시 구멍을 뚫어 잔류 가스를 제거하고 버리도록 한다.
	• 가스 누설 시
	– 가스 누설을 발견한 즉시 코크와 중간밸브, 용기밸브(도시가스는 메인 밸브)까지 잠근다.
	– 주변의 불씨를 없애고 전기기구는 조작하지 말아야 한다.
	– 창문과 출입문 등을 열어 환기시키며, 빗자루나 방석, 부채 등으로 쓸어낸다.

3. 화재 발생 시 행동 요령 및 대피 요령

(1) 화재 발생 시 행동 요령

① **빠른 상황전파** : 화재 사실을 주위에 신속하게 알린다.
② **초기 소화** : 초기화재인 경우 현장 상황(불의 크기, 연기의 양, 소화시설 등)에 따라 진화를 시도하되, 여의치 않으면 신속히 대피한다.
③ **신속한 대피** : 건물 외부나 안전한 장소로 신속하게 대피한다.
  ※ 절대 엘리베이터를 이용하지 말고 계단을 통하여 지상(지상으로 대피할 수 없는 경우는 옥상)으로 안전하게 대피한다.
④ **119 신고** : 안전하게 대피한 후 119에 신고한다.
⑤ **대피 후 인원 확인** : 안전한 곳으로 대피한 후 인원을 확인한다.

> **Tip**
>
> **안전한 대피 방법**
> • 비상구를 활용하여 대피하기
> • 완강기를 활용하여 대피하기
> • 경량칸막이를 활용하여 대피하기
> • 실내대피공간을 활용하여 대피하기

(2) 화재 발생 시 대피 요령

① 화재가 발생한 연구실을 탈출할 때는 문을 반드시 닫고 나와야 하며 탈출하면서 열린 문이 있으면 닫는다.
② 연기가 가득 찬 장소를 지날 때는 신선한 공기가 아래쪽에 있으므로 자세를 낮추고 한 손으로 벽을 짚으며 한 방향으로 대피한다.
  ※ 연기 흡입을 막기 위해 젖은 수건이나 옷 등으로 입과 코를 막고 호흡한다.
③ 손등으로 출입문 손잡이를 만져보아 손잡이가 뜨거우면 문 바깥쪽에 불이 난 것이므로 문을 열지 말고 다른 통로를 이용한다.

④ 대피를 못 해 연구실에 남아있는 경우는 연기가 못 들어오게 문틈을 수건이나 커튼 등으로 막고 젖은 수건이나 옷 등으로 입과 코를 막고 호흡한다.
⑤ 탈출 후에는 다시 건물 안으로 들어가지 않는다.

> **Tip**
> 대피 시 연기를 피하는 자세(소방청, 화재 시 국민행동요령)
> ① 손수건, 옷 등을 이용하여 호흡기(코와 입)를 보호한다.
> ② 자세를 낮춘다.
> ③ 다른 손으로는 벽을 짚는다.
> ④ 한 방향으로 신속하게 밖으로 대피한다.

4. 「건축물의 피난·방화구조 등의 기준에 관한 규칙」(약칭 : 건축물방화구조규칙)

(1) 소방관 진입창의 기준(제18조의2)
   ① 2층 이상 11층 이하인 층에 각각 1개소 이상 설치할 것(소방관이 진입할 수 있는 창의 가운데에서 벽면 끝까지의 수평거리가 40m 이상인 경우에는 40m 이내마다 소방관이 진입할 수 있는 창을 추가로 설치해야 함)
   ② 소방차 진입로 또는 소방차 진입이 가능한 공터에 면할 것
   ③ 창문의 가운데에 지름 20cm 이상의 역삼각형을 야간에도 알아볼 수 있도록 빛 반사 등으로 붉은색으로 표시할 것
   ④ 창문의 한쪽 모서리에 타격지점을 지름 3cm 이상의 원형으로 표시할 것
   ⑤ 창문의 크기는 폭 90cm 이상, 높이 1.2m 이상으로 하고, 실내 바닥면으로부터 창의 아랫부분까지의 높이는 80cm 이내로 할 것
   ⑥ 다음 각 목의 어느 하나에 해당하는 유리를 사용할 것
      ㉠ 플로트판 유리로 그 두께가 6mm 이하인 것
      ㉡ 강화유리 또는 배강도 유리로서 그 두께가 5mm 이하인 것
      ㉢ ㉠ 또는 ㉡에 해당하는 유리로 구성된 이중 유리로서 그 두께가 24mm 이하인 것

(2) 직통계단 간 이격거리 기준(제8조 제2항)
   ① 영 제34조 제2항에 따라 2개소 이상의 직통계단을 설치하는 경우 다음의 기준에 적합해야 함
      ㉠ 가장 멀리 위치한 직통계단 2개소의 출입구 간의 가장 가까운 직선거리는 건축물 평면의 최대 대각선 거리의 2분의 1 이상으로 할 것(단, 스프링클러 또는 그 밖에 이와 비슷한 자동식 소화설비를 설치한 경우에는 3분의 1 이상으로 함)
      ㉡ 각 직통계단 간에는 각각 거실과 연결된 복도 등 통로를 설치할 것

(3) 방화구획의 설치기준(제14조 제1항)
   ① 10층 이하의 층은 바닥면적 1,000m²(스프링클러 기타 이와 유사한 자동식 소화설비를 설치한 경우에는 바닥면적 3,000m²) 이내마다 구획할 것
   ② 층마다 구획할 것(단, 지하 1층에서 지상으로 직접 연결하는 경사로 부위는 제외)

③ 11층 이상의 층은 바닥면적 200m²(스프링클러 기타 이와 유사한 자동식 소화설비를 설치한 경우에는 600m²) 이내마다 구획할 것(단, 벽 및 반자의 실내에 접하는 부분의 마감을 불연재료로 한 경우에는 바닥면적 500m²(스프링클러 기타 이와 유사한 자동식 소화설비를 설치한 경우에는 1,500m²) 이내마다 구획할 것
④ 필로티나 그 밖에 이와 비슷한 구조(벽면적의 2분의 1 이상이 그 층의 바닥면에서 위층 바닥 아래면까지 공간으로 된 것만 해당한다)의 부분을 주차장으로 사용하는 경우 그 부분은 건축물의 다른 부분과 구획할 것

(4) 외벽 방화 마감재료 기준 추가(제24조 제7항 및 제10항)
① 외벽에는 불연재료 또는 준불연재료로 하되, 화재 확산 방지구조 기준에 적합하게 설치하는 경우 등에는 난연재료를 사용할 수 있도록 하며, 5층 이하이면서 높이 22m 미만인 건축물의 경우에는 난연재료로 할 수 있도록 함(제24조 제7창)
② 필로티 구조로 외기에 면하는 천장 및 벽체를 포함하는 외벽 중 1층과 2층 부분에는 불연재료 또는 준불연재료로 하도록 함(제24조 제10항)

5. 방화문 및 자동방화셔터의 설치기준

(1) 개요

층간 방화 설치에 따른 방화문 또는 방화 셔터 설치를 위해서는 「자동 방화셔터 및 방화문의 기준」의 제3조, 「건축법 시행령」 제46조 제1항 제2호, 「건축물의 피난·방화구 등의 기준에 관한 규칙」 제14조 제3항에 따라 설치 위치 및 설치 규격을 확인하려 설치하여야 함

(2) 방화셔터의 설치 시 반영사항(「자동방화셔터 및 방화문의 기준」 제3조 제1항 및 제2항)
① 셔터는 「건축법 시행령」 제46조 제1항에서 규정하는 피난상 유효한 갑종 방화문으로부터 3m 이내에 별도로 설치되어야 한다. 다만 일체형 셔터의 경우에는 갑종 방화문을 설치하지 아니할 수 있음.
② 일체형 셔터는 시장·군수·구청장이 정하는 기준에 따라 별도의 방화문을 설치할 수 없는 부득이한 경우에 한하여 설치할 수 있으며, 일체형 셔터의 출입구는 다음의 기준을 따라야 함
㉠ 행정자치부 장관이 정하는 기준에 적합한 비상구 유도등 또는 비상구 유도표지를 하여야 함
㉡ 출입구 부분은 셔터의 다른 부분과 색상을 달리하여 쉽게 구분되도록 하여야 함
㉢ 출입구의 유효너비는 0.9m 이상, 유효높이는 2m 이상이어야 함

TOPIC. 2 위험물

1. 위험물의 정의
인화성 또는 발화성 등의 성질을 가지는 물질(「위험물안전관리법 시행령」 별표 1에 따른 위험물을 의미함)

※ 「위험물안전관리법」 제2조(정의) 등 참고

2. 위험물의 종류

(1) 제1류 위험물 : 산화성 고체

성질	품명	지정수량	위험등급	위험성
산화성 고체	아염소산염류	50kg	I	화기주의 충격주의 물기엄금 가연물접촉주의
	염소산염류			
	과염소산염류			
	무기과산화물			
	브롬산염류	300kg	II	
	질산염류			
	요오드산염류			
	과망간산염류	1,000kg	III	
	중크롬산여염류			

① 일반적인 성질
  ㉠ 산화성 고체이며, 대부분 수용성임
  ㉡ 불연성이지만 다량의 산소를 함유하고 있음
  ㉢ 조연성
  ㉣ 가열, 마찰, 충격 및 다른 화학물질과 접촉 시 쉽게 분해됨
  ㉤ 분해 속도가 대단히 빠르고, 조해성이 있는 것도 포함됨
  ㉥ 알칼리금속의 과산화물은 물과 접촉하여 산소를 발생함

② 소화 방법
  ㉠ 다량의 물을 방사하여 냉각소화
  ㉡ 무기(알칼리금속)과산화물은 금수성 물질로 물에 의한 소화는 절대 금지하고 마른 모래로 소화함
  ㉢ 자체적으로 산소를 함유하고 있어 질식소화는 효과가 없고 물을 대량 사용하는 냉각소화가 효과적임

③ 저장 및 취급 방법
  ㉠ 조해성이 있으므로 습기 주의
  ㉡ 용기는 밀폐하여 환기가 좋은 찬 곳에 저장

ⓒ 가열, 마찰, 충격을 금함
ⓔ 다른 약품류 및 가연물과의 접촉을 피함
ⓤ 산 또는 화재 위험이 있는 곳으로부터 멀리할 것

(2) 제2류 위험물 : 가연성 고체

성질	품명	지정수량	위험등급	위험성
가연성 고체	황화린	100kg	II	화기주의 물기엄금 (철분, 금속분, 마그네슘)
	적린			
	유황			
	마그네슘	1,000kg	III	
	철분			
	금속분			
	인화성 고체			

① 일반적인 성질
  ㉠ 낮은 온도에서 착화가 쉬운 가연성 고체
  ㉡ 연소 속도가 빠른 고체
  ㉢ 연소 시 유독가스를 발생하는 것도 있음
  ㉣ 금속분은 물 또는 산과 접촉 시 발열 발생
② 소화 방법
  ㉠ 금속분을 제외하고 주수에 의한 냉각소화
  ㉡ 금속분은 마른 모래(건조사)로 소화
③ 저장 및 취급 방법
  ㉠ 산화제와 접촉을 피할 것
  ㉡ 점화원, 고온물체, 가열을 피할 것
  ㉢ 금속분은 물 또는 산과 접촉을 피할 것

(3) 제3류 위험물 : 자연 발화성 및 금수성 물질

성질	품명	지정수량	위험등급	위험성
자연 발화성 및 금수성 물질	칼륨	10kg	I	자연 발화성 물질 (화기엄금 및 공기접촉 엄금) 금수성 물질 (물기 엄금)
	나트륨			
	알킬알루미늄			
	알킬리튬			
	황린	20kg		
	알칼리금속 (칼슘, 나트륨 제외) 및 알칼리토금속	50kg	II	
	유기금속화합물 (알킬알루미늄, 알킬리튬 제외)			
	금속의 수소화물	300kg	III	
	금속의 인화물			
	칼슘 또는 알루미늄의 탄화물			

① 일반적인 성질
  ㉠ 물과 접촉 시 발열 반응을 보이며 가연성 가스를 발생함
  ㉡ 대부분 금수성 및 불연성 물질(황린, 칼슘, 나트륨, 알킬알루미늄 제외)임
  ㉢ 대부분 무기물이며 고체 상태임
② 소화 방법
  ㉠ 물에 의한 주수소화는 절대 금할 것
  ㉡ 마른 모래 또는 금속 화재용 분말억제로 소화할 것
  ㉢ 알킬알루미늄 화재는 팽창질석 또는 팽창진주암으로 소화할 것
③ 저장 및 취급 방법
  ㉠ 물과 접촉을 피할 것
  ㉡ 보호액에 저장 시 보호액 표면의 노출에 주의할 것
  ㉢ 화재 시 소화가 어려우므로 소량씩 분리하여 저장할 것

(4) 제4류 위험물 : 인화성 액체

성질	품명		지정수량	위험등급	위험성
인화성 액체	특수 인화물		50L	I	화기 엄금
	제1석유류	비수용성	200L	II	
		수용성	400L		
	알코올류		400L		
	제2석유류	비수용성	1,000L	III	
		수용성	2,000L		
	제3석유류	비수용성	2,000L		
		수용성	4,000L		
	제4석유류		6,000L		
	동식물류		10,000L		

① 일반적인 성질
  ㉠ 인화하기 쉬운 인화성 액체
  ㉡ 증기는 물보다 무거움
  ㉢ 증기는 공기와 약간 혼합되어도 연소함
  ㉣ 일반적으로 물보다 가볍고 물에 잘 안 녹음
② 소화 방법
  ㉠ 봉상주수 소화는 연소면 확대로 이어지므로 절대 금함
  ㉡ 일반적으로 포약제에 의한 소화 방법이 가장 적합함
  ㉢ 수용성인 알코올 화재는 포약제 중 알코올포를 사용함
  ㉣ 물에 의한 분무소화도 효과적임
③ 저장 및 취급 방법
  ㉠ 화기의 접근은 절대로 금할 것
  ㉡ 증기 및 액체의 누출을 피할 것
  ㉢ 액체의 이송 및 혼합 시 정전기 방지를 위한 접지를 할 것
  ㉣ 증기의 축적을 방지하기 위해 통풍 장치를 할 것

(5) 제5류 위험물 : 자기반응성 물질

성질	품명	지정수량	위험등급	위험성
자기반응성 물질	유기과산화물	10kg	I	화기엄금 충격주의
	질산에스테르류			
	니트로화합물	200kg	II	
	니트로소화합물			
	아조화합물			
	디아조화합물			
	히드라진 유도체			
	히드록실아민 히드록실아민염류	100kg		

① 일반적인 성질
 ㉠ 자기연소(내부연소)성 물질
 ㉡ 연소 속도가 대단히 빠르고 폭발적으로 연소함
 ㉢ 가열, 마찰, 충격에 의해 폭발함
 ㉣ 물체 자체가 산소를 함유하고 있음
 ㉤ 연소 시 소화가 어려움

② 소화 방법
 ㉠ 화재 초기 또는 소형 화재 이외에는 소화가 어려움
 ㉡ 다량의 물로 주수 소화함
 ㉢ 물질 자체가 산소를 함유하고 있어 질식 효과의 소화 방법은 효과가 없음

③ 저장 및 취급 방법
 ㉠ 가열, 마찰, 충격을 피할 것
 ㉡ 저장 시 소량씩 분산하여 저장할 것
 ㉢ 화기 및 점화원의 접근을 피할 것
 ㉣ 운반용기 및 저장용기에 "화기엄금 및 충격주의" 등의 표시를 할 것

(6) 제6류 위험물 : 산화성 액체

성질	품명	지정수량	위험등급	위험성
산화성 액체	과산화수소	300kg	I	가연물접촉주의
	과염소산		I	
	질산		I	

① 일반적인 성질
 ㉠ 자신은 불연성이고 산소를 함유한 강산화제
 ㉡ 분해에 의한 산소 발생으로 다른 물질의 연소를 도움
 ㉢ 액체 비중은 1보다 크고 물에 잘 녹음

ⓔ 물과 접촉 시 발열함
　　　ⓜ 증기는 유독하고 부식성이 강함
　② 소화 방법
　　　㉠ 마른 모래 탄산가스, 팽창질석으로 소화함
　　　㉡ 무상(안개 모양) 주수도 효과적일 수 있음
　　　㉢ 위급 시에는 다량의 물로 냉각 소화함
　　　㉣ 질식소화는 부적합하며, 이산화탄소, 할로겐 등을 사용할 것
　③ 저장 및 취급 방법
　　　㉠ 용기 재질은 내산성이어야 함
　　　㉡ 산화성 고체(제1류)와 접촉을 피할 것
　　　㉢ 용기는 밀봉하고 파손 및 누출에 주의할 것
　　　㉣ 액체 누출 시 중화제로 중화할 것

3. 위험물의 혼재 기준

유별을 달리하는 위험물의 혼재 위험성을 정리하면 다음과 같음

위험물의 구분	제1류	제2류	제3류	제4류	제5류	제6류
제1류		×	×	×	×	○
제2류	×		×	○	○	×
제3류	×	×		○	×	×
제4류	×	○	○		○	×
제5류	×	○	×	○		×
제6류	○	×	×	×	×	

비고
1. "×" 표시는 혼재할 수 없음을 표시한다.
2. "○" 표시는 혼재할 수 있음을 표시한다.
3. 이 표는 지정수향의 1/10 이하의 위험물에 대하여는 적용하지 아니한다.
※ 「위험물안전관리법 시행규칙」 [별표 19], 부표 2

05 연구실 전기·소방 안전관리

03 전기 일반 및 위험성 분석

> **키워드**
>
> 누전차단기, 배선용차단기, 정전, 임시전등, 임시배선, 방폭구조, 방폭전기설비안전설치, 절연파괴, 절연열화, 정전기방전, 전자파의 오동작, 전기기본개념, 감전특성, 감전메커니즘, 접지

TOPIC. 1 ▶ 누전차단기

1. 누전차단기의 개념

지락 차단장치의 하나로, 전기기기 등에 발생하기 쉬운 누전, 감전 등의 재해를 방지하기 위해 설치하며, 단락사고, 과부하, 누전 등 이상 발생 시 이상을 감지하고 회로를 차단시키는 작용을 함

2. 누전차단기의 동작원리

① 전력선으로 들어간 전류와 중성선으로 나가는 전류에 차이가 발생하면 누전이 발생함을 파악하고 차단함
② 이런 차이를 알아내는 것이 누전차단기 내부에 있는 영상변류기(ZCT)임
③ 영상변류기로 전력선과 중성선이 통과하게 되는데 전류가 흐르면 암페어의 오른나사 법칙에 자기장, 자속이 만들어지고, 이때 자속을 검출하여 자속 불균형으로 전류 변화를 검출함

※ 영상변류기 : 누전 차단기의 일종으로 영상전류를 검출하기 위해 설치하는 변류기를 말함

〈누전차단기 동작원리〉

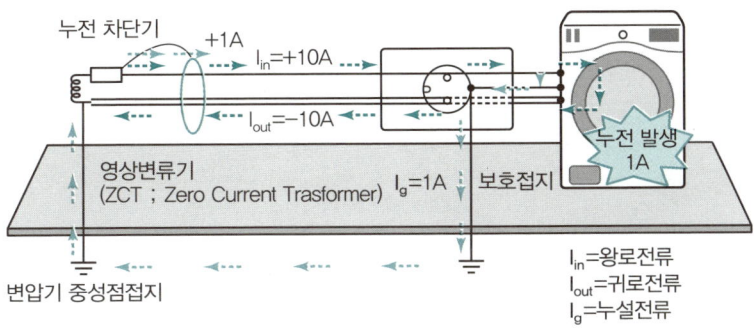

CHAPTER 03 전기 일반 및 위험성 분석 **273**

3. 누전차단기의 보호 목적에 따른 분류

① 누전 보호 전용
② 누전, 과부하 보호 겸용
③ 누전, 과부하 보호 및 단락 보호 겸용

4. 전선 규격에 따른 부하 용량 및 누전차단기/배선차단기 선택 용량

① 단상 P1＝V(전압)×I(전류)×역률(kW)
  ㉠ I＝P1÷V÷역률(A)
    ∴ 3삼 P3＝1.732($\sqrt{3}$)×I(전류)×역률(kW)
  ㉡ I＝P3÷V÷역률(A)
  ㉢ 부하전류 : 단상 220V는 1kW당 4.5A로 계산
    ∴ 3상 380/220V는 1kW당 1.5A

② 메인차단기(정격전류) 용량
  ㉠ 단상 220V는 1kW당 6A로 계산
  ㉡ 3상 380/220V는 1kW당 2A로 계산

③ 분기차단기(정격전류) 용량은 단상에서는 1(kW)당 5(A)로 계산
  예 단상 220V 용량 10kW라고 가정할 때 : 10kW×5A＝50A … 차단기 50A 선정
  예 3상 380V 용량 10kW라고 가정할 때 : 10kW×1.7A＝10.7A … 차단기 15A 또는 20A 선정

④ 단상용량(kW)×3＝3상 4선식 용량(kW)
  ㉠ 단상 220V, 계약전력 24kW 이상은 CT 계량기를 설치함
  ㉡ 3상 380/220V, 계약전력 72kW 이상은 CT 계량기를 설치함

5. 해당 전로의 전압, 전류 및 주파수에 적합한 누전차단기의 선정 방법

① 고속형 : 감전 방지가 주(主)목적
② 시연형 : 동작 시한을 임의 조정 가능, 보안상 즉시 차단하여서는 아니 되는 시설물이나 계통의 모선
③ 반한시형 : 지락전류에 비례하여 동작, 접촉전압의 상승을 억제하는 것이 주 목적

구분	형식	동작시간	정격감도전류 (mA)
고감도형	고속형	• 정격감도전류에서 0.1초 이내 • 인체 감전 보호용은 0.03초 이내	5, 10, 15, 30
	시연형	정격감도전류에서 0.1초 초과~2초 이내	
	반한시형	• 정격감도전류에서 0.2초 초과~2초 이내 • 정격감도전류 1.4배의 전류에서 0.1초 초과~0.5초 이내 • 정격감도전류 4.4배의 전류에서 0.05초 이내	

	고속형	정격감도전류에서 0.1초 이내	50, 100, 200, 500, 1,000
중감도형	시연형	정격감도전류에서 0.1초 초과~2초 이내	
저감도형	고속형	정격감도전류에서 0.1초 이내	3,000, 5,000, 10,000, 20,000
	시연형	정격감도전류에서 0.1초 초과~2초 이내	

6. 누전차단기의 설치 환경 조건

(1) 누전차단기의 성능
   ① 누전차단기 설치 시 설치되는 장소 및 부하의 종류에 따라 계산된 정격전류를 흘릴 수 있어야 함
      ※ 정격전류 : 규정된 온도 상승 한도 초과 없이 누전차단기의 주회로에 연속해서 통전 가능한 허용전류로 누전차단기에 표시된 값
   ② 누전차단기는 설치된 해당 전로의 최대단락전류를 차단할 수 있어야 함
   ③ 당해 누전차단기와 접속되어 있는 각각의 전기기기에 대하여 정격감도전류는 30mA 이하, 동작시간은 0.03초 이내로 함
   ④ 단, 정격전부하전류가 50A 이상인 전기기기에 설치되는 누전차단기에는 오작동을 방지하기 위하여 정격감도전류가 200mA 이하, 동작시간은 0.1초 이내로 할 수 있음
   ⑤ 정격부동작전류는 정격감도전류의 50% 이상으로 하고, 이들의 전류 값은 가능한 작게 할 것
   ⑥ 절연저항은 500V 절연저항계로 5㏁ 이상으로 함

〈누전차단기 설치 장소에 따른 부하의 종류와 정격전류〉

누전차단기 설치 장소	부하의 종류	정격전류
옥내 간선에 설치된 경우	일반 부하만 사용	간선의 허용전류 값
	일반 부하 및 전동기 부하의 사용	[(전동기 정격전류 합×3)+다른 전기기계·기구 정격전류 합]과 [간선허용전류×2.5] 중 작은 값 이하
분기회로에 설치된 경우	정격전류 50A 초과하는 전기기계·기구의 사용(전동기 제외)	(해당 전기기구×1.3) 값 이하
분기회로에 설치된 경우	전동기의 사용	(전선 허용전류×2.5) 값 이하
	기타	50A 이하

※ 참고 : KOSHA GUIDE e-882011 〈표 3〉

(2) 누전차단기의 설치 장소
   ① 대지전압이 150V를 초과하는 이동형 또는 휴대형 전기기계·기구
   ② 물 등 도전성이 높은 액체가 있는 습윤장소에서 사용하는 저압(1.5천V 이하 직류전압이나 1천V 이하의 교류전압을 말한다)용 전기기계·기구
   ③ 철판·철골 위 등 도전성이 높은 장소에서 사용하는 이동형 또는 휴대형 전기기계·기구
   ④ 임시배선의 전로가 설치되는 장소에서 사용하는 이동형 또는 휴대형 전기기계·기구

TOPIC. 2   배선용차단기

1. 배선용차단기의 정의 및 설치 목적
① 전류가 비정상적으로 흐를 때 자동적으로 회로를 끊어 전선 및 기계·기구를 보호하고, 복구 완료 후 수동으로 재투입함
② 분기회로용으로 사용 시 회로 개·폐기 기능과 자동차단기 두 가지 역할을 겸함
③ 누전에 의한 고장전류는 차단하지 못함
④ 교류 600V 이하, 직류 250V 이하의 전로 보호에 사용하는 과전류 차단기로 과부하, 단락 및 합선 등의 이상 발생 시 회로를 차단하고 보호하는 것이 목적임

2. 주의사항
① 배선용 차단기를 함부로 큰 용량으로 교체하지 말 것 : 전선의 허용전류가 분점함 차단기의 허용전류보다 더 크도록 설치해야 함
② 배선용 차단기가 Trip 상태이거나 Off 상태일 때 함부로 On 상태로 해서는 안 됨

3. 배선용차단기의 동작특성

(1) 기본 구조
① 배선용 차단기의 스위치가 Off 되어있는 상태에서는 위쪽과 아래쪽이 연결되지 못하여 전기가 끊어져 있는 상태지만 스위치를 On 시키면 위쪽과 아래쪽이 연결되어 전기가 흐르는 상태가 됨
② 열동식
    ㉠ 바이메탈의 성질을 이용하여 차단기를 Trip 시키는 방식
    ㉡ 바이메탈은 열팽창률이 다른 두 종류의 금속을 접속시켜 금속에 열이 가해지면 두 금속의 열 특성에 따라 금속이 휘어지는 특성을 가짐
    ㉢ 과부하로 인해 배선용차단기에 열이 가해지면 바이메탈 특성에 의해 차단기가 Trip하게 됨
③ 전자식 : 과전류, 단락 전류가 발생할 때 배선용차단기 내부에 있는 코일에서 기자력이 발생하여 동작하는 방식

(2) 배선용 차단기의 허용전류 확인
배선용차단기의 허용전류는 그림에서와 같이 표시됨

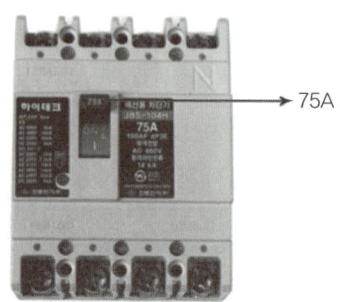

(3) 배선용 차단기의 Test 버튼
① 배선용차단기에 있는 빨간색 버튼이 Test 버튼
② 배선용차단기가 On인 상태에서 이 버튼을 누르면 정상적인 Trip 여부를 확인할 수 있음

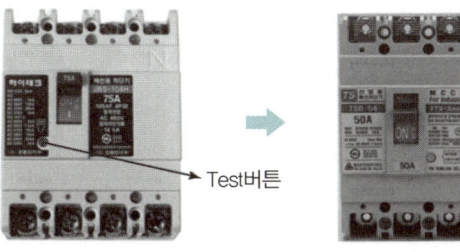

배선용차단기 ON → 배선용차단기 TRIP

③ 수동으로 내려서 Off 되었을 때는 스위치가 끝까지 내려오지만 과전류에 의한 Trip 또는 Test 버튼에 의한 Trip인 경우 차단기의 스위치가 끝까지 안 내려가고 중간에 걸치게 됨
④ Trip 되어서 중간에 걸쳐있는 스위치를 위로 올린다고 On으로 바뀌지 않음
⑤ Off쪽으로 한번 내린 후 다시 올려야 On 시킬 수 있음

※ 「산업안전보건기준에 관한 규칙」 제305조 과전류 차단기장치
※ 「한국전기설비규정」 212 과전류에 대한 보호이해
※ 「한국전기설비규정」 113.4 과전류에 대한 보호
※ 「한국전기설비규정」 113.5 고장전류에 대한 보호

TOPIC. 3 정전

1. 정전 작업 시 안전조치
① 작업 착수 전 반드시 '정전 작업요령'을 작성하고 이 요령에 따라 작업을 실시할 것
② 정전작업요령 작성 시 포함할 사항
  ㉠ 작업시작 전 필요 사항 : 책임자의 임명, 정전 범위 및 절연보호구, 작업시작 전 점검 등
  ㉡ 개폐기 관리 및 표지판 부착에 관한 사항
  ㉢ 점검 또는 시운전을 위한 일시운전에 관한 사항
  ㉣ 교대근무 시 근무인계에 필요한 사항
  ㉤ 전로 또는 설비의 정전 순서
  ㉥ 정전 확인 순서
  ㉦ 단락접지 실시
  ㉧ 전원재투입 순서
③ 전로차단(정전) 절차
  ㉠ 전기기기 등에 공급되는 모든 전원을 관련 도면, 배선도 등으로 확인할 것
  ㉡ 전원을 차단한 후 각 단로기 등을 개방하고 확인할 것
  ㉢ 차단장치나 단로기 등에 잠금장치 및 꼬리표를 부착할 것
  ㉣ 개로된 전로에서 유도전압 또는 전기에너지가 축적되어 근로자에게 전기위험을 끼칠 수 있는 전기기기 등은 접촉하기 전에 잔류전하를 완전히 방전시킬 것
  ㉤ 검전기를 이용하여 작업 대상 기기가 충전되었는지를 확인할 것
  ㉥ 전기기기 등이 다른 노출 충전부와의 접촉, 유도 또는 예비동력원의 역송전 등으로 전압이 발생할 우려가 있는 경우에는 충분한 용량을 가진 단락 접지기구를 이용하여 접지할 것

2. 재충전 시의 안전조치
작업 중 또는 작업을 마친 후 전원을 공급하는 경우에는 작업에 종사하는 근로자 또는 그 인근에서 작업하거나 정전된 전기기기 등(고정 설치된 것으로 한정한다)과 접촉할 우려가 있는 근로자에게 감전의 위험이 없도록 다음과 같이 조치하여야 함
① 작업기구, 단락 접지기구 등을 제거하고 전기기기 등이 안전하게 통전될 수 있는지를 확인할 것
② 모든 작업자가 작업이 완료된 전기기기등에서 떨어져 있는지를 확인할 것
③ 잠금장치와 꼬리표는 설치한 근로자가 직접 철거할 것
④ 모든 이상 유무를 확인한 후 전기기기 등의 전원을 투입할 것

※ 산업안전보건기준에 관한 규칙 제319조 정전전로에서의 전기작업
※ 산업안전보건기준에 관한 규칙 제320조 정전전로 인근에서의 전기작업

TOPIC. 4 임시전등

1. 임시전등에 대한 감전 및 전기화재 예방 방법
이동전선에 접속하여 임시로 사용하는 전등이나 가설의 배선 또는 이동전선에 접속하는 가공매달기식 전등 등을 접촉함으로 인한 감전 및 전구의 파손에 의한 위험을 방지하기 위하여 보호망을 부착하여야 함

2. 보호망 설치 시 준수사항
① 전구의 노출된 금속 부분에 근로자가 쉽게 접촉되지 아니하는 구조로 할 것
② 재료는 쉽게 파손되거나 변형되지 아니하는 것으로 할 것
※ 「산업안전보건 기준에 관한 규칙」 제309조 임시로 사용하는 전등 등의 위험방지

TOPIC. 5 임시배선

1. 이동전선의 관리방법, 전선 인출부의 보강, 규격전선 사용
① 전선을 서로 접속하는 경우에는 해당 전선의 절연성능 이상으로 절연될 수 있는 것으로 충분히 피복하거나 적합한 접속기구를 사용하여야 함
② 이동전선 및 이에 부속하는 접속기구(이동전선 등)에 접촉할 우려가 있는 경우에는 충분한 절연효과가 있는 것을 사용하여야 함
③ 통로바닥에 전선 또는 이동전선 등을 설치하여 사용해서는 안 됨(단, 차량이나 그 밖의 물체의 통과 등으로 인하여 해당 전선의 절연 피복이 손상될 우려가 없거나 손상되지 않도록 적절한 조치를 하여 사용하는 경우는 제외)
④ 이동 중 혹은 휴대장비 등을 사용하는 전기작업에 대한 안전
　㉠ 근로자가 착용하거나 취급하고 있는 도전성 공구·장비 등이 노출 충전부에 닿지 않도록 할 것
　㉡ 근로자가 사다리를 노출 충전부가 있는 곳에서 사용하는 경우에는 도전성 재질의 사다리를 사용하지 않도록 할 것
　㉢ 근로자가 젖은 손으로 전기기계·기구의 플러그를 꽂거나 제거하지 않도록 할 것
　㉣ 근로자가 전기회로를 개방, 변환 또는 투입하는 경우에는 전기 차단용으로 특별히 설계된 스위치, 차단기 등을 사용하도록 할 것
　㉤ 차단기 등의 과전류 차단장치에 의하여 자동 차단된 후에는 전기회로 또는 전기기계·기구가 안전하다는 것이 증명되기 전까지는 과전류 차단장치를 재투입하지 않도록 할 것
※ 「산업안전보건기준에 관한 규칙」 제313조~317조(제2절 배선 및 이동전선으로 인한 위험방지)

2. 절연저항 및 절연내력

① 전기사용 장소의 사용전압이 저압인 전로의 전선 상호 간 및 전로와 대지 사이의 절연저항은 개폐기 또는 과전류차단기로 구분할 수 있는 전로마다 다음 표에서 정한 값 이상이어야 함
② 단, 전선 상호 간의 절연저항은 기계기구를 쉽게 분리가 곤란한 분기회로의 경우 기기 접속 전에 측정할 수 있음
③ 측정 시 영향을 주거나 손상을 받을 수 있는 SPD 또는 기타 기기 등은 측정 전에 분리시켜야 함
④ 부득이하게 분리가 어려운 경우에는 시험전압을 250V DC로 낮추어 측정할 수 있지만 절연저항 값은 1㏁ 이상이어야 함

※ 전기설비기술기준 제52조 저압전로의 절연성능

〈전로의 사용전압별 DC 시험전압 및 절연저항〉

전로의 사용전압(V)	DC 시험전압(V)	절연저항(㏁)
SELV 및 PELV	250	0.5
FELB, 500V 이하	500	1.0
500V 초과	1,000	1.0

※ 특별저압(extra low voltage : 2차 전압이 AC 50V, DC 120V 이하)으로 SELB(비접지회로 구성) 및 PELV(접지회로 구성)는 1차와 2차가 전기적으로 절연된 회로, FELV는 1차와 2차가 전기적으로 절연되지 않은 회로

TOPIC. 6 방폭구조

1. 방폭의 개념

전기설비가 점화원으로 작용하지 못하도록 하는 것이 방폭의 기본 개념으로, 방폭은 폭발 방지의 줄임말임

2. 방폭의 원리

(1) 개요

① 폭발의 요소는 가연성 물질, 산소, 점화원까지 총 세 가지로 나눌 수 있고 이 세 가지 요소 중 1가지만 없어도 폭발 가능성은 없음
② 방폭화라는 것은 점화원을 제거 또는 보호하는 것이라 할 수 있음

(2) 점화원의 종류

① 열원(Heat) : 화염, 적열, 뜨거운 표면, 뜨거운 가스, 초음파, 가스 충진, 태양열, 적외선
② 전기적 불꽃(Electrical Sparks) : 접점, 단락, 단선, 섬락에 의한 아크, 정전현상에 의한 아크
③ 기계적 불꽃(Mechanical Sparks) : 마찰(Frictioll or Grinding), 충격(Hammering) 등에 의한 스파크

(3) 폭발위험장소 분류
　① 0종 장소(Zone 0) : 폭발성 가스 분위기가 연속적, 장기간 또는 빈번하게 존재하는 장소
　　㉠ 설비의 내부(용기 내부, 장치 및 배관의 내부 등)
　　㉡ 인화성 또는 가연성 액체가 존재하는 피트(Pit) 등의 내부
　　㉢ 인화성 또는 가연성의 가스나 증기가 지속적 또는 장기간 체류하는 곳
　② 1종 장소(Zone 1) : 폭발성 가스 분위기가 정상 작동 중 주기적 또는 빈번하게 생성되는 장소
　　㉠ 통상의 상태에서 위험분위기가 쉽게 생성되는 곳
　　㉡ 운전, 유지보수 또는 누설에 의하여 자주 위험분위기가 생성되는 곳
　　㉢ 설비 일부의 고장 시 가연성물질의 방출과 전기계통의 고장이 동시에 발생되기 쉬운 곳
　　㉣ 환기가 불충분한 장소에 설치된 배관계통으로 쉽게 누설될 우려가 있는 곳
　　㉤ 주변 지역보다 낮아 가스나 증기가 체류할 수 있는 곳
　　㉥ 상용의 상태에서 위험분위기가 주기적 또는 간헐적으로 존재하는 곳
　③ 2종 장소(Zone 2) : 폭발성 가스 분위기가 정상 작동 중 조성되지 않거나 조성된다 하더라도 짧은 기간에만 존재할 수 있는 장소
　　㉠ 환기가 불충분한 장소에 설치된 배관계통으로 쉽게 누설되지 않는 구조의 곳
　　㉡ 가스켓(Gasket), 패킹(Packing) 등의 고장과 같이 이 상태에서만 누출될 수 있는 공정설비 또는 배관이 환기가 충분한 곳에 설치될 경우
　　㉢ 1종 장소와 직접 접하며 개방되어 있는 곳 또는 1종 장소와 닥트, 트랜치, 파이프 등으로 연결되어 이들을 통해 가스나 증기의 유입이 가능한 곳
　　㉣ 강제 환기방식이 채용되는 것으로 환기설비의 고장이나 이상 시에 위험분위기가 생성될 수 있는 곳

(4) 폭발위험장소별 방폭 선정 기준

분류		방폭전기기계·기구의 선정 기준	관련규정
가스폭발 위험장소	0종 장소	본질안전방폭구조(ia)	KS C IEC 60079-14
	1종 장소	• 내압방폭구조(d) • 안전방폭구조(p) • 충전방폭구조(q) • 유입방폭구조(o) • 안전증방폭구조(e) • 본질안전방폭구조(ia, ib) • 몰드방폭구조(m)	
	2종 장소	• 0종 장소 및 1종 장소에서 사용가능한 방폭구조 • 비점화방폭구조(n)	

준진폭발 위험장소	20종 장소	• 분진내압방폭구조(tD A20 또는 tD B20) • 분진본질안전방폭구조(iaD) • 분진몰드방폭구조(maD)	KS C IEC 61241-14
	21종 장소	• 20종 장소에서 사용가능한 방폭구조 • 분진내압방폭구조(tD A 21 또는 B21) • 분진본질안전방폭구조(ibD) • 분진몰드방폭구조(mbD) • 분진압력방폭구조(pD)	
	22종 장소	• 20종 장소 및 21종 장소에서 사용가능한 방폭구조 • 분진내압방폭구조(tD A22 또는 tD B22)	

(5) 방폭구조의 종류

① 내압방폭구조(flameproof type, d) : 자체 구조가 폭발압력에 견디도록 밀폐구조로 되어있는 전폐구조로, 용기 내부에서 폭발성 가스 또는 증기가 폭발하였을 때 용기가 그 압력에 견디며 또한 접합면, 개구부 등을 통하여 외부의 폭발성 가스에 인화될 우려가 없도록 한 구조

② 압력방폭구조(pressurezed type, p) : 용기 내부에 보호 기체(신선한 공기 또는 질소 등의 불활성 기체)를 압입하여 내부 압력을 유지함으로써 폭발성 가스 또는 증기가 침입하는 것을 방지하는 구조

③ 유입(油入) 방폭구조(oil immersed type, o) : 전기기기의 불꽃 또는 고온부를 기름 속에 넣어 기름면 위에 존재하는 폭발성 가스 또는 증기가 인화될 우려가 없도록 한 구조

④ 안전증방폭구조(increased safety type, e) : 정상 운전 중 발생할 수 있는 발화원(스파크, 아크, 열, 화염, 낙뢰, 정전기 등)을 제거하여 폭발을 방지하는 구조로서 기계적, 전기적 또는 온도 상승 등에 대해 안전도를 증가시킨 구조

⑤ 본질안전방폭구조(intrinsic safety type, ia or ib) : 정상상태 및 사고 시(단선, 단락, 지락 등)에 발생하는 전기불꽃 또는 고온부가 주위의 폭발성 분위기에 대하여 현재적 또는 잠재적인 점화원으로서 작용되지 않도록 전기회로의 소비에너지를 억제시킨 것으로 점화시험, 기타에 의하여 확인된 구조

㉠ Ex ia : 고장에 대하여 2중 안전보장(Zone 0, 1, 2지역에서 사용)
㉡ Ex ib : 고장에 대하여 단일 안전보장(Zone 0, 1지역에서 사용)

TOPIC. 7 방폭 전기설비 안전설치

1. 방폭 전기기기 선정

(1) 방폭 전기기기 선정 요건
① 방폭 전기기기가 설치될 지역의 방폭 지역 등급 구분
② 가스 등의 발화 온도
③ 내압방폭 구조의 경우 최대 안전 틈새
④ 본질안전방폭구조의 경우 최소 점화 전류
⑤ 압력방폭구조, 유입방폭구조, 안전증방폭구조의 경우 최고 표면 온도
⑥ 방폭 전기기기가 설치될 장소의 주변 온도, 표고, 상대습도, 먼지, 부식성 가스 또는 습기 등 환경조건
⑦ 분진방폭구조의 경우 분진의 도전성 유무

(2) 가스폭발 위험장소의 전기설비 설치 방법
① 설치위치 선정 시 고려사항 점검
② 위험한 점화성 불꽃 방호(충전부의 위험, 외부 노출 도전부의 위험, IT 계통, 등전위, 정전기, 뇌방호(피뢰) 전자파방사, 금속부의 전식 방지)
③ 전기방호
④ 전원의 긴급차단 및 분리(전원의 긴급차단, 전로 분리)
⑤ 배선 계통 확인(알루미늄 도체, 손상 방지, 비외장단심도체, 접속(jointing), 사용하지 않는 개구부 내 인화성 물질의 통과 및 체류, 전로의 위험장소 횡단, 우발적 접촉, 연선의 말단 방호 사용하지 않는 심선, 가공선로, 케이블의 표면 온도)

(3) 분진폭발 위험장소의 전기설비 설치 방법
① 분진폭발 위험장소
  ㉠ 폭연성, 도전성, 가연성 또는 타기 쉬운 섬유가 존재하기 때문에 전기설비가 점화원이 되어 폭발 또는 화재를 일으킬 우려가 있는 장소
  ㉡ 정상 대기조건하에서 가연성 분진과 공기의 혼합물(분진폭발 혼합물) 또는 가연성 분진층의 존재로 인하여 폭발위험이 있을 수 있는 장소
  ㉢ 폭발위험이 있는 가연성의 섬유 또는 부유물이 존재할 수 있는 장소
  ㉣ 장비의 구조상 또는 사용상에서 분진과 공기의 폭발성 혼합물의 점화를 방지하기 위하여 특별한 조치를 취해야 할 정도의 구름 형태의 가연성 분진이 존재하거나 존재할 수 있는 장소
② 가연성 분진의 존재에 따른 위험장소 설정

가연성 분진의 존재	분진운 장소의 구분 결과
분진운 연속 존재	20종
1차 누출원	21종
2차 누출원	22종

※ 1. 사일로를 채우거나 비우는 작업이 간헐적으로 이루어지는 경우에는 그 내부는 21종 장소로 구분할 수 있다. 사일로 내부의 장비가 사일로를 채우거나 비울 때만 사용되는 경우, 장비를 선정할 때에는 장비가 운전 중인 동안에 분진운이 존재한다는 사실을 고려한다.
2. 대형 분진 컨테이너의 파열과 같은 아주 드문 고장의 경우, 많은 분진층이 형성될 수 있다. 이와 같이 많은 분진층이 형성된다면 신속하게 이를 제거하거나 장비의 전원을 차단한다. 이러한 경우에는 이 지역을 22종 장소로 구분할 필요는 없다.
3. 곡물이나 설탕과 같은 대부분의 제품은 많은 알갱이 형태의 물질 내에 작은 양의 분진이 혼합되어 있다. 이러한 곳에서는 분진 폭발의 위험성은 없다 하더라도 입자가 거친 물질이 과열 및 화재를 일으킬 수 있는 위험성이 있다는 사실을 고려한다. 연소될 수 있는 알갱이는 공정을 통하여 전달될 수 있고 이것은 어느 곳에서든 폭발할 위험성이 있다.

③ 분진폭발 위험장소의 분류

위험장소의 분류	특징
20종 장소 (Zone 20)	공기 중에 가연성 분진운의 형태가 연속적으로 장기간 또는 단기간에 빈번하게 폭발분위기로 존재하는 장소
21종 장소 (Zone 21)	공기 중에 가연성 분진운의 형태가 정상 작동 중 빈번하게 폭발분위기를 형성할 수 있는 장소
22종 장소 (Zone 22)	공기 중에 가연성 분진운의 형태가 정상작동 중 폭발분위기를 거의 형성하지 않고, 만약 발생한다 하더라도 단기간만 지속될 수 있는 장소

※ 「산업안전보건기준에 관한 규칙」 제311조 폭발위험장소에서 사용하는 전기기계·기구의 선정 등
※ 「산업안전보건기준에 관한 규칙」 제312조 변전실 등의 위치

TOPIC. 8 절연파괴 · 절연열화

① **절연파괴** : 절연체에 가해지는 전압의 크기가 어느 정도 이상에 달했을 때, 그 절연 저항이 곧 열화하여 비교적 큰 전류를 통하게 되는 현상
② **절연열화** : 절연체가 외부나 내부 영향에 의해 물리적, 화학적으로 나빠지는 상태
③ **절연체의 열화와 파괴 요인**
　㉠ 기계적 성질의 저하
　㉡ 취급불량에서 발생하는 절연 피복의 손상
　㉢ 이상전압으로 인한 손상
　㉣ 허용전류를 넘는 전류에서 발생하는 과열
　㉤ 시간의 경과에 따른 절연물의 열화

TOPIC. 9   정전기 방전

1. 정전기 이론

(1) 정전기
① 전기가 흐르지 않고 멈춰 있는 상태
② 정전기(정전기 방전) : 정전기가 갑자기 빠르게 다른 곳으로 이동하는 현상
③ 성질이 다른 두 물체를 마찰시킬 때 한쪽으로 전자가 몰리는 현상
④ 두 물체는 서로 전기적으로 평형상태로 되돌아가려 하고 이때 두 물체가 살짝 닿으면 빠르게 전자가 이동하며 다시 전기적으로 평형한 상태가 되는데 이때 발생하는 것이 정전기(정전기 방전) 현상임

(2) 대전
① 충격 또는 마찰에 의해 전자들이 이동하여 양전하와 음전하의 균형이 깨지면 다수의 전하가 겉으로 드러나게 되는 현상으로 전기적 성질이 중성에서 (+) 또는 (-)로 변하는 현상
② 대전체 : 대전에 의해 전기를 띄게 되는 물체

2. 정전기 발생 구조

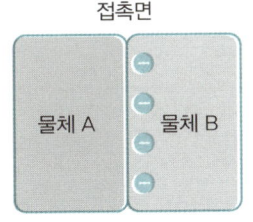
① 접촉에 의한 전하의 이동

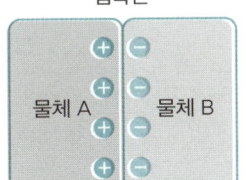
② 전기 2중층의 형성

③ 분리에 의한 정전기 발생

3. 정전기 발생에 영향을 주는 요인

① 물체의 특성
② 물체의 표면 상태
③ 물체의 이력
④ 접촉 면적 및 압력
⑤ 분리 속도

4. 정전기 방전 형태

코로나 방전	• 대전된 부도체와 대전물체나 방전물체의 뾰족한 끝부분에서 전기장이 강해져 미약한 발광이 일어나는 현상 • 방전에너지의 밀도가 낮아 재해의 원인이 될 확률이 비교적 적음
브러시 방전 (스트리머 방전)	• 코로나 방전보다 진전되어 수지상 발광과 펄스상의 파괴음을 동반하는 방전을 말함 • 가스, 증기 또는 민감한 분진을 통해 화재 및 폭발을 일으킬 수 있음 • 불꽃 방전과 코로나 방전의 중간 정도의 위험도를 가짐 • 대전량을 많이 가진 부도체와 평평한 형상을 갖는 금속과의 기상 공간에서 발생하기 쉬우며, 화재를 일으킬 점화원이 되거나, 전격을 일으킬 확률이 높음
불꽃 방전	• 평면 전극 간에 전압을 인가할 경우, 양극간의 전위 경도가 균일함 • 인가 전압이 한도를 초과하면 그 공간 내의 공기의 절연성이 파괴되어 강한 빛과 파괴음의 불꽃 방전이 발생함 • 대전 물체에 축전된 정전에너지 대부분이 공기 중에서 소비되기 때문에 착화 능력이 높고, 거의 모든 가스 · 증기와 가연성 분진의 착화원이 됨

연면 방전	• 공기 중에 놓인 절연체 표면의 전계 강도가 클 때 접지체 접근 시 절연체 표면을 따라서 발생하는 방전 • 불꽃 방전과 마찬가지로 방전에너지가 높아 재해나 장해의 원인이 됨

5. 정전기 재해의 원인

① 절연물에서 접지금속으로의 방전
② 절연된 도체(인체)로부터의 방전
③ 혼합가스 및 분진 폭발
④ 정전기에 의한 인체의 전격

※ 「산업안전보건기준에 관한 규칙」 제325조 정전기로 인한 화재 폭발 등 방지

TOPIC. 10 전기 기본 개념

1. 전압(전위차)의 개념 및 종류

① **전압** : 전류를 흐르게 하는 힘으로 전위(전기적 위치에너지)의 차이(전위차로 생긴 전기적 압력을 말함)
② **전압의 구분**

전압 구분	(개정 전) 기술기준	(개정 후) KEC
저압	교류 : 600V 이하 직류 : 750V 이하	교류 : 1,000V 이하 직류 : 1,500V 이하
고압	교류 : 600V 초과 7kV 이하 직류 : 750kV 초과 7kV 이하	교류 : 1kV 초과 7kV 이하 직류 : 1.5kV 초과 7kV 이하
특고압	7kV를 초과하는 것	7kV를 초과하는 것

2. 전력[W]과 전력량[Wh, kWh]

① **전력** : 단위시간 동안 전류가 할 수 있는 일의 양. 즉, 소비되는 전기에너지
② **전력량** : 일정한 시간 동안에 사용한 전력의 양(전력량(Wh) = 전력(W) × 사용 시간(h))

구분	전력	전력량
문자	P	P×t
단위	W(watt)	Wh, kWh
관계식	P=V×I=I²×R(W)	P×t=V×I×t=I²×R×t(Wh)

3. 단상(Single Phase) 및 3상(3 Phase)의 이해

① 단상 : 교류전원 1개의 전압 크기와 방향이 시간에 따라 변하는 파형을 가지는 형태
  ㉠ 단상 2선식 : 하나의 교류전원으로부터 2개의 전선으로 연결된 전기회로 방식으로 일반 가정에서 사용
  ㉡ 단상 3선식 : 단상 2선식 220V를 공급하기 이전에 단상 110V와 단상 2선식 220V를 동시에 사용하도록 공급 하는 방식으로 삼상모터를 구동할 때 주로 사용하며 중성선 N이 없음
② 삼상 : 교류전원 3개의 크기와 방향이 시간에 따라 변하는 3개의 파형을 가지는 형태
  ㉠ 3상 3선식 : 3개의 교류전원이 서로 직접적으로 연결되는 방식
  ㉡ 3상 4선식 : 3개의 교류전원이 중성선 N에 공통적으로 연결되는 방식

4. 3상 4선식의 회로도

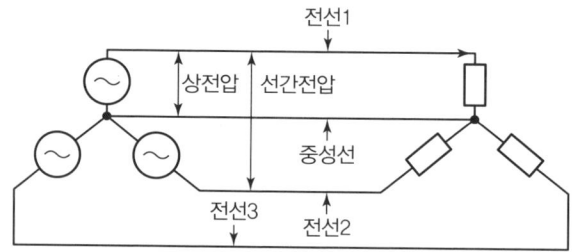

5. 3상 3선식의 회로도

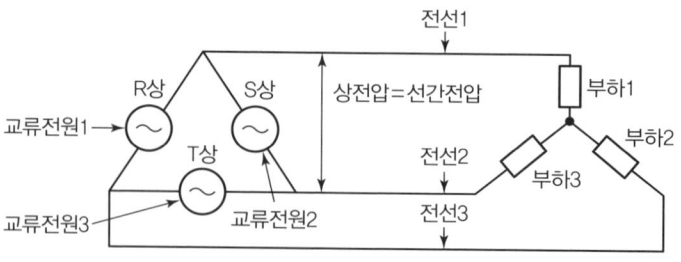

6. 전류 및 정격전류 정의

① 전류[A] : (-)전하를 가진 자유전자가 한쪽 방향으로 이동할 때 흐르는 것처럼 움직이는 것으로, 이때의 움직임을 전류라고 함
② 정격전류 : 회로가 최대 부하에서 사용 중인 전류의 값

7. 임피던스

① 단위 : Ω
② 임피던스(Impedance) : 저항(Electrical resistance)과 리액턴스(Reactance)의 합
③ 회로의 전체 저항값

TOPIC. 11 감전특성

1. 통전전류 및 인체저항 개념

① 통전전류 : 인체로 흐르는 전류
② 인체저항
  ㉠ 통전전류의 크기는 전기저항(임피던스)의 값에 의해 결정됨
  ㉡ 전기저항(임피던스) 값은 인가된 접촉전압에 따라 다르나 최악의 경우를 감안하면 약 1,000Ω 정도가 됨
  ㉢ 저항이 작을수록 위험하기 때문에 전기 취급 시 저항을 크게 하는 것이 중요함

2. 통전전류와 인체반응

통전전류 구분	전격의 영향	통전전류(교류)의 값
최소감지전류	고통을 느끼지 않고 짜릿하게 전기가 흐르는 것을 감지하게 되는 최소 전류값	성인남자의 경우 상용주파수 60Hz, 약 1mA
고통한계전류	통전전류가 최소감지전류보다 커지면 어느 순간부터 고통을 느끼게 되지만 이것을 참을 수는 있을 수준의 전류	상용주파수 60Hz에서 7~8mA
가수전류 (이탈전류)	사람이 자력으로 이탈할 수 있는 전류(마비 한계전류라고도 함)	상용주파수 60Hz에서 10~15mA ※ 최저가수전류치 : 남성은 9mA, 여성은 6mA
불수전류 (교착전류)	통전전류가 고통한계전류보다 커지면 인체 각부의 근육이 수축현상을 일으키고 신경이 마비되어 신체를 자유로이 움직일 수 없는 전류(인체가 자력으로 이탈 불가능한 전류)	상용주파수 60Hz에서 20~50mA

심실세동전류 (치사전류)	전류가 심장의 정상적 박동을 방해하여 불규칙하게 세동하게 됨으로써 혈액 순환에 큰 장애가 발생하고, 산소의 공급이 중지되어 뇌어 치명적인 손상을 입힐 수 있는 전류	$I=\dfrac{165}{\sqrt{T}}$ mA ※ I=심실세동전류[mA] ※ T=통전 시간(s)

3. 심실세동 전류값에 대하여 통전시간(T)에 대한 Dalziel의 식

$I=\dfrac{165}{\sqrt{T}}$ 165mA($\dfrac{1}{120}$∼5초)

※ I=1,000명 중 5명 정도가 심실세동을 일으키는 전류값(A), T : 통전시간(초)

4. 심실세동을 일으키는 전기에너지 계산

인체 저항 : 500Ω, 통전시간, 1sec 전기에너지=W

$W=I^2RT=(\dfrac{165}{\sqrt{T}}\times 10^{-3})^2\times 500T$

$=(165^2\times 10^{-6})\times 500=13.6$[W/sec]$=13.6$[J]

$=13.6\times 0.24$[cal]$=3.3$[cal]

※ 즉, 13.6W의 전력이 1sec간 공급되는 아주 미약한 전기에너지이지만 인체에 직접 가해지면 생명을 위협할 정도로 위험함

5. 통전전류 값에 대한 인체의 영향

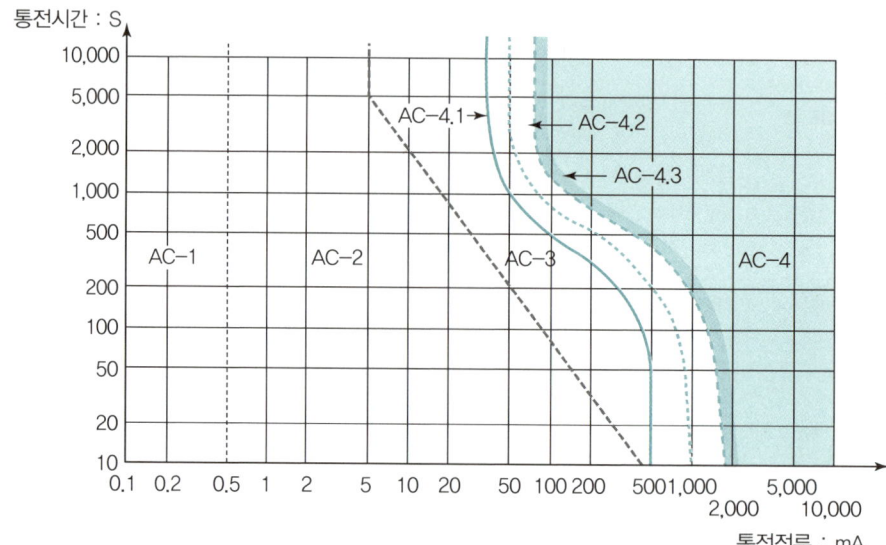

〈감전의 안전한계 곡선 : 통전전류 값에 대한 인체의 영향을 나타냄〉

AC-1(곡선 A 미만)	감지는 가능함
AC-2(곡선 A~곡선 B)	감지 및 비자의적인 근육 수축이 일어날 수 있으나 일반적으로 유해한 전기·생리학적 영향은 없음
AC-3(곡선 B~곡선 C1)	강한 비자의적 근육의 수축, 호흡곤란, 회복 가능한 심장 기능의 장애, 마비 등이 발생할 수 있음
AC-4(곡선 C1 초과)	심장마비, 호흡정지 및 화상 또는 다른 세포의 손상과 같은 병리생리학적인 영향을 일으킬 수 있음

TOPIC. 12 감전메커니즘(감전사고의 형태)

1. 직접접촉에 의한 감전(전압선과 중성선 접촉, 전압선에 접촉)

① 인체가 단락회로의 일부를 형성하는 경우

㉠ 전압선과 중성선 접촉

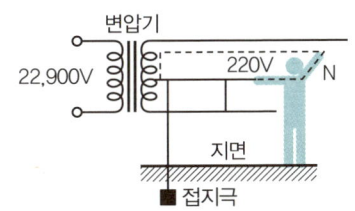

㉡ 인체의 단락회로

② 인체를 통해 지락전류가 흘러서 감전되는 경우

㉠ 전압선 접촉

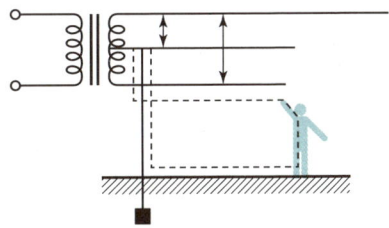

㉡ 전압선에 접촉되었을 경우의 감전회로

CHAPTER 03 전기 일반 및 위험성 분석

2. 간접접촉에 의한 감전(전압선과 중성선 접촉, 전압선에 접촉)

노출도전부 일부와 접촉되었을 경우의 감전회로

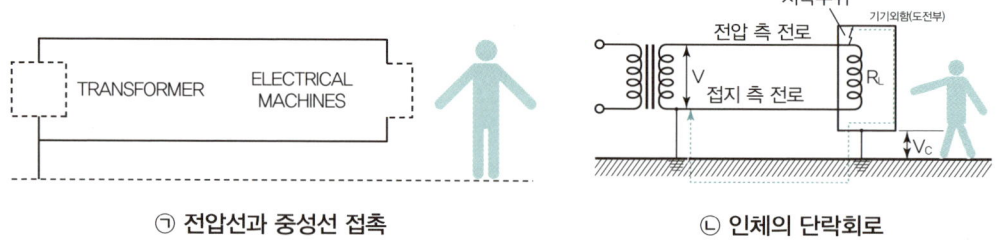

㉠ 전압선과 중성선 접촉   ㉡ 인체의 단락회로

TOPIC. 13 접지

1. 접지의 목적 및 종류

① 목적 : 접지는 전기 회로에서 전기적으로 지면과 같은 전위에 놓여진 회로선을 이용해 전원의 음극과 같은 전위로 만들어 전기기기로부터 감전을 막기 위해 전기적으로 땅과 접속하는 것임

② 접지의 목적에 따른 종류

접지의 종류	접지 목적
계통접지	고압전로와 저압전로 혼촉 시 감전이나 화재 방지
기기접지	누전되고 있는 기기에 접촉되었을 때의 감전 방지
피뢰기접지(낙뢰방지용 접지)	낙뢰로부터 전기기기의 손상 방지
정전기방지용 접지	정전기의 축적에 의한 폭발재해 방지
지락검출용 접지	누전차단기의 동작을 확실하게 함
등전위 접지	병원에 있어서의 의료기기 사용 시의 안전
잡음대책용 접지	잡음에 의한 전자장치의 파괴나 오동작 방지
기능용 접지	전기방식 설비 등의 접지

2. 기기(보호)접지와 계통접지

① **기기(보호)접지** : 기기의 외함에 흐르는 누설전류가 외함이나 철대를 통해서 대지로 흐르도록 하여 사람이 감전되는 것을 방지하는 접지
② **계통접지** : 전력계통에서 돌발적으로 발생하는 이상 현상에 대비하여 대지와 계통을 연결하는 것으로 중성점을 대지에 접촉하는 것
③ **보호접지** : 고장 시 감전에 대한 보호를 목적으로 기기의 한 점 또는 여러 점을 접지하는 것
④ **피뢰시스템** : 구조물 뇌격으로 인한 물리적 손상을 줄이기 위해 사용되는 전체시스템을 말하며, 외부피뢰시스템과 내부피뢰시스템으로 구성됨

3. 접지의 구성요소

① 접지극
② **접지도체** : 계통, 설비 또는 기기의 한 점과 접지극 사이의 도전성 경로 또는 그 경로의 일부가 되는 도체를 말함
③ **보호도체** : 감전에 대한 보호 등 안전을 위해 제공되는 도체
④ 기타설비

4. 접지 대상

(1) 접지 대상별 접지방식

접지 대상	현행 접지방식	KEC 접지방식
(특)고압설비	1종 : 접지저항 10Ω	• 계통접지 : TN, TT, IT 계통 • 보호접지 : 등전위본딩 등 • 피뢰시스템접지
600V 이하 설비	특3종 : 접지저항 10Ω	
400V 이하 설비	3종 : 접지저항 100Ω	
변압기	2종 : (계산요함)	"변압기 중성점 접지"로 명칭 변경

(2) 접지 대상별 접지도체 최소단면적

접지 대상	현행 접지도체 최소단면적	KEC 접지/보호도체 최소단면적
(특)고압설비	1종 : 6.0mm² 이상	상도체 단면적 S(mm²)에 따라 선정 • S≤16:S • 16<S≤35 : 16 • 35<S : S/2 또는 차단시간 5초 이하의 경우 • $S=\sqrt{I^2T}/K$
600V 이하 설비	특3종 : 2.5mm² 이상	
400V 이하 설비	3종 : 2.5mm² 이상	
변압기	2종 : 16.0mm² 이상	"변압기 중성점 접지"로 명칭 변경

5. 접지 적용 예외

(1) 「안전보건규칙」 제302조
① 「전기용품안전관리법」에 따른 이중절연구조 또는 이와 같은 수준 이상으로 보호되는 전기기계 · 기구
② 절연대 위 등과 같이 감전위험이 없는 장소에서 사용하는 전기기계 · 기구
③ 비접지방식의 전로(그 전기기계 · 기구의 전원 측의 전로에 설치한 절연변압기의 2차 전압이 300V 이하, 정격용량이 3kVA 이하이고 그 절연변압기의 부하 측의 전로가 접지되어 있지 아니한 것)에 접속하여 사용되는 전기기계 · 기구

(2) 「한국전기설비규정(KEC)」 341.6
① 사용전압이 직류 300V 또는 교류 대지전압이 150V 이하인 기계기수를 건조한 곳에 시설하는 경우
② 저압용의 기계기구를 건조한 목재의 마루 기타 이와 유사한 절연성 물건 위에서 취급하도록 시설하는 경우
③ 저압용이나 고압용의 기계·기구, KEC 341.2에서 규정하는 특고압 전선로에 접속하는 배전용 변압기나 이에 접속하는 전선에 시설하는 기계·기구 또는 KEC 333.32의 1과 4에서 규정하는 특고압 가공전선로의 전로에 시설하는 기계·기구를 사람이 쉽게 접촉할 우려가 없도록 목주 기타 이와 유사한 것의 위에 시설하는 경우
④ 철대 또는 외함의 주위에 적당한 절연대를 설치하는 경우
⑤ 외함이 없는 계기용변성기가 고무·합성수지 기타의 절연물로 피복한 것일 경우
⑥ 「전기용품 및 생활용품 안전관리법」의 적용을 받는 2중 절연구조로 되어 있는 기계·기구를 시설하는 경우
⑦ 저압용 기계·기구에 전기를 공급하는 전로의 전원 측에 절연변압기(2차 전압이 300V 이하이며, 정격용량이 3kVA 이하인 것에 한한다)를 시설하고 또한 그 절연변압기의 부하 측 전로를 접지하지 않은 경우
⑧ 물기 있는 장소 이외의 장소에 시설하는 저압용의 개별 기계·기구에 전기를 공급하는 전로에 「전기용품 및 생활용품 안전관리법」의 적용을 받는 인체감전보호용 누전차단기(정격감도전류가 30mA 이하, 동작시간이 0.03초 이하의 전류동작형에 한한다)를 시설하는 경우
⑨ 외함을 충전하여 사용하는 기계·기구에 사람이 접촉할 우려가 없도록 시설하거나 절연대를 시설하는 경우

6. 등전위본딩의 정의 및 종류

(1) 등전위본딩의 정의

위험한 접촉전압을 저감시키기 위해 도전부 상호 간을 전기적으로 접속하여 등전위를 만드는 것으로 서로 다른 노출도전성 부분 상호 간, 노출도전성 부분과 계통외 도전성 부분 및 다른 계통외 도전성 부분 간을 실질적으로 등전위로 하는 전기적 접속

(2) 등전위본딩의 종류
① 주등전위본딩 : 건축물 내부 전기설비의 안전상 가장 중요한 기술로 계통외 도전부를 주접지단자에 접속함으로써 등전위를 확보할 수 있음
  ㉠ 건축물, 구조물의 외부에서 내부로 들어오는 각종 금속제 배관
  ㉡ 수도관, 가스관의 경우 내부로 인입된 최초의 밸브 후단
  ㉢ 건축물, 구조물의 철근, 철골 등 금속보강재
② 보조 보호등전위본딩
  ㉠ 전원자동차단에 의한 감전보호방식에서 고장 시 계통별 최대차단시간을 초과하는 경우
  ㉡ 차단시간을 초과하고 2.5m 이내에 설치된 고정기기의 노출도전부와 계통외도전부

③ 비접지 국부등전위본딩
  ㉠ 절연성 바닥으로 된 비접지 장소에서 다음의 경우 국부등전위본딩할 것
    • 전기설비 상호 간이 2.5m 이내인 경우
    • 전기설비와 이를 지지하는 금속체 사이
  ㉡ 전기설비 또는 계통외부전부를 통해 대지에 접촉하지 않아야 함

7. 등전위본딩 시설 전후의 접촉전압 계산

(1) 접촉전압

구조물과 대지면의 거리가 1m에서의 접촉 시 전위차(IEEE)를 의미하며 전기계통의 충전 부분과 인체의 접촉으로 인하여 인체에 인가될 수 있는 전압으로 보통 사람의 손과 다른 신체의 일부 사이에 인가되는 위험 전압을 말함

(2) 허용 접촉전압의 계산식(체중 70kg인 사람 기준)

$$E_{touch70kg} = I_i(R_h + R_b + \frac{R_f}{2}) = \frac{157 + 0.24 p_s}{2\sqrt{t}}$$

C_s : 표면층의 두께와 반사계수에 의해 결정되는 계수
p_s : 표면층의 저항률[Ω·m]
t : 사고지속시간[s]
R_b : 인체의 저항[Ω]
R_h : 손의 접촉 저항[Ω]
R_f : 발의 접촉 저항[Ω]
I_0 : 인체에 흐르는 전류[A]
I_i : 인체 허용한계전류[A]
F : 심장전류계수(1.0)

① 반사계수(K)

$$K = \frac{p - p_s}{p + p_s}$$

p : 대지의 저항률, p_s : 표면층의 저항률

② 감소계수(C_s) : 표면층의 두께와 반사계수에 의해 결정되는 감소계수

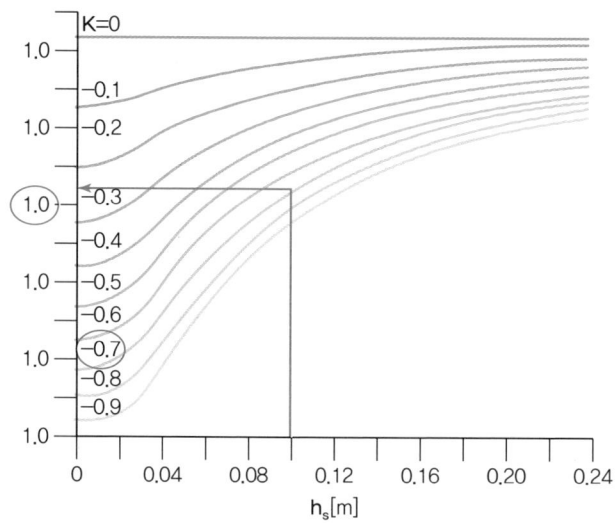

$$C_s = 1 - \frac{0.09(1 - \frac{p}{p_s})}{p + p_s}$$

(3) 접촉상태별 허용접촉전압

접촉상태별 허용 접촉전압		적용		비고
1종	2.5V	인체 대부분이 수중에 있는 상태	욕조, 수영장, 수조, 늪 등에 시설하는 전로에 적용	인체의 반응과 감전전류치의 비교(교류 60Hz, 3sec 기준)
2종	25V	• 인체가 심하게 젖은 상태 • 금속제의 전자기기나 구조물에 인체의 일부가 항상 접촉하고 있는 상태	• 제1종은 주변, 터널공사 등 습기와 온기가 높은 장소의 전로 • 금속제의 전기기구나 구조물 등을 취급하는 장소의 전로	
3종	50V	1, 2종 이외의 일반적인 상태로서 접촉전압이 인가되면 위험성이 높은 상태	사람이 접촉될 우려가 있는 장소의 전로(주택, 사무실 등의 전기공작물)	
4종	제한 없음	1, 2종 이외의 경우로서 접촉전압이 인가되어도 위험성이 낮거나, 접촉전압이 가해질 우려가 없는 상태	• 사람이 접촉될 우려가 없는 장소의 전로 • 보호접지를 요하지 않는 전로(은폐, 높은 곳에 설치된 경우)	

(4) 허용 보폭전압의 계산식(체중 70kg인 사람 기준)

$$E_{step} = \frac{I_k}{F}(R_k + 2R_f)[V] \rightarrow E_{step} = (1{,}000 + 6C_s \cdot p_s) \times \frac{0.157}{\sqrt{t}}$$

C_s : 표면층의 두께와 반사계수에 의해 결정되는 계수
p_s : 표면층의 저항률[Ω·m]
t : 사고지속시간[s]
R_k : 인체의 저항[Ω]
R_H : 손의 접촉 저항[Ω]
R_F : 발의 접촉 저항[Ω]
I_0 : 인체에 흐르는 전류[A]
I_K : 인체 허용한계전류[A]
F : 심장전류계수(1.0)

인체 감전의 양상은 감전이 발생하는 환경에 따라 달라지므로 인체 감전 방지의 관점에서 환경 상태를 분류한 것을 접촉상태라 함

8. 접지시스템 시설의 종류

① 단독접지 : 접지를 필요로 하는 설비들을 각각 독립적으로 접지하는 방식으로 접지전극 상호 간 전위 상승과 같은 영향을 주어서는 안 됨
② 공통접지 : 고압 및 특고압 접지계통과 저압 접지계통이 등전위가 되도록 공통으로 접지하는 방식
③ 통합접지 : 모든 전기설비, 통신설비, 피뢰설비 등을 전부 접지하는 방식

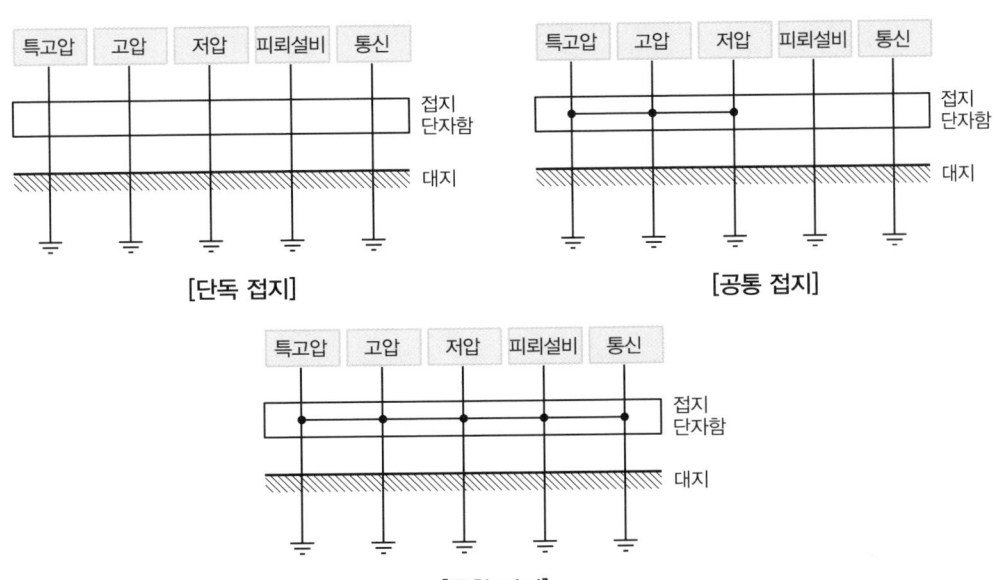

〈연구실 연구 장비 접지〉

[단독 접지] [공통 접지] [통합 접지]

※ 「산업안전보건기준에 관한 규칙」 제302조 전기기계·기구의 접지
※ 「한국전기설비규정(KEC)」 120.2 전선의 식별
※ 「한국전기설비규정(KEC)」 140 접지시스템

9. 연구실 접지시스템

① 연구실 주요 접지 : 기기 접지, 콘센트 접지, 정전기 접지
② 연구실에서 접지와 관련된 전기 사고의 원인
    ㉠ 접지선을 설치하지 않은 경우
    ㉡ 접지선은 있지만 접속을 시키지 않은 경우
    ㉢ 접지선이 끊어져 있는 것을 그대로 방치한 경우
③ 접지 정상 및 불량

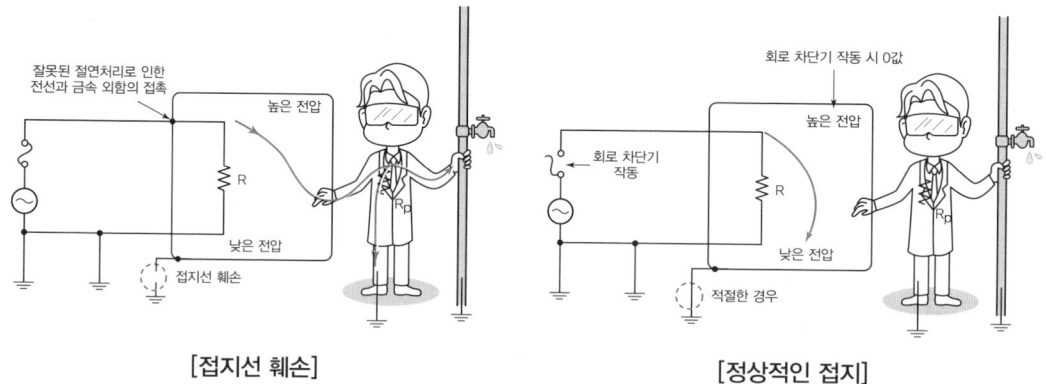

[접지선 훼손]   [정상적인 접지]

※ 「산업안전보건기준에 관한 규칙」 제302조 전기기계기구의 접지
※ 「한국전기설비규정(KEC)」 120.2 전선의 식별
※ 「한국전기설비규정(KEC)」 140 접지시스템

04 전기화재 원인

```
키워드
전기화재 원인
```

TOPIC. 1 전기화재 원인

1. 누전 발생 메커니즘 및 발생장소
① 누전차단기의 접지선이 파손된 경우
② 누전차단기 설치 위치보다 전단에서 누전이 발생한 경우
③ 3종 접지에 문제가 발생한 경우(귀로 전류가 발생되지 않음으로 인해)
④ 누전차단기가 작동하지 않아 저항이 큰 곳에서 과열되어 화재가 발생한 경우
⑤ 금속부재(금속 조영재, 전기기기의 금속케이스, 금속관, 아테나 지선 등) 또는 유기재의 흑연화 부분을 따라 누전되어 화재가 발생한 경우

2. 과부하(과전류) 발생 메커니즘 및 발생장소(전기배선, 전동기 등)
① 전기설비에 허용된 정격전압, 정격전류, 정격시간의 값을 초과한 경우
② 사용부하의 총합이 전선의 허용전류를 넘은 경우
③ 허용전류 이하이나 과부하 상태인 경우
④ 전류감소계수를 무시한 금속관 배선 및 경질비닐관 배선인 경우
⑤ 코드(Cord)릴에 코드를 감은 상태로 코드의 허용전류에 가까운 전류가 흐르는 경우
⑥ 꼬아 만든 전선의 소선 일부가 단선되어 있을 경우
⑦ 전기부품 및 기기가 과부하 상태인 경우
⑧ 전기부품(다이오드, 반도체, 코일, 콘덴서 등)의 전기적 파괴로 임피던스가 감소하여 전류가 증가해 다른 부품의 정격을 넘는 경우
⑨ 전동기기에서 전동기 회전이 방해되면 기계적 과부하가 발생하여 권선에 정격전류 이상의 과부하가 발생하는 경우

3. 접촉불량 발생 매커니즘 및 발생장소
① 주로 진동에 의한 접속 단자부 나사의 느슨함, 접촉면의 부식, 개폐기의 접촉부 및 플러그의 변형 등에 의한 경우
② 접촉 저항이 증가하면 줄열이 커져 접촉부에 국부적 발열을 초래한 경우
③ 발열에 의해 2차적 산화피막이 형성되면 접촉부의 온도가 더욱 높아져 접촉하고 있는 가연물을 발화시킨 경우

4. 접촉저항 증가원인
① 접촉면의 감소
② 접촉압력의 저하 : 전류의 공급 및 중단 반복에 따른 가열과 냉각의 반복은 콘센트의 탄성 피로에 의해 2차측 접촉 단의 복원력이 감소되어 접촉압력을 저하시킬 수 있음

5. 단락·과열 발생 매커니즘 및 발생장소
(1) 단락
① 접촉부에 과전류가 발생하는 현상으로 합선과 같은 의미로 사용됨
② 전기기기 내부 절연 불량, 전력설비의 열화, 산간 단락사고, 케이블의 절연 파괴 등에 의해 발생

(2) 과열
① 전선에 전류가 흐르면 줄의 법칙에 의해 열이 발생하고 이 열은 안전 허용전류 범위 내에서는 발열과 방열이 평형을 이루고 있으나 평형이 깨지면서 과열됨
② 전기기기, 배선 등이 설계된 정상동작 상태의 온도 이상으로 온도 상승을 일으키거나, 피가열체를 위험온도 이상으로 가열할 때 발생함
③ 전기기구의 과열
  ㉠ 취급 불량, 통전된 상태로 방치, 보수 불량으로 초래
  ㉡ 전열기와 연장코드 사이에서 과열되므로 과열여부 점검, 절전형 코드 사용, 사용하지 않을 때 전원 차단, 접속부 탄화흔 발견 시 교체 등의 방법으로 예방해야 함
④ 전기배선의 과열
  ㉠ 단락 또는 배선에 접속된 전동기나 콘센트의 과부하 상태에서 배선에 흐르는 전류는 증가함
  ㉡ 배선의 허용전류를 넘으면 발열량이 증가하여 절연 피복이 손상된 부근의 가연물에 착화시킴
  ㉢ 접촉 불량 시 접촉 저항 증가에 따른 불완전접촉으로 스파크 발생도 원인임
⑤ 전동기의 과열
  ㉠ 부착된 먼지, 분진 등이 통풍냉각을 방해
  ㉡ 과부하에서의 운전 또는 규정전압 이하에서의 장시간 운전
  ㉢ 단락, 누설에 의한 과전류
  ㉣ 장기 사용 또는 기계적 손상에 의한 코일의 절연 저하
  ㉤ 베어링의 급유 불충분으로 인한 마찰

⑥ 전등의 과열 : 전등에 종이, 천, 셀룰로이드, 곡분 등의 가연물이 장시간 근접 또는 접촉되어 발화

6. 절연파괴와 열화 발생 메커니즘 및 발생장소

① 절연체에 가해지는 전압의 크기가 어느 이상에 달했을 때, 그 절연 저항은 곧 열화하여 비교적 큰 전류를 통하게 되는 현상
② 기계적 성질의 저하
③ 취급불량에서 발생하는 절연 피복의 손상
④ 이상전압으로 인한 손상
⑤ 허용전류를 넘는 전류에서 발생하는 과열
⑥ 시간의 경과에 따른 절연물의 열화

7. 반단선 발생 메커니즘

① 전선이 절연 피복 내부에서 단선되어 불시로 접속되는 상태 또는 완전히 단선되지 않을 정도로 심선의 일부가 끊어져 있는 상태
② 주로 기구를 사용할 때 코드의 반복적인 구부림에 의해 심선이 끊어져 발생

TOPIC. 2   전기화재 방지대책

1. 전기배선기구에 대한 전기화재 예방

취급 시 주의사항	• 코드 연결 금지 • 코드 고정 사용 금지 • 사용 전선의 적정 굵기 사용
단락 및 혼촉 방지	• 이동전선의 철저한 관리 • 전선 인출부의 보강 • 규격전선의 사용 • 전원 스위치 차단 후 점검 · 보수
누전 방지 (배선기기로부터의 누전 방지)	• 배선기기의 충전부 및 절연물과 다른 금속체(건물의 구조재, 수도관, 가스관 등) 이격 조치 • 전기시설을 위한 습윤 장소의 방습 조치 • 절연 효력을 위한 전선 접속부에 접속기구 또는 테이프 사용 • 누전 경보기 및 누전차단기 설치 • 미사용 시 전원 차단 • 배선 피복 손상의 유무, 배선과 건조재와의 거리, 접지 배선의 정기 점검 • 절연저항 전기 측정

과전류 방지 (과전류가 배선기기를 통해 흐르는 것 방지)	• 적정용량의 퓨즈 또는 배선용 차단기 사용 • 문어발식 배선 사용 금지 • 접촉 불량으로 인한 발열 방지를 위한 정기 점검 • 고장 나거나 누전되는 전기기기의 사용 금지 • 접촉 불량 방지 • 접속부나 배선기구 조임 부분의 철저한 전기공사 시공 • 전기설비 발열부의 철저한 점검 실시

2. 전기기기에 대한 전기화재 예방

전동기	• 사용장소와 전동기의 형식 • 외피·철대의 접지 • 과열의 방지
전열기	• 고정된 전열기 • 이동 가능한 전열기 • 전등

3. 전기설비의 방폭구조

점화원 격리	압력 방폭구조	용기 내에 질소 등 불활성기체인 보호용 가스를 압입, 압력을 높여 외부폭발이 내부로 전해지지 않도록 차단하는 구조
	내압 방폭구조	전폐 구조의 전동기, 변압기, 전열기구 등의 용기 내부에서 이상현상으로 폭발성 가스나 증기가 폭발했을 때를 가정하여 용기가 발생한 압력을 견디도록 한 구조
	유입 방폭구조	밀폐시킨 케이싱(용기) 내에 절연유를 삽입하여 외부 가스 침입 방지, 즉 전기 불꽃, 아크 또는 고온이 발생하는 부분을 기름 속에 넣고 기름면 위에 존재하는 폭발성 가스 또는 증기에 인화되지 않도록 한 구조
안전도 증가	안전증 방폭구조	정상상태에서 아크(전기불꽃) 등 과열이 발생하면 착화될 우려가 있는 부분에 구조상 또는 온도 상승에 대해 안전성을 높이는 구조
점화능력 억제	본질안전 방폭구조	정상 또는 이상상태에서 폭발성 가스가 간선, 단락 및 지락 등에 의해 발생하는 전기불꽃 과열 등에 의해 가연성 가스의 착화를 방지하는 구조
	특수방폭구조	밀폐시킨 케이싱(용기) 내에 모래 등을 채워 외부가스의 침입을 방지하는 구조

05 연구실 전기·소방 안전관리

정전기, 감전 예방, 소화 안전규칙

키워드
정전기 재해 원인, 정전기 사고 방지대책, 감전사고의 방지

TOPIC. 1 정전기 재해 원인

1. 절연물에서 접지금속으로의 방전
① 개요 : 대전된 절연성이 높은 물질과 접지된 금속구 사이의 거리(2cm)를 두고 접지 금속구의 직경에 따라 불꽃 방전이 발생하는 정전기 크기가 다르며, 이 불꽃 방전은 가연성 가스의 착화에너지가 될 수 있음

② 접지 금속구의 직경에 따른 방전 전위

접지 금속구의 직경(cm)	0.8	1.0	1.2	1.5	2.0
방전 전위(kV)	10	15	20	28	35

③ 정전기 화재 및 폭발 가능 조건
  ㉠ 가연성 물질의 폭발한계 이내일 것
  ㉡ 정전에너지가 가연성 물질의 최소 착화에너지 이상일 것
  ㉢ 방전하기에 충분한 전위차가 있을 것

2. 절연된 도체(인체)로부터의 방전
① 인체를 도체로 생각해도 되나 절연성이 높은 신발을 신고 있을 때는 인체에 대전됨
② 대전된 정전기가 방전되면서 불꽃 발생으로 사고가 발생함
③ 절연된 용기가 대전되고 그것이 방전되어 호재폭발이 되는 경우가 있음

3. 혼합가스 및 분진 폭발
① 가연성 가스(예 수소, 프로판 가스 등)가 일정 농도에서 공기와 혼합되고 주변에 화원이나 열원이 있을 때, 일어나는 연소로 인한 폭발은 폭연과 폭굉으로 구분함

② 가연성 가스의 최소 착화에너지는 매우 작아(대체로 0.2mJ) 정전기가 착화원으로 발생하는 화재 및 폭발 가능성에 주의해야 함

4. 정전기에 의한 인체의 전격
① 건조한 겨울철 문에 손을 댈 때 인체에 대전된 정전기가 방전되면서 정전기 전격 현상이 발생할 수 있음
② 정전기 전격이 직접 원인이 되어 사망까지 이르는 경우는 없으나 근육의 급격한 수축에 의한 신체 손상을 받을 수 있으며, 전격을 받고 쇼크로 인한 추락, 전도 또는 기계 접촉 등 2차 재해를 받을 수 있음
③ 전격에 의한 불쾌, 공포감 등으로 작업 능률 저하가 발생할 수도 있음

TOPIC. 2 정전기 사고 방지 대책

1. 정전기 사고 방지 기본대책
① 정전기 사고 방지를 위해서는 정전기의 대전량을 적게 해야 함
② 정전기 대전량을 적게 하기 위해서는 대지로 누설하는 양을 크게 하거나 발생을 억제 또는 제거해야 함
③ 접촉면 줄이기
④ 분리속도 낮추기
⑤ 유사한 유전(절연) 계수의 이용
⑥ 표면저항률 낮추기
⑦ 공기 중의 습도 높이기 것

2. 대전체별 정전기 대전 방지대책

도체에 의한 정전기의 대전(축적) 방지	• 접지 : 물체에 발생된 1MΩ 이하의 정전기를 대지로 누설하여 완화시키는 방법 • 본딩 : 전기적으로 절연된 2개 이상의 도체를 전기적으로 접속하여 발생한 정전기를 완화시키는 방법
부도체에 의한 정전기의 대전(축적) 방지	• 가습 : 대부분의 물체는 습도가 증가하면 전기 저항치가 저하됨(전기·전자 연구실 내 습도는 70% 이상 유지 권장) • 대전방지제 사용 : 대전방지제는 부도체의 도전성을 향상시켜 대전을 방지하는 물질임 • 제전기 사용 : 제전기를 대전체 가까이에 설치하면 제전기에서 생성된 이온(정·부) 중 대전물체와 역극성의 이온이 대전물체의 방향으로 이동해서 그 이온과 대전물체의 전하와 재결합해서 중화가 이루어져 정전기를 완화시킬 수 있음

3. 인체의 대전 방지
① 대전 방지화, 대전 방지용 안전복, 손목접지기구(Wrist strap) 착용
② 대전물체 차폐
③ 작업장 바닥은 도전성을 갖추도록 할 것

TOPIC. 3 감전 사고의 방지

1. 분전반
① 전기충전부 감전 방지 조치
　㉠ 충전부가 노출되지 않도록 폐쇄형 외함(外函)이 있는 구조로 할 것
　㉡ 충전부에 충분한 절연효과가 있는 방호망이나 절연덮개를 설치할 것
　㉢ 충전부는 내구성이 있는 절연물로 완전히 덮어 감쌀 것
　㉣ 발전소·변전소 및 개폐소 등 구획되어 있는 장소로 관계 근로자가 아닌 사람의 출입이 금지되는 장소에 충전부를 설치하고, 위험표시 등의 방법으로 방호를 강화할 것
　㉤ 전주 위 및 철탑 위 등 격리되어 있는 장소로서 관계 근로자가 아닌 사람이 접근할 우려가 없는 장소에 충전부를 설치할 것
② 분전반 각 회로별 명판 부착
③ 분전반 앞 장애물 관리

2. 전기배선
① 배선 등의 절연 피복 및 접속으로 인한 감전 방지 방법 : 작업자가 접촉할 우려가 있는 배선 또는 이동전선은 절연 피복이 손상, 노화 등으로 인한 감전방지를 위해 충분히 피복되거나 적합한 접속기구를 사용할 것
② 습윤장소에서의 배선으로 인한 감전 방지 방법 : 습윤한 장소에서 이동전선 및 이에 부속하는 접속기구는 절연효과가 충분히 있는 것을 사용할 것
③ 이동형 배선에 대한 감전 방지 방법
　㉠ 통로바닥에 전선 또는 이동전선 등을 설치하여 사용 금지
　㉡ 차량이나 그 밖의 물체의 통과 등으로 인하여 해당 전선의 절연 피복이 손상될 우려가 없거나 손상되지 않도록 적절한 조치를 하여 사용하는 경우는 제외
④ 보호접지 설치
⑤ 안전전압 이하의 기기 사용 등

3. 전기기계기구

① 감전사고를 방지하기 위한 기본 수칙
  ㉠ 전기기기 및 배선 등의 모든 충전부는 노출되지 않아야 함
  ㉡ 전기기기는 반드시 접지 후 사용해야 함
  ㉢ 누전차단기를 설치하여 감전사고 시 재해를 방지해야 함
  ㉣ 관리자의 허가 없이 함부로 전기기기의 스위치를 조작하지 않아야 함
  ㉤ 젖은 손으로 전기기기를 만지지 않아야 함
  ㉥ 개폐기는 반드시 정격 퓨즈를 사용하고, 동선·철선 등을 사용하지 않아야 함
  ㉦ 불량하거나 고장난 전기제품은 사용하지 않아야 함
  ㉧ 배선용 전선은 중간에 연결한 접속 부분이 있는 것을 사용하지 않아야 함

② 충전부 방호 방법
  ㉠ 충전부 전체를 절연시켜야 함
  ㉡ 별도의 실내 또는 울타리를 설치한 지역에 설치하고, 설치지역을 평소에 자물쇠로 잠글 것
  ㉢ 전기작업 시 바닥이나 기타 전도성 물체를 절연물로 도포해야 함
  ㉣ 연구활동종사자는 절연화, 절연공구 등 보호구를 사용해야 함
  ㉤ 덮개, 방호망 등으로 충전부를 방호해야 함
  ㉥ 안전전압 이하의 기기를 사용할 것

③ 노출도전부 방호 방법 : 노출형 배전 설비는 폐쇄형 배전반 교체, 적절한 방호구조 형식의 전동기를 사용해야 함

④ 전등 시설로 인한 감전 방지 방법
  ㉠ 백열전등이 옥내에 설치되어 있는 경우, 대지전압이 150V 이하인 회로에서 사용하고 있는지 점검
  ㉡ 조명기구는 견고하게 설치되어 있는지 점검

⑤ 전동기 설비로 인한 감전 방지 방법
  ㉠ 전동기 설치장소는 점검하기 쉬운 장소인지 확인할 것
  ㉡ 전동기는 콘크리트에 견고하게 고정되어 있는지 점검할 것
  ㉢ 전동기의 전원은 조작하기 쉽고, 발견하기 쉬운 장소에 있는지 점검할 것
  ㉣ 고압 전동기의 경우 주위에 철망 또는 울타리로 보호되어 있는지 점검할 것
  ㉤ 전동기의 주위에 인간공학을 고려한 작업 공간이 확보되어 있는지 점검할 것
  ㉥ 전동기 및 제어반에는 사용전압에 따르는 접지공사가 외함 또는 철대에 견고하게 설치되어 있는지 점검할 것
  ㉦ 전동기에 접속된 전선의 시공 상태가 적절한지, 단자는 견고하게 조여져 있는지 점검할 것

⑥ 이중절연구조 채택 : 기계·기구의 충전부와 외함 사이의 기능절연 이외에 부가해서 실시한 보호절연까지 2종류의 절연을 실시하여 누전이 발생하지 않도록 한 기계·기구를 말함

05 연구실 전기·소방 안전관리

방재장비 및 방재설비

> **키워드**
> 제연, 피난

TOPIC. 1 제연, 피난

1. 제연설비

① 화재로 인한 유독가스가 들어오지 못하도록 차단, 배출하고, 유입된 매연을 희석시키는 등의 제어방식을 통해 실내 공기를 청정하게 유지시켜 피난상의 안전을 도모하는 소방시설

② 제연설비 대상(「소방시설법 시행령」 [별표 5])
  ㉠ 문화 및 집회시설, 종교시설, 운동시설로서 무대부의 바닥면적이 200m² 이상 또는 문화 및 집회시설 중 영화 상영관으로서 수용인원 100명 이상인 것
  ㉡ 지하층이나 무창층에 설치된 근린생활시설, 판매시설, 운수시설, 숙박시설, 위락시설, 의료시설, 노유자시설 또는 창고시설(물류터미널만 해당)로서 해당 용도로 사용되는 바닥면적의 합계가 1,000m² 이상인 층
  ㉢ 운수시설 중 시외버스 정류장, 철도 및 도시철도 시설, 공항시설 및 항만시설의 대기실 또는 휴게시설로서 지하층 또는 무창층의 바닥면적이 1,000m² 이상인 것
  ㉣ 지하가(터널은 제외)로서 연면적 1,000m² 이상인 것
  ㉤ 지하가 중 예상 교통량, 경사도 등 터널의 특성을 고려하여 행정안전부령으로 정하는 터널
  ㉥ 특정소방대상물(갓복도형 아파트 등은 제외)에 부설된 특별피난계단, 비상용 승강기의 승강장 또는 피난용 승강기의 승강장

③ 제연설비 설치대상 건축물(「제연설비의 화재안전기준(NFSC 501)」 제4조 제1항)
  ㉠ 하나의 제연구역의 면적은 1,000m² 이내로 할 것
  ㉡ 거실과 통로(복도를 포함)는 상호 제연구획할 것
  ㉢ 통로상의 제연구역은 보행중심선의 길이가 60m를 초과하지 않을 것
  ㉣ 하나의 제연구역은 직경 60m의 원 내에 들어갈 수 있을 것
  ㉤ 하나의 제연구역은 2개 이상 층에 미치지 않도록 할 것. 단, 층의 구분이 불분명한 부분은 그 부분을 다른 부분과 별도로 제연구획할 것

2. 피난구조설비의 종류 및 용도

피난기구	피난사다리	• 건축물의 개구부에 설치하는 피난사다리 • 고정식 사다리, 올림식 사다리, 내림식 사다리
	완강기 (연구실에 주로 설치)	• 사용자의 몸무게에 의하여 자동적으로 내려올 수 있는 기구 • 사용자가 교대하여 연속적으로 사용할 수 있는 것
	구조대 (연구실에 주로 설치)	• 비상시 건물의 창, 발코니 등에서 지상까지 포지 등을 사용하여 자루형태로 만든 것 • 화재 시 사용자가 그 내부에 들어가서 내려옴으로써 대피할 수 있는 피난기구
	피난교	건축물의 옥상층 또는 그 이하의 층에서 화재 발생 시 옆 건축물로 피난하기 위해 설치하는 기구
	공기안전매트	사람이 건축물 내에서 외부로 긴급히 뛰어내릴 때 충격을 흡수하여 안전하게 지상에 도달할 수 있도록 포지에 공기 등을 주입하는 구조 예 미끄럼대, 간이완강기, 피난용트랩, 승강식 피난기, 다수인 피난장비 등
인명구조기구	방열복	• 고온의 복사열을 차단하여 인체를 방호하는 내열피복 • 상하분리형, 상하일체형
	방화복	화재진압 등의 소방활동을 수행할 수 있는 피복
	공기호흡기	용기에 공기를 채워서 위험한 장소에서 호흡하기 위한 보호장치
	인공소생기	호흡 부전상태에 빠진 사람에게 인공호흡을 시켜 환자를 구급하거나 보호하는 기구
유도등	피난유도선	• 화재 시에 피난을 유도하기 위하여 사용되는 등 • 정상상태에서는 상용전원에 의하여 켜지고, 상용전원이 정전되는 경우에는 비상전원으로 켜지는 등
	피난구유도등	
	통로유도등	
	객석유도등	
	유도표지	
비상조명등	비상조명등	• 화재발생 시 또는 그 외의 비상사태 발생 시 정전이 되어도 원활하게 피난행동이 가능하고 안전한 장소로 피난할 수 있도록 설치하는 조명등
	휴대용 비상조명등	• 화재발생 시 또는 그 외의 비상사태 발생 시 정전이 되어도 원활하게 피난행동이 가능하고 안전한 장소로 피난할 수 있도록 설치하는 조명등

※ 화재예방, 소방시설 설치·유지 및 안전관리에 관한 법률 시행령 [별표 1], 피난기구의 화재안전기준(NFSC 301)

TOPIC. 2 완강기

1. 개요
① 비상시 높은 곳에서 계단으로 피난을 못하는 상황에 이르렀을 때, 사용자의 자체 무게에 의해 자동 하강하는 기구
② 피난자의 몸무게(100kg 이하)에 관계없이 일정속도로 하강하여 피난자를 안전하게 지상까지 인도하는 장비

2. 종류
① **완강기** : 사용자의 몸무게에 의하여 자동으로 내려올 수 있는 기구로 여러 명이 반복해서 사용할 수 있음
② **간이완강기** : 완강기와 작동 원리는 동일하나 사용자가 교대하여 연속적으로 사용할 수 없는 일회용의 것을 말함

3. 구조와 원리
① 구조
  ㉠ 안전벨트 : 구조자가 착용
  ㉡ 조속기 : 일정한 속도로 하강할 수 있도록 속도 조절
  ㉢ 로프와 로프릴 : 안전벨트에 연결하여 하강할 수 있도록 도움
  ㉣ 외부 고정 지지대 : 완강기를 지탱해줌
  ㉤ 고정용 고리(카라비너) : 지지대와 완강기를 연결해줌
② 원리 : 구조자가 안전벨트를 로프에 연결, 착용하고 하강하면 조속기가 구조자의 하강 속도를 제어하여 고층에서 지상으로 안전하게 하강할 수 있도록 하는 것

4. 사용방법

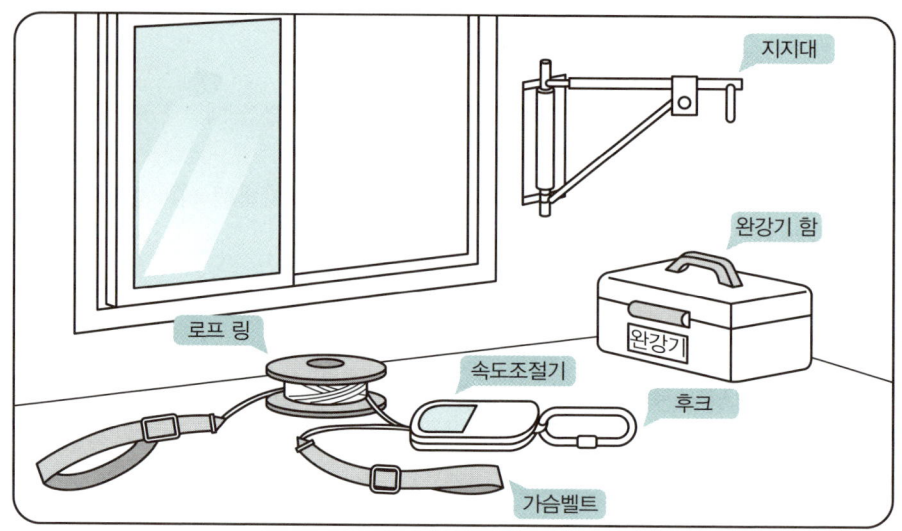

※ 출처 : 행정안전부

① 완강기 함 안의 구성품을 먼저 확인
② 완강기 함 안에서 속도조절기와 벨트를 꺼냄
③ 지지대 고리에 속도조절기의 후크를 걸고 나사를 조여 빠지지 않도록 함
④ 지지대 고리가 창밖에 위치하도록 창 바깥쪽으로 밀기
⑤ 줄이 감겨있는 릴을 창 밖으로 던지기
⑥ 가슴벨트를 가슴높이까지 걸기(이때 팔을 들지 말고 겨드랑이 밑으로 꼭 맞도록 주의)
⑦ 가슴벨트가 빠지지 않도록 자신의 가슴둘레만큼 충분히 조임
⑧ 다리부터 창밖으로 내밀어 바깥으로 나감
⑨ 처음 건물에서 떨어질 때는 손을 아래로 내리고 하강을 실시하며 벽면에 손을 지지하면서 안전하게 내려감

5. 보관 및 점검

① 습기가 적고 건조한 곳에 설치 및 보관
② 완강기가 있는 곳을 쉽게 알 수 있도록 발광식 또는 축광식 표지를 부착
③ 임의로 제품을 분해 또는 재조립하거나 변형시켜서는 안 됨
④ 1년에 1회 이상 안전점검 실시
⑤ 설치층에 맞는 규정 길이 확인

TOPIC. 3 　구조대

1. 개요
건물 옥상이나 실내복도, 베란다 등에 설치하여 비상시 신속하고 안전하게 인명을 대피시키는 장비로 자루형태의 포대를 사용하여 짧은 시간에 많은 인원이 대피할 수 있는 피난기구

2. 수직하강식 및 경사하강식
① 설치 시 주의사항
　㉠ 설치 시 탈출할 수 있는 창문이나 탈출구는 확보되어야 함
　㉡ 하강 시 지상에는 장애물이 없어야 함
　㉢ 앙카 볼트를 사용하여 바닥이나 벽면에 지지 틀을 견고히 고정
　㉣ 사용 시에는 반드시 1회 1인씩 낙하하며 일정한 시간 간격을 두고 낙하
② 사용방법
　㉠ 구조대의 상자를 들어 창밖의 장애물을 확인한 후 포대 본체를 천천히 내림
　㉡ 포대 본체를 펼칠 때 비틀림이나 한쪽으로 휘지 않도록 함
　㉢ 하강 전에 착지점의 하부 고정여부를 확인
　㉣ 입구틀을 세워 공정시킨 후 발부터 들어감
　㉤ 통로 안으로 들어가 두 줄을 잡고 대기
　㉥ 지상의 구조자들이 지지장치를 붙잡은 상태에서 잡고 있던 두줄을 놓으면 자동으로 몸이 내려옴
　㉦ 두 다리를 벌려 속도를 조절하며 내려오며 맨살이 화상을 입지 않도록 안전하게 하강
③ 사용 시 주의사항
　㉠ 구조대를 사용 시에는 제조회사의 설치기준을 참고하여 설치하고 충분한 훈련
　㉡ 구조대는 바닥에 견고하게 고정시키고, 구조대를 설치할 수 있는 후크고리등의 장소는 사전에 선정
　㉢ 하강장소의 후크 고리 등이 느슨한 경우 구조대가 느슨해져 추락에 의한 추가 피해가 발생할 수 있음에 주의

07 소방시설 및 운영기준

05 연구실 전기·소방 안전관리

키워드
소방시설, 소화설비, 경보설비, 소화활동설비, 소화용수설비, 점검

TOPIC. 1 소방시설 및 소화설비의 종류

구분	정의	종류
소화설비	물 또는 그 밖의 소화약제를 사용하여 소화하는 기계·기구 또는 설비	• 소화기구(소화기, 간이소화용구, 자동확산소화기) • 자동소화장치 • 옥내소화전설비 • 스프링클러설비 • 물분무 등 소화설비 • 옥외소화전설비
경보설비	화재발생 사실을 통보하는 기계·기구 또는 설비	• 단독경보형감지기 • 비상경보설비 • 시각경보기 • 자동화재탐지설비 • 비상방송설비 • 자동화재속보설비 • 통합감시시설 • 누전경보기 • 가스누설경보기
피난구조설비	화재가 발생할 경우 피난하기 위하여 사용하는 기구 또는 설비	• 피난기구(피난사다리, 구조대, 완강기, 미끄럼대, 피난교, 피난용트랩, 간이완강기, 공기안전매트, 다수인 피난장비, 승강식피난기 등) • 인명구조기구 • 유도등 • 비상조명등 및 휴대비상조명등
소화용수설비	화재를 진압하는 데 필요한 물을 공급하거나 저장하는 설비	• 상수도소화용수설비 • 소화수조·저수조 • 그 밖의 소화용수설비
소화활동설비	화재를 진압하거나 인명구조활동을 위하여 사용하는 설비	• 제연설비 • 연결송수관설비 • 연결살수설비 • 비상콘센트설비 • 무선통신보조설비 • 연소 방지설비

※ 참고 : 「화재예방, 소방시설 설치·유지 및 안전관리에 관한 법률 시행령」 [별표 1]

TOPIC. 2 소화기

1. 개요
소화약제를 압력에 따라 방사하는 기구로서 사람이 수동으로 조작하여 소화하는 기구

2. 소화기 종류별 구조와 원리 및 화재적응성

① 분말소화기

주성분	중탄산나트륨(탄산수소나트륨), 제1인산암모늄 등
적응화재	BC급, ABC급
소화효과	질식, 부촉매, 냉각효과
구조(축압식 소화기)	• 본체 용기 내에는 규정량의 소화약제와 함께 압력원인 질소가스가 충전되어 있음 • 용기 내 압력을 확인할 수 있도록 지시압력계가 부착되어 사용가능한 범위가 0.7~0.98MPa이며 녹색으로 되어있음

② 이산화탄소 소화기

주성분	이산화탄소(CO_2) 일명 액화탄산가스
적응화재	BC급
소화효과	질식, 냉각소화
구조(축압식 소화기)	• 본체 용기에 충전된 이산화탄소가 레버식 밸브(대형소화기는 핸들식)의 개폐에 의해 방사되므로 방사를 중지할 수 있음 • 밸브 본체에는 일정한 압력에서 작동하는 안전밸브가 장치되어 있음

③ 할로겐화합물 소화기

주성분	할론1211(CF_2ClBr), 할론2402($C_2F_4Br_2$), 할론1301(CF_3Br)
적응화재	BC급(할론1211, 할론1301 : ABC급)
소화효과	억제(부촉매), 냉각효과
구조(축압식 소화기)	• 할론1211, 할론2402 소화기 : 용기 내 압력을 가리키는 지시압력계가 붙어 있어 사용 가능한 압력 범위가 녹색으로 되어있음 • 할론1301 소화기 : 고압가스로서 가스 자체의 압력(증기압)으로 방사하며 (질소가스로 가압한 것도 있음) 지시압력계는 부착되어 있지 않고 할론 소화약제 중 가장 소화 능력이 좋으며, 독성이 가장 적고 냄새가 없음

3. 사용방법
① 소화기를 불이 난 곳으로 옮김
② 소화기를 바닥에 내려놓은 후 한 손은 소화기 몸통을 잡고 다른 한 손은 안전핀을 뽑음
③ 한 손은 손잡이를, 다른 한 손은 노즐을 잡고 화점을 향하게 함
④ 완전히 소화될 때까지 화점을 향하여 약제를 골고루 방사

4. 점검방법

소화기 적응성	소화기는 화재의 종류에 따라 적응성 있는 소화기 사용	• A : 일반화재　• B : 유류화재 • C : 전기화재　• K : 주방화재
본체 용기	• 본체 용기가 변형, 손상 또는 부식된 경우 교체 • 가압식 소화기는 사용상 주의를 요함	
누름쇠·레버 등의 조작 장치	손잡이의 누름쇠가 변형되거나 파손되면 사용 시 손잡이를 눌러도 소화약제가 방출되지 않을 수 있음	
호스·혼·노즐	호스가 찢어지거나 노즐·혼이 파손되거나 탈락 되면, 찢어진 부분이나 파손 된 부분으로 소화약제가 새어 화점으로 약제를 방출할 수 없음	
지시압력계	• 지시압력계가 녹색 범위에 있어야 정상 • 노란색(황색) 부분은 압력이 부족한 것으로 재충전이 필요함 • 적색 부분에 있으면 과압(압력이 높음) 상태를 나타냄	
안전핀	안전핀의 탈락 여부, 안전핀이 변형되어 있지는 않은지 점검	
자동확산소화기 점검방법	소화기의 지시압력 상태 확인, 지시압력계가 녹색의 범위 내에 있어야 적합	

TOPIC. 3 　옥내소화전

1. 개요
① 건물 내부에 설치하는 수계용 소방 설비
② 건물 내부에서 화재 발생 시 화재진압을 위해 소방대가 도착하기 전 건물 내부에 있는 사람이 화재를 진압하기 위해 사용하는 설비

2. 옥내소화전설비 설치
(1) 개요
소방대상물의 어느 층이나 당해 층의 옥내소화전을 동시에 방수할 경우 각 소화전 노즐에서 방수량(130L/min 이상), 방수압(0.17MPa 이상 0.7MPa 이하)을 법적 규정으로 갖추어야 함

(2) 옥재소화전설비 구성
① 수원 : 일반수조, 압력수조, 고가수조, 가압수조
② 가압송수장치 : 펌프방식, 가압수조방식
③ 배관 : 순환배관, 성능시험배관
③ 기동용 수압개폐장치 : 압력챔버, 기동용 압력스위치, 자동기동방식(기동용 수압개폐방식)
※ 릴리프밸브 : 설정 압력 이상 시 밸브캡을 지지하고 있는 스프링이 밀려 올라가 열리면서 압을 방출하여 수온의 상승을 방지하는 설비

(3) 옥재소화전설비 설치 기준

설비 도구	설치 기준
소화전 함	옥내소화전설비의 함에는 그 표면에 "소화전"이라고 표시한 표지와 그 사용 요령을 기재한 표지판(외국어 병기)을 붙여야 함
방수구	층마다 설치하되 소방대상물의 각 부분으로부터 1개의 옥내소화전 방수구까지의 수평거리는 25m 이하가 되도록 하고 바닥으로부터 1.5m 이하의 위치에 설치할 것
표시등	옥내소화전함의 상부에 설치하고 부착면으로부터 15° 이상의 범위 안에서 부착지점으로부터 10m 이내의 어느 곳에서도 쉽게 식별 가능(적색등)할 것
호스	구경 40mm 이상, 물이 유효하게 뿌려질 수 있는 길이로 설치할 것
관창(노즐)	• 관창은 소방호스용 연결금속구 또는 중간연결금속구 등의 끝에 연결시켜 소화용수를 방수하게 하는 나사식 또는 차입식 토출기구를 말함 • 방사모양에 따라 봉상으로 방수되는 직사형과 봉상 및 분무 상태로 방수되는 방사형이 있음

3. 옥내소화전 사용방법

① 발신기를 누르고 소화전 함을 신속히 열기
② 한 사람이 호스와 노즐을 화점 가까이 전개하여 이동한 후 소화전 함에 대기하고 있는 조력자에게 "밸브 개방"이라고 외침
③ 다음 방식을 주의하며 밸브를 개방하고 노즐을 조작하여 방수함
    ㉠ 방수 시 한 손은 관창선단을 잡고 다른 한 손은 결합부를 잡은 상태에서 호스를 최대한 몸에 밀착시킬 것
    ㉡ 소화전 사용이 끝나면(방수 완료 후) "밸브 폐쇄"라고 외친 후 밸브를 폐쇄(ON-OFF 방식의 경우 OFF 스위치를 누름)한 후 호스는 음지에 말려서 다시 사용하기 쉽도록 정리할 것
    ㉢ 밸브를 폐쇄하는 경우에도 "밸브 폐쇄"라는 구령을 크게 외치고, 밸브는 완전히 폐쇄될 수 있도록 할 것

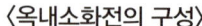

〈옥내소화전의 구성〉

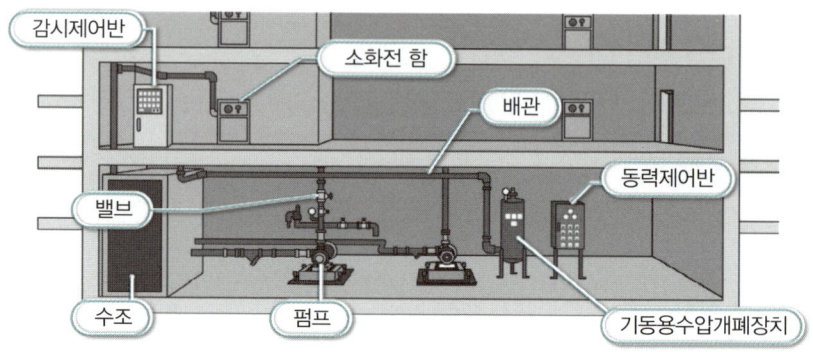

4. 옥내소화전설비 점검

(1) 방수압력 및 방수량 측정

① 방수압력 및 방수거리 적정 확인 : 방수시간 3분, 방사거리 측정 시 8m 이상
② 방수압력 측정 시 0.17MPa 이상
③ 최상층 소화전 개방 시 소화펌프 자동 기동 및 기동 표시등 확인
④ 주의사항
    ㉠ 반드시 직사형 관창을 이용하여 측정
    ㉡ 초기방수 시 물 속에 존재하는 이물질이나 공기 등이 완전히 배출된 후에 측정
    ㉢ 방수압력측정계(피토게이지)는 봉상주수상태에서 직각으로 측정

(2) 제어반 점검

① 동력제어반의 스위치와 표시등 : 펌프운전선택스위치는 자동 위치 확인
② 감시제어반의 스위치와 표시등

㉠ 펌프운전선택스위치의 자동 위치 여부
㉡ 각종 표시등은 소등되어 있는지 확인

(3) 소화전 함 점검
① 소화전 함 주변 장애물 등 작동에 지장을 초래하는 물건 적재 여부
② 밸브와 호스 연결 및 정리 상태 확인
③ 소화전 함 상부 기동 표시등 및 사용설명서, 사용요령 표지 등 관리 상태 여부 확인

TOPIC. 4 자동화재 소화설비

1. 개요
화재 시 발생하는 열, 연기 또는 불꽃의 초기 현상을 감지기에 의해 자동감지 신호나 화재를 발견한 사람이 발신기를 누른 후 발신한 수동 신호를 수신기에서 수신하여 화재 발생 및 화재 장소를 알려줌으로써, 화재를 조기에 발견하여 조기 통보, 초기 소화, 조기 피난을 가능하게 하기 위한 설비

2. 자동화재탐지설비
① 자동화재탐지설비의 구성

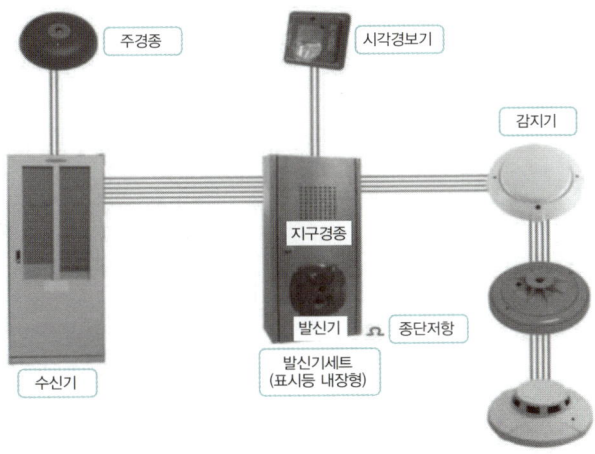

② 자동화재탐지설비의 점검
　㉠ 사전 확인사항

수신기 상태 확인	• 화재표시등 점등 확인 • 전원표시등 점등 확인 • 스위치류 정상 감시 상태 확인
발신기 외관 상태 확인	• 위치표시등 점등 확인 • 누름스위치 정상 상태 확인

　㉡ 수신기 동작시험 : 수신기에 화재 신호를 수동으로 입력하여 수신기가 정상적으로 동작되는지를 확인하기 위한 시험

순서	수신기 조작순서
① 동작시험스위치를 누른다.	
② 자동복구스위치를 누른 후 회로시험스위치를 1번 회로부터 선택하여 돌린다. 순차적으로 회로시험스위치를 선택한다.	
③ 화재표시등 및 지구표시등의 점등 유무를 확인한다(지구·주경종의 작동도 확인).	
④ 회로시험 완료 후 자동복구스위치와 회로시험스위치를 정상 위치에 오도록 하고 동작시험 스위치를 복구한다.	

ⓒ **수신기 도통시험** : 수신기에 감지기 사이의 회로 단선 유무와 기기 등의 접속 상황을 확인하기 위한 시험

순서	수신기 조작순서
① 도통시험스위치를 누른다.	
② 회로시험스위치를 1번 회로부터 돌려 선로의 이상유무를 시험한다. 순차적으로 회로시험 스위치를 선택한다. • 녹색등(LED) 점등 시 : 정상 • 적색등(LED) 점등 시 : 회로단선 • 전압표시형(LED) : 정상(2~6V), 단선(0V)을 지시침으로 표시	
③ 회로시험 완료 후 회로시험스위치를 정상 위치에 오도록 하고, 도통시험스위치를 복구한다.	

ⓓ **수신기 예비전원시험** : 상용전원이 사고 등으로 정전된 경우 자동으로 예비 전원으로 절환이 되며 또한 상용전원 복귀 시에는 자동으로 상용전원으로 절환 되는지의 여부와 상용전원이 정전된 경우 화재가 발생하여도 수신기가 정상적으로 동작할 수 있는 전원이 공급되는지를 확인하는 시험

순서	수진기 조작순서
① 예비 전원스위치를 누른다(누른 후 자동으로 복구됨).	
② 전압표시등이나 전압계 지시값의 정상(24V) 유무를 확인한다.	

3. 감지기

① 개요 : 화재 시 발생하는 열, 불꽃 또는 연소생성물(연기)을 통해 화재 발생을 자동적으로 감지하여 그 자체에 부착된 음향 장치로 경보를 발하거나 이를 수신기에 발신하는 것을 말함

② 감지기의 종류

㉠ 차동식 스포트형 감지기 : 주위 온도가 상승률 이상이 되었을 경우 작동

형태	동작원리
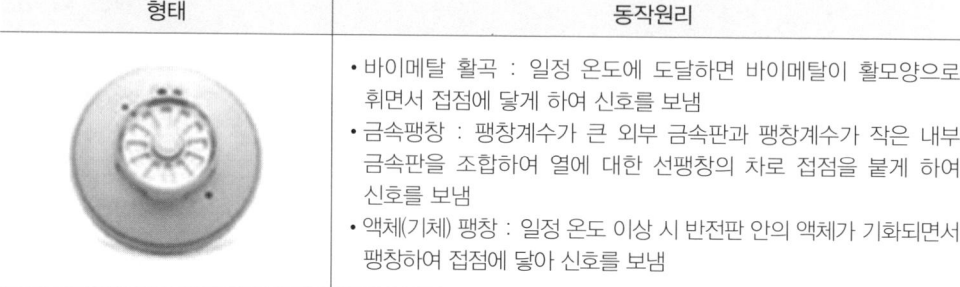	• 화재 시 발생된 열에 의해 공기실 내 공기가 팽창하여 공기압력에 의해 다이아프램이 밀어 올려져 접점이 붙으면서 동작됨. 이때 작동표시등(적색 LED)이 점등됨 • 평상 시 난방 등에 의해 서서히 온도가 올라가는 경우 리크구멍으로 팽창된 공기가 빠져나가 비화재보 발생

㉡ 정온식 스포트형 감지기 : 주위 온도가 일정한 온도 이상이 되었을 경우 작동

형태	동작원리
	• 바이메탈 활곡 : 일정 온도에 도달하면 바이메탈이 활모양으로 휘면서 접점에 닿게 하여 신호를 보냄 • 금속팽창 : 팽창계수가 큰 외부 금속판과 팽창계수가 작은 내부 금속판을 조합하여 열에 대한 선팽창의 차로 접점을 붙게 하여 신호를 보냄 • 액체(기체) 팽창 : 일정 온도 이상 시 반전판 안의 액체가 기화되면서 팽창하여 접점에 닿아 신호를 보냄

㉢ 연기감지기 : 화재 시 발생되는 연기를 감지하는 방식

형태	동작원리
	• 이온화식 연기감지기 : 공기 중의 이온화 현상에 의하여 발생되는 이온전류가 화재 시 발생되는 연기에 의하여 그 양이 감소하는 것을 검출하여 화재 신호로 변환하는 장치 • 관전식 연기감지기 : 화재 시 연기 입자 침입에 의해 발광소자에 비추는 빛이 산란되고 산란광 일부가 수광소자에 비추게 되어 수광량 변화를 검출하여 수신기에 화재 신호를 보냄

② 불꽃감지기 : 화재 시 발생하는 불꽃에서 방사되는 불꽃의 변화가 일정량 이상이 되었을 때 화재 신호를 발신

형태	동작원리
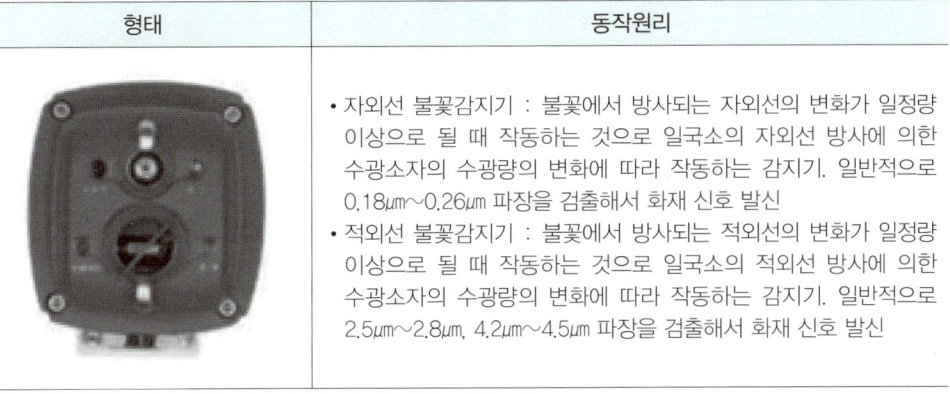	• 자외선 불꽃감지기 : 불꽃에서 방사되는 자외선의 변화가 일정량 이상으로 될 때 작동하는 것으로 일국소의 자외선 방사에 의한 수광소자의 수광량의 변화에 따라 작동하는 감지기. 일반적으로 0.18㎛~0.26㎛ 파장을 검출해서 화재 신호 발신 • 적외선 불꽃감지기 : 불꽃에서 방사되는 적외선의 변화가 일정량 이상으로 될 때 작동하는 것으로 일국소의 적외선 방사에 의한 수광소자의 수광량의 변화에 따라 작동하는 감지기. 일반적으로 2.5㎛~2.8㎛, 4.2㎛~4.5㎛ 파장을 검출해서 화재 신호 발신

⑩ 단독경보형 감지기 : 감지기 자체에 건전기와 음향장치가 내장되어 감지된 화재 신호를 신속하게 실내로 경보하여 대피를 유도하거나 초기 소화 진압을 하기 위한 설비

형태	동작원리
	화재발생 상황을 단독으로 감지하여 자체에 내장된 음향장치로 경보하는 감지기로서 감지기능+경보기능+비상전원기능을 겸함

4. 수신기

① 개요 : 화재 시 감지기나 발신기로부터 발생된 신호를 직접 수신하거나, 수신된 신호를 중계기를 통해 화재의 발생을 특정소방대상물 관계자 및 거주자에게 통보하고 통보와 동시에 자동소화설비의 제어 신호를 송출하는 것
② 설치기준
　㉠ 수위실 등 상시 사람이 근무하는 장소에 설치할 것
　㉡ 사람이 상시 근무하는 장소가 없는 경우에는 관계인이 쉽게 접근할 수 있고 관리가 용이한 장소에 설치할 수 있음
　㉢ 수신기 설치장소에는 경계구역 일람도를 비치할 것
　㉣ 수신기 음향기구는 그 음량 및 음색이 다른 기기의 소음 등과 명확히 구별될 수 있는 것으로 할 것
　㉤ 수신기는 감지기·중계기 또는 발신기가 작동하는 경계구역을 표시할 수 있는 것으로 할 것
　㉥ 화재·가스 전기 등에 대한 종합방재반을 설치한 경우에는 해당 조작반에 수신기의 작동과 연동하여 감지기·중계기 또는 발신기가 작동하는 경계구역을 표시할 수 있는 것으로 할 것
　㉦ 하나의 경계구역은 하나의 표시등 또는 하나의 문자로 표시되도록 할 것

ⓑ 수신기의 조작 스위치는 바닥으로부터 0.8m 이상 1.5m 이하인 장소에 설치할 것
ⓒ 하나의 특정소방대상물에 두 개 이상의 수신기를 설치하는 경우에는 수신기를 상호 연동하여 화재 발생 상황을 수신기마다 확인할 수 있도록 할 것

③ **수신기의 종류**

P형 수신기	일반적으로 사용되는 수신기로 감지기 또는 발신기에서 발신한 화재 신호는 직접 또는 중계기를 거쳐서 공통의 신호로 수신하고 표시 방법은 지구(구획)별로 되어 있음
R형 수신기	감지기, 발신기로부터의 신호는 중계기를 통해 각 회선마다 고유 신호로 수신하는 방식
GP형 수신기	P형 수신기 기능과 가스누설경보기의 수신부 기능을 겸한 것
GR형 수신기	R형 수신기 기능과 가스누설경보기의 수신부 기능을 겸한 것

5. 발신장치

① **개요** : 화재 발생 신호를 수신기 또는 중계기에 수동으로 발신하는 것으로 P형, T형, M형으로 나누고 있음

② **구조** : P형 발신기의 주요 구성 부분은 보호판, 누름스위치, 확인등, 전화잭, 외함 등으로 구성

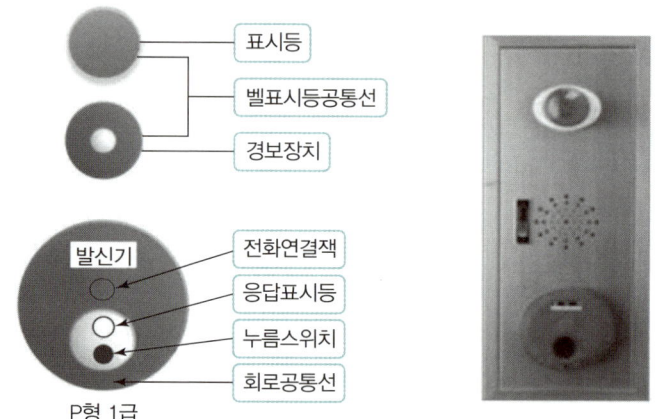

P형 1급

③ **설치기준**
㉠ 조작이 쉬운 장소에 설치하고, 스위치는 바닥으로부터 0.8m 이상 1.5m 이하의 높이에 설치할 것
㉡ 특정소방대상물은 층마다 설치하되, 해당 특정소방대상물은 각 부분으로부터 하나의 발신기까지의 수평거리가 25m 이하가 되도록 할 것
㉢ 복도 또는 별도로 구획된 곳으로서 보행거리가 40m 이상일 경우 추가로 설치할 것
㉣ 발신기의 위치를 표시하는 표시등은 함의 상부에 설치하되, 그 불빛은 부착면으로부터 15° 이상의 범위 안에서 부착지점으로부터 10m 이내의 어느 곳에서도 쉽게 식별할 수 있는 적색등으로 할 것

④ 작동원리
  ㉠ 동작 : 발신기 누름 스위치 누름 → 수신기 동작(화재표시등, 지구표시등, 발신기표시등, 경보장치 동작) → 응답표시등 점등
  ㉡ 복구 : 발신기 누름 스위치 원위치로 복구 → 수신기 복구 스위치 누름 → 응답표시등 소등, 수신기의 동작표시등 소등

6. 음향장치

(1) 종류
  ① **주음향장치** : 수신기 내부 또는 직근에 설치
  ② **지구음향장치** : 각 경계구역 내 발신기함에 설치

(2) 설치기준
  ① 주음향장치는 수신기의 내부 또는 그 직근에 설치할 것
  ② 층수가 5층 이상으로서 연면적이 3,000m²를 초과하는 특정소방대상물은 다음에 따라 경보를 발할 수 있도록 해야 함
    ㉠ 2층 이상의 층에서 발화한 때에는 발화층 및 그 직상층에 경보를 발할 것
    ㉡ 1층에서 발화한 때에는 발화층 그 직상층 및 지하층에 경보를 발할 것
    ㉢ 지하층에서 발화한 때에는 발화층 그 직상층 및 기타의 지하층에 경보를 발할 것
  ③ 지구음향장치는 특정소방대상물의 층마다 설치하되, 해당 특정소방대상물의 각 부분으로부터 하나의 음향장치까지의 수평거리가 25m 이하가 되도록 하고, 해당 층의 각 부분에 유효하게 경보를 발할 수 있도록 설치할 것
  ④ 음향장치는 정격전압의 80% 전압에서 음향을 발할 수 있는 것으로 음량은 부착된 음향장치의 중심으로부터 1m 떨어진 위치에서 90dB 이상이 되는 것으로 할 것

TOPIC. 5 　비화재보의 원인과 대책

1. 비화재보의 개요
화재에 의한 열, 연기 또는 불꽃 이외의 요인에 의해 자동화재탐지설비가 작동하여 화재 경보를 발하는 것

2. 비화재보의 원인과 대책

주요원인	대책
주방에 '비적응성 감지기'가 설치된 경우	정온식 감지기로 교체
'천장형 온풍기'에 밀접하게 설치된 경우	기류 흐름 방향 외 이격 설치
'장마철 공기 중 습도 증가'에 의한 감지기 오동작	복구 스위치 누름 또는 동작된 감지기 복구
'청소 불량(먼지·분진)'에 의한 감지기 오동작	내부 먼지 제거
'건축물 누수'로 인한 감지기 오동작	누수 부분 방수 처리 및 감지기 교체
'담배 연기'로 인한 연기감지기 오작동	흡연구역에 환풍기 등 설치
'발신기'를 장난으로 눌러 발신지 동작	입주자 소방안전 교육을 통한 의식 개선

3. 간단한 고장 진단·보수 방법

고장 진단	보수 방법
상용 전원 OFF	• 전원 스위치 ON 확인 • 퓨즈 단자에 상용전원용 퓨즈 확인 • 정전 확인, 수신기 전원 공급용 차단기 ON 확인
예비전원 불량	• 예비 전원·전압 확인 후 불량 시 교체 • 퓨즈 단자에 예비 전원용 퓨즈 확인 • 예비 전원 연결 커넥터 확인
경종 미동작	• 경종정지스위치가 눌러진 상태인지 확인 • 퓨즈 단자에 경종용 퓨즈 확인 • 경종 자체 결함인지 확인(공통선과 지구경종 단자전압이 24V인 경우 경종 결함) • 경종선 단선 여부 확인(공통선과 지구경종 단자전압이 0V인 경우 경종선 단선)
계전기(릴레이) 불량	기계식 계전기는 동작 소리로 확인 가능

05 연구실 전기·소방 안전관리

08 전기시설 및 운영기준

키워드
간선, 분기회로, 예비전원설비, 누전차단기 기준, 배전반·분전반, 옥내배선

TOPIC. 1 간선 및 분기회로

1. 간선
① 전기기기에 직접 연결되지 않고, 전력만 전달해주는 선로
② 인입점에서 변전 설비까지, 변전 설비에서 분전반까지 등에 부설되는 전로

※ 「한국전기설비규정(KEC)」 211.2 전원의 자동차단에 의한 보호대책 - 211.2.3 고장보호의 요구사항
※ 「한국전기설비규정(KEC)」 232.84 옥내에 시설하는 저압용 배분전반 시설
※ 「한국전기설비규정(KEC)」 241.9 개폐기의 시설

2. 분기회로
사용하고자 하는 전기기기(전등, 에어컨 등)에 전력을 공급해주는 선로 간선에서 분기하여 분기 과전류 차단기를 거쳐서 부하에 이르는 사이의 배선

〈연구실의 간선과 분기회로 예시〉

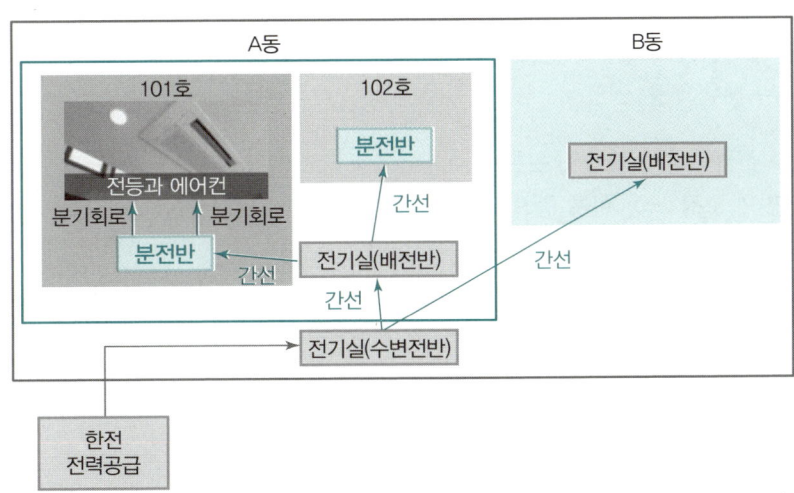

※ 「한국전기설비규정(KEC)」 212.6.4 분기회로의 시설

CHAPTER 08 전기시설 및 운영기준

TOPIC. 2 예비전원설비

1. 비상전원설비의 종류
① 비상발전기
- ㉠ 상용전원의 공급이 정지되었을 경우 비상전원을 필요로 하는 중요 기계설비에 대하여 전원을 공급하기 위한 발전장치
- ㉡ 디젤 엔진형, 가솔린 엔진형, 가스터빈 엔진형, 시팀터빈 엔진형

② 축전지설비 또는 ESS
- ㉠ 축전지, 충전장치, 기타 장치로 구성된 설비로 상용전원의 고장 또는 부족 등의 경우 전원 공급용으로 사용
- ㉡ ESS(대용량 전기저장장치) : 생산된 전기를 배터리 등에 저장했다가 주파수 조정, 신재생에너지와의 연계, 전력 수요 반응 등 전력이 필요할 때 공급하여 전력 사용상의 효율 향상을 기하고 전력피크 억제, 전력품질 향상 및 전력수급 위기 대응을 위한 비상 및 예비전원으로 활용

③ 무정전 전원장치(UPS) : 축전지설비, 컨버터(교류/직류 변환장치), 인버터(직류/교류 변환장치)와 제한된 시간 동안에 정현파 전원을 확보할 수 있도록 설계된 제어회로로 구성

④ 비상전원 수전설비 : 상용전원과는 별도로 외부에서 비상전원을 공급받기 위한 예비 수전설비로 비상전원을 확보해야 하는 공장의 위치와 전력회사 변전소의 계통, 비상부하의 용량 등을 감안하여 선택할 수 있으나 객관적으로 전원의 공급신뢰성이 확보되어야 함

2. 비상용 예비전원설비의 일반 요구사항

(1) 적용범위
① 상용전원 정전 시 사용하는 비상용 예비전원설비를 수용장소에 시설하는 경우 적용
② 비상용 예비전원으로 발전기 또는 이차전지 등을 이용한 전기저장장치 및 이와 유사한 설비를 시설하는 경우 적용

(2) 비상용 예비전원설비의 조건 및 분류
① 상용전원의 고장 또는 화재 등으로 정전 시 수용장소에 전력을 공급하도록 시설할 것
② 화재 시 운전이 요구되는 비상용 예비전원설비의 조건
- ㉠ 비상용 예비전원은 충분한 시간동안 전력 공급이 지속되도록 선정할 것
- ㉡ 모든 비상용 예비전원의 기기는 충분한 시간의 내화 보호 성능을 갖출 것
③ 비상용 예비전원설비의 전원 공급 방법
- ㉠ 수동 전원공급

ⓒ 자동 전원공급

무순단	과도시간 내에 전압 또는 주파수 변동 등 정해진 조건에서 연속적인 전원공급이 가능한 것
순단	0.15초 이내 자동 전원공급이 가능한 것
단시간 차단	0.5초 이내 자동 전원공급이 가능한 것
보통 차단	5초 이내 자동 전원공급이 가능한 것
중간 차단	15초 이내 자동 전원공급이 가능한 것
장시간 차단	자동 전원공급이 15초 이후에 가능한 것

④ 비상용 예비전원설비에 필수적인 기기는 지정된 동작을 유지하기 위해 절환 시간과 호환되어야 함

(3) 비상용 예비전원의 시설
① 고정설비로 하고, 상용전원의 고장에 의해 유해를 받지 않도록 설치할 것
② 운전에 적절한 장소에 설치해야 하며, 기능자 및 숙련자만 접근이 가능하도록 설치할 것
③ 비상용 예비전원에서 발생하는 가스, 연기 또는 증기가 사람이 있는 장소로 침투하지 않도록 확실하고 충분히 환기할 것
④ 비상용 예비전원의 유효성이 손상되지 않는 경우에만 이외의 목적으로 사용할 것
⑤ 타 용도의 회로에 일어나는 고장 시 어떠한 비상용 예비전원설비 회로도 차단되지 않도록 할 것
⑥ 전기사업자의 배전망과 수용가의 독립된 전원을 병렬운전이 가능하도록 시설하는 경우, 독립운전 또는 병렬운전 시 단락보호 및 고장보호가 확보되어야 함. 이때, 병렬운전에 관한 전기사업자의 동의를 받아야 하며 전원의 중성점 간 접속에 의한 순환전류와 제3고조파의 영향을 제한하여야 함
⑦ 상용전원의 정전으로 비상용전원이 대체되는 경우 상용전원과 병렬운전이 되지 않도록 다음 중 하나 이상의 격리조치를 할 것
  ㉠ 조작기구 또는 절환 개폐장치의 제어회로 사이의 전기적, 기계적 또는 전기기계적 연동
  ㉡ 단일 이동식 열쇠를 갖춘 잠금 계통
  ㉢ 차단-중립-투입의 3단계 절환 개폐장치
  ㉣ 적절한 연동기능을 갖춘 자동 절환 개폐장치
  ㉤ 동등한 동작을 보장하는 기타 수단

(4) 비상용 예비전원의 배선
① 전로는 다른 전로로부터 독립되어야 함
② 전로가 내화상이 아니라면, 어떤 경우라도 화재의 위험과 폭발의 위험에 노출되어 있는 지역을 통과해서는 안 됨
③ 과전류 보호장치는 하나의 전로에서의 과전류가 다른 비상용 예비전원설비 전로의 정확한 작동에 손상을 주지 않도록 선정 및 설치할 것

④ 독립된 전원이 있는 2개의 서로 다른 전로에 의해 공급되는 기기에서는 하나의 전로 중에 발생하는 고장이 감전에 대한 보호는 물론 다른 전로의 운전에도 손상해서는 안 됨
⑤ 소방전용 엘리베이터 전원 케이블 및 특수 요구사항이 있는 엘리베이터용 배선을 제외한 비상용 예비전원설비 전로는 엘리베이터 샤프트 또는 굴뚝 같은 개구부에 설치해서는 안 됨
⑥ 화재 시 운전이 요구되는 비상용 예비전원설비에 다음의 하나 이상을 적용할 것
  ㉠ KS C IEC 60702-1(정격 전압 750V 이하 무기물 절연 케이블 및 그 단말부-제1부 : 케이블) 및 KS C IEC 60702-2(정격전압 750V 이하 무기물 절연케이블 및 단말부-제2부 : 단말부)에 적합한 무기물절연(MI) 케이블
  ㉡ KS C IEC 60331-11(화재 조건에서의 전기 케이블 시험-회로 보전성-제11부 : 시험설비-최소 750℃ 화염 온도의 불꽃), KS C IEC 60331-21(화재 조건에서의 전기 케이블 시험-회로보전성-제21부 : 절차 및 요구사항-정격전압 0.6/1.0kV 이하 케이블) KS C IEC 60332-1-2(화재 조건에서의 전기/광섬유 케이블 시험-제1-2부 : 단심 절연전선 또는 케이블 수직 불꽃 전파 시험-1kW 혼합 불꽃 시험 절차)에 적합한 내화 케이블
  ㉢ 화재 및 기계적 보호를 위한 배선설비
⑦ 배선설비는 화재 및 기계적 보호를 유지하기 위한 구조적인 외함 또는 개별 화재 구획 등 화재 시 손상되지 않는 회로 보전방법으로 고정 및 설치되어야 함
⑧ 비상용 예비전원설비의 제어 및 간선 배선은 비상용 예비전원설비에 사용되는 배선과 동일한 요구사항을 따라야 함(기기의 운전에 악영향을 미치지 않는 회로에는 적용하지 않음)
⑨ 직류로 공급될 수 있는 비상용 예비전원설비 전로는 2극 과전류 보호장치를 구비해야 함
⑩ 교류전원과 직류전원 모두에서 사용하는 개폐장치 및 제어장치는 교류조작 및 직류조작 모두에 적합해야 함

TOPIC. 3　배전반 및 분전반

1. 배전반

(1) 역할

① 빌딩이나 공장 등 대형시설에서 전력 회사에서 보내온 고압(6,600V~77,000kV)의 전기를 받는 시설로 분전반에 전기를 공급해주는 역할을 함
② 높은 전압을 받기 위한 시설이므로, 배전반은 높은 안전성이 요구됨
③ 사람이나 동물, 이물질 등의 접촉에서 배선을 보호하고 안정적으로 전력을 공급할 수 있도록 높은 신뢰성이 요구됨
④ 누전, 지진, 화재 등의 사고 발생했을 때에도 시설에 미치는 영향을 최소화하면서 안전을 지키는 역할을 함

(2) 구조
- ① 폐쇄형 배전반
  - ㉠ 충전부는 접지된 금속제함 내에 넣어져 있으므로 안전성이 높음
  - ㉡ 공장에서 조립 후 시험을 거쳐 고정시킬 수 있어 신뢰도가 높고 공사기간 단축 및 공사비 저렴
  - ㉢ 개방형에 비해 약 30~40% 전용면적을 줄일 수 있음
- ② 개방형 : 조립한 프레임 구조에 개방하여 시설

2. 분전반
- ① 역할
  - ㉠ 배전반으로부터 받은 전기를 일상생활에서 사용할 수 있도록 여러 제품이나 기계 등과 연결시켜 주는 역할을 함
  - ㉡ 배전반은 배선용차단기에 의해 회로가 구분되며 분전반은 배선용차단기뿐만 아니라 누전차단기로도 회로가 구분되어 있음
  - ㉢ 가정이나 건물 바닥 등의 콘센트와 조명, 기계 등에 전기를 분배하기 위한 장치
  - ㉣ 동력 분전반(380/220V), 전등(조명)분전반, 가정용, 주택용 분전반 등이 있음
- ② 구조
  - ㉠ 수지와 금속 캐비닛에 필요한 장비가 수납되어 있는 것이 일반적
  - ㉡ 벽면에 고정하거나 포함하는 경우가 대부분
  - ㉢ 분전반 내부는 분 전반 메인차단기, 부스바, 분기차단기로 구성되며 외부로부터 전원이 들어오는 곳을 1차측, 부하를 연결하는 곳을 2차측이라고 함
  - ㉣ 분기 개폐기의 다음에 누전차단기, 조명 스위치 등의 스위치 장치가 배치됨

TOPIC. 4 옥내배선

1. 개요
옥내의 전기사용장소에 고정시켜 시설하는 전선

2. 전기기계 · 기구 안의 배선
① 전기기계 · 기구 및 옥내의 전선은 사람이 쉽게 접촉할 우려가 없도록 시설할 것(단, 전기기계 · 기구로서 사람이 쉽게 접촉할 우려가 있는 부분이 절연성이 있는 재료로 견고하게 제작되어 있는 것 또는 건조한 곳에서 취급하도록 시설된 것 및 제33조 제2항 제8호에 준하여 시설된 것은 제외)

② 종류 : 배선기구, 가정용 전기기계·기구, 업무용 전기기계·기구, 백열전등 및 방전등(단, 관등회로의 배선은 제외)

3. 관등회로의 배선
① 방전등용 안정기(네온변압기를 포함)와 점등관 등의 점등에 필요한 부속품과 방전관을 연결하는 회로
② 관등회로의 사용전압이 400V 미만인 배선은 전선에 형광등전선, 단면적 2.5mm² 이상의 절연전선(DV는 제외) 또는 이와 동등 이상의 절연효력을 가지는 것을 사용하여 시설할 것

4. 옥내에 시설하는 전선로의 전선
(1) 저압 옥내배선의 사용전선
① 단면적 2.5mm² 이상의 연동선 또는 이와 동등 이상의 강도 및 굵기의 것
② 옥내배선의 사용전압이 400V 이하인 경우 ①의 강도 및 굵기 적용 제외
㉠ 전광표시장치 및 유사장치 또는 제어회로 등에 사용하는 배선 : 단면적 1.5mm² 이상의 연동성 사용
㉡ 전광표시장치 및 유사장치 또는 제어회로 등에 사용하는 배선 : 단면적 0.75mm² 이상인 다심케이블 또는 다심 캡타이어케이블 사용
㉢ 단면적 0.75mm² 이상인 코드 또는 다심 캡타이어케이블 사용하는 경우(한국전기설비규정 234.8 및 234.11.5의 규정)
㉣ 리프트 케이블을 사용하는 경우(한국전기설비규정 242.11의 규정)
㉤ 특별저압 조명용 특수 용도에 대해서는 KS C IEC 60364-7-715(특수설비 또는 특수장소에 관한 요구사항-특별 저전압 조명설비) 참조

5. 접촉전선
(1) 개요
이동 기중기·자동소제기 기타 이동하며 사용하는 저압의 전기기계·기구에 전기를 공급하기 위하여 사용하는 접촉전선(전차선 및 제252조 제1항 제2호에 규정하는 접촉전선을 제외)을 옥내에 시설할 때, 기계·기구에 시설하는 경우 이외에는 전개된 장소 또는 점검할 수 있는 은폐된 장소에 애자사용공사, 버스 덕트 공사 또는 절연 트롤리 공사를 해야 함

(2) 옥내에서 사용하는 기계·기구에 시설하는 저압 접촉 전선의 안전한 시설
① 전선은 사람이 쉽게 접촉할 수 없는 곳에 시설할 것(단, 취급자 이외의 자가 쉽게 접근할 수 없고 접촉할 우려가 없도록 시설하는 경우 제외)

② 전선은 절연성 난연성 및 내수성이 있는 애자로 기계·기구에 접촉할 우려가 없도록 지지할 것
③ 건조한 목재의 마루 등 절연성이 있는 것 위에서 취급하도록 시설된 기계·기구에 주행레일을 저압 접촉전선으로 사용할 때 다음 경우는 제외
  ㉠ 사용 전압은 400V 미만일 것
  ㉡ 전선에 전기를 공급하기 위하여 변압기를 사용하는 경우에는 절연 변압기를 사용할 것. 이 경우에 절연 변압기의 1차측 사용전압은 대지전압 300V 이하여야 함
  ㉢ 전선에는 제1종 접지공사(접지 저항치가 3Ω 이하인 것에 한함)를 할 것

6. 소세력회로 및 출퇴표시등 회로

① 소세력회로
  ㉠ 원격제어, 신호 등의 회로
  ㉡ 최대사용전압이 60V 이하의 것

최대사용전압	최대사용전류
15V 이하	5A 이하
15V 초과 30V 이하	3A 이하
30V 초과	1.5A 이하

  ㉢ 최대사용전압이 60V를 초과하고 대지전압이 300V 이하의 강전류 전송에 사용하는 회로와 변압기로 결합된 회로
  ㉣ 전신, 전화용 회로, 화재경보설비의 회로, 라디오, TV 등의 시청회로는 소세력회로가 아님
② 출퇴표시등 회로
  ㉠ 출퇴표시등과 이와 유사한 장치에 접속하는 전로
  ㉡ 과전류차단기로 보호되는 회로(최대사용전압이 60V 이하, 정격전류 5A 이하)
  ㉢ 소세력회로는 제외함

STEP 01 | 핵심 키워드 정리문제

01 물질이 빛이나 열 또는 불꽃을 내면서 빠르게 산소와 결합하는 반응으로써 가연물이 공기 중의 산소 또는 산화제와 반응하여 열과 빛을 발생하면서 산화하는 현상을 (　　　　)(이)라 한다.

02 가연성 증기가 발생하고 이 증기가 대기 중에서 연소범위 내로 산소와 혼합될 수 있는 최저온도를 (　　　　)(이)라 한다.

03 가연성 액체(고체)를 공기 중에서 가열하였을 때 점화한 불에서 발열하여 계속적으로 연소하는 액체(고체)의 최저온도를 (　　　　)(이)라 한다.

04 별도의 점화원이 존재하지 않는 상태에서 온도가 상승하면 스스로 연소를 게시하게 되는 온도를 가지는데 이때 화염이 발생하는 최저온도를 (　　　　)(이)라 한다.

05 가연물이 연소되기 위해서는 산소와 가연물이 적정한 비율을 유지하고 있어야 하는데 연소가 가능한 가연물과 공기의 혼합비율의 범위를 (　　　　)(이)라 한다.

06 가연성 혼합가스 내에 화염이 전파될 수 있는 최소한의 산소농도를 (　　　　)(이)라 한다.

07 가연물이 연소를 시작할 때 필요한 열에너지를 (　　　　)(이)라 한다.

08 가연성 물질과 산소 분자가 점화에너지를 받으면 불안정한 과도기적 물질로 나누어지면서 활성화되는 상태를 (　　　　)(이)라 한다.

09 작열연소(Glowing combustion)의 한 종류로 유염착화에 이르기에는 온도가 낮거나 산소가 부족한 상황으로 인해 화염 없이 가연물의 표면에서 작열하며 소극적으로 연소되는 현상을 (   )(이)라 한다.

10 규정된 온도 상승 한도 초과 없이 누전차단기의 주회로에 연속해서 통전 가능한 허용전류로 누전차단기에 표시된 값은 (   )이다.

11 누전차단기의 절연저항은 500V 절연저항계이며 (   ) 이상으로 한다.

12 이동전선에 접속하여 임시로 사용하는 전등이나 가설의 배선 또는 이동전선에 접속하는 가공매달기식 전등 등을 접촉하여 발생하는 감전 및 전구의 파손에 의한 위험을 방지하기 위하여 (   )을/를 부착해야 한다.

13 정상 대기조건하에서 가연성 분진과 공기의 혼합물(분진폭발 혼합물) 또는 가연성 분진층의 존재로 인하여 폭발위험이 있을 수 있는 장소를 (   )(이)라 한다.

14 절연체에 가해지는 전압의 크기가 어느 정도 이상에 달했을 때, 그 절연 저항이 곧 열화하여 비교적 큰 전류를 통하게 되는 현상을 (   )(이)라 한다.

15 전기가 흐르지 않고 멈춰 있는 상태로 성질이 다른 두 물체를 마찰시킬 때 한쪽으로 전자가 몰리는 현상을 (   )(이)라 한다.

16 충격 또는 마찰에 의해 전자들이 이동하여 양전하와 음전하의 균형이 깨지면 다수의 전하가 겉으로 드러나게 되며 전기적 성질이 중성에서 (+) 또는 (−)로 변하는 현상을 (   )(이)라 한다.

17 사용자의 몸무게에 의하여 자동적으로 내려올 수 있는 기구 중 사용자가 교대하여 연속적으로 사용할 수 있는 기구를 (   )(이)라 한다.

18 비상시 건물의 창, 발코니 등에서 지상까지 포지 등을 사용하여 자루형태로 만든 것으로 화재 시 사용자가 그 내부에 들어가 내려옴으로써 대피할 수 있는 피난기구를 (　　　　)(이)라 한다.

19 건물 내부에 설치하는 수계용 소방 설비로서 건물 내부에서 화재 발생 시 화재진압을 위해 소방대가 도착하기 전 건물 내부에 있는 사람이 화재를 진압하기 위해 사용하는 설비를 (　　　　)(이)라 한다.

20 인입점에서 변전 설비까지, 변전 설비에서 분전반까지 등에 부설되는 전로로서 전기기기에 직접 연결되지 않고, 전력만 전달해주는 선로를 (　　　　)(이)라 한다.

정답

01. 연소 02. 인화점 03. 연소점 04. 발화점 05. 연소범위 06. 한계산소농도(최소산소농도) 07. 점화에너지
08. 라디칼 09. 훈소 10. 정격전류 11. 5MΩ 12. 보호망 13. 분진폭발 위험장소 14. 절연파괴 15. 정전기
16. 대전 17. 완강기 18. 구조대 19. 옥내소화전 20. 간선

STEP 02 | 핵심 예상문제

01 다음은 가연물별 인화점에 대한 표이다. 빈칸에 들어갈 내용을 서술하시오.

가연물질	인화점(℃)	가연물질	인화점(℃)
아세트알데하이드	−37.7	메틸알코올	11
이황화탄소	(①)	에틸알코올	(②)
휘발유	−20~−43	등유	30~60
아세톤	(③)	중유	60~150
톨루엔	4.5	글리세린	(④)

[정답]
① −30, ② 13, ③ −18, ④ 160

02 연소의 4요소에 대해 서술하시오.

[정답]
가연물질(가연물), 산소공급원, 점화원, 연쇄반응

03 다음은 점화원을 형태별로 분류한 표이다. 빈칸에 들어갈 점화원별 종류를 1가지 이상 서술하시오.

구분	종류
물리적 점화원	①
전기적 점화원	②
화학적 점화원	③

[정답]
① 마찰열, 기계적 스파크, 단열압축
② 합선(단락), 누전, 반단선, 불완전접촉(접속), 과전류, 트래킹현상, 정전기 방전
③ 화학적 반응열, 자연발화

04 빈칸에 들어갈 화재의 분류에 따른 가연물의 종류를 1가지 이상 서술하시오.

화재의 분류	가연물의 종류
일반화재(A급 화재)	①
유류화재(B급 화재)	②
전기화재(C급 화재)	③
금속화재(D급 화재)	④
주방화재(K급 화재)	⑤

정답
① 면직물, 목재 및 목재 가공물, 종이, 볏짚, 플라스틱, 석탄
② 휘발유, 시너, 알코올, 동·식물류
③ 전기
④ 금속칼륨, 금속나트륨, 마그네슘, 리튬, 칼슘
⑤ 콩기름, 포도씨 기름, 돼지기름, 버터, 참기름(다양한 식용 식물성, 동물성 기름)

05 다음 빈칸에 들어갈 연소가스를 서술하시오.

연소가스	특성
①	무색·무취·무미의 환원성이 강한 가스로 인체 내 헤모글로빈과 결합하여 산소 운반기능을 약화시켜 질식하게 함
②	무색·무미의 기체로 공기보다 무거우며 가스 자체는 독성이 거의 없으나 다량이 존재할 때 사람의 호흡 속도에 의해 유해가스의 흡입을 증가시켜 위험을 가중시킴
③	황을 포함한 유기화합물이 불완전 연소하면 발생하고 달걀 썩은 냄새가 나며 0.7% 이상 농도에서 신경 계통에 영향을 미쳐 호흡기를 무력하게 함
④	유황이 함유된 동물의 털, 고무, 일부 목재류 등이 연소하는 화재 시 발생하고 무색의 자극성 냄새를 가진 유독성 기체로 눈, 호흡기, 점막 등을 상하게 하고 질식사를 유발함
⑤	질소 함유물(나이론, 나무, 실크, 아크릴 플라스틱, 멜라닌수지)이 연소할 때 발생하는 연소 생성물로 유독성이며 강한 자극성을 가진 무색의 기체
⑥	질소 성분을 가지고 있는 합성수지, 동물의 털, 인조견 등의 섬유가 불완전 연소할 때 발생하는 맹독성 가스로 0.3% 농도에서 즉시 사망할 수 있음
⑦	열가소성 수지인 폴리염화비닐(PVC), 수지류 등이 연소할 때 발생하며, 일반적인 물질 연소 시에는 거의 생성되지 않으나 일산화탄소와 염소가 반응하여 생성되기도 함

정답
① 일산화탄소(CO)
② 이산화탄소(CO_2)
③ 황화수소(H_2S)
④ 이산화황(SO_2, 아황산가스)
⑤ 암모니아(NH_3)
⑥ 시안화수소(HCN, 청산가스)
⑦ 포스겐($COCl_2$)

06 소화약제에 따른 소화효과 및 적응화재에 대해 빈칸에 들어갈 내용을 1가지 이상 서술하시오.

폼(foam) 소화약제	소화효과	①
	적응화재	②
이산화탄소 소화약제	소화효과	③
	적응화재	④
할로겐화합물 소화약제	소화효과	⑤
	적응화재	⑥
할로겐화학물 및 불활성 기체 소화 약제	소화효과	⑦
	적응화재	⑧
분말 소화약제	소화효과	⑨
	적응화재	⑩

> **정답**
>
> ① 질식, 냉각효과 및 열의 이동 차단효과
> ② 일반화재, 유류화재
> ③ 질식, 냉각, 피복효과
> ④ 전기화재, 통신실 화재, 유류화재
> ⑤ 억제효과 및 질식, 냉각효과
> ⑥ 전기화재, 통신실화재, 유류화재
> ⑦ 질식, 역제효과
> ⑧ B급, C급 화재, 지하층, 무창층 사용 가능
> ⑨ 질식, 부촉매, 냉각소화효과
> ⑩ 유류(B급), 전기(C급)(제3종 분말은 A, B, C급 화재에 적합)

07 연구실화재에서 주로 발생하는 화재의 종류 및 그 원인에 대해 서술하시오.

> **정답**
>
> - 화재의 종류 : 전기화재, 유류화재, 가스화재
> - 종류별 원인
>   - 전기화재 : 전선의 합선 또는 단락에 의한 발화, 누전에 의한 발화, 과전류(과부하)에 의한 발화 등
>   - 유류화재 : 석유난로에 불을 끄지 않고 기름을 넣을 때, 주유 중 새어나온 유류의 유증기가 공기와 적당히 혼합된 상태에서 불씨가 닿을 경우, 유류 기구 사용 도중 이동할 때
>   - 가스화재 : 실내에 용기 보관 가스 누설, 점화 미확인으로 누설 폭발, 환기 불량에 의한 질식사, 가스 사용 중 장기간 자리 이탈

08 다음 표는 「건축물의 피난·방화구조 등의 기준에 관한 규칙」의 일부이다. 빈칸에 들어갈 내용을 서술하시오.

조항	주요내용
소방관 진입창의 기준(제18조의2)	2층 이상 11층 이하인 층에 각각 (①)개소 이상 설치할 것
직통계단 간 이격거리 기준 (제8조 제2항)	영 제34조 제2항에 따라 2개소 이상의 직통계단을 설치하는 경우 다음의 기준에 적합해야 함 • 가장 멀리 위치한 직통계단 2개소의 출입구 간의 가장 가까운 직선거리는 건축물 평면의 최대 대각선 거리의 (②) 이상으로 할 것 • 각 직통계단 간에는 각각 거실과 연결된 복도 등 통로를 설치할 것
방화구획의 설치기준 (제14조 제1항)	• 10층 이하의 층은 바닥면적 1,000m² 이내마다 구획할 것 • (③)마다 구획할 것(단, 지하 1층에서 지상으로 직접 연결하는 경사로 부위는 제외) • 11층 이상의 층은 바닥면적 200m² 이내마다 구획할 것 • 필로티나 그 밖에 이와 비슷한 구조의 부분을 주차장으로 사용하는 경우 그 부분은 건축물의 다른 부분과 구획할 것
외벽 방화 마감재료 기준 추가 (제24조 제7항 및 제10항)	외벽에는 (④) 또는 준불연재료로 하되, 화재 확산 방지구조 기준에 적합하게 설치하는 경우 등에는 (⑤)을/를 사용할 수 있도록 하며, 5층 이하이면서 높이 (⑥)m 미만인 건축물의 경우에는 난연재료로 할 수 있도록 함

정답

① 1, ② 2분의 1, ③ 매층, ④ 불연재료, ⑤ 난연재료, ⑥ 22

09 빈칸에 들어갈 위험물 분류에 따른 종류를 서술하시오.

분류	종류
제1류 위험물	①
제2류 위험물	②
제3류 위험물	③
제4류 위험물	④
제5류 위험물	⑤
제6류 위험물	⑥

정답

① 산화성 고체
② 가연성 고체
③ 자연발화성 및 금수성 물질
④ 인화성 액체
⑤ 자기반응성 물질
⑥ 산화성 액체

10 제2류 위험물인 가연성 고체에 대한 소화 방법을 서술하시오.

> 정답
> - 금속분을 제외하고 주수에 의한 냉각소화
> - 금속분은 마른 모래(건조사)로 소화

11 다음 위험물의 종류에 따른 위험성을 서술하시오.

위험물의 종류	위험성
제1류 위험물 : 산화성 고체	(①)
제2류 위험물 : 가연성 고체	(②)
제3류 위험물 : 자연 발화성 및 금수성 물질	자연 발화성물질 : (③) 금수성 물질 : (④)
제4류 위험물 : 인화성액체	(⑤)
제5류 위험물 : 자기 반응성 물질	(⑥)
제6류 위험물 : 산화성 액체	(⑦)

> 정답
> ① 화기주의, 충격주의, 물기엄금, 가연물 접촉주의
> ② 화기주의, 물기엄금(철분, 금속분, 마그네슘)
> ③ 화기엄금 및 공기접촉엄금
> ④ 물기엄금
> ⑤ 화기엄금
> ⑥ 화기엄금, 충격주의
> ⑦ 가연물접촉주의

12 전기재해 예방을 위해 누전차단기를 설치해야 하는 장소를 서술하시오.

> 정답
> - 대지전압이 150V를 초과하는 이동형 또는 휴대형 전기기계 · 기구
> - 물 등 도전성이 높은 액체가 있는 습윤장소에서 사용하는 저압(1.5천V 이하 직류전압이나 1천V 이하의 교류전압을 말한다)용 전기기계 · 기구
> - 철판 · 철골 위 등 도전성이 높은 장소에서 사용하는 이동형 또는 휴대형 전기기계 · 기구
> - 임시배선의 전로가 설치되는 장소에서 사용하는 이동형 또는 휴대형 전기기계 · 기구

13 다음은 누전차단기 작동 조건에 관한 내용이다. 빈칸에 들어갈 내용을 서술하시오.

> 누전차단기와 접속되어있는 각각의 전기기기에 대하여 정격 감도전류는 (①) 이하, 동작시간은 (②) 이내로 한다.

정답
① 30mA, ② 0.03초

14 접지 목적에 따른 접지의 종류를 3가지 이상 서술하시오.

정답
계통접지, 기기접지, 피뢰기접지, 정전기방지용 접지, 지락검출용 접지, 등전위 접지, 잡음대책용 접지, 기능용 접지

15 화재 시 발생하는 열, 불꽃 또는 연소생성물(연기)을 통해 화재 발생을 자동적으로 감지하여 그 자체에 부착된 음향 장치로 경보를 발하거나 이를 수신기에 발신하는 것을 감지기라 한다. 감지기의 종류와 그 작동원리를 간단히 서술하시오.

정답
- 차동식 스포트형 감지기 : 주위 온도가 상승률 이상이 되었을 경우 작동
- 정온식 스포트형 감지기 : 주위 온도가 일정한 온도 이상이 되었을 경우 작동
- 연기감지기 : 화재 시 발생되는 연기를 감지하는 방식
- 불꽃감지기 : 화재 시 발생하는 불꽃에서 방사되는 불꽃의 변화가 일정량 이상이 되었을 때 화재 신호를 발신
- 단독경보형 감지기 : 감지기 자체에 건전기와 음향장치가 내장되어 감지된 화재 신호를 신속하게 실내에 경보하여 대피를 유도하거나 초기 소화진압을 하기 위한 설비

16 정전 작업 시 작업착수 전 반드시 '정전 작업요령'을 작성하고 이 요령에 따라 작업을 실시하여야 한다. '정전 작업요령' 작성 시 포함할 사항을 4가지 이상 서술하시오.

정답
- 작업시작 전 필요 사항 : 책임자의 임명, 정전범위 및 절연보호구, 작업시작 전 점검 등
- 개폐기 관리 및 표지판 부착에 관한 사항
- 점검 또는 시운전을 위한 일시운전에 관한 사항
- 교대근무 시 근무인계에 필요한 사항
- 전로 또는 설비의 정전순서
- 정전확인 순서
- 단락접지 실시
- 전원재투입 순서

17 정전 작업 후 전기 재충전 시 안전조치에 대해 서술하시오.

정답
- 작업기구, 단락 접지기구 등을 제거하고 전기기기 등이 안전하게 통전될 수 있는지를 확인할 것
- 모든 작업자가 작업이 완료된 전기기기 등에서 떨어져 있는지를 확인할 것
- 잠금장치와 꼬리표는 설치한 근로자가 직접 철거할 것
- 모든 이상 유무를 확인한 후 전기기기 등의 전원을 투입할 것

18 전기설비에서 폭발이 발생할 수 있는 조건(폭발 성립 조건)을 서술하시오.

정답
- 가연성 가스나 증기가 존재
- 촉발위험 분위기 조성
- 최소 착화에너지 이상의 점화원 존재

19 방폭화란 점화원을 제거 또는 보호하는 것이고, 점화원의 종류는 열원, 전기적 불꽃, 기계적 불꽃으로 나눌 수 있다. 빈칸에 들어갈 내용을 서술하시오.

점화원의 종류	예시
열원(Heat)	①
전기적 불꽃(Electrical Sparks)	②
기계적 불꽃(Mechanical Sparks)	③

정답
① 화염, 적열, 뜨거운 표면, 뜨거운 가스, 초음파, 가스 충진, 태양열, 적외선
② 접점, 단락, 단선, 섬락에 의한 아아크, 정전현상에 의한 아아크
③ 마찰(Frictioll or Grinding), 충격(Hammering) 등에 의한 스파크

20 방폭구조의 종류를 서술하시오.

정답
- 내압 방폭구조(flameproof type, d)
- 압력 방폭구조(pressurezed type, p)
- 유입(油入) 방폭구조(oil immersed type, o)
- 안전증방폭구조(increased safety type, e)
- 본질안전방폭구조(intrinsic safety type, ia or ib)

21 절연체가 열화되거나 파괴되는 원인을 3가지 이상 서술하시오.

> 정답
> - 기계적 성질의 저하
> - 취급 불량에서 발생하는 절연 피복의 손상
> - 이상전압으로 인한 손상
> - 허용전류를 넘는 전류에서 발생하는 과열
> - 시간의 경과에 따른 절연물의 열화

22 정전기 재해의 원인을 2가지 이상 서술하시오.

> 정답
> - 절연물에서 접지금속으로의 방전
> - 절연된 도체(인체)로부터의 방전
> - 혼합가스 및 분진폭발
> - 정전기에 의한 인체의 전격

23 봄에는 정전기가 자주 또 많이 발생한다. 정전기가 발생하지 않도록 방지할 수 있는 기본대책을 3가지 이상 서술하시오.

> 정답
> - 접촉면 줄이기
> - 분리속도 낮추기
> - 유사한 유전(절연) 계수의 이용
> - 표면저항률 낮추기
> - 공기 중의 습도 높이기

24 전기배선에 의한 작업자의 감전을 방지할 수 있는 방법을 서술하시오.

> 정답
> - 배선 등의 절연 피복 및 접속으로 인한 감전 방지
> - 습윤장소에서의 배선으로 인한 감전 방지
> - 이동형 배선에 대한 감전 방지
> - 보호접지 설치
> - 안전전압 이하의 기기 사용

25. 작업자가 전기기계·기구 사용 시 감전사고를 당하는 것을 방지하기 위해서 행할 수 있는 안전 기본 수칙에 대해 4가지 이상 서술하시오.

> [정답]
> - 전기기기 및 배선 등의 모든 충전부는 노출되지 않아야 한다.
> - 전기기기는 반드시 접지 후 사용해야 한다.
> - 누전차단기를 설치하여 감전사고 시 재해를 방지해야 한다.
> - 관리자의 허가 없이 함부로 전기기기의 스위치를 조작하지 않아야 한다.
> - 젖은 손으로 전기기기를 만지지 않아야 한다.
> - 개폐기는 반드시 정격 퓨즈를 사용하고, 동선·철선 등을 사용하지 않아야 한다.
> - 불량하거나 고장난 전기제품은 사용하지 않아야 한다.
> - 배선용 전선은 중간에 연결한 접속 부분이 있는 것을 사용하지 않아야 한다.

26. 다음은 옥내소화전의 구성도이다. 빈칸에 들어갈 알맞은 명칭을 서술하시오.

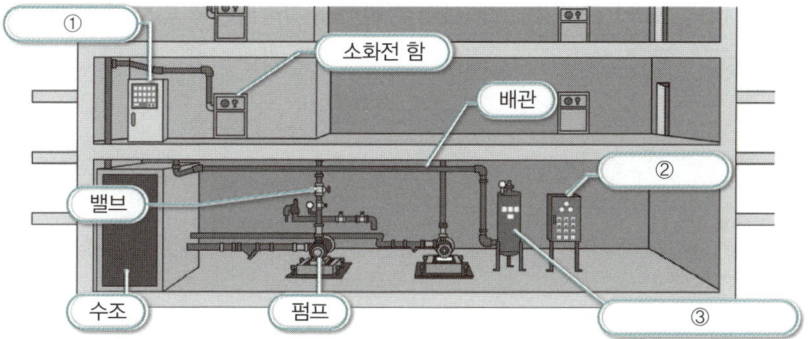

> [정답]
> ① 감시제어반, ② 동력제어반, ③ 기동용 수압 개폐장치

27 다음은 수신기의 종류에 따른 동작에 대한 설명이다. 빈칸에 들어갈 내용을 서술하시오.

종류	내용
①	일반적으로 사용되는 수신기로 감지기 또는 발신기에서 발신한 화재 신호는 직접 또는 중계기를 거쳐서 공통의 신호로 수신하고 표시 방법은 지구별로 되어 있음
②	감지기, 발신기로부터의 신호를 중계기를 통해 각 회선의 고유 신호로 수신하는 방식
③	P형 수신기 기능과 가스누설경보기의 수신부 기능을 겸한 것
④	R형 수신기 기능과 가스누설경보기의 수신부 기능을 겸한 것

정답

① P형 수신기, ② R형 수신기, ③ GP형 수신기, ④ GR형 수신기

28 화재에 의한 열, 연기 또는 불꽃 이외의 요인에 의해 자동화재탐지설비가 작동하여 화재 경보를 발하는 것을 비화재보라 한다. 빈칸에 들어갈 비화재보의 원인에 따른 대책을 서술하시오.

주요 원인	대책
주방에 '비적응성 감지기'가 설치된 경우	①
'천장형 온풍기'에 밀접하게 설치된 경우	②
'장마철 공기 중 습도 증가'에 의한 감지기 오동작	③
'청소 불량(먼지·분진)'에 의한 감지기 오동작	④
'건축물 누수'로 인한 감지기 오동작	⑤
'담배 연기'로 인한 연기감지기 오작동	⑥

정답

① 정온식 감지기로 교체
② 기류 흐름 방향 외 이격 설치
③ 복구 스위치 누름 또는 동작된 감지기 복구
④ 내부 먼지 제거
⑤ 누수 부분 방수 처리 및 감지기 교체
⑥ 흡연구역에 환풍기 등 설치

29 구조대는 건물 옥상이나 실내복도, 베란다 등에 설치하여 비상시 신속하고 안전하게 인명을 대피시키는 장비로, 자루 형태의 포대를 사용하여 짧은 시간에 많은 인원이 대피할 수 있는 피난기구이다. 구조대 설치 시 주의사항을 서술하시오.

> [정답]
> - 설치 시 탈출할 수 창문이나 탈출구는 확보되어야 한다.
> - 하강 시에 지상에는 장애물이 없어야 한다.
> - 앙카 볼트를 사용하여 바닥이나 벽면에 지지 틀을 견고히 고정하며 사용 시에는 반드시 1회 1인씩 낙하하며 일정한 시간 간격을 두고 낙하한다.

30 자동화재탐지설비의 구성요소를 서술하시오.

> [정답]
> 주경종, 수신기, 사각경보기, 발신기, 지구경종, 감지기

31 전기가 흐르고 있는 장치(고압의 송전, 배전시설, 컴퓨터, TV 등 사무 및 생활 가전기기)에서 발생한 화재를 전기화재(C급 화재)라 한다. 전기화재의 발생 원인, 예방 대책, 소화 방법에 대해 서술하시오.

> [정답]
> - 발생 원인 : 절연 피복 손상, 아크, 접촉 저항 증가, 합선, 누전, 트래킹, 반단선 등의 전기적인 발열에 의해 발화
> - 예방 대책 : 전기기기의 규격품 사용, 퓨즈 차단기 등 안전장치의 적용, 과열부 사전 검색 및 차단, 접속부 접촉상태 확인 및 보수, 점검 등
> - 소화 방법 : 분말소화기 사용을 추천하며 소화수 등을 사용 시 경우에 따라 감전의 위험이 있음. 장비 및 시설비용을 감안하여 CO_2 등의 불활성기체를 통한 질식소화의 방법이 권장됨

32 플래시오버와 백드래프트에 대해 서술하시오.

> [정답]
> - 플래시오버 : 산소 공급이 충분한 구획실에서 화재가 발생했을 때 미연소가연물이 화염으로부터 멀리 떨어져 있더라도 천장으로부터 축적된 고온의 열기층이 하강함에 따라 그 복사열에 의해 가연물이 열분해되고, 이때 발생한 가연성 가스 농도가 지속적으로 증가하여 연소범위 내에 도달하면 착화되어 화염에 덮이게 되는 현상
> - 백드래프트 : 화재 발생 시 산소 공급이 원활하지 않아 불완전 연소인 훈소 상태가 지속될 때 실내 온도가 높아지고 공기의 밀도 감소로 부피가 팽창하게 되며 이때 실내 상부 쪽에 고온의 기체가 축적되고 외부에서 갑자기 공기가 유입되면 급격히 연소가 활발해져 강한 폭풍과 함께 화염이 실외로 분출되는 화학적 고열가스폭발 현상

33 건물 화재는 건물 내의 일부분으로부터 발화하여 출화를 거쳐 최성기에 이르며, 인접건물 등 외부로 연소가 확대된다. 초기, 성장기, 최성기, 감쇠기에 따른 실내 화재 양상별 특징에 대해 서술하시오.

> [정답]

초기	• 외관 : 창 등의 개구부에서 하얀 연기가 나옴 • 연소 상황 : 실내가구 등의 일부가 독립적으로 연소
성장기	• 외관 : 개구부에서 세력이 강한 검은 연기가 분출 • 연소 상황 : 가구 등에서 천장면까지 화재가 확대되며, 실내 전체에 화염이 확산되는 최성기의 전초 단계 • 연소 위험 : 근접한 동으로 연소가 확산될 수 있음
최성기	• 외관 : 연기의 양은 적어지고 화염의 분출이 강해지며 유리가 파손됨 • 연소 상황 : 실내 전체에 화염이 충만하며 연소가 최고조에 달함 • 연소 위험 : 강렬한 복사열로 인해 인접 건물로 연소가 확산될 수 있음
감쇠기 (감퇴기)	• 외관 : 지붕이나 벽체가 타서 떨어지고 대들보나 기둥도 무너져 떨어지며 연기는 흑색에서 백색으로 변함 • 연소 상황 : 화세가 쇠퇴함 • 연소 위험 : 연소 확산의 위험은 없음 • 활동위험 : 바닥이 무너지거나 벽체 낙하 등의 위험이 있음

34 화재 발생 시 사용하는 소화기의 사용방법과 과정별 주의사항에 대해 서술하시오.

> [정답]

사용방법	주의사항
소화기를 불이 난 곳으로 옮긴다.	화점에 너무 가까이 접근하여 화상을 입지 않도록 주의 (통상 2~3m 떨어짐)
소화기를 바닥에 내려놓은 후 한 손은 소화기 몸통을 잡고 다른 한 손은 안전핀을 뽑는다.	손잡이를 쥐고 안전핀을 제거하거나 안전핀 제거 중 소화기가 쓰러지지 않도록 주의
한 손은 손잡이를, 다른 한 손은 노즐을 잡고 화점을 향하게 한다.	노즐을 잡지 않거나 노즐이 다른 방향을 향하지 않도록 주의
소화가 완전히 될 때까지 약제를 화점을 향하여 골고루 방사한다.	• 손잡이를 누르자마자 놓거나 간헐적으로 누르지 않도록 주의 • 소화 작업 시 바람을 등지고 화점을 향하여 골고루 방사할 것 • 실내인 경우 출입구를 등지고 화점을 향하여 방사할 것

35 연구실 화재 발생 시 연구원의 행동요령에 대해 서술하시오.

정답
- 빠른 상황전파 : 화재 사실을 주위에 신속하게 알린다.
- 초기소화 : 초기화재인 경우 현장 상황(불의 크기, 연기의 양, 소화시설 등)에 따라 진화를 시도한다. 여의치 않으면 신속히 대피한다.
- 신속한 대피 : 건물 외부나 안전한 장소로 신속하게 대피한다.
  ※ 엘리베이터를 절대 이용하지 말고 계단을 통하여 지상(지상으로 대피할 수 없는 경우는 옥상)으로 안전하게 대피한다.
- 119 신고 : 안전하게 대피한 후 119에 신고한다.
- 대피 후 인원 확인 : 안전한 곳으로 대피한 후 인원을 확인한다.

36 산화성 고체의 소화 방법에 대해 서술하시오.

정답
- 다량의 물을 방사하여 냉각소화한다.
- 무기(알칼리금속)과산화물은 금수성 물질로 물에 의한 소화는 절대 금지하고 마른 모래로 소화한다.
- 자체적으로 산소를 함유하고 있어 질식소화는 효과가 없고 물을 대량 사용하는 냉각소화가 효과적이다.

37 배선용 차단기에 대해 설명하고 그 설치 목적에 관해 서술하시오.

정답
- 정의 : 전류가 비정상적으로 흐를 때 자동적으로 회로를 끊어 전선 및 기계·기구를 보호하는 기기로 분기회로용으로 사용 시 회로 개·폐기 기능과 자동차단기 두 가지 역할을 겸한다. 단, 누전에 의한 고장전류는 차단하지 못한다.
- 목적 : 교류 600V 이하, 직류 250V 이하의 전로 보호에 사용하는 과전류 차단기로 과부하, 단락 및 합선 등의 이상 발생 시 회로를 차단하고 보호하는 것이다.

38 연구활동종사자가 100V의 회로를 젖은 손으로 만진 후 사망하였다. 인체에 흐른 전류와 심실세동을 일으킨 시간은 얼마인지 계산하시오(단, 인체저항은 5,000Ω이며, Gilbert와 Dalziel의 이론에 따라 계산).

정답
- 전류(I)=V/R=100/200=0.5A=500mA
  V=100V
  R=5,000×1/25=200Ω
- 시간(T)=(165/I)^2=(165/500)^2=0.1089sec

39 정전 작업 시 정전(전로차단)절차에 대해 서술하시오.

> 정답
> - 전기기기 등에 공급되는 모든 전원을 관련 도면, 배선도 등으로 확인할 것
> - 전원을 차단한 후 각 단로기 등을 개방하고 확인할 것
> - 차단장치나 단로기 등에 잠금장치 및 꼬리표를 부착할 것
> - 개로된 전로에서 유도전압 또는 전기에너지가 축적되어 근로자에게 전기위험을 끼칠 수 있는 전기기기 등은 접촉하기 전에 잔류전하를 완전히 방전시킬 것
> - 검전기를 이용하여 작업 대상 기기가 충전되었는지를 확인할 것
> - 전기기기 등이 다른 노출 충전부와의 접촉, 유도 또는 예비동력원의 역송전 등으로 전압이 발생할 우려가 있는 경우에는 충분한 용량을 가진 단락 접지기구를 이용하여 접지할 것

40 작업자가 이동 중 또는 휴대장비를 사용하여 전기작업을 실시할 경우 작업자 안전을 위한 대책에 대해 서술하시오.

> 정답
> - 작업자가 착용하거나 취급하고 있는 도전성 공구·장비 등이 노출 충전부에 닿지 않도록 할 것
> - 작업자가 사다리를 노출 충전부가 있는 곳에서 사용하는 경우에는 도전성 재질의 사다리를 사용하지 않도록 할 것
> - 작업자가 젖은 손으로 전기기계·기구의 플러그를 꽂거나 제거하지 않도록 할 것
> - 작업자가 전기회로를 개방, 변환 또는 투입하는 경우에는 전기 차단용으로 특별히 설계된 스위치, 차단기 등을 사용하도록 할 것
> - 차단기 등의 과전류 차단장치에 의하여 자동 차단된 후에는 전기회로 또는 전기기계·기구가 안전하다는 것이 증명되기 전까지는 과전류 차단장치를 재투입하지 않도록 할 것

41 완강기 사용방법을 서술하시오.

> 정답
> - 완강기 함 안의 구성품을 먼저 확인한다.
> - 완강기 함 안에서 속도조절기와 벨트를 꺼낸다.
> - 지지대 고리에 속도조절기의 후크를 걸고 나사를 조여 빠지지 않도록 한다.
> - 지지대 고리가 창밖에 위치하도록 창 바깥쪽으로 민다.
> - 줄이 감겨있는 릴을 창밖으로 던진다.
> - 가슴벨트를 가슴높이까지 건다(이때 팔을 들지 말고 겨드랑이 밑으로 꼭 맞도록 주의).
> - 가슴벨트가 빠지지 않도록 자신의 가슴둘레만큼 충분히 조인다.
> - 다리부터 창밖으로 내밀어 바깥으로 나간다.
> - 처음 건물에서 떨어질 때는 손을 아래로 내리고 하강을 실시하며 벽면에 손을 지지하면서 안전하게 내려간다.

PART 06
연구활동종사자 보건·위생관리 및 인간공학적 안전관리

CHAPTER 01 | 보건·위생관리 및 인간공학적 안전관리 일반
CHAPTER 02 | 연구활동종사자 질환 및 휴먼 에러 예방·관리
CHAPTER 03 | 안전보호구 및 연구환경관리
CHAPTER 04 | 환기시설(설비) 설치·운영 및 관리
CHAPTER 07 | 소방시설 및 운영기준
CHAPTER 08 | 전기시설 및 운영기준

보건·위생관리 및 인간공학적 안전관리 일반

06 연구활동종사자 보건·위생관리 및 인간공학적 안전관리

> **키워드**
> 물질안전보건자료, 작업환경측정, 작업생리, 근골격계질환, 직무스트레스, 작업설계

TOPIC. 1 물질안전보건자료(MSDS ; Material Safety Data Sheets)

1. 물질안전보건자료(MSDS ; Material Safety Data Sheets)의 개요
① 물질에 대한 여러 가지 정보를 담은 자료
② 해당 물질의 화학적 특성과 취급 방법, 유해성, 사고 시 대처방안 등이 포함
③ 인체에 유해한 물질을 취급하는 경우 해당 물질의 MSDS를 작성·게시·비치·교육
④ 화학물질을 제조 및 수입하는 자는 MSDS를 작성해서 제공
⑤ 연구활동종사자는 반드시 MSDS를 숙지하고 준수해야 함

2. 물질안전보건자료 작성 시 포함되어야 할 항목과 그 순서

1) 화학제품과 회사에 관한 정보	9) 물리화학적 특성
2) 유해성·위험성	10) 안정성 및 반응성
3) 구성성분의 명칭 및 함유량	11) 독성에 관한 정보
4) 응급조치 요령	12) 환경에 미치는 영향
5) 폭발·화재 시 대처방법	13) 폐기 시 주의사항
6) 누출 사고 시 대처방법	14) 운송에 필요한 정보
7) 취급 및 저장방법	15) 법적 규제 현황
8) 노출방지 및 개인보호구	16) 그 밖의 참고사항

3. 물질안전보건자료 작성 원칙

① 누구나 알아보기 쉽게 한글로 작성하되, 화학물질명, 외국기관명 등 고유명사는 영어로 표기할 수 있음
② 화학물질의 개별 성분과 더불어 혼합물 전체 관련 정보를 정확히 기재
③ 외국어로 되어 있는 물질안전보건자료를 번역하는 경우 자료의 신뢰성이 확보될 수 있도록 최초 작성 기관명 및 작성 시기를 함께 기재
④ 다른 형태의 관련 자료를 활용하여 물질안전보건자료를 작성하는 경우에는 참고문헌의 출처 기재
⑤ 국내 사용자를 위해 작성·제공됨을 전제로 함
⑥ 16개 항목을 빠짐없이 작성하되 부득이하게 작성이 불가할 경우 "자료 없음", "해당 없음"이라고 기재

4. 그림문자의 의미

그림문자	유해성 분류 기준 및 의미
(폭발)	• 폭발성, 자기반응성, 유기과산화물 • 가열, 마찰, 충격 또는 다른 화학물질과의 접촉 등으로 인해 폭발이나 격렬한 반응을 일으킬 수 있음 • 가열, 마찰, 충격을 주지 않도록 주의
(화염)	• 인화성(가스, 액체, 고체, 에어로졸), 발화성, 물 반응성, 자기반응성, 자기발화성(액체, 고체), 자기발열성, 유기과산화물 • 인화점 이하로 온도와 기온을 유지하도록 주의
(해골)	• 인체 독성 물질, 급성 독성 • 피부와 호흡기, 소화기로 노출될 수 있음 • 취급 시 보호장갑, 호흡기 보호구 등을 착용
(부식)	• 부식성 물질 • 피부에 닿으면 피부 부식과 눈 손상을 유발할 수 있음 • 취급 시 보호장갑, 안면 보호구 등을 착용
(산화)	• 산화성 • 반응성이 높아 가열, 충격, 마찰 등에 의해 분해하여 산소를 방출하고 가연물과 혼합하여 연소 및 폭발할 수 있음 • 가열, 마찰, 충격을 주지 않도록 주의
(고압가스)	• 고압가스(압축, 냉동 액화, 액화 용해가스 등) • 가스폭발, 인화, 중독, 질식, 동상 등의 위험이 있음

	• 호흡기과민성, 발암성, 생식세포변이원성, 생식독성, 특정표적장기독성, 흡인 유해성 • 호흡기로 흡입할 때 건강장해 위험이 있음 • 취급 시 호흡기 보호구 착용
	• 수생환경유해성 • 인체 유해성은 적으나 물고기와 식물 등에 유해성이 있음
	• 경고 • 피부과민성, 피부자극성

TOPIC. 2 작업환경측정

1. 작업환경측정의 정의와 종류

① 작업환경측정 : 작업환경 실태를 파악하기 위하여 해당 근로자 또는 작업장에 대하여 사업주가 유해인자에 대한 측정계획을 수립한 후 시료를 채취하고 분석·평가하는 것

② 유해인자의 종류

분류	내용		
물리적 유해인자	• 유해인자가 물리적 특성으로 이루어진 것 • 소음, 진동, 고열, 이온화방사선(α선, β선, γ선, X선 등), 비이온화방사선(자외선, 가시광선, 적외선, 라디오파 등), 온열, 이상기압 등		
화학적 유해인자	유해인자 중 화학물질의 형태나 먼지와 같은 것도 포함 • 입자상물질 : 먼지, 흄, 미스트, 금속, 유기용제 등		
	분류	평균 입경	특징
	흡입성 입자상물질(IPM)	100μm	호흡기 어느 부위에 침착하더라도 독성을 유발하는 분진
	흉곽성 입자상물질(TPM)	10μm	가스교환부위, 기관지, 폐포 등에 침착하여 독성을 나타내는 분진
	호흡성 입자상물질(RPM)	4μm	가스교환부위, 즉 폐포에 침착할 때 유해한 분진
	• 가스상물질 : 가스, 증기 등		
생물학적 유해인자	• 유해인자의 특성이 생물학적임 • 바이러스, 세균 및 세균 포자 또는 세균의 세포 조각들, 곰팡이 또는 곰팡이 포자, 진드기, 독소 리케차, 원생동물 등		
인간공학적 유해인자	반복적인 작업, 부적합한 자세, 무리한 힘 등으로 손, 팔, 어깨, 허리 등을 손상시키는 인자		

사회심리적 유해인자	• 과중하고 복잡한 업무 등으로 정신건강은 물론 신체적 건강에도 영향을 주는 인자 • 직장 내에서 직무 스트레스로 불림

2. 작업환경측정의 목적
① 유해인자에 대한 근로자의 노출 정도를 파악
② 역학조사 시 근로자의 노출량을 파악
③ 환기시설을 가동하기 전과 후에 공기 중 유해물질 농도를 측정하여 성능을 평가
④ 근로자의 노출이 법적 기준인 허용농도를 초과하는지 판단
⑤ 근로자의 노출수준을 간접적으로 파악
⑥ 과거 노출농도가 타당한가를 확인

3. 작업환경측정 대상
상시근로자 1인 이상 사업장으로서 소음, 분진, 고열, 금속가공유, 화학물질 등 측정대상 유해인자 192종에 노출되는 근로자가 있는 옥내 · 외 작업장
※ 연구기관 또는 기업부설연구소의 연구활동종사자 해당

구분	대상물질	종류	예
화학적인자 (183)	유기화합물	114종	페놀, 벤젠, 노말헥산, 트리클로로에틸렌 등의 물질을 중량비율 1% 이상 함유한 혼합물
	금속류	24종	구리, 납, 망간, 니켈, 카드뮴 등의 물질을 중량비율 1% 이상 함유한 혼합물
	산 및 알카리류	17종	과산화수소, 불화수소, 수산화나트륨, 염화수소 등의 물질을 중량비율 1% 이상 함유한 혼합문
	가스상태 물질류	15종	불소, 브롬, 오존, 황화수소, 포스겐, 포스핀 등의 물질을 중량비율 1% 이상 함유한 혼합물
	허가대상 유해물질	12종	• 베릴륨, 크롬산 아연, 비소, 염화비닐 등의 물질을 중량비율 1% 이상 함유한 혼합물 • 벤조트리클로라이드를 중량비율 0.5% 이상 함유한 혼합물
	금속가공유	1종	금속가공유
물리적인자 (2)	소음, 고열	2종	• 8시간 시간가중평균 80dB 이상의 소음 • 안전보건규칙 제558조에 따른 고열
분진 (7)	광물성, 곡물, 면, 나무, 용접흄, 유리섬유, 석면	7종	광물성 분진, 곡물 분진, 면 분진, 목재 분진, 석면 분진, 용접흄, 유리섬유
합계		192종	

4. 작업환경측정 절차

작업환경측정 유해인자 확인	작업환경측정 기관에 의뢰	유해인자별 주기적인 측정 실시	지방고용노동관서에 결과보고서 제출	측정결과에 따른 개선대책 수립 및 서류 보존
유해인자 취급 공정 파악	사업장 소재지의 측정기관에 작업환경 측정 의뢰	작업환경측정기관에서 예비조사 및 측정 실시	결과보고서 1부	5년간 보존. 단, 발암성 물질 측정 결과는 30년간 보존
작업환경 측정기관 + 사업주	사업주 노사합의서	작업환경 측정기관 (사업주)	작업환경 측정기관 또는 사업주 (30일 이내)	작업환경 측정기관 + 사업주

5. 작업환경측정 주기

구분	측정 주기
신규공정 가동 시	30일 이내 실시 후 매 반기에 1회 이상
정기적 측정 주기	반기에 1회 이상
발암성물질, 화학물질 노출기준 2배 이상 초과	3개월에 1회 이상
1년간 공정변경이 없고, 최근 2회 측정결과가 노출기준 미만인 경우 (발암성물질 제외)	1년에 1회 이상

※ 작업장 또는 작업환경이 신규로 가동되거나 변경되는 등 작업환경측정 대상이 된 경우 반드시 작업환경측정 실시

6. 노출기준

① 노출기준
  ㉠ 근로자가 유해인자에 노출되는 경우라도 거의 모든 근로자에게 건강상 나쁜 영향을 미치지 아니하는 기준
  ㉡ 시간가중평균노출기준(TWA ; Time Weighted Average), 단시간노출기준(STEL ; Short Term Exposure Limit) 또는 최고노출기준(C ; Ceiling)으로 표시

② 시간가중평균노출기준(TWA) : 1일 8시간 작업을 기준으로 유해인자 측정치에 발생시간을 곱하여 8시간으로 나눈 값이며 다음 식에 따라서 산출

$$TWA = \frac{C_1 \times T_1 + C_2 \times T_2 + \cdots +, C_n \times T_n}{8}$$

C : 유해인자의 측정치(단위 : ppm, mg/m³ 또는 개/cm³)
T : 유해인자의 발생시간(단위 : 시간)

③ 단시간노출기준(STEL)
　㉠ 1회 15분간의 시간가중평균노출값
　㉡ 노출농도가 시간가중평균노출기준(TWA)을 초과하고, 단시간노출기준(STEL) 이하인 경우 1회 노출 지속시간이 15분 미만이어야 함. 이러한 상태가 1일 4회 이하로 발생하여야 하며, 각 노출의 간격은 60분 이상이어야 함
④ 최고노출기준(C) : 근로자가 1일 작업시간 동안 잠시라도 노출되어서는 아니 되는 기준으로 노출기준 앞에 "C"를 붙여 표시
⑤ 혼합물질의 노출기준 : 화학물질이 2종 이상 혼재하는 경우에 물질 간에 유해성이 인체의 서로 다른 부위에 작용한다는 증거가 없는 한 유해작용은 가중되므로 노출기준은 아래와 같이 산출하되, 산출되는 수치가 1을 초과하지 아니하는 것으로 함

$$\frac{C_1}{T_1} + \frac{C_2}{T_2} + \cdots + \frac{C_n}{T_n}$$

C : 화학물질 각각의 측정치
T : 화학물질 각각의 노출기준

※ 혼재하는 물질 간에 유해성이 인체의 서로 다른 부위에 작용할 때 혼재하는 물질 중 어느 한 가지라도 노출기준을 넘는 경우 노출기준을 초과하는 것으로 함

7. 유해인자 개선대책

① 본질적 대책
　㉠ 대치(대체) : 공정의 변경, 시설의 변경, 유해물질의 대치
　㉡ 격리(밀폐) : 저장물질의 격리, 시설의 격리, 공정의 격리, 작업자의 격리
② 공학적 대책 : 안전장치, 방호문, 국소배기장치 등
③ 관리적 대책 : 매뉴얼 작성, 출입 금지, 노출 관리, 교육 · 훈련 등
④ 개인보호구의 사용

TOPIC. 3　인간공학적 안전관리

1. 인간공학

(1) 인간공학 개요
① 인간이 사용하는 제품이나 환경을 설계하는 데 인간의 특성에 관한 정보를 응용함으로써 편리성과 안전성 및 효율성을 제고하고자 하는 학문
② 인간이 사용하는 물건, 설비, 환경 등을 설계하는 데 인간의 생리적, 심리적인 면에서의 특성이나 한계점을 체계적으로 응용하여 좀 더 편안하고, 안전하고, 효율적으로 사용할 수 있도록 노력하는 쾌적한 삶을 추구하는 학문

③ 인간공학의 철학적 변화는 기계중심 → 인간중심 → 인간－기계 시스템으로 변화
④ 인간공학의 궁극적인 목적 : 안전성 향상과 효율성 향상

(2) 인간공학 정보처리 과정

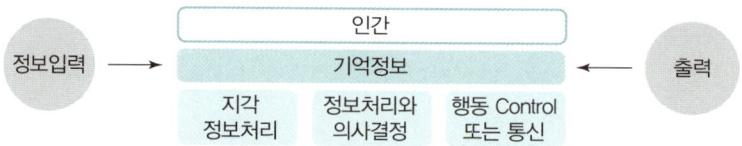

2. 작업생리학

(1) 작업생리학의 개요
① **생리학** : 일반적인 사람을 대상으로 신체 각 기관에 관한 기능을 다루는 학문
② **작업생리학** : 신체 기관의 기능과 작업과 관련하여 영향을 줄 수 있는 요소를 다루는 학문

(2) 대사작용
① 근육의 구조 및 활동
② 대사
 ㉠ 음식물을 섭취하여 기계적인 일과 열로 전환하는 화학적 과정
 ㉡ 1분당 1L의 산소 소비는 5kcal/min의 에너지를 소비
 ㉢ 기초대사율 : 남자 1.2kcal/min, 여자 1kcal/min
③ 에너지소비량
 ㉠ 산소소비량＝(흡기 시 산소농도(%)×흡기량) － (배기 시 산소농도(%)×배기량)
 ㉡ 흡기량＝배기량×(100－O_2(%)－CO_2(%)) / 79(%)
④ 작업능력과 휴식시간
 ㉠ 작업능력
  • 최대 신체작업능력 : 단시간 동안의 최대 에너지 소비능력
  • 건강한 남성과 여성의 경우에 최대 신체작업능력은 각각 15kcal/min과 10.5kcal/min 정도
 ㉡ 피로와 휴식시간
  • 전신피로를 줄이기 위해서는 작업 방법, 설비들을 재설계하는 공학적 대책을 제공
  • 표준에너지소비량×총 작업시간＝(작업에너지×작업시간)＋(휴식에너지×휴식시간)
  • 휴식시간＝총 작업시간×(작업 중 에너지소비량－표준에너지소비량) / (작업 중 에너지소비량－휴식 중 에너지소비량)

3. 직무스트레스

(1) 직무스트레스의 정의

직무요건이 근로자의 능력이나 자원, 욕구와 일치하지 않을 때 생기는 유해한 신체적 또는 정서적 반응

(2) 직무스트레스의 요인

요인	내용
환경 요인	• 사회, 경제, 정치 및 기술적인 변화로 인한 불확실성 등 • 경기침체, 정리해고, 노동법, IT 기술의 발전 등은 고용과 관련되어 근로자가 위협을 느낄 수 있음
조직 요인	조직구조나 분위기, 근로조건, 역할 갈등 및 모호성 등
직무 요인	장시간의 근로시간, 물리적으로 유해하거나 쾌적하지 않은 작업환경 등
인간적 요인	상사, 동료, 부하 직원 등과의 관계에서 오는 갈등이나 불만 등

(3) 스트레스에 대한 인간의 반응(Selye의 일반적인 징후군)
① 1단계 : 경고반응 – 두통, 발열, 피로감, 근육통, 식욕감퇴, 허탈감 등의 현상
② 2단계 : 신체 저항 반응 – 호르몬 분비로 인하여 저항력이 높아지는 저항 반응과 긴장, 걱정 등의 현상이 수반
③ 3단계 : 소진반응 – 생체 적응 능력이 상실되고 질병으로 이환 가능

4. 근골격계 질환

(1) 근골격계 질환의 정의
① 반복적이고 누적되는 특정한 일 또는 동작과 연관되어 신체 일부를 무리하게 사용하면서 나타나는 질환
② 신경, 근육, 인대, 관절 등에 문제가 생겨 통증과 이상감각, 마비 등의 증상이 나타나는 질환들을 총칭함

(2) 근골격계 질환 발생 원인
① 반복적인 동작
② 부자연스러운 자세(부적절한 자세)
③ 무리한 힘의 사용(중량물 취급, 수공구 취급)
④ **접촉스트레스** : 작업대 모서리, 키보드, 작업 공구 등에 의해 손목, 팔 등의 접촉 부위가 지속적으로 충격을 받게 됨
⑤ 진동 공구 취급작업
⑥ 기타요인 : 부족한 휴식시간, 극심한 저온 또는 고온, 스트레스, 너무 밝거나 어두운 조명 등

(3) 근골격계 질환 부담작업 11가지

번호	내용
1	하루에 4시간 이상 집중적으로 자료입력 등을 하기 위해 키보드 또는 마우스를 조작하는 작업
2	하루에 총 2시간 이상 목, 어깨, 팔꿈치, 손목 또는 손을 사용하여 같은 동작을 반복하는 작업
3	하루에 총 2시간 이상 머리 위에 손이 있거나, 팔꿈치가 어깨 위에 있거나, 팔꿈치를 몸통으로부터 들거나, 팔꿈치를 몸통 뒤쪽에 위치하도록 하는 상태에서 이루어지는 작업
4	지지가 되지 않은 상태이거나 임의로 자세를 바꿀 수 없는 조건에서, 하루에 총 2시간 이상 목이나 허리를 구부리거나 트는 상태에서 이루어지는 작업
5	하루에 총 2시간 이상 쪼그리고 앉거나 무릎을 굽힌 자세에서 이루어지는 작업
6	하루에 총 2시간 이상 지지가 되지 않은 상태에서 1kg 이상의 물건을 한 손의 손가락으로 집어 옮기거나, 2kg 이상에 상응하는 힘을 가하여 한 손의 손가락으로 물건을 쥐는 작업
7	하루에 총 2시간 이상 지지가 되지 않은 상태에서 4.5kg 이상의 물건을 한 손으로 들거나 동일한 힘으로 쥐는 작업
8	하루에 10회 이상 25kg 이상의 물체를 드는 작업
9	하루에 25회 이상 10kg 이상의 물체를 무릎 아래에서 들거나, 어깨 위에서 들거나, 팔을 뻗은 상태에서 드는 작업
10	하루에 총 2시간 이상 분당 2회 이상 4.5kg 이상의 물체를 드는 작업
11	하루에 총 2시간 이상 시간당 10회 이상 손 또는 무릎을 사용하여 반복적으로 충격을 가하는 작업

(4) 근골격계 유해요인 조사

유해요인 조사는 근골격계질환을 예방하기 위하여 근골격계 부담작업이 있는 공정, 부서, 라인, 팀 등 사업장 내 전체 작업을 대상으로 유해요인을 찾아 제거하거나 감소시키는 것이 목적임

근골격계질환 발생요인	• 작업장 요인 : 부적절한 작업공구, 작업장 설계의자, 책상, 키보드, 모니터 등 • 작업자 요인 : 나이, 신체조건, 경력, 작업 습관, 과거 병력, 가사노동 등 • 작업요인 : 작업 자세, 반복성 등 • 환경요인 : 진동, 조명, 온도 등

유해요인 조사
시기
	• 정기 유해요인 조사 : 3년마다 주기적으로 실시
	• 수시 유해요인 조사: 다음 중 어느 하나에 해당하는 사유가 발생하면 실시
	  -임시건강진단 등에서 근골격계질환자가 발생하였거나 업무상 질병으로 인정받은 경우
	  -근골격계 부담작업에 해당하는 새로운 작업·설비를 도입한 경우
	  -근골격계 부담작업에 해당하는 업무의 양과 작업공정 등 작업환경을 변경한 경우

유해요인 조사 방법 및 절차	• 유해요인 조사는 근골격계 부담작업 전체에 대한 전수조사를 원칙 • 유해요인 조사는 크게 유해요인 기본조사와 근골격계질환 증상조사로 구성 • 조사를 위하여 유해요인 기본조사표 양식과 근골격계질환 증상조사표 양식을 사용 • 유해요인 기본조사와 근골격계질환 증상조사 결과 추가적인 정밀평가가 필요하다고 판단되는 경우에는 작업상황에 맞는 정밀평가(작업분석·평가) 도구를 이용 • 유해요인 조사 결과 작업환경 개선이 필요한 경우에는 개선을 위한 우선순위를 결정하고 개선대책 수립 및 실시 등의 절차를 추진

유해요인 조사 내용	• 유해요인 기본조사 : 작업장 상황조사, 작업조건 조사 내용 • 근골격계질환 증상 설문조사 • 정밀평가(작업분석 · 평가도구)
유해요인 조사자	사업주 또는 안전보건관리책임자가 직접 실시하거나 관리감독자, 안전담당자, 안전관리자(안전관리대행기관을 포함), 보건관리자(보건관리대행기관을 포함), 외부 전문기관 또는 외부 전문가 중에서 사업주가 조사자를 지정
작업환경 개선 및 사후조치	• 사업주는 작업환경 개선의 우선순위에 따른 적절한 개선계획을 수립 • 해당 근로자에게 유해요인, 징후와 증상, 올바른 작업자세, 작업도구, 작업시설의 올바른 사용방법 등을 주지 • 작업환경개선 계획의 타당성을 검토하거나 개선계획 수립을 위하여 외부의 전문기관이나 전문가로부터 지도 · 조언을 들을 수 있음
문서의 기록과 보존	근로자의 상기 유해요인 기본조사표 및 근골격계질환 증상조사표에 관한 문서는 5년간 보존

5. 표시 및 조정장치

표시장치 종류	내용
시각적 표시장치	• 정량적 표시장치 : 정확한 계량치를 제공하는 것이 목적 • 정성적 표시장치 : 정량적 자료를 정성적으로 판단하거나 상태를 점검하는 데 이용 • 묘사적 표시장치 : 항공기 표시장치와 게임 시뮬레이터 등과 같이 배경에 변화되는 상황을 중첩하여 나타내는 표시장치

청각적 표시장치	• 청각에 의한 정보전달을 목적
	• 청각표시장치 가이드라인
	  −신호를 최소한 0.5초~1초 동안 지속되게 함
	  −소음은 양쪽 귀에, 신호는 한쪽 귀에만 들리게 함
	  −주변 소음은 주로 저주파이므로 은폐효과를 막기 위해 500~100Hz 신호를 사용하면 좋으며, 적어도 30dB 이상 차이가 나야 함
	  −300m 이상 멀리 보내는 신호에서는 1,000Hz 이하의 주파수를, 큰 장애물이나 칸막이를 넘어가야 하는 신호는 500Hz 이하의 주파수를 사용

피부감각과 촉각 표시장치	• 피부감각적 표시장치 : 피부에는 압력 수용, 고통, 온도 변화에 반응하는 감각 계통이 있으며, 신경 말단 사이의 복잡한 상호작용을 통하여 만짐, 접촉, 간지럼, 누름 등을 느낌 • 촉각적 표시장치 : 기계적 진동이나 전기적 자극을 이용
후각적 표시장치	코는 냄새를 맡는 데 민감하지만, 민감도는 자극 물질과 개인에 따라 다름

6. 작업설계 및 개선

(1) 인체 특성을 고려한 설계

① 인체 특성을 고려하여 설계 시 조절식 설계 → 극단치 설계 → 평균치 설계 순서로 설계하는 것이 바람직함
② 조절식 설계 : 제품이나 작업장 설계에서 가장 바람직한 설계 기준

③ 극단치 설계 : 특정 설비를 설계할 때 어떤 인체 측정 특성의 한 극단에 속하는 사람을 대상으로 설계하면 거의 모든 사람을 수용할 수 있는 경우에는 극단치를 이용한 설계를 함
④ 평균치 설계 : 조절식 적용도 불가능하고, 최대 치수나 최소 치수를 기준으로 설계하기에도 부적절한 경우에는 평균치를 기준으로 한 설계 개념을 적용함

(2) 인지 특성을 고려한 설계 원리
① **좋은 개념 모형의 제공** : 디자이너와 사용자의 개념 모형을 일치시켜야 실수가 적어짐
② **단순화** : 기억의 부담을 줄이기 위하여 5가지 이내의 보조물을 사용
③ **가시성** : 작동 상태, 작동 방법 등을 쉽게 파악할 수 있도록 중요 기능을 노출
④ **피드백의 제공** : 작동 결과의 정보를 알려줌
⑤ **양립성** : 조작, 작동, 지각 등 관계가 사람이 기대하는 바와 일치(운동·공간·개념 양립성)
⑥ **제약과 행동 유도성** : 사물 특성이 다루는 방법에 대한 단서를 제공
⑦ **오류방지를 위한 강제적 기능** : 강제적으로 사용 순서를 제한

(3) 인간공학적 작업환경 개선

작업공간	• 작업공간 포락면 : 사람이 작업을 하는 데 사용하는 공간 • 정상 작업영역 : 상완을 자연스럽게 몸에 붙인 채로 전완을 움직일 때 도달하는 영역 • 최대 작업영역 : 어깨에서부터 팔을 뻗쳐 도달하는 최대 영역
공간의 배치 원리	• 사용빈도의 원리 : 가장 빈번하게 사용되는 요소들은 가장 사용하기 편리한 곳에 배치 • 중요도의 원리 : 시스템의 목적을 달성하는 데 상대적으로 더 중요한 요소들은 사용하기 편리한 지점에 위치 • 사용 순서의 원리 : 연속해서 사용하여야 하는 구성 요소들은 서로 옆에 놓여야 하고, 조작의 순서를 반영하여 배열 • 일관성의 원리 : 동일한 구성 요소들은 기억이나 찾는 것을 줄이기 위하여 같은 지점에 있어야 함 • 조종장치와 표시장치의 양립성 원리 : 조종장치와 관련된 표시장치들이 근접하여 위치해야 하고, 여러 개의 조종장치와 표시장치들이 사용될 때는 조종장치와 표시장치들의 관계를 쉽게 알아볼 수 있도록 배열 형태를 반영 • 기능성의 원리 : 비슷한 기능을 갖는 구성 요소들끼리 한데 모아서 서로 가까운 곳에 배치
작업대	• 작업대의 높이나 의자의 높이는 가능하다면 다양한 신체 크기를 갖는 작업자들에게 맞도록 조절식으로 제공 • 작업대의 높이는 팔꿈치가 편안하게 놓일 수 있도록 팔꿈치 높이를 기준으로 설계 • 정밀한 동작이 요구되는 작업인 경우 작업자들이 허리를 앞으로 굽히지 않고도 작업면을 볼 수 있도록 팔꿈치 높이보다 높게 설계 • 큰 힘을 주거나 중량물을 취급하는 경우에는 취급하는 중량물 높이를 감안하여 팔꿈치 높이보다 낮게 설계
책상과 의자의 설계	• 설계에 필요한 인체 치수의 결정 • 설비를 사용할 집단의 정의 • 적용할 인체자료 응용 원리를 결정(조절식, 극단적, 평균치 설계) • 적절한 인체 측정 자료의 선택 • 특수 복장 착용에 대한 적절한 여유 고려 • 설계할 치수의 결정 • 모형을 제작하여 모의실험

06 연구활동종사자 보건·위생관리 및 인간공학적 안전관리

02 연구활동종사자 질환 및 휴먼 에러 예방·관리

키워드
화학물질 관리, 사전유해인자위험분석, 건강검진, 휴먼 에러 예방·관리

TOPIC. 1 연구활동종사자 질환 관리

1. 화학물질 관리

(1) 유해성·위험성을 통한 유해화학물질 분류

분류	분류내용
제조 등 금지물질	• 근로자에게 중대한 건강장해를 일으킬 수 있으며, 직업성 암을 유발하여 근로자의 건강에 특히 해롭다고 지정된 물질의 제조·수입·양도·제공 또는 사용을 금지 • 시험·연구용은 지방노동관서의 승인을 받아 제조·수입·사용 • 금지물질 종류(7종) : β-나프틸아민과 그 염, 2, 4-니트로디페닐과 그 염, 백연을 포함한 페인트(포함된 중량의 비율이 2% 이하인 것은 제외한다), 벤젠을 포함하는 고무풀(포함된 중량의 비율이 5% 이하인 것은 제외한다), 석면, 폴리클로리네이티드 터페닐, 황린(성냥)
제조 등 허가물질	• 금지물질과 유해성은 동일하나 대체물질이 개발되지 않은 물질지방노동관서의 허가를 받아 제조 또는 사용 • 허가받은 사항을 변경할 경우에도 허가를 받아야 함 • 허가대상 물질 종류(12종) : α-나프틸아민 및 그 염, 디아니시딘 및 그 염, 디클로로벤지딘 및 그 염, 베릴륨, 벤조트리클로라이드, 비소 및 그 무기화합물, 염화비닐, 콜타르피치 휘발물, 크롬광 가공(열을 가하여 소성 처리하는 경우만 해당한다), 크롬산 아연, o-톨리 및 그 염, 황화니켈류
노출기준 설정물질	• 노출기준 이하 수준에서는 거의 모든 근로자에게 건강상 나쁜 영향을 미치지 아니하는 기준 • 시간가중평균노출기준(TWA), 단시간노출기준(STEL), 최고노출기준(Ceiling, C)으로 구분
허용기준 설정물질	• 작업장 내 노출농도를 허용기준 이하로 유지해야 하는 물질 • 시간가중평균노출기준(TWA), 단시간노출기준(STEL)으로 구분
작업환경측정 대상유해인자	근로자의 건강을 보호하고 쾌적한 작업환경을 조성하기 위하여 주기적으로 노출상황을 측정·보고해야 하는 물질 ※ 물리적 인자(2종) 포함
특수건강진단 대상물질	직업병 발생 위험이 높아 짧은 주기로 건강진단을 실시해야 하는 물질 ※ 물리적 인자(8종), 야간작업(2종) 포함

특별관리물질	• 발암성, 생식세포 변이원성, 생식독성 등 근로자에게 중대한 건강장해를 일으킬 우려가 있어 근로자에게 알려야 하는 물질 • 물질 사용 시 취급일지를 작성해야 함 • 물질의 종류(36종) : 유기화합물질(29종), 금속류(5종), 산·알칼리류, 가스 상태 물질류
관리대상 유해물질	• 근로자에게 상당한 건강장해를 일으킬 우려가 있어 건강장해를 예방하기 위한 보건상의 조치가 필요한 물질(예 국소배기장치 등) • 유해성을 주지시키는 것이 필요(특별교육 실시) • 특별관리 물질 종류 | 유기화합물(117종)	중독, 피부질환, 간 및 신장장해, 백혈병 | | 금속류(24종) | 폐질환, 호흡기계질환, 뇌질환 | | 산·알칼리류(17종) | 눈 및 코 자극, 피부 화상 | | 가스 상태 물질류(15종) | 질식, 마비 |

(2) 발암물질 분류

분류	내용
고용노동부 고시에 의한 분류	• 1A : 사람에게 충분한 발암성 증거가 있는 물질 • 1B : 실험동물에서 발암성 증거가 충분히 있거나, 실험동물과 사람 모두에서 제한된 발암성 증거가 있는 물질
IARC(국제암연구기관)의 분류	• Group 1 : 인체 발암성 물질-인체에 대한 충분한 발암성 근거가 있음 • Group 2A : 인체 발암성 추정물질-실험동물에 대한 발암성 근거는 충분하지만, 사람에 대한 근거는 제한적임 • Group 2B : 인체 발암성 가능 물질-실험동물에 대한 발암성 근거가 충분하지 못하며, 사람에 대한 근거 역시 제한적임
ACGIH(미국산업위생전문가협의회)의 분류	• A1 : 인간에게 발암성이 확인됨 • A2 : 인간에게 발암성이 의심됨 • A3 : 동물 실험 결과 발암성 물질

2. 안전점검 및 정밀안전진단

일상점검	• 연구활동에 사용되는 기계·기구·전기·약품·병원체 등의 보관상태 및 보호장비의 관리 실태 등을 육안으로 확인하는 점검 • 대상 : 모든 연구실 • 실시주기 : 연구개발 활동 전 매일 1회(저위험연구실은 주 1회) • 실시자 : 연구활동종사자(연구실안전관리담당자 등) • 서류보존 : 1년
정기점검	• 연구활동에 사용되는 기계·기구·전기·약품·병원체 등의 보관상태 및 보호장비의 관리 실태 등을 안전점검 기기 등을 이용해 확인하는 점검 • 대상 : 모든 연구실(저위험연구실 및 안전관리 우수연구실인증 유효연구실은 제외) • 실시자 : 기관 자체 인력 또는 과학기술정보통신부 등록 대행기관 • 서류보존 : 3년

특별안전점검	• 폭발 및 화재사고 등 연구활동종사자의 안전에 치명적인 위험을 야기할 가능성이 예상되는 경우 실시하는 점검 • 대상 : 사고위험 예측 연구실 • 실시주기 : 필요시(폭발 및 화재사고 등 연구활동종사자의 안전에 치명적인 위험을 초래할 가능성이 있을 것으로 예상되는 경우로서 연구주체의 장이 필요하다고 인정하는 경우) • 실시자 : 기관 자체 인력 또는 과학기술정보통신부 등록 대행기관 • 서류보존 : 3년
정밀안전진단	• 연구실의 잠재적 위험성 발견 및 개선대책 수립을 목적으로 법적 자격을 갖춘 안전 전문가가 실시하는 조사 · 평가 • 대상 　– 위험한 작업을 수행하는 연구실(유해화학물질 취급, 유해인자 취급, 독성 가스 취급 연구실) 　– 안전점검 실시 결과 연구실 사고 예방을 위하여 필요하다고 인정하는 경우 　– 중대 연구실 사고가 발생한 경우 • 실시주기 : 1회/2년 정기 실시 • 실시자 : 기관 자체 인력 또는 과학기술정보통신부 등록 대행기관 • 서류보존 : 3년

3. 사전유해인자 위험분석

사전유해인자 위험분석 대상 연구실	• 유해화학물질 취급 연구실 • 유해인자 취급 연구실 • 독성 가스 취급 연구실
사전유해인자 위험분석 실시시기	• 연구활동 시작 전 • 연구활동과 관련된 주요 변경사항 발생 또는 연구실책임자가 필요하다고 인정할 경우 추가로 실시
사전유해인자 위험분석 수행절차	1) 연구실 안전 현황 분석 2) 연구개발활동별 유해인자 위험분석 3) 연구실안전계획 수립 4) 비상조치계획 수립

※ 연구활동 시작 전 유해인자를 미리 분석하는 일련의 과정을 말함

4. 연구실 사고의 구분

① 중대 연구실 사고 : 연구실 사고 중 손해 또는 훼손의 정도가 심한 사고
② 일반 연구실 사고 : 중대 연구실 사고를 제외한 일반적인 사고로 다음에 해당하는 사고
　㉠ 인적 피해 : 병원 등 의료기관 진료 시
　㉡ 물적 피해 : 1백만 원 이상의 재산 피해 시(취득가 기준)
③ 단순 연구실 사고 : 인적 · 물적 피해가 매우 경미한 사고로 일반 연구실 사고에 포함되지 않는 사고

5. 연구활동종사자 대상 건강검진

(1) 건강검진의 개요

① 연구주체의 장은 "유해인자에 노출될 위험성이 있는 연구활동종사자"에 대해 정기적인 건강검진을 실시

② 연구주체의 장은 건강검진을 실시하지 아니한 경우 1천만 원 이하의 과태료가 부과됨

③ 연구주체의 장은 유해인자를 취급하는 연구활동종사자에 대하여 특수건강검진을 실시

④ 특수건강검진은 산업안전보건법에 따른 특수건강진단기관에서 특수건강진단의 시기 및 주기에 따라 제1차 검사항목을 포함하여 실시

(2) 건강검진의 종류

〈건강검진 실시대상 연구활동종사자의 건강검진 종류〉

종류	일반 건강진단	특수건강진단	배치 전 건강진단	수시 건강진단	임시 건강진단
대상	전체 연구활동종사자	특수건강진단 대상 업무 연구활동종사자		건강장해 호소자 또는 의학적 소견 연구활동종사자	지방고용노동관서 명령 연수활동종사자

① 일반검진

㉠ 유해인자에 노출될 위험성이 있는 연구활동종사자에 대하여 실시

㉡ 대상 : 전체 근로자 및 연구활동종사자

㉢ 주기 : 1년에 1회 이상(사무직은 2년에 1회 이상)

㉣ 검사 항목
- 문진과 진찰
- 혈압, 혈액 및 요검사
- 신장, 체중, 시력 및 청력 측정
- 흉부방사선 촬영

㉤ 서류보존 : 5년

② 특수건강검진

㉠ 「산업안전보건법 시행규칙」 [별표 22]에 따른 유해인자를 취급하는 연구활동종사자에 대하여 실시

㉡ 특수건강검진 대상 유해인자

구분	화학적 인자						분진	물리적 인자	야간 작업
종류	유기화합물	금속류	산 및 알칼리류	가스상태 물질	허가 대상 물질	금속 가공유	곡물분진 등	소음, 진동 등	8시간 월 평균 4회 이상
총수	109종	20종	8종	14종	12종	1종	7종	8종	2종

ⓒ 특수건강검진 실시 시기 및 주기

구분	대상 유해인자	시기 (배치 후 첫 번째 특수건강검진)	주기
1	N, N-디메틸아세트아미드 N, N-디메틸포름아미드	1개월 이내	6개월
2	벤젠	2개월 이내	6개월
3	1, 1, 2, 2-테트라클로로에탄, 사염화탄소, 염화비닐, 아크릴로니트릴	3개월 이내	6개월
4	석면, 면 분진	12개월 이내	12개월
5	광물성 분진, 목재 분진, 소음 및 충격소음	12개월 이내	24개월
6	제1호부터 제5호까지의 대상 유해인자를 제외한 별표 22의 모든 대상 유해인자	6개월 이내	12개월

ⓔ 서류보존 : 5년(단, 발암물질 취급근로자 검진결과는 30년간 보존)

③ 배치 전 건강진단
ⓐ 신규채용자가 발생하거나 작업 부서의 전환으로 특수건강진단 대상 업무에 종사하게 된 경우 작업에 배치하기 전에 실시
ⓑ 면제 대상 : 최근 6개월 이내 당해 사업장 또는 다른 사업장 등에서 당해 유해인자에 대한 배치 전 건강진단에 준하는 건강진단을 받은 경우

④ 임시 건강진단
ⓐ 연구실 내 유소견자가 발생하였거나 발생할 우려 등이 있는 경우 실시
ⓑ 같은 부서에 근무하는 근로자 또는 같은 유해인자에 노출되는 근로자에게 유사한 질병의 자각·타각 증상이 발생한 경우
ⓒ 직업병 유소견자가 발생하거나 여러 명이 발생할 우려가 있는 경우

(3) 건강관리 구분 판정

건강관리 구분		내용
A		건강관리상 사후관리가 필요 없는 근로자(건강한 근로자)
C	C1	직업성 질병으로 진전될 우려가 있어 추적검사 등 관찰이 필요한 근로자(직업병 요관찰자)
	C2	일반 질병으로 진전될 우려가 있어 추적관찰이 필요한 근로자(일반 질병 요관찰자)
D1		직업성 질병의 소견을 보여 사후관리가 필요한 근로자(직업병 유소견자)
D2		일반 질병의 소견을 보여 사후관리가 필요한 근로자(일반 질병 유소견자)
R		건강진단 1차 검사결과 건강수준의 평가가 곤란하거나 질병이 의심되는 근로자(제2차 건강진단 대상자)

6. 연구활동종사자 질환

(1) 아토피, 알레르기

　① 아토피 피부염은 주로 어렸을 때 발생, 만성적이고 자주 재발하는 염증성 피부 질환
　② 알레르기는 인체의 면역체계가 특정 물질이나 환경에 과민 반응하여 발생하는 것으로, 피부와 호흡기, 위장관 등에 발생 가능

분류	물질
유기화학물	글루타르알데히드, 1, 4-디옥산, N, N-디메틸 아세트아미드, α-디클로로벤젠, 톨루엔, 2, 4-디이소시아네이트, 디메틸포름아미드, 디에틸 에테르, 메틸시클로헥사놀, 메틸 알코올, 메틸에틸케톤, 벤젠, 벤지딘, 사염화 탄소, 스티렌, 아닐린, 아세토니트릴, 아세톤, 아세트 알데히드, 아크릴아미드, 이소프로필 알코올, 크레졸, 트리클로로메탄, 페놀, 포름알데히드, 무수 프탈산, 피리딘, 헥산
금속	구리, 니켈, 코발트, 크롬
산 및 알칼리류	불화수소, 염화수소, 질산, 트리클로로아세트산, 황산

(2) 간 질환

　① 간은 인체에서 해독 작용을 담당하는 매우 중요한 장기로 B형이나 C형 간염과 같은 만성 간 질환이 있으며, 이로 인해 간 기능이 저하되면 유해물질의 해독 능력이 떨어질 수 있음
　② **주의해야 할 화학물질**

분류	물질
유기화합물	1, 4-디옥산, α-디클로로벤젠, 디메틸포름아미드, 메틸 시클로헥사놀, 벤젠, 사염화탄소, 이소프로필 알코올, 트리클로로메탄, 피리딘

(3) 신장 질환

　① 신장은 소변을 생성하여 해독된 물질을 포함한 인체의 노폐물을 배출하는 역할을 하는 중요한 장기로 손상되면 초기에는 대개 증상이 없어 인지하기가 어려움
　② **주의해야 할 화학물질** : 고농도로 노출되지 않거나, 장기간 노출을 피하면 신장 손상은 잘 발생하지 않으나, 아래와 같은 물질을 취급하는 경우에는 건강검진 시에 신장 기능을 유의해서 살펴봐야 함

분류	물질
유기화합물	1, 4-디옥산, 2-메톡시에탄올, 메틸시클로헥사놀, 벤젠, 사염화탄소, 아닐린, 에틸렌 글리콜, 이소프로필 알코올, 크레졸, 크실렌, 톨루엔, 트리클로로메탄, 페놀, 포름알데히드, 피리딘
금속	크롬

(4) 청각장애(난청)

　① 소음성 난청의 경우 초기에는 4,000~6,000Hz 고주파에서 먼저 청력 저하가 발생(C5-dip 현상)하며, 이때는 청력 저하를 잘 인지하지 못함
　② 소음 노출로 인한 난청은 회복이 불가능하기 때문에 예방과 관리가 매우 중요

⟨청각장애(난청) 발생요인⟩

- 85dB 이상의 소음에 장기간 노출되면 소음성 난청 발생 가능
- 120dB보다 큰 소음에 노출되면 급성 청력 손실이 발생 가능
- 130dB 이상의 소음은 한 번의 노출로도 영구적인 청력 손실 발생 가능
- 소음 외에도 유기화합물 중 1-부티알코올과 스티렌, 톨루엔 등이 청력 저하 유발 가능

(5) 말초신경병증

① 말초신경병증이 발생하면 주로 손과 발의 저린 감각이나 찌릿찌릿한 증상, 혹은 감각이 무딘 증상이 발생
② 이 증상은 손과 발의 말단 부위부터 시작하여 점차 팔과 다리로 올라오게 됨
③ 주의해야 할 화학물질

분류	물질
유기화합물	스티렌, 아크릴아미드, 노말 헥산
금속	납, 시안화나트륨
산 및 알칼리류	시안화나트륨
물리적 인자	진동

(6) 임산부의 관리

① 주의사항 : 임신 중에는 태반을 통과하여 태아에게 영향을 주는 물질, 태아 및 생식독성, 심혈관계에 영향을 주는 물질 등은 가급적 취급하지 말아야 하며, 야간근무는 하지 않는 것이 바람직함
② 주의해야 할 화학물질

분류	물질
태반 통과	트리클로로메탄, 망간, 지르코늄, 니켈
태아 독성	가솔린, N, N-디메틸아세트아미드, 2-메톡시에탄올, 2-부틸 알코올, 에틸렌 글리콜, 크실렌, 톨루엔, 삼산화비소, 안티몬, 방사선
생식독성	2-메톡시에탄올, 메틸클로라이드, 스티렌, 포름알데히드, 방사선, 마이크로파 및 라디오파
심혈관계 영향	디클로로메탄, 아세토니트릴, 에틸렌 글리콜 디니트레이트, 시안화나트륨, 진동, 고기압, 저기압

> **TOPIC. 2** 휴먼 에러(Human Error) 예방·관리

1. 인간공학(Human Engineering)

(1) 인간공학의 목표
① 안전성 향상과 사고 방지
② 기계조직의 능률성과 생산성 향상
③ 쾌적성

(2) 인간–기계 시스템* 3유형

유형	특징
수동체계 (Manual System)	• 입력된 정보에 기초 • 인간 자신이 동력원 • 보조기구에 힘을 가하여 작업을 제어하는 유연성 있는 시스템
기계화 체계 (Mechanical System)	• 반자동시스템 • 변화가 별로 없는 기능 수행 • 동력은 기계가 제공하고, 운전자는 조종장치 사용 • 인간은 표시장치로 확인 • 정보처리 및 의사결정 수행 • 결심한 것을 조종장치로 실행
자동체계 (Automatic System)	• 인간의 개입이 전혀 또는 거의 필요가 없음 • 장비는 감지, 의사결정, 행동기능의 모든 기능 수행 • 감지되는 모든 우발상황에 완전하게 프로그램되어야 함

※ 인간과 기계가 조화되어 하나의 시스템으로 운용되는 것을 의미

(3) 휴먼 에러(Human Error)

① 행동 차원에서의 휴먼 에러 분류

휴먼 에러 유형	정의
누락 에러(Omission error)	수행해야 할 작업을 빠트리는 에러
작위 에러(Commission error)	수행해야 할 작업을 부정확하게 수행하는 에러
순서 에러(Sequence error)	수행해야 하는 작업의 순서를 틀리게 수행하는 에러
시간 에러(Timing error)	수행해야 할 작업을 정해진 시간 동안 완수하지 못하는 에러
불필요한 수행 에러(Extraneous error)	작업 완수에 불필요한 작업을 수행하는 에러
반복 에러(Repeat error)	수행해야 할 작업을 반복해서 생기는 에러
선택 에러(Choice error)	수행해야 할 작업에서 다른 작업을 함으로써 생기는 에러
미완 에러(Incompletion error)	수행해야 할 작업을 제대로 완수하지 못하여 생기는 에러
실패 에러(Fail error)	수행해야 할 작업을 실패한 에러

② 휴먼 에러의 배후요인(사고의 내·외적 요인)
  ㉠ 내적 요인
    • 심리적 요인 : 걱정, 망각, 실수, 과오, 건망증, 잡념 등
    • 생리적 요인 : 피로, 수면 부족, 영양상태 등
  ㉡ 외적 요인(4M)

구분	배후요인	대응방안
Man	• 생리적 원인 : 수면 부족, 피로, 질병 • 심리적 원인 : 걱정거리 • 작업부적응 : 지식과 기능 부족 • 의사소통 : 커뮤니케이션이 나쁨 • 인간관계 : 불협, 갈등	• 건강진단 실시 • 스트레스로 긴장 유지 • 채용 시 교육, 안전 교육 • 의사소통 창구 마련
Machine	• 부적절한 기계 설비 • 기계적 결함 • 장비, 점검 부족	• 연구실 상황에 맞는 적합한 장비 설치 • 방호장치 설치 • 안전점검 충실
Media	• 청소 불량, 정리정돈 불량 • 작업환경 불량 • 작업자세, 작업방법, 작업순서	• 청소, 정리정돈, 청결습관활동 실시 • 연구실 환경 개선
Management	• 규칙 미준수 • 매뉴얼, 절차서 부적합 • 교육훈련 부족 • 안전점검 및 안전순찰 부족 • 연구실책임자 지도 감독 부족	• 규칙 준수 • 매뉴얼, 절차서를 연구실에 맞게 개정 • 철저한 교육훈련 • 연구실책임자 능력 향상

③ 휴먼 에러의 예방과 관리
  ㉠ 실험 특성을 고려한 연구활동종사자 선발
  ㉡ 휴먼 에러에 관한 정보를 획득하여 동종이나 유사한 에러를 범하지 않도록 교육·훈련
  ㉢ 안전 행동을 위한 동기부여
  ㉣ 인간 행동을 고려한 설계시스템과 작업
  ㉤ 에러 제거 디자인
  ㉥ 에러 예방 디자인
  ㉦ 안전장치의 장착
  ㉧ 경보장치의 부착
  ㉨ 특수 절차서의 제공

06 연구활동종사자 보건·위생관리 및 인간공학적 안전관리

03 안전보호구 및 연구환경관리

키워드
개인보호구, 보호구 선정방법, 연구실 안전장비 및 안전정보 표지

TOPIC. 1 연구활동별 보호구

1. 호흡보호구

(1) 호흡보호구의 기능별 종류

구분		특성
공기 정화식 호흡보호구	안면부 여과식	안면부 자체가 여과재인 방진마스크를 의미하며, 가스나 증기와 같은 비입자성의 유해물질로부터는 보호하지 못함
	분리식	별도의 정화통을 본체에 부착 연결하여 사용하는 마스크를 의미하며, 취급 유해물질에 따라 정화통 선택 가능
공기공급식 호흡보호구		공기공급관, 공기 호스 또는 자급식 공기원을 가진 호흡용 보호구로 산소를 직접 연구자 호흡기로 공급하며 송기마스크, 산소호흡기, 공기호흡기가 해당

(2) 사용 장소별 종류

① 입자상 오염물질 발생 장소

마스크 등급	오염물질 발생장소
특급	베릴륨, 비소 등과 같이 독성이 강한 물질을 함유한 분진이 발생하거나 미생물과 같이 미세한 미립자상의 오염물이 발생하는 장소
1급	금속흄이나 석면 등과 같이 열적, 기계적으로 미립자상 오염물이 발생하는 장소
2급	특급 및 1급 호흡용 보호구 착용장소를 제외한 입자상 오염물이 발생하는 장소

② 가스 및 증기의 오염물질 발생 장소

마스크 등급	오염물질 발생 장소
유기가스용	유기화합물의 가스 또는 증기가 발생하는 장소
할로겐가스용	할로겐 가스 또는 증기가 발생하는 장소
일산화탄소용	일산화탄소가 발생하는 장소
암모니아용	암모니아가 발생하는 장소

연구활동별 보호구	아황산가스가 발생하는 장소
아황산·황용	아황산가스 및 황의 증기 또는 분진이 발생하는 장소

2. 안면보호구

① 보안경 : 튀는 물체나 위해물로부터 눈을 보호하는 데 사용
② 고글 : 유해성이 높은 분진이나 화학물질의 튐 방지 및 액체로부터의 눈 보호를 위해 사용
③ 보안면 : 안면 전체 보호 필요시 사용

3. 보호복

① 일반 실험복 : 일상복과 분리하여 보관
② 화학물질용 보호복 : 화학물질 취급 실험이나 동물, 특정 생물실험 등에서 주로 사용

형식		형식 구분기준
1형식	1a 형식	보호복 내부에 개방형 공기호흡기와 같은 대기와 독립적인 호흡용 공기공급이 있는 가스 차단 보호복
	1a 형식(긴급용)	긴급용 1a 형식 보호복
	1b 형식	보호복 외부에 개방형 공기호흡기와 같은 호흡용 공기공급이 있는 가스 차단 보호복
	1b 형식(긴급용)	긴급용 1b 형식 보호복
	1c 형식	공기라인과 같은 양압의 호흡용 공기가 공급되는 가스 차단 보호복
2형식		공기라인과 같은 양압의 호흡용 공기가 공급되는 가스 비차단 보호복
3형식		액체 차단 성능을 갖는 보호복, 만일 후드, 장갑, 부츠, 안면창(visor) 및 호흡용 보호구가 연결되는 경우에도 액체 차단 성능을 가져야 함
4형식		분무 차단 성능을 갖는 보호복, 만일 후드, 장갑, 부츠, 안면창(visor) 및 호흡용 보호구가 연결되는 경우에도 분무 차단 성능을 가져야 함
5형식		분진 등과 같은 에어로졸에 대한 차단 성능을 갖는 보호복
6형식		미스트에 대한 차단 성능을 갖는 보호복

③ 앞치마 : 특별한 화학물질, 생물체, 방사성동위원소, 또는 액체질소 등을 취급할 때 추가적으로 신체를 보호하거나, 방수 등을 하기 위하여 필요시 실험복 위에 착용

4. 보호장갑

① 1회용 장갑

㉠ 폴리 글로브(poly glove) : 물기가 있는 작업이나 마찰, 열, 화학물질에 약하며 가벼운 작업에 적합
㉡ 니트릴 글로브(nitrile glove) : 기름 성분에 잘 견딤
㉢ 라텍스 글로브(latex glove) : 탄력성이 가장 좋고 편함

② 절연용 장갑
　㉠ 고압전기를 취급하는 실험을 할 때 사용
　㉡ 사용전압에 맞는 등급의 절연용 장갑을 선택해야 함

5. 안전화

종류	성능 구분
가죽제안전화	물체의 낙하, 충격 또는 날카로운 물체에 의한 찔림 위험으로부터 발을 보호하기 위한 것
고무제안전화	물체의 낙하, 충격 또는 날카로운 물체에 의한 찔림 위험으로부터 발을 보호하고 내수성을 겸한 것
정전기안전화	물체의 낙하, 충격 또는 날카로운 물체에 의한 찔림 위험으로부터 발을 보호하고 정전기의 인체 대전을 방지하기 위한 것
발등안전화	물체의 낙하, 충격 또는 날카로운 물체에 의한 찔림 위험으로부터 발 및 발등을 보호하기 위한 것
절연화	물체의 낙하, 충격 또는 날카로운 물체에 의한 찔림 위험으로부터 발을 보호하고 저압의 전기에 의한 감전을 방지하기 위한 것
절연장화	고압에 의한 감전을 방지 및 방수를 겸한 것
화학물질용 안전화	물체의 낙하, 충격 또는 날카로운 물체에 의한 찔림 위험으로부터 발을 보호하고 화학물질로부터 유해위험을 방지하기 위한 것

6. 청력 보호구

① 귀마개 : 일회용 귀마개(폼형 귀마개), 재사용 귀마개
② 귀덮개 : 귀에 질병이 있어 귀마개를 착용할 수 없는 경우 또는 일관된 차음효과가 필요할 때 착용

7. 보호구 선정방법

(1) 화학 및 가스 연구활동별 보호구

연구활동 종류	보호구
다량의 유기용제 및 부식성 액체, 맹독성 물질 취급	보안경 또는 고글, 내화학성 장갑, 내화학성 앞치마, 방진 및 방독 겸용 마스크
인화성 유기화합물 및 화재 또는 폭발, 가능성이 있는 물질 취급	보안경 또는 고글, 보안면, 내화학성 장갑, 방진마스크, 방염복
독성 가스 및 발암물질, 생식 독성 물질 취급	보안경 또는 고글, 내화학성 장갑, 방진 및 방독 겸용 마스크

(2) 생물 연구활동별 보호구

연구활동 종류	보호구
감염성 또는 잠재적 감염성이 있는 혈액, 세포, 조직 등 취급	보안경 또는 고글, 일회용 장갑, 보건용 마스크 또는 방진마스크
감염성 또는 잠재적 감염성이 있으며, 물릴 우려가 있는 감염성 물질 취급	보안경 또는 고글, 일회용 장갑, 방진마스크, 잘림방지 장갑, 방진모, 신발덮개
제1위험군에 해당하는 바이러스, 세균 등 감염성 물질 취급	보안경 또는 고글, 일회용 장갑
제2위험군에 해당하는 바이러스, 세균 등 감염성 물질 취급	보안경 또는 고글, 일회용 장갑, 방진 또는 방독마스크

(3) 물리(기계, 방사선 레이저) 연구활동별 보호구

연구활동 종류	보호구
고온의 액체, 장비, 화기 취급	보안경 또는 고글, 내열장갑
액체질소 등 초저온 액체 취급	보안경 또는 고글, 방한장갑
낙하 또는 전도 등의 가능성 있는 중량물 취급	보안경 또는 고글, 보호장갑, 안전모, 안전화
압력 또는 진공 장치 취급	보안경 또는 고글, 보호장갑(필요시 안전모, 보안면)
큰 소음(85dB 이상)이 발생하는 기계 또는 초음파기기 취급	귀마개 또는 귀덮개
날카로운 물건 또는 장비 취급	보안경 또는 고글(필요시 잘림 방지 장갑)
방사성 물질 취급	보안경 또는 고글, 보호장갑
레이저 및 UV 취급	보안경 또는 고글, 보호장갑(필요시 방염복)
분진 및 미스트 등이 발생하는 환경 또는 나노 물질 취급	고글, 보호장갑, 방진마스크

8. 개인보호구 착용 및 탈의 순서
① 개인보호구의 착용은 실험복부터, 탈의는 실험장갑부터 실시
② **착용** : 실험복 → 호흡보호구 → 고글 → 장갑의 순으로 진행
③ **탈의** : 장갑 → 고글 → 호흡보호구 → 실험복의 순으로 진행

9. 개인보호구 사용 주의사항

개인보호구 종류		점검 시점	주의사항
실험복	내화학 보호복	사용 전, 후의 정기적인 육안 점검	주기적인 확인 필요 • 제조사의 사용 시간 가이드를 참조해야 함 • 위험한 물질(생물, 농약 포함)에 의한 오염, 손상되거나 변색되었을 경우
	특수기능성 보호복	사용 전, 후의 정기적인 육안 점검	• 주기적인 확인 필요 　-제조사의 사용 시간 가이드를 참조해야 함 　-위험한 물질(생물, 농약 포함)에 의한 오염, 물리적 손상(낡거나 찢긴 부분) • 열에 의한 손상(탄화, 탄 구멍, 변색, 부서지거나 변형된 부분) • 방화복에 대한 지속적인 평가
눈 및 안면 보호구	보안경 고글 보안면	-	• 주기적인 육안검사를 통해 렌즈 부분의 흠집, 깨짐, 거품, 선줄, 물질 자국이 없도록 검토 • 검토 중에는 빛이 잘 보이는 곳에서 진행하면서, 검사 중에도 보호안경을 착용하면서 검토 • 자동 용접 기계를 활용해 렌즈 검토 진행
신발	안전하고 보호 가능한 신발	사용 전, 후의 육안 점검	뚫림, 변형 등의 손상이 있으면 즉시 교체
	절연 장갑	사용 전 육안 점검	• 장갑의 입구 부분을 막고 공기를 주입한 뒤 구멍이 있는지 확인 • 구멍이 발견되면 폐기

TOPIC. 2　연구실 설치 운영기준 및 안전정보표지

1. 연구실 위험도에 따른 구분

① **고위험 연구실** : 연구개발활동 중 연구활동종사자의 건강에 위험을 초래할 수 있는 유해인자를 취급하는 연구실을 의미
② **중위험 연구실** : 저위험 연구실, 고위험 연구실에 해당하지 않는 연구실
③ **저위험 연구실** : 연구개발활동 중 유해인자를 취급하지 않아 사고발생 위험성이 현저하게 낮은 연구실을 의미

2. 연구실 위험도에 따른 주요 구조부의 설치 기준

구분	준수사항	연구실 위험도		
		저위험	중위험	고위험
공간 분리	연구 · 실험공간과 사무공간 분리	권장	권장	필수
벽 및 바닥	기밀성 있는 재질, 구조로 천장, 벽 및 바닥 설치	권장	권장	필수
	바닥면 내 안전구획 표시	권장	필수	필수
출입통로	출입구에 비상대피표지(유도등 또는 출입구 · 비상구 표지) 부착	필수	필수	필수
	사람 및 연구장비 · 기자재 출입이 용이하도록 주 출입통로 적정 폭, 간격 확보	필수	필수	필수
조명	연구활동 및 취급물질에 따른 적정 조도값 이상의 조명장치 설치	권장	필수	필수

3. 주요 구조부 설계

① 공간 분리 : 연구공간과 사무공간은 별도의 통로나 방호벽으로 구분
② 벽 및 바닥
  ㉠ 천장 높이 : 2.7m 이상 권장
  ㉡ 벽 및 바닥 : 기밀성 있고 내구성이 좋으며 청소가 쉬운 재질, 안전구획 표시
  ㉢ 출입통로 : 비상대피 표지(유도등, 비상구 등), 적정 폭(90cm 이상) 확보
③ 조명 : 일반 연구실은 최소 300lux, 정밀작업을 수행하는 연구실은 최소 600lux 이상
④ 출입문 및 통로
  ㉠ 출입구는 유도등, 비상구, 출입구 표지 등이 부착되어 있어야 하며 피난구 유도등은 피난구의 바닥으로부터 높이 1.5m 이상에 위치해야 함
  ㉡ 비상구는 출입구와 다른 방향으로 출입구와는 3m 이상 떨어진 곳에 설치
  ㉢ 비상구의 너비는 0.75m 이상, 높이는 1.5m 이상으로 설치

4. 조도관리

실험활동에 방해되지 않도록 실험의 특성에 맞는 조도가 되도록 조명을 설치하는 것을 권장

장소/활동	조도분류
실험·실습실(일반)	G
실험·실습실(정밀, 재봉)	H
연구실(정밀실험)	H
연구실(천평실)	G

〈학교 조도분류〉

조도범위[lux] (최저-표준-최고)	활동유형	조도분류
300-400-600	일반 휘도 대비 혹은 작은 물체 대상의 시작업 수행	G
600-1,000-1,500	저휘도 대비 혹은 매우 작은 물체 대상의 시작업 수행	H

〈활동유형에 따른 조도범위〉

5. 연구실 안전설비

(1) 비상샤워기 설치 기준
① 부식성, 피부 자극성, 독성 물질을 취급할 경우 비상사워장치 설치
② 비상샤워장치는 위험물질 취급지역으로부터 10초 이내에 도달할 수 있는 위치에 설치
③ 층마다 설치하여야 하며 비상시 접근하는 데 방해가 되는 장애물이 있어서는 아니 됨
④ 사용자가 쉽게 접근하여 작동시킬 수 있도록 바닥으로부터 170cm 이하의 높이에 수동 또는 자동 밸브 작동기를 설치
⑤ 연구활동종사자에게 잘 보이는 곳에 비상샤워장치의 설치 안내표지판을 설치
⑥ 샤워꼭지는 바닥에서 210cm 이상, 240cm 이하의 높이에 설치
⑦ 비상샤워장치의 중심에서 반지름 45cm 이내에는 접근에 방해가 되는 어떠한 장애물도 있어서는 아니 됨

(2) 세안장치 설치 기준
① 유해물질을 취급하는 연구실에 설치해야 하며, 연구실 내의 모든 인원이 쉽게 접근하고 사용할 수 있도록 준비
② 강산이나 강염기를 취급하는 곳에는 바로 옆에, 그 외의 경우에는 10초 이내에 도달할 수 있는 위치에 설치
③ 동파가 우려되는 곳에서는 동파 방지를 위한 설비를 설치하여야 하며 세척용수의 온도는 40℃를 초과하지 않도록 조치하여야 함
④ 세안장치는 스테인리스 계열의 재료이어야 함
⑤ 세안장치의 분사 노즐은 바닥으로부터 85~115cm 사이의 높이에 위치하여야 하며, 세안장치의 가장자리로부터 15cm 이내에는 벽이나 방해물이 없어야 함
⑥ 세안장치의 세척용수량은 최소 분당 1.5L 이상으로 유지해야 함
⑦ 세척용수는 물줄기의 최정점에서 4cm 이내의 높이 사이에 길이가 10cm 이상의 시험 게이지를 위치시킬 경우, 물줄기의 중심으로부터 같은 거리로 안쪽의 선은 3cm 이하, 바깥쪽의 선은 8.5cm 이상이 되도록 설치
⑧ 연구활동종사자에게 잘 보이는 곳에 세안장치 안내표지판을 설치

(3) 연구실 운영 관리
① 각 건축물 출입구 주변 및 층별 연구실 복도에는 일정 간격으로 안전대피도 및 안전게시판을 게시, 비치하여야 함

구분	포함 내용
안전대피도	건물 내 위치정보, 소화기 등 소화시설 및 안전용품 위치도 등을 포함
안전게시판	연구실의 주요 위험 정보(화학물질, 가스 등) 및 소방시설(소화설비 및 경보설비 등) 현황, 안전용품 현황, 안전관리규정·지침, 비상연락체계 등 기본 안전정보를 포함

② 금지유해물질 사용 설비가 설치된 연구실에는 관계자가 아닌 사람의 출입을 금지하여야 함

6. 연구실 안전보건표지 종류와 형태

금지표지	출입금지	보행금지	차량통행금지	사용금지	탑승금지	금연	화기금지	물체이동금지

경고표지	인화성 물질 경고	산화성 물질 경고	폭발성물질 경고	급성독성 물질 경고	부식성물질 경고	방사성물질 경고	고압전기 경고	매달린물체 경고
	낙하물 경고	고온 경고	저온 경고	몸균형 상실 경고	레이저 광선 경고	발암성·변이원성·생식독성·전신독성·호흡기 과민성 물질 경고	위험장소 경고	

안내표지	녹십자 표시	응급구호 표지	들것	세안장치	비상용 기구	비상구	좌측 비상구	우측 비상구

지시표시	보안경 착용	방독마스크 착용	방진마스크 착용	보안면 착용	안전모 착용	귀마개 착용	안전화 착용	안전장갑 착용	안전복 착용

소방기기	소화기	소방호스	비상경보기	비상전화

환기시설(설비) 설치·운영 및 관리

> **키워드**
> 환기시설의 종류 : 후드, 덕트, 공기정화장치, 배풍기, 배기구, 환기기설 운영기준

TOPIC. 1 환기시설

1. 환기설비의 일반
① 환기는 전체환기와 국소배기시설로 구분할 수 있음
② 전체환기는 실내의 오염공기를 실외로 배출하고, 실외의 신선한 공기를 도입하여 실내의 오염공기를 희석시키는 방법이며, 자연환기와 강제환기로 구분됨
③ 국소배기장치는 발생원에서 방출된 유해물질이 작업장 내로 확산되기 전에 발생원 근처에서 국소적으로 포집, 제거하는 환기 장치로 후드, 덕트, 공기정화장치, 송풍기, 배출구로 구성됨

2. 전체환기
(1) 전체환기 적용기준 조건
① 유해물질의 발생량이 적고, 독성이 비교적 낮은 경우
② 동일한 작업장에 다수의 오염원이 분산되어 있는 경우
③ 소량의 유해물질이 시간에 따라 균일하게 발생될 경우
④ 유해물질이 가스나 증기로 폭발 위험이 있는 경우
⑤ 배출원이 이동성인 경우
⑥ 오염원이 작업자가 작업하는 장소로부터 멀리 떨어져 있는 경우
⑦ 국소배기장치로 불가능할 경우

(2) 필요환기량 산정
① 유해물질이 발생원으로부터 작업장 내에서 확산되어 이동하는 경우, 유해물질의 농도가 노출기준 미만으로 유지되도록 적절한 필요환기량을 산정해야 함

② 유해물질 발생에 따른 전체환기 필요환기량

$$(\text{희석}) \quad Q = \frac{24.1 \times S \times G \times K \times 10^6}{M \times TLV}$$

$$(\text{화재·폭발방지}) \quad Q = \frac{24.1 \times S \times G \times sf \times 100}{M \times LEL \times B}$$

- Q : 필요환기량(m³/h)
- S : 유해물질의 비중
- G : 유해물질의 시간당 사용량(L/h)
- K : 안전계수
- M : 유해물질의 분자량(g)
- TLV : 유해물질의 노출기준(ppm)
- LEL : 폭발하한치(%)
- B : 온도에 따른 상수
- sf : 안전계수

(3) 1시간당 공기교환횟수(ACH)

$$ACH = \frac{\text{필요환기량(m³/hr)}}{\text{실험실용적(m³)}}$$

3. 국소배기장치

(1) 국소배기장치의 적용 조건

① 유해물질의 발생량이 많을 경우
② 유해물질의 독성이 강한 경우
③ 발생주기가 균일하지 않은 경우
④ 발생원이 고정되어 있는 경우
⑤ 근로자의 작업 위치가 유해물질 발생원에 근접해 있는 경우
⑥ 법적으로 국소배기시설을 꼭 설치해야 하는 경우

(2) 후드

① **정의** : 유해물질을 포집, 제거하기 위해 해당 발생원의 가장 근접한 위치에 다양한 형태로 설치하는 구조물로 국소배기장치의 개구부에 위치

② **후드의 형식 및 종류**

㉠ 포위식(부스식) 후드 : 유해물질의 발생원을 전부 또는 부분적으로 포위하는 후드
　　예 포위형, 드래프트챔버형, 건축부스형 등

㉡ 외부식 후드 : 유해물질의 발생원을 포위하지 않고 발생원 가까운 위치에 설치하는 후드
　　예 슬로트형, 그리드형, 푸쉬-풀형 등

ⓒ 레시버식 후드 : 유해물질이 발생원에서 상승기류, 관성기류 등 일정 방향의 흐름을 가지고 발생할 때 설치하는 후드
  - 예) 그라인더커버형, 캐노피형 등

③ 흄후드의 설치 기준 및 운영 기준
  ㉠ 면속도 확인 게이지가 부착되어 수시로 기능 유지 여부를 확인할 수 있어야 함
  ㉡ 후드 내부를 깨끗하게 관리하고 후드 안의 물건은 입구에서 최소 15cm 이상 거리 유지
  ㉢ 필요시 추가적인 개인보호장비 착용
  ㉣ 흄후드의 내리닫이 창(sash)과 다른 장애물 또는 반대편 벽 간의 거리는 공기의 유입에 악영향을 미치지 않도록 2m 이상 이격시켜 설치
  ㉤ 흄후드를 서로 마주 보도록 설치하는 경우에는 공기의 유입 등에 악영향을 미치지 않도록 3m 이상 이격시켜 설치
  ㉥ 콘센트나 다른 스파크가 발생할 수 있는 원천은 후드 내에 두지 않아야 함
  ㉦ 흄후드 내에 다른 부가설비를 설치할 경우에는 후드로부터 15m 이내에 전원을 차단할 수 있는 전원 차단장치를 설치
  ㉧ 흄후드를 화학물질의 저장 및 폐기 장소로 사용해서는 아니 됨
  ㉨ 흄후드의 제어풍속은 가스 상태의 경우 면속도 0.4m/s 이상 유지, 입자 상태의 경우 0.7m/s 이상 유지
  ㉩ 흄후드는 연 1회 이상 점검 실시, 제어풍속은 분기별 1회 측정하여 이상 유무를 확인

④ 후드 형식별 관리대상물질의 제어속도

물질의 상태	후드 형식	제어풍속(m/sec)
가스상	포위식 포위형	0.4
	외부식 측방흡인형	0.5
	외부식 하방흡인형	0.5
	외부식 상방흡인형	1.0
입자상	포위식 포위형	0.7
	외부식 측방흡인형	1.0
	외부식 하방흡인형	1.0
	외부식 상방흡인형	1.2

⑤ 후드에서의 배풍량 계산 방법
  ㉠ 포위식 부스형 : $Q = V \times A$
  ㉡ 외부식 장방형 : $Q = V(10X^2 + A)$
  ㉢ 외부식 플랜지 부착 장방형 : $Q = 0.75 \times V(10X^2 + A)$

  ※ Q : 필요환기량(m³/min)
    V : 제어속도(m/sec)
    A : 후드 단면적(m²)
    X : 후드 중심선으로부터 발생원까지의 거리, 제어거리(m)

⑥ 후드의 재질 선정
　㉠ 후드는 내마모성 또는 내부식성 등의 재료 또는 도포한 재질을 사용
　㉡ 변형 등이 발생하지 않는 충분한 강도를 지닌 재질로 사용
　㉢ 후드의 입구 측에 강한 기류음이 발생하는 경우 흡음재를 부착

(3) 덕트
　① **정의** : 후드에서 흡인한 유해물질을 배기구까지 운반하는 관
　② 덕트의 재질
　　㉠ 유기용제(부식이나 마모의 우려가 없는 곳) : 아연 도금 강판
　　㉡ 강산, 염소계 용제 : 스테인리스스틸 강판
　　㉢ 알칼리 : 강판
　　㉣ 주물사, 고온가스 : 흑피 강판
　　㉤ 전리방사선 : 중질 콘크리트
　③ 유해물질의 덕트 내 반송속도(「산업환기설비에 관한 기술지침」〈표 3〉)

유해물질 발생형태	유해물질 종류	반송속도(m/s)
증기·가스·연기	모든 증기, 가스 및 연기	5.0~10.0
흄	아연흄, 산화알미늄흄, 용접흄 등	10.0~12.5
미세하고 가벼운 분진	미세한 면분진, 미세한 목분진, 종이분진 등	12.5~15.0
건조한 분진이나 분말	고무분진, 면분진, 가죽분진, 동물털 분진 등	15.0~20.0
일반 산업분진	그라인더분진, 일반적인 금속분말분진, 모직물분진, 실리카분진, 주물분진, 석면분진 등	17.5~20.0
무거운 분진	젖은 톱밥분진, 입자가 혼입된 금속분진, 샌드블라스트분진, 주절보링분진, 납분진	20.0~22.5
무겁고 습한 분진	습한 시멘트분진, 작은 칩이 혼입된 납분진, 석면 덩어리 등	22.5 이상

(4) 공기정화장치
　① **정의** : 후드 및 덕트를 통해 반송된 유해물질을 정화시키는 고정식 또는 이동식의 제진, 집진, 흡수, 흡착, 연소, 산화, 환원 방식 등의 처리장치

② 공기정화장치 처리

입자상 물질 처리	중력집진장치	• 중력을 이용하여 분진을 제거하는 것 • 구조가 간단하고 압력 손실이 적어 설치 및 가동비가 저렴
	관성력집진장치	관성을 이용하여 큰 입자를 분리·포집하는 것
	원심력 집진장치	• 원심력을 이용하여 분진을 제거하는 것으로, 일명 사이클론이라고 함 • 비교적 적은 비용으로 집진이 가능 • 블로다운효과 : 난류현상 억제, 가교현상 방지, 유효원심력 증대, 장치폐쇄 방지
	세정집진장치	• 함진가스를 액적, 액막, 기포 등으로 세정하여 입자의 응집을 촉진하거나 입자를 부착하여 제거 • 가연성, 폭발성 분진, 수용성의 가스상 오염물질도 제거 가능
	여과집진장치	• 고효율 집진이 필요할 때 흔히 사용 • 직접차단, 관성충돌, 확산, 중력침강 및 정전기력 등이 복합적으로 작용하는 장치
	전기집진장치	• 전기적인 힘을 이용하여 오염물질을 포집하는 장치 • 압력 손실이 낮으므로 송풍기의 가동 비용이 저렴 • 가연성 입자의 집진 시 처리가 곤란
가스상 물질 처리	흡수법	가스 성분이 잘 용해될 수 있는 액체(흡수액)에 용해해 제거하는 방법
	흡착법	• 다공성 고체 표면에 가스상 오염물질이 부착되는 현상을 이용하여 처리하는 방법 • 산업현장에서 가장 널리 사용하는 처리기술
	연소법	• 가연성 오염가스 및 악취물질을 연소시켜 제거하는 방법 • 가연성 가스나 독성이 강한 유독가스에 널리 이용

(5) 송풍기(배풍기)

① **정의** : 유해물질을 후드에서 흡인하여 덕트를 통해 외부로 배출할 수 있는 힘을 만드는 설비
② 송풍기의 종류 : 축류식 송풍기, 원심력식 송풍기

축류식 송풍기	흡입 방향과 배출 방향이 일직선 구조	• 프로펠러 송풍기 : 효율(25~50%)은 낮으나 설치비용이 저렴하여 전체 환기에 적합 • 튜브형 축류 송풍기 : 모터를 덕트 외부에 부착시킬 수 있고 날개의 마모, 오염 시 보수 및 청소가 용이 • 베인형 축류 송풍기 : 저풍압, 다풍량의 용도로 적합하며, 효율(25~50%)은 낮으나 설치비용이 저렴
원심력 송풍기	흡입 방향과 배출 방향이 수직 구조	• 다익형(전향날개형 송풍기) • 터보형(후향날개형 송풍기) • 평판형(방사날개형 송풍기)

(6) 배기구

① 옥외에 설치하는 배기구는 지붕으로부터 1.5m 이상 높게 설치
② 배출된 공기가 주변 지역에 영향을 미치지 않도록 상부 방향으로 10m/s 이상의 속도로 배출
③ 배출된 유해물질이 당해 작업장으로 재유입되거나 인근의 다른 작업장으로 확산되어 영향을 미치지 않는 구조로 설치

④ 내부식성, 내마모성이 있는 재질로 설치
⑤ 공기 유입구와 배기구는 서로 일정 거리만큼 떨어지게 설치

TOPIC. 2 환기시설 운영기준

1. 후드

(1) 후드의 안전검사 기준

후드의 설치	• 유해물질 발산원마다 후드가 설치되어 있어야 함 • 후드 형태가 해당 작업에 방해를 주지 않고 유해물질을 흡인하기에 적절한 형식·크기를 갖추어야 함 • 작업자의 호흡 위치가 오염원과 후드 사이에 위치하지 않아야 함 • 후드는 유해물질 발생원 가까이에 위치
후드의 표면 상태	후드 내외면은 흡기의 기능을 저하시키는 마모, 부식, 흠집, 기타 손상이 없어야 함
흡입기류를 방해하는 방해물 등의 여부	• 흡입기류를 방해하는 기둥, 벽 등의 구조물이 없어야 함 • 후드 내부 또는 전처리 필터 등의 퇴적물로 인한 제어풍속의 저하 없이 기준치를 만족해야 함
흡인 성능	• 발연관을 이용하여 흡인기류가 완전히 후드 내부로 흡인되어 후드 밖으로의 유출이 없어야 함 • 레시버식 후드는 유해물질이 후드 밖으로 비산하지 않고 완전히 후드 내로 흡입되어야 함 • 후드의 제어풍속은 「산업안전보건에 관한 규칙」에 따른 제어풍속 이상을 유지

(2) 후드의 검사 방법

① 안전검사 대상물질을 취급하는 단위작업 공정마다 후드가 설치되어 있는지를 검사
② 후드 형태의 적절성 검사
③ 후드의 설치 위치의 적절성 검사
④ 후드 표면 상태의 부식, 파손 등으로 인한 제어 성능 저하 여부 검사
⑤ 후드 주변 흡인기류의 방해물 존재 여부 또는 필터 막힘 여부 검사
⑥ 후드 개구면 주변에 후드 제어 성능을 저하하는 방해물 존재 여부 확인
⑦ 후드 내부 또는 도장부스 등의 후드 개구면 전처리 필터의 막힘 유무 확인
⑧ 후드 흡인 상태의 육안 확인
⑨ 측정기기를 활용한 후드 제어풍속 검사

2. 덕트

(1) 덕트의 안전검사 기준

항목	기준
덕트의 표면 상태 등	• 덕트 내·외면의 변형 등으로 인한 설계 압력 손실 증가가 없어야 함 • 파손 부분 등에서의 공기 유입 또는 누출이 없고, 이상음 또는 이상 진동이 없어야 함
플렉시블 덕트	심한 굴곡, 꼬임 등으로 인해 설계 압력 손실 증가에 영향을 주지 않아야 함
퇴적물 여부	• 덕트 내면의 분진 등의 퇴적물로 인해 설계 압력 손실 증가 등 배기 성능에 영향을 주지 않아야 함 • 분진 등의 퇴적으로 인한 이상음 또는 이상 진동이 없어야 함 • 덕트 내의 측정 정압이 초기 정압의 ±10% 이내
접속부	• 플랜지의 결합볼트, 너트, 패킹의 손상이 없어야 함 • 정상 작동 시 스모크테스터의 기류가 흡입 덕트에서는 접속부로 흡입되지 않아야 하고, 배기 덕트에서는 접속부로부터 배출되지 않아야 함 • 공기의 유입이나 누출에 의한 이상음이 없어야 함
댐퍼	• 댐퍼가 손상되지 않고 정상적으로 작동해야 함 • 댐퍼가 해당 후드의 적정 제어풍속 또는 필요 풍량을 가지도록 적절하게 개폐되어 있어야 함 • 댐퍼 개폐 방향이 올바르게 표시되어야 함

(2) 덕트의 검사 방법

① 덕트 표면 상태에 대한 육안 검사
② 플렉시블(flexible) 덕트의 심한 굴곡, 꼬임, 찢어짐 등의 여부 검사
③ 덕트 내 퇴적물로 인한 압력 손실 증가 여부 검사
④ 플랜지(Flange) 등 접속부 상태에 대한 검사
⑤ 유량조절용 댐퍼(Damper) 상태에 대한 검사

3. 공기정화장치

(1) 공기정화장치의 안전검사 기준

항목	기준
형식	제거하고자 하는 오염물질의 종류, 특성을 고려한 적합한 형식 및 구조를 가져야 함
표면 상태 등	• 처리성능에 영향을 줄 수 있는 외면 또는 내면의 파손, 변형, 부식 등이 없어야 함 • 구동장치, 여과장치 등이 정상적으로 작동되고, 이상음이 발생하지 않아야 함
접속부	볼트, 너트, 패킹 등의 이완 및 파손이 없고 공기의 유입 또는 누출이 없어야 함
성능	여과재의 막힘 또는 파손이 없고, 정상 작동상태에서 측정한 차압과 설계차압의 비(측정/설계)가 0.8~1.4 이내이어야 함

(2) 공기정화장치의 검사 방법
   ① 공기정화장치의 형식 검사
   ② 공기정화장치 표면 상태의 검사
   ③ 접속부 상태 검사
   ④ 압력손실의 측정

4. 송풍기(배풍기)

(1) 송풍기의 안전검사 기준

항목	기준
표면 상태 등	• 배풍기 또는 모터의 기능을 저하하는 파손, 부식, 기타 손상 등이 없어야 함 • 배풍기 케이싱(Casing), 임펠러(Impeller), 모터 등에서의 이상음 또는 이상 진동이 발생하지 않아야 함 • 각종 구동장치, 제어반(Control Panel) 등이 정상적으로 작동되어야 함
벨트	벨트의 파손, 탈락, 심한 처짐 및 풀리의 손상 등이 없어야 함
회전수	배풍기의 측정 회전수 값과 설계 회전수 값의 비(측정/설계)가 0.8 이상
회전방향	배풍기의 회전 방향은 규정의 회전 방향과 일치
캔버스	• 캔버스의 파손, 부식 등이 없어야 함 • 송풍기 및 덕트와의 연결 부위 등에서 공기의 유입 또는 누출이 없어야 함 • 캔버스의 과도한 수축 또는 팽창으로 배풍기 설계 정압 증가에 영향을 주지 않아야 함
안전덮개	전동기와 배풍기를 연결하는 벨트 등에는 안전덮개가 설치되고 그 설치부는 부식, 마모, 파손, 변형, 이완 등이 없어야 함
배풍량 등	• 측정 풍량과 설계 풍량의 비(측정/설계)가 0.8 이상이어야 함 • 성능을 저해하는 설계정압의 증가 또는 감소가 없어야 함

(2) 송풍기의 검사 방법
   ① 배풍기 및 모터의 상태 검사
   ② V-Belt의 상태 검사(배풍기 가동을 중지한 상태에서 검사)
   ③ 배풍기 회전수 검사
   ④ 배풍기 회전 방향 검사
   ⑤ 캔버스(Canvas)의 상태 검사
   ⑥ 배풍기 안전장치 설치 여부 검사
   ⑦ 배풍량 및 정압 측정

5. 배기구

① 배기구의 안전검사 기준

항목	기준
구조 등	분진 등을 배출하기 위하여 설치하는 국소배기장치(공기정화장치가 설치된 이동식 국소배기장치를 제외)의 배기구는 직접 외기로 향하도록 개방하여 실외에 설치하는 등 배출되는 분진 등이 작업장으로 재유입되지 않는 구조
비마개	최종 배기구에 비마개 설치 등 배풍기 등으로의 빗물 유입 방지 조치

② 배기구의 검사 방법 : 최종 배기구 위치 및 방향의 적정성 검사

STEP 01 | 핵심 키워드 정리문제

01 작업환경측정이란 작업환경 실태를 파악하기 위하여 해당 근로자 또는 작업장에 대하여 사업주가 유해인자에 대한 측정계획을 수립한 후 시료를 (　　　　　)하고 (　　　　　) 및 (　　　　　)하는 것이다.

02 (　　　　　)은/는 근로자가 유해인자에 노출되어도 거의 모든 근로자에게 건강상 나쁜 영향을 미치지 아니하는 기준이다.

03 (　　　　　)(이)란 신체 기관의 기능과 작업과 관련하여 영향을 줄 수 있는 요소를 다루는 학문이다.

04 (　　　　　)은/는 평균 입경이 4μm이며, 가스 교환 부위, 즉 폐포에 침착할 때 유해한 분진이다.

05 (　　　　　)(이)란 인간이 사용하는 제품이나 환경을 설계하는 데 인간의 특성에 관한 정보를 응용함으로써 편리성과 안전성 그리고 효율성을 제고하고자 하는 학문이다.

06 직무스트레스는 직무요건이 근로자의 능력이나 자원, 욕구와 일치하지 않을 때 생기는 유해한 (　　　　　) 또는 (　　　　　) 반응이다.

07 (　　　　　)(이)란 발암성, 생식세포 변이원성, 생식독성 등 근로자에게 중대한 건강장해를 일으킬 우려가 있어 근로자에게 알려야 하는 물질이다.

08 ( ) 호흡보호구는 공기 공급관, 공기 호스 또는 자급식 공기원을 가진 호흡용 보호구로 산소를 직접 연구자 호흡기로 공급하며 송기마스크, 산소호흡기, 공기호흡기가 이에 해당된다.

09 화학물질용 보호복의 형식 중 ( ) 형식은 보호복 외부에 개방형 공기호흡기와 같은 호흡용 공기 공급이 있는 가스 차단 보호복이다.

10 ( )은/는 고압전기를 취급하는 실험에서 사용하는 것으로 사용 시에는 사용전압에 맞는 등급으로 선택해야 한다.

11 ( )은/는 귀에 질병이 있어 귀마개를 착용할 수 없는 경우 또는 일관된 차음효과를 필요로 할 때 착용한다.

12 ( ) 연구실은 연구개발활동 중 연구활동종사자의 건강에 위험을 초래할 수 있는 유해인자를 취급하는 연구실을 의미한다.

13 출입구에는 ( ), 비상구, 출입구 표지 등이 부착되어 있어야 한다.

14 부식성, 피부자극성, 독성 물질을 취급할 경우 ( )을/를 설치해야 한다.

15 ( )은/는 발생원에서 방출된 유해물질이 작업장 내로 확산이 되기 전에 발생원 근처에서 국소적으로 포집, 제거하는 환기 장치이다.

16 ( ) 후드는 유해물질이 발생원에서 상승기류, 관성기류 등 일정 방향의 흐름을 가지고 발생할 때 설치하는 후드이다.

17 축류식 송풍기 중 (   ) 축류 송풍기는 모터를 덕트 외부에 부착시킬 수 있고 날개의 마모, 오염 시 보수 및 청소가 용이하다.

> **정답**
>
> 01. 채취, 분석, 평가 02. 노출기준 03. 작업생리 04. 호흡성 입자상물질 05. 인간공학 06. 신체적, 정신적
> 07. 특별관리물질 08. 공기공급식 09. 1b 10. 절연용 장갑 11. 덮개 12. 고위험 13. 유도등 14. 비상샤워장치
> 15. 국소배기장치 16. 레시버식 17. 튜브형

STEP 02 | 핵심 예상문제

01 다음 빈칸에 들어갈 내용을 서술하시오.

> 「화학물질의 분류 · 표시 및 물질안전보건자료에 관한 기준」의 작성원칙은 다음과 같다.
> - 물질안전보건자료는 (①)(으)로 작성하는 것을 원칙으로 하되 화학물질명, 외국기관명 등의 고유명사는 (②)(으)로 표기할 수 있다.
> - 외국어로 되어 있는 물질안전보건자료를 번역하는 경우에는 자료의 신뢰성이 확보될 수 있도록 (③) 및 (④)을/를 함께 기재하여야 하며, 다른 형태의 관련 자료를 활용하여 물질안전보건자료를 작성하는 경우에는 참고문헌의 출처를 기재하여야 한다.

[정답]
「화학물질의 분류 · 표시 및 물질안전보건자료에 관한 기준」 제11조
① 한글, ② 영어, ③ 최초 작성 기관명, ④ (작성) 시기

02 다음은 스트레스에 대한 인간의 반응(Selye의 일반적인 증후군)에 대한 내용이다. 빈칸에 들어갈 내용을 서술하시오.

> - 1단계 : (①) 반응–두통, 발열, 피로감, 근육통, 식욕감퇴, 허탈감 등의 현상
> - 2단계 : (②) 반응–호르몬 분비로 인하여 저항력이 높아지는 저항 반응과 긴장, 걱정 등의 현상이 수반됨
> - 3단계 : (③) 반응–생체 적응 능력이 상실되고 질병으로 이환되기도 함

[정답]
① 경고, ② 신체 저항, ③ 소진

03 유해인자의 종류는 다음과 같다. 빈칸에 들어갈 내용을 서술하시오.

- (①) 유해인자
- 화학적 유해인자
- (②) 유해인자
- 인간공학적 유해인자
- 사회심리적 유해인자

> **정답**
>
> ① 물리적, ② 생물학적

04 다음은 근골격계 질환 부담작업에 대한 내용이다. 빈칸에 들어갈 내용을 서술하시오.

- 하루에 (①)시간 이상 집중적으로 자료 입력 등을 하기 위해 키보드 또는 마우스를 조작하는 작업
- 하루에 (②)시간 이상 목, 어깨, 팔꿈치, 손목 또는 손을 사용하여 같은 동작을 반복하는 작업
- 하루에 (③)회 이상 25kg 이상의 물체를 드는 작업
- 하루에 (④)회 이상 10kg 이상의 물체를 무릎 아래에서 들거나, 어깨 위에서 들거나, 팔을 뻗은 상태에서 드는 작업

> **정답**
>
> ① 4, ② 2, ③ 10, ④ 25

05 다음은 청각적 표시장치에 대한 내용이다. 빈칸에 들어갈 내용을 서술하시오.

- 주변 소음은 주로 저주파이므로 은폐효과를 막기 위해 (①)~(②)Hz 신호를 사용하는 것이 좋으며, 적어도 30dB 이상 차이가 나야 한다.
- 300m 이상 멀리 보내는 신호에서는 (③)Hz 이하의 주파수를, 큰 장애물이나 칸막이를 넘어가야 하는 신호는 (④)Hz 이하의 주파수를 사용한다.

> **정답**
>
> ① 500, ② 1,000 ③ 1,000 ④ 500

06 인체 특성을 고려한 설계에서 바람직한 설계 순서이다. 빈칸에 들어갈 내용을 서술하시오.

(①) 설계 → (②) 설계 → (③) 설계

[정답]
① 조절식, ② 극단치, ③ 평균치

07 시각적 표시장치는 표시되는 정보의 특성에 따라 3가지로 분류할 수 있다. 3가지 표시장치의 종류를 서술하시오.

[정답]
정량적 표시장치, 정성적 표시장치, 묘사적 표시장치

08 다음은 소음에 관한 내용이다. 빈칸에 들어갈 내용을 서술하시오.

- (①)dB 이상의 소음에 장시간 노출되면 소음성 난청이 발생할 수 있다.
- (②)dB보다 큰 소음에 노출되면 급성 청력 손실이 발생할 수 있다.
- (③)dB 이상의 소음은 한 번의 노출로도 영구적인 청력 손실을 발생시킬 수 있다.

[정답]
① 85, ② 120, ③ 130

09 특별관리물질의 특성에 대하여 서술하시오.

[정답]
- 발암성, 생식세포 변이원성, 생식독성 등 근로자에게 중대한 건강장해를 일으킬 우려가 있어 근로자에게 알려야 하는 물질
- 물질 사용 시 취급일지를 작성해야 함
- 물질의 종류(36종) : 유기화합물질(29종), 금속류(5종), 산 · 알카리류, 가스 상태 물질류

핵심 예상문제 **393**

10 작업환경측정 주기에 대한 내용이다. 빈칸에 들어갈 내용을 서술하시오.

작업환경측정	측정 주기
신규공정 가동 시	(①)
정기적 측정주기	(②)
발암성물질, 화학물질 노출기준 2배 이상 초과	(③)
1년간 공정변화가 없고, 최근 2회 측정결과가 노출기준 미만인 경우(발암성물질 제외)	(④)

정답

① 30일 이내 실시 후 반기에 1회 이상
② 반기에 1회 이상
③ 3개월에 1회 이상
④ 1년에 1회 이상

11 사전유해인자 위험분석 수행절차를 순서대로 서술하시오.

정답

1) 연구실안전 현황분석
2) 연구개발활동별 유해인자 위험분석
3) 연구실안전계획 수립
4) 비상조치계획 수립

12 다음은 근골격계질환에 관한 내용이다. 빈칸에 들어갈 내용을 서술하시오.

- 정기 유해요인 조사 : (①)년마다 주기적으로 실시
- 유해요인 기본조사표 및 근골격계질환 증상조사표 관련 문서 : (②)년 동안 보존

정답

① 3, ② 5

13 고용노동부 고시에 따른 발암물질을 서술하시오.

> **정답**
> - 1A : 사람에게 충분한 발암성 증거가 있는 물질
> - 1B : 실험동물에서 발암성 증거가 충분히 있거나, 실험동물과 사람 모두에서 제한된 발암성 증거가 있는 물질

14 산업안전보건법상 작업환경 측정대상을 서술하시오.

> **정답**
> 상시근로자 1인 이상 사업장으로서 소음, 분진, 고열, 금속가공유, 화학물질 등 측정대상 유해인자 192종에 노출되는 근로자가 있는 옥내·외 작업장

15 정밀안전진단은 연구실의 잠재적 위험성 발견 및 개선대책 수립을 목적으로 한다. 정밀안전진단 대상 3가지를 서술하시오.

> **정답**
> - 위험한 작업을 수행하는 연구실(유해화학물질 취급, 유해인자 취급, 독성 가스 취급 연구실)
> - 안전점검 실시 결과 연구실 사고 예방을 위하여 필요하다고 인정하는 경우
> - 중대 연구실 사고가 발생한 경우

16 다음은 연구실 사고를 구분한 내용이다. 빈칸에 들어갈 내용을 서술하시오.

> - (①) : 사고 또는 후유장애 부상자가 1명 이상 발생한 사고로 연구실 사고 중 손해 또는 훼손의 정도가 심한 사고
> - (②) : 1백만원 이상의 재산 피해 등 일반적인 사고
> - (③) : 인적, 물적 피해가 매우 경미한 사고

> **정답**
> ① 중대연구실 사고, ② 일반연구실 사고, ③ 단순연구실 사고

17 다음은 건강관리 구분에 관한 내용이다. 빈칸에 들어갈 내용을 서술하시오.

대상자	건강관리구분
건강한 근로자	(①)
직업병 요관찰자	(②)
일반질병 요관찰자	(③)
직업병 유소견자	(④)
일반질병 유소견자	(⑤)
제2차 건강진단 대상자	(⑥)

정답

① A, ② C1, ③ C2, ④ D1, ⑤ D2, ⑥ R

18 다음은 특수건강검진의 시기 및 주기이다. 빈칸에 들어갈 내용을 서술하시오.

대상 유해인자	시기 (배치 후 첫 번째 특수건강검진)	주기
디메틸포름아미드	(①)개월 이내	(②)개월
벤젠	(③)개월 이내	(④)개월
석면	(⑤)개월 이내	(⑥)개월
소음	(⑦)개월 이내	(⑧)개월

정답

① 1, ② 6, ③ 2, ④ 6, ⑤ 12, ⑥ 12, ⑦ 12, ⑧ 24

19 인간-기계 시스템의 3유형을 서술하시오.

정답

- 수동 체계(manual system)
- 기계화 체계(Mechanical system)
- 자동 체계(Automatic system)

20 휴먼 에러를 일으키는 요인은 내적 요인과 외적 요인으로 구분할 수 있는데, 이때 내적 요인은 심리적 요인과 생리적 요인으로, 외적 요인은 4M으로 다시 구분된다. 여기서 4M을 서술하시오.

> **정답**
> Man, Machine, Media, Management

21 다음은 오염물질 발생장소에서 착용해야 할 방진마스크의 등급을 구분한 내용이다. 빈칸에 들어갈 내용을 서술하시오.

- (①) : 베릴륨, 비소 등과 같이 독성이 강한 물질을 함유한 분진이 발생하는 장소
- (②) : 금속 흄이나 석면 등과 같이 열적, 기계적으로 생기는 미립자상 오염물이 발생하는 장소
- (③) : (①) 및 (②) 호흡용 보호구 착용장소를 제외한 입자상 오염물이 발생하는 장소

> **정답**
> ① 특급, ② 1급, ③ 2급

22 감염성 또는 잠재적 감영성이 있으며, 물릴 우려가 있는 감염성 물질을 취급하는 연구활동을 할 경우 착용하여야 하는 보호구를 3가지 이상 서술하시오.

> **정답**
> 보안경 또는 고글, 일회용 장갑, 방진마스크, 잘림방지 장갑, 방진모, 신발덮개

23 다음은 개인보호구 종류이다. 올바른 착용 순서와 탈의 순서를 서술하시오.

> 실험복, 고글, 장갑, 호흡보호구

> **정답**
> - 착용 순서 : 실험복 → 호흡보호구 → 고글 → 장갑 순
> - 탈의 순서 : 장갑 → 고글 → 호흡보호구 → 실험복 순

24 보호장갑 중 1회용 장갑의 종류 3가지에 대해서 서술하시오.

> **정답**
> - 폴리글로브(poly glove) : 물기 있는 작업이나 마찰, 열, 화학물질에 약하며 가벼운 작업에 적합
> - 니트릴글로브(nitrile glove) : 기름 성분에 잘 견딤
> - 라텍스글로브(latex glove) : 탄력성이 가장 좋고 편함

25 연구실 위험도에 따라 구분되는 연구실의 종류 3가지를 서술하시오.

> **정답**
> 고위험 연구실, 중위험 연구실, 저위험 연구실

26 다음은 긴급 세척 장비인 비상샤워장비의 설치기준 및 운영기준이다. 빈칸에 들어갈 내용을 서술하시오.

> - 비상샤워장치는 흄후드 등 위험물질 취급지역으로부터 (①)초 이내에 도달할 수 있는 위치에 설치하여야 한다.
> - 사용자가 쉽게 접근하여 작동시킬 수 있도록 바닥으로부터 (②)cm 이하의 높이에 수동 또는 자동 밸브 작동기를 설치하여야 한다.
> - 샤워꼭지는 바닥에서 (③)cm 이상, (④)cm 이하의 높이에 설치하여야 한다.
> - 비상샤워장치의 중심에서 반지름 (⑤)cm 이내에는 접근에 방해가 되는 어떠한 장애물도 있어서는 안 된다.

> **정답**
> ① 10, ② 170, ③ 210, ④ 240, ⑤ 45

27 다음 표지의 의미를 서술하시오.

①    ②

> **정답**
> ① 세안장치, ② 부식성 물질 경고

28 국소배기장치의 구성요소를 3가지 이상 서술하시오.

> **정답**
> 후드, 덕트, 공기정화장치, 배풍기(송풍기), 배기구

29 공기정화장치에서 가스상 물질의 처리방법 3가지를 서술하시오.

> **정답**
> 흡수법, 흡착법, 연소법

30 다음의 표는 후드 형식별 관리대상 물질의 제어속도에 대한 설명이다. 빈칸에 들어갈 내용을 서술하시오.

물질의 상태	후드형식	제어속도(m/sec)
가스상태	포위식 포위형	(①)
	외부식 측방흡인형	(②)
	외부식 하방흡인형	(③)
	외부식 상방흡인형	(④)
입자상태	포위식 포위형	(⑤)
	외부식 측방흡인형	(⑥)
	외부식 하방흡인형	(⑦)
	외부식 상방흡인형	(⑧)

> **정답**
> ① 0.4, ② 0.5, ③ 0.5, ④ 1.0, ⑤ 0.7, ⑥ 1.0, ⑦ 1.0, ⑧ 1.2

31 유해인자의 개선 대책 중 본질적 대책에는 대치(대체)와 격리(밀폐) 방법이 있다. 대치(대체)와 격리(밀폐) 방법에 대해 각각 서술하시오.

> **정답**
> - 대치(대체) : 공정의 변경, 시설의 변경, 유해물질의 대치
> - 격리(밀폐) : 저장물질의 격리, 시설의 격리, 공정의 격리, 작업자의 격리

32 표준에너지소비량이 5kcal/min인 남성 연구원이 에너지소비량이 6kcal/min인 작업을 하고 있을 때, 60분마다 몇 분을 휴식하여야 하는지 계산하시오(단, 휴식 중 에너지소비량은 1.5kcal/min).

> **정답**
>
> 휴식시간=총 작업시간×(작업 중 에너지소비량−표준에너지소비량)÷(작업 중 에너지소비량−휴식 중 에너지소비량)=60min×(6kcal/min−5kcal/min)÷(6kcal/min−2kcal/min)=15min(15분)

33 근골격계질환의 발생 원인을 5가지 서술하시오.

> **정답**
> - 반복적인 동작
> - 부자연스러운 자세(부적절한 자세)
> - 무리한 힘의 사용(중량물 취급, 수공구 취급)
> - 접촉 스트레스(작업대 모서리, 키보드, 작업공구 등에 의해 손목, 팔 등이 지속적으로 해당 신체 부위가 충격을 받게 됨)
> - 진동 공구 취급 작업
> - 기타 요인(극심한 저온 또는 고온, 스트레스, 너무 밝거나 어두운 조명 등)

34 다음은 우리나라의 화학물질 노출기준이다. 각각에 대한 정의를 서술하시오.

> - 시간가중평균노출기준(TWA)
> - 단시간노출기준(STEL)
> - 최고노출기준(C)

> **정답**
> - 시간가중평균노출기준(TWA) : 1일 8시간 작업을 기준으로 하여 주 40시간 동안의 평균 노출 농도
> - 단시간노출기준(STEL) : 1회 15분간의 시간가중평균 노출값, 노출농도가 TWA를 초과하고 STEL 이하이면 1회 노출 지속시간이 15분 미만이어야 함을 의미
> - 최고노출기준(C) : 1일 작업시간 동안 잠시라도 노출되어서는 아니 되는 기준으로 노출기준 앞에 "C"를 붙여 표기

35 감염물질 등이 안면부에 접촉되었을 때 대응 요령 5가지를 서술하시오.

> **정답**
> - 눈에 물질이 튀거나 들어간 경우, 즉시 세안기나 눈 세척제를 사용하여 15분 이상 세척
> - 눈을 비비거나 압박하지 않도록 주의
> - 필요한 경우 비상샤워기 또는 샤워실을 이용하여 전신을 세척
> - 발생사고에 대해 연구실책임자에게 즉시 보고하고 필요한 조치를 받음
> - 연구실책임자는 기관생물안전관리책임자 및 의료관리자에게 보고하고, 적절한 의료조치를 받음

36 다음은 연구실 위험도에 따른 주요 구조부의 설치기준이다. 빈칸에 들어갈 내용을 서술하시오.

주요 구조부	설치 시 권장 · 필수 사항
천장 높이	(①)
벽 및 바닥	(②)
출입통로	(③)
조명	(④)

> [정답]
> ① 2.7m 이상 권장
> ② 기밀성 있고 내구성이 좋으며 청소가 쉬운 재질, 안전구획 표시
> ③ 비상대피 표지(유도등, 비상구 등), 적정 폭(90cm 이상) 확보
> ④ 일반 연구실은 최소 300lux, 정밀작업을 수행하는 연구실은 최소 600lux 이상

37 실험실에서 유해물질을 다음 조건으로 사용할 때 화재폭발 방지를 위해 필요한 환기량을 구하시오.

분자량	72
비중	0.8
TVL	200ppm
폭발하한값(LEF)	1.8%
시간당 사용량	2 ℓ/h
안전계수(sf)	12
온도에 따른 상수	1

> [정답]
> $Q(m^3/h) = (24.1 \times S \times G \times sf \times 100) \div (M \times LEL \times B)$
> $= (24.1 \times 0.8 \times 2 \times 12 \times 100) \div (72 \times 1.8 \times 1) = 357(m^3/h)$
> ※ Q : 필요환기량(m^3/h), S : 유해물질의 비중, G : 유해물질의 시간당 사용량(ℓ/h), sf : 안전계수, M : 유해물질의 분자량(g), LEL : 폭발하한치(%), B : 온도에 따른 상수

38 혼합물질의 노출기준에 대하여 서술하시오.

> [정답]
> 화학물질이 2종 이상 혼재하는 경우에 물질 간에 유해성이 인체의 서로 다른 부위에 작용한다는 증거가 없는 한, 유해 작용은 가중되므로 노출기준은 다음과 같이 산출하되, 산출되는 수치가 1을 초과하지 아니하는 것으로 한다.
> $C_1/T_1 + C_2/T_2 + \cdots + C_n/T_n$
> ※ C : 화학물질 각각의 측정치, T : 화학물질 각각의 노출기준

39 실험실에 설치된 후드의 안전검사 기준 중 후드의 설치에 관한 사항을 4가지 서술하시오.

> 정답
> - 유해물질 발산원마다 후드가 설치되어 있어야 한다.
> - 후드 형태가 해당 작업에 방해를 주지 않고 유해물질을 흡인하기에 적절한 형식·크기를 갖추어야 한다.
> - 작업자의 호흡 위치가 오염원과 후드 사이에 위치하지 않아야 한다.
> - 후드가 유해물질 발생원 가까이에 위치하여야 한다.

40 환기설비의 운영기준을 5가지 서술하시오.

> 정답
> - 연구실 내 환기는 근무시간에는 시간당 8~10회 정도, 비근무시간에는 시간당 6~8회 정도 환기되어야 함
> - 환기량은 0.1~0.3m^3/min 이상이어야 함
> - 실험용 기자재 등이 배기 덕트 안으로 들어가지 않도록 주의
> - 배기팬의 훼손 상태는 정기적으로 확인·관리해야 함
> - 연구실 내부는 기계적인 환경 제어가 필요
>   - 여름 : 22.8~26.1℃(상대습도 60%)
>   - 겨울 : 20.6~24.4℃(상대습도 35%)

PART 07
실전모의고사

제1회 | 실전모의고사
제2회 | 실전모의고사
제3회 | 실전모의고사
제4회 | 실전모의고사
제5회 | 실전모의고사

제1회 실전모의고사

구분	제한시간	수험번호	성명
제2차시험	120분		

01 정밀안전진단지침에 포함되어야 할 사항을 서술하시오.

02 연구활동종사자가 일반건강검진을 받은 것으로 보는 검진, 검사 또는 진단에 해당하는 경우를 서술하시오.

03 연구실에서 화학물질 누출사고가 일어났을 경우 연구실책임자 및 연구활동종사자가 취해야 할 비상조치 및 대응 항목을 3가지 이상 서술하시오.

04 다음은 부식성 물질 등 유해화학물질이 인체에 접촉할 경우를 대비하여 설치하여야 하는 비상샤워장치에 대한 설명이다. 빈칸에 들어갈 내용을 서술하시오.

- 샤워꼭지는 비상샤워기가 설치되는 바닥에서 (①)의 높이를 유지할 수 있도록 세척용수 공급관을 겸한 기둥을 설치한다.
- 샤워꼭지의 분사량은 최소 (②)이어야 하며, 분사압력은 사용자가 다치지 않도록 충분히 낮아야 한다.
- 조작밸브는 (③)에 조작이 가능하여야 하며 사용자가 의도적으로 잠그지 않는 한 계속하여 열려 있는 형태이어야 한다.
- 위험물질 취급지역으로부터 (④)에 도달할 수 있는 곳에 설치한다.
- 동파가 우려되는 곳에서는 동파 방지를 위한 설비를 설치하여야 하며 세척용수의 온도가 (⑤)을/를 초과하지 않도록 조치하여야 한다.

05 다음은 기계·기구 및 설비의 페일 세이프(Fail Safe)에 대한 설명이다. 빈칸에 들어갈 내용과 적용 예시를 2가지 이상 서술하시오.

(1) 기능 3단계
- 1단계-(①) : 부품이 고장 나면 통상 기계는 정지하는 방향으로 이동
- 2단계-(②) : 부품이 고장 나면 기계는 경보를 울리는 가운데 짧은 시간 동안의 운전 가능
- 3단계-(③) : 부품에 고장이 있어도 기계는 추후 보수가 될 때까지 안전한 기능을 유지

(2) 적용 예시

06 레이저 작업 시 적절한 피부보호 장비와 보안경이 필요하다. 보안경 착용 필수인 레이저 등급(EC 60825-1 기준)을 서술하시오.

07 다음 빈칸에 들어갈 내용을 서술하시오.

> 기관생물안전위원회(IBC)는 위원장 (①)인 및 생물안전관리책임자 (②)인, 외부위원 (③)인을 포함한 (④)인 이상의 내·외부위원으로 구성한다.

08 연구실에서의 소독 방법은 물리적 소독, 자연적 소독, 화학적 소독 3가지로 구분된다. 이 중 물리적 소독의 2가지 방법에 대해 서술하시오.

09 화재의 종류와 각각의 예시를 서술하시오.

화재의 종류	예시
(①)(A급 화재)	(②)
(③)(B급 화재)	(④)
(⑤)(C급 화재)	(⑥)
(⑦)(D급 화재)	(⑧)

10 인체 감전의 양상은 감전이 발생하는 환경에 따라 달라진다. 다음 표의 빈칸에 들어갈 내용을 서술하시오.

허용 접촉전압		접촉상태
1종	(①)	인체 대부분이 수중에 있는 상태(욕조, 수영장, 수조 등)
2종	(②)	인체가 심하게 젖은 상태(터널공사 등)
3종	(③)	1, 2종 이외의 일반적인 상태로서 접촉전압이 인가되면 위험성이 높은 상태
4종	(④)	1, 2종 이외의 경우로서 접촉전압이 인가되어도 위험성이 낮거나, 접촉전압이 가해질 우려가 없는 상태

11 인간공학적 작업환경 개선을 위하여 공간을 배치할 경우 활용되는 원리 6가지를 서술하시오.

12 다량의 유기용제 및 부식성 액체, 맹독성 물질을 취급하는 연구활동을 진행할 경우 착용하여야 하는 보호구를 4가지 서술하시오.

제2회 실전모의고사

구분	제한시간	수험번호	성명
제2차시험	120분		

01 연구실안전관리사 직무에 대하여 3가지 이상 서술하시오.

02 연구실안전환경관리자의 직무대행 사유 및 직무대행 기간 제한에 대하여 서술하시오.

03 화학물질로 인하여 폭발·화재 사고가 발생한 경우 활용할 수 있는 GHS-MSDS 항목을 다음의 표에서 고르시오.

1	화학제품과 회사에 관한 정보	9	물리·화학적 특성
2	유해성·위험성	10	안정성 및 반응성
3	구성성분의 명칭 및 함유량	11	독성에 관한 정보
4	응급조치요령	12	환경에 미치는 영향
5	폭발·화재 시 대처방법	13	폐기 시 주의사항
6	누출사고 시 대처방법	14	운송에 필요한 정보
7	취급 및 저장방법	15	법적 규제 현황
8	노출방지 및 개인 보호구	16	그 밖의 참고사항

04 폐기물은 수집할 때부터 폐기물 스티커를 부착해야 하는데, 이때 폐기물 스티커에 포함되어야 하는 정보를 서술하시오.

- 최초 수집된 날짜
- (①) : 수집자 이름, 연구실, 전화번호 기록
- 폐기물 정보 :
  - 용량
  - 상태
  - (②)
  - (③)
  - (④)

05 연구실 기계·기구 사고원인 중 인적 원인에 해당하는 내용을 4가지 이상 서술하시오.

06 방사선 보호구의 탈의 순서를 서술하시오.

착의 순서	보호복 → 보호덧신 → 마스크 → 고글(보호안경) → 장갑
탈의 순서	(①) → (②) → (③) → (④) → (⑤)

07 생물안전 1등급 연구시설의 설치기준을 3가지 이상 서술하시오.

08 유전자변형생물체(LMO) 유출 시 초동조치 3가지를 서술하시오.

09 제3류 위험물인 자연발화성 및 금수성 물질의 저장 및 취급 방법을 서술하시오.

10 가연물에 따른 소화 방법별 원리 및 특징에 관해 서술하시오.

소화 방법	원리 및 특징
제거소화	(①)
질식소화	(②)
냉각소화	(③)
억제소화 (부촉매소화)	(④)

11 근골격계 유해요인 조사는 3년마다 주기적으로 실시하여야 한다. 이때 지체 없이 유해요인 조사를 실시하여야 하는 경우에 대해 3가지를 서술하시오.

12 다음은 긴급 세척장비인 세안장치의 설치 기준 및 운영 기준이다. 빈칸에 들어갈 내용을 서술하시오.

> - 강산이나 강염기를 취급하는 곳에는 바로 옆에, 그 외의 경우에는 (①)초 이내에 도달할 수 있는 위치에 설치하여야 한다.
> - 동파가 우려되는 곳에서는 동파 방지를 위한 설비를 설치하여야 하며 세척용수의 온도가 (②)℃를 초과하지 않도록 조치하여야 한다.
> - 세안장치의 분사 노즐은 바닥으로부터 (③)~(④)cm 사이의 높이에 위치하여야 하며, 세안장치의 가장자리로부터 (⑤)cm 이내에는 벽이나 방해물이 없어야 한다.
> - 세안장치의 세척용수량은 최소 분당 (⑥)L 이상으로 유지해야 한다.
> - 세척용수는 물줄기의 최정점에서 4cm 이내의 높이 사이에 길이가 (⑦)cm 이상의 시험 게이지를 위치시킬 경우, 물줄기의 중심으로부터 같은 거리로 안쪽의 선은 (⑧)cm 이하, 바깥쪽의 선은 (⑨)cm 이상이 되도록 하여야 한다.

제3회 실전모의고사

구분	제한시간	수험번호	성명
제2차시험	120분		

01 다음 빈칸에 들어갈 연구실안전심의위원회에 대한 설명을 서술하시오.

연구실안전심의위원회 심의위원회 위원의 임기		(①)
연구실안전심의위원회 회의 시기	정기회의	(②)
	임시회의	(③)
간사 지명 인원		(④)

02 안전점검 및 정밀안전진단의 대행기관으로 등록한 자가 그 등록의 취소, 6개월 이내의 업무정지 또는 시정명령을 받을 수 있는 경우에 관해 3가지 이상 서술하시오.

03 다음 빈칸에 들어갈 각 법령에 따른 연구실 사전유해인자위험분석 실시 대상 화학물질의 종류를 서술하시오.

- 「화학물질관리법」 제2조 제7호에 따른 (①)
- 「산업안전보건법」 제104조에 따른 (②)
- 「고압가스안전관리법 시행규칙」 제2조 제1항 제2호에 따른 (③)

04 독성 가스 및 가연성 가스의 저장 및 사용을 위한 설비 진행 시에는 가스가 누출될 경우 신속하게 감지하고 효과적으로 대응하기 위해 가스누출검지경보장치를 설치한다. 다음 가스누출검지경보장치의 설치에 대한 조건 및 기준에서 빈칸에 들어갈 내용을 서술하시오.

- 경보농도는 가연성 가스 폭발 하한계의 1/4 이하, 독성 가스는 TLV-TWA(Threshold limit value-time weighted average, 8시간 시간가중노출기준) 기준농도 이하로 한다.
- 암모니아를 제외한 가연성 가스의 가스누출감지경보장치는 (①)을/를 갖는 것이어야 한다.
- 수신회로가 작동 상태에 있는 것을 쉽게 식별할 수 있어야 한다.
- 경보는 램프의 점등 또는 점멸과 동시에 경보를 울리는 것이어야 한다.
- 가스 누출 시, 연구활동종사자가 상주하는 장소에 가스누출감지경보기를 설치하여야 한다.
- 설치 장소 : 공기보다 무거운 가스의 경우 (②)에 설치, 공기보다 가벼운 가스의 경우 (③)에 설치한다.
- 설치 개수 : 건물 안에 설치되어 있는 사용설비에는 누출한 가스가 체류하기 쉬운 장소에 이들 설비군의 둘레 (④)의 비율로 계산한 수를 설치한다.
- 독성 가스 누출감지경보기는 대상 독성 가스의 노출 기준 이하에서 경보가 울리도록 설정하여야 한다.
- 수소가스감지기를 연구실 내부에 설치하는 경우, 가스 누출 발생 가능 부분의 (⑤)에 설치하여야 한다.

05 기계·기구의 동작 형태 중 다음 그림에 해당하는 ① 위험점과 해당 ② 위험점의 형태에 대해 서술하시오.

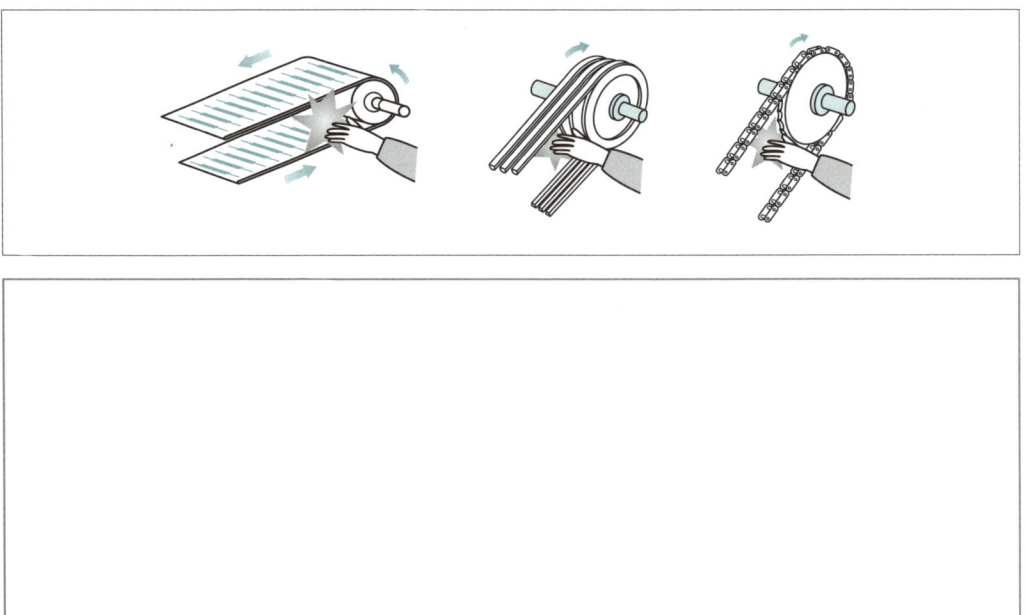

06 기계설비의 안전조건 중 구조의 안전화에서 안전여유율의 (1) 정의와 (2) 관계식의 빈칸에 들어갈 내용을 서술하시오.

(1) 정의 :
(2) 안전여유=극한강도−(①)=극한하중−(②)

07 병원체 등 감염성 물질을 다루는 실험실에서 사용되는 생물안전작업대(Class Ⅰ~Ⅲ) 종류별 특성 및 기타사항 등에 대해 서술하시오.

08 연구실 사고 중 상처 및 출혈 사고의 원인을 3가지 이상 서술하시오.

09 폭발 위험 장소의 종류와 정의에 대해 서술하시오.

10 연구실 화재 발생 시 대피요령에 대해 서술하시오.

11 일반건강검진 항목 5가지를 서술하시오.

12 각 건축물 출입구 주변 및 층별 연구실 복도에는 일정 간격으로 안전대피도 및 안전게시판을 게시 및 비치하여야 한다. 이때 안전대피도 및 안전게시판에 포함하여야 하는 내용을 서술하시오.

제4회 실전모의고사

구분	제한시간	수험번호	성명
제2차시험	120분		

01 정기적으로 정밀안전진단을 실시하여야 하는 연구실에 대해 서술하시오.

02 연구실안전심의위원회의 위원으로 선정될 수 있는 사람의 자격조건을 서술하시오.

03 폭발상한계가 81%이고, 폭발하한계가 2.5%인 아세틸렌(C_2H_2)의 위험도를 계산하시오.

04 사고예방설비 유지관리를 위해 정전기 제거설비를 정상상태로 유지하기 위하여 확인해야 할 사항을 3가지 서술하시오.

05 공작/가공기계 중 선반의 작업안전 수칙에 대해 4가지를 서술하시오.

06 다음은 중량물 운반 기계·기구 중 천장크레인(호이스트)의 안전관리 및 점검 내용이다. 빈칸에 들어갈 내용을 서술하시오.

- 크레인의 방호장치 설치 및 작동 여부 확인
  - (①)
  - (②)
  - (③)
  - (④)
- 와이어로프 상태 확인
- 크레인의 정격하중 확인

07 연구실책임자의 역할을 3가지 이상 서술하시오.

08 다음 빈칸에 들어갈 폐기물 분류에 대해 서술하시오.

> 의료폐기물의 종류는 크게 (①), (②), (③) 3가지로 구분한다.

09 정전기 발생에 영향을 주는 요인을 3가지 이상 서술하시오.

10 연구실에서 사용하는 인화성 액체의 ① 저장 및 취급 방법과 ② 소화 방법에 대해 서술하시오.

11 사전유해인자 위험분석 대상 연구실의 종류를 3가지 서술하시오.

12 어떤 실험실에서 유해물질을 다음 조건으로 사용할 때 이 실험실을 허용기준 이하로 희석하는 데 필요한 환기량을 구하시오.

- 분자량 : 72
- 비중 : 0.8
- TVL : 200ppm
- 시간당 사용량 : 2ℓ/h
- 안전계수 : 3

제5회 실전모의고사

구분	제한시간	수험번호	성명
제2차시험	120분		

01 연구실안전관리위원회의 위원으로 연구주체의 장이 지명할 수 있는 사람의 자격조건에 관하여 서술하시오.

02 저위험 연구실의 정의를 서술하시오.

03 고압가스 용기는 고압가스의 내용물에 따라 용기의 색으로 구별하고 있는데, 가연성 가스 및 독성 가스의 용기 중 다음 물질의 용기 도색 색상을 서술하시오.

- 수소 : (①)
- 아세틸렌 : (②)
- 액화암모니아 : (③)
- 액화염소 : (④)

04 다음은 가연성 가스의 발화도 범위에 따른 방폭전기기기의 온도 등급에 대한 표이다. 빈칸에 들어갈 수치를 서술하시오.

가연성 가스의 발화도(℃) 범위	방폭전기기기의 온도 등급
450 초과	T1
(①)	T2
(②)	T3
(③)	T4
(④)	T5
85 초과 100 이하	T6

05 다음은 기계·기구 설비 사고 발생 시 일반적 비상조치 절차이다. 빈칸에 들어갈 내용을 서술하시오.

- 1단계 : (①)
- 2단계 : (②)
- 3단계 : 사고자에 대하여 응급처치 및 병원 이송, 경찰서·소방서 등에 신고
- 4단계 : 기관 관계자에게 통보
- 5단계 : (③)과 동시에 2차 재해의 확산방지에 노력하고 현장에서 다른 연구활동종사자를 대피 지시
- 6단계 : (④)

06 다음은 연구실 물리적 위험요인 중 진동이 인체에 미치는 영향과 그에 따른 예방 대책의 내용이다. 빈칸에 들어갈 내용을 서술하시오.

인체에 미치는 영향	• 불쾌감, 정신피로를 발생시켜서 재해를 증가시킬 수 있고 (①)을/를 저하, 청력장해를 초래할 수 있음 • 청력장해는 일시적인 난청인 경우와 영구적으로 오는 난청 2가지의 경우가 있음 영구적인 난청(직업성난청)은 높은 소음에 장기간 노출될 때 회복되지 않는 (②)의 일종이며, 나중에는 말소리까지도 침범당하여 잘 듣지 못함
예방 대책	• 소음발생이 큰 기계, 기구를 (③) • 발생원에 대한 (④)을/를 설치 • 작업 시에는 귀마개, 귀덮개 등 차음보호구 착용

07 감염성 또는 잠재적 감염성이 있으며 물릴 우려가 있는 동물을 취급하는 연구활동 시 착용해야 하는 보호구를 5개 이상 서술하시오.

08 습윤멸균의 방법과 특징에 관하여 서술하시오.

09 다음 빈칸에 들어갈 가연물별 연소범위를 서술하시오.

가연물질	연소범위(vol%)	가연물질	연소범위(vol%)
아세틸렌	2.5~81	아세톤	2~13
수소	(①)	프로판	(②)
메틸알코올	7~37	휘발유	(③)
에틸알코올	3.5~20	중유	1~5
암모니아	(④)	등유	0.7~5

10 다음 그림이 설명하는 정전기 방전 형태명을 서술하시오.

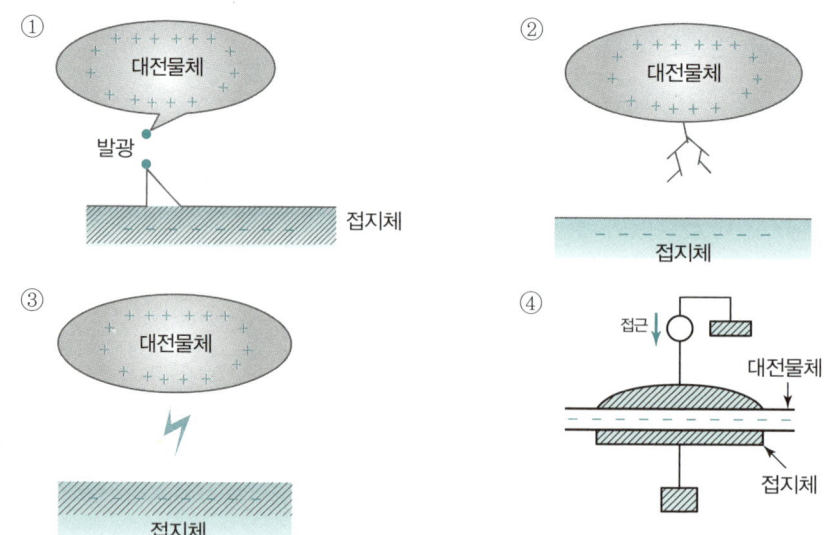

11 출혈 시 응급처치 요령 4가지를 서술하시오.

12 실험실에 후드를 설치하고자 한다. 각 후드에서의 배풍량(m^3/min)을 계산하시오(단, 제어속도 : 0.4m/s, 후드단면적 : 2m^2, 후드 중심선으로부터 발생원까지의 거리(제어거리) : 0.2m이다).

① 포위식 부스형 후드를 설치할 경우
② 외부식 장방형 후두를 설치할 경우

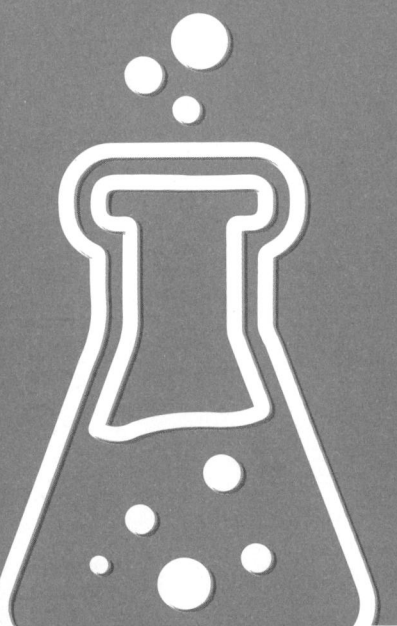

PART 08
실전모의고사 모범답안

제1회 | 실전모의고사 모범답안
제2회 | 실전모의고사 모범답안
제3회 | 실전모의고사 모범답안
제4회 | 실전모의고사 모범답안
제5회 | 실전모의고사 모범답안

제1회 실전모의고사 모범답안

01

법 제13조 제1항
- 유해인자별 노출도 평가에 관한 사항
- 유해인자별 취급 및 관리에 관한 사항
- 유해인자별 사전 영향 평가·분석에 관한 사항

02

시행규칙 제11조 제3항
- 「국민건강보험법」에 따른 일반건강검진
- 「학교보건법」에 따른 건강검사
- 「산업안전보건법 시행규칙」 제198조 제1항에서 정한 일반건강진단의 검사항목을 모두 포함하여 실시한 건강진단

03

- 주변 연구활동종사자들에게 사고를 알림
- 안전담당부서(필요시 소방서, 병원)에 화학물질 누출 발생사고 상황을 신고(위치, 약품 종류 및 양, 부상자 유·무 등)
- 화학물질에 노출된 부상자의 노출된 부위를 깨끗한 흐르는 물로 20분 이상 씻음(금수성 물질이나 인 등 물과 반응하는 물질이 묻었을 경우 물로 세척 금지)
- 위험성이 높지 않다고 판단되면, 안전담당부서와 함께 정화 및 폐기작업을 실시

04

① 210cm 이상 240cm 이하
② 분당 80L 이상
③ 원터치로 1초 내
④ 10초 이내
⑤ 40℃

05

(1) 기능 3단계
    ① 페일 패시브(Fail Passive)
    ② 페일 엑티브(Fail Active)
    ③ 페일 오퍼레셔널(Fail Operational)
(2) 적용 예시
    - 항공기 비행 중 엔진 고장 시 다른 엔진으로 운행이 가능하도록 설계
    - 승강기 정전 시 마그네틱 브레이크가 작동하여 운전을 정지시키는 경우
    - 정격속도 이상의 주행 시 조속기가 작동하여 긴급 정지
    - 석유난로가 기울어지면 자동적으로 소화
    - 철도신호 고장 시 청색 신호는 반드시 적색으로 변경

06

3B

07

① 1, ② 1, ③ 1, ④ 5

08

물리적 소독 방법은 건열에 의한 방법과 습열에 의한 방법으로 나눌 수 있다.
① 건열에 의한 방법 : 화염멸균법(물체를 직접 건열하여 미생물을 태워죽이는 방법, 아포까지 제거), 건열멸균법(건열멸균기를 이용하여 미생물을 산화시켜 미생물이나 아포 등을 멸균하는 방법, 170℃ 1~2시간 건열), 소각법이 있음
② 습열에 의한 방법 : 자비멸균법(물을 끓인 후 10~30분간 처리하는 방법), 고온증기멸균법(고압증기 멸균기를 이용하여 120℃에서 20분 이상 멸균하는 방법, 미생물·아포까지 제거)이 있음

09

① 일반화재, ② 주거지 내 목재 가공물에서 발생한 화재
③ 유류화재, ④ 가솔린이나 시너, 알코올 등 인화성 액체가연물이 연소하는 화재
⑤ 전기화재, ⑥ 절연 피복 손상으로 인해 전류가 흐르고 있는 전기기기의 화재
⑦ 금속화재, ⑧ 마그네슘 취급 공장에서 마그네슘이 연소되어 발생한 화재

10

① 2.5V, ② 25V, ③ 50V, ④ 제한 없음

11

① 사용빈도의 원리 : 가장 빈번하게 사용되는 요소들은 가장 사용하기 편리한 곳에 배치
② 중요도 원리 : 시스템의 목적을 달성하는 데 상대적으로 더 중요한 요소들은 사용하기 편리한 지점에 위치
③ 사용순서의 원리 : 연속해서 사용하여야 하는 구성 요소들은 서로 옆에 놓여야 하고, 조작의 순서를 반영하여 배열
④ 일관성 원리 : 동일한 구성 요소들은 기억이나 찾는 것을 줄이기 위하여 같은 지점에 있어야 함
⑤ 조종장치와 표시장치의 양립성 원리 : 조종장치와 관련된 표시장치들이 근접하여 위치해야 하고, 여러 개의 조종장치와 표시장치들이 사용될 때는 조종장치와 표시장치들의 관계를 쉽게 알아볼 수 있도록 배열 형태를 반영
⑥ 기능성 원리 : 비슷한 기능을 갖는 구성 요소들끼리 한데 모아서 서로 가까운 곳에 배치

12

- 보안경 또는 고글
- 내화학성 장갑
- 내화학성 앞치마
- 호흡보호구

제2회 실전모의고사 모범답안

01

법 제35조
- 연구시설·장비·재료 등에 대한 안전점검·정밀안전진단 및 관리
- 연구실 내 유해인자에 관한 취급·관리 및 기술적 지도·조언
- 연구실 안전관리 및 연구실 환경 개선 지도
- 연구실사고 대응 및 사후 관리 지도
- 그 밖에 연구실 안전에 관한 사항으로서 대통령령으로 정하는 사항

02

- 연구실안전환경관리자의 직무대행 사유(법 제10조 제4항)
    - 연구실안전환경관리자가 여행·질병이나 그 밖의 사유로 일시적으로 그 직무를 수행할 수 없는 경우
    - 연구실안전환경관리자의 해임 또는 퇴직과 동시에 다른 연구실안전환경관리자가 선임되지 아니한 경우
- 직무대행 기간 제한(법 제10조 제5항)
    - 직무대행 기간은 30일을 초과할 수 없음
    - 출산휴가를 사유로 대리자를 지정한 경우에는 90일을 초과할 수 없음

03

2번, 4번, 5번, 10번

참고

GHS-MSDS 항목별 활용방법

상황	활용 항목
화학물질에 대한 일반정보와 물리·화학적 성질, 독성 정보 등을 알고 싶을 때	2, 3, 9, 10, 11번 항목 활용
사업장 내 화학물질을 처음 취급·사용하거나 폐기 또는 타 저장소 등으로 이동시킬 때	7, 8, 13, 14번 항목 활용
화학물질로 인하여 폭발·화재사고가 발생한 경우	2, 4, 5, 10번 항목 활용
화학물질 규제현황 및 제조·공급자에게 MSDS에 대한 문의사항이 있을 경우	1, 15, 16번 항목 활용

04

① 수집자 정보, ② 화학물질명, ③ 잠재적인 위험도, ④ 폐기물 저장소 이동 날짜

05

- 교육적 결함
- 작업자의 능력 부족
- 규율 미흡
- 부주의
- 불안전 동작
- 정신적 부적당
- 육체적 부적당

06

① 보호덧신, ② 보호복, ③ 고글(보호안경), ④ 방진마스크, ⑤ 장갑

07

- 실험구역과 일반구역 구분(권장)
- 주 출입구에는 잠금장치 설치(권장)
- 출입구 앞에 개인 의류 및 실험복을 보관하는 장소 설치(권장)
- 고압증기멸균기를 설치(필수)
- 폐기물 및 실험폐수 처리 설비(권장)
- 시설 외부와 연결되는 통신 시설 설치, 시설 내부 모니터링 장비 설치(권장)

08

- 상황 전파 및 대피
- 경고 표지판 부착
- 확산방지 조치

09

- 물과 접촉을 피할 것
- 보호액에 저장 시 보호액 표면의 노출에 주의할 것
- 화재 시 소화가 어려우므로 소량씩 분리하여 저장할 것

10

① 가연물 등을 제거하여 소화하는 방법
② 산소 공급을 차단하여 연소를 중지시키는 소화 방법
③ 연소물을 냉각하여 착화온도 이하가 되게 하는 소화 방법
④ 화염이 발생하는 연소반응을 주도하는 라디칼(radical)을 제거하여 연소반응을 중단시키는 소화 방법

11

- 임시건강진단 등에서 근골격계질환자가 발생하였거나 근로자가 근골격계질환으로 업무상 질병으로 인정받은 경우
- 근골격계부담작업에 해당하는 새로운 작업·설비를 도입한 경우
- 근골격계부담작업에 해당하는 업무의 양과 작업공정 등 작업환경을 변경한 경우

12

① 10, ② 40, ③ 85, ④ 115, ⑤ 15, ⑥ 1.5, ⑦ 10, ⑧ 3, ⑨ 8.5

제3회 실전모의고사 모범답안

01

① 3년(1회 연임 가능)
② 연 2회
③ 위원장이 필요하다고 인정 할 때 또는 재적인원 3분의 1 이상의 요구가 있을 때
④ 1명 지명

> **참고**
>
> 시행령 제5조
>
> | 연구실안전심의위원회 심의위원회 위원의 임기 | | 3년(1회 연임 가능) |
> |---|---|---|
> | 연구실안전심의위원회 회의 시기 | 정기회의 | 연 2회 |
> | | 임시회의 | 위원장이 필요하다고 인정할 때 또는 재적위원 3분의 1 이상의 요구가 있을 때 |
> | 간사 지명 인원 | | 1명 지명 |

02

- 등록 취소 : 거짓 또는 그 밖의 부정한 방법으로 등록 또는 변경등록을 한 경우
- 타인에게 대행기관 등록증을 대여한 경우
- 대행기관의 등록기준에 미달하는 경우
- 등록사항의 변경이 있는 날부터 6개월 이내에 변경등록을 하지 아니한 경우
- 대행기관이 안전점검지침 또는 정밀안전진단지침을 준수하지 아니한 경우
- 등록된 기술인력이 아닌 자로 안전점검 또는 정밀안전진단을 대행한 경우
- 안전점검 또는 정밀안전진단을 성실하게 대행하지 아니한 경우
- 업무정지 기간에 안전점검 또는 정밀안전진단을 대행한 경우

03

① 유해화학물질, ② 유해인자, ③ 독성 가스

04

① 방폭성능, ② 바닥면에서 30cm 이내, ③ 천장면에서 30cm 이내, ④ 10m마다 1개 이상, ⑤ 수직 상부

05

① 접선물림점, ② 회전하는 부분의 접선 방향으로 물려 들어갈 위험이 존재하는 위험점

06

(1) 물체가 최대하중을 받을 때 추가적인 하중을 얼마나 더 견딜 수 있는가를 나타내는 값
(2) ① 허용능력, ② 정격하중

07

- CLASS Ⅰ
  - 특성 : 여과 배기, 작업대 전면부 개방, 최소 유입풍속 유지, 시험, 연구종사자 보호
  - 기타사항 : 일반 미생물 실험 수행(단, 실험물질 오염의 가능성이 있음)
- CLASS Ⅱ
  - 특성 : 여과 급배기, 작업대 전면부 개방, 최소 유입 풍속 및 하방향 풍속 유지, 시험, 연구종사자 및 실험물질 보호 가능
  - 기타사항 : 구조, 기류 속도, 흐름 양상, 배기 시스템 등에 따라 Type A1, A2, B1, B2로 구분
- CLASS Ⅲ
  - 특성 : 최대 안전 밀폐 환경 제공, 시험연구종사자 및 실험물질 보호 가능

08

- 방심과 부주의에서 오는 사고
- 지식의 부족에서 오는 사고
- 실험조작의 미숙에서 오는 사고
- 안전보호구 미착용에서 오는 사고
- 안전수칙 미준수에서 오는 사고

09

- 0종 장소(Zone 0) : 폭발성 가스 분위기가 연속적, 장기간 또는 빈번하게 존재하는 장소
- 1종 장소(Zone 1) : 폭발성 가스 분위기가 정상 작동 중 주기적 또는 빈번하게 생성되는 장소
- 2종 장소(Zone 2) : 폭발성 가스 분위기가 정상 작동 중 조성되지 않거나 조성되더라도 짧은 기간에만 존재할 수 있는 장소

10

- 화재가 발생한 연구실을 탈출할 때는 문을 반드시 닫고 나와야 하며 탈출하면서 열린 문이 있으면 닫는다.
- 연기가 가득 찬 장소를 지날 때는 신선한 공기는 아래쪽에 있으므로 자세를 낮추고 한 손으로 벽을 짚으며 한 방향으로 대피한다.
  ※ 연기흡입을 막기 위해 젖은 수건이나 옷 등으로 입과 코를 막고 호흡한다.
- 손등으로 출입문 손잡이를 만져 보고 손잡이가 뜨거우면 문 바깥쪽에 불이 난 것이므로 문을 열지 말고 다른 통로를 이용한다.
- 대피를 하지 못해 연구실에 남아 있는 경우에는 연기가 들어오지 못하게 문틈을 수건이나 커튼 등으로 막고 젖은 수건이나 옷 등으로 입과 코를 막고 호흡한다.
- 탈출 후에는 다시 건물 안으로 들어가지 않는다.

11

문진과 진찰, 혈압, 혈액 및 소변검사, 신장, 체중, 시력 및 청력 측정, 흉부 방사선 촬영

12

- 안전대피도 : 건물 내 위치정보, 소화기 등 소화시설 및 안전용품 위치도 등을 포함
- 안전게시판 : 연구실의 주요 위험정보(화학물질, 가스 등) 및 소방시설(소화설비 및 경비설비 등) 현황, 안전 용품 현황, 안전관리규정·지침, 비상연락체계 등 기본 안전정보를 포함

제4회 실전모의고사 모범답안

01

시행령 제11조 제2항
- 「화학물질관리법」에 따른 유해화학물질을 취급하는 연구실
- 「산업안전보건법」에 따른 유해인자를 취급하는 연구실
- 과학기술정보통신부령으로 정하는 독성 가스를 취급하는 연구실

02

시행령 제5조 제1항
- 연구실 안전 또는 그 밖의 안전 분야를 전공한 사람으로서 대학·연구기관 등 또는 공공기관에서 부교수 또는 책임연구원 이상으로 재직하고 있거나 재직하였던 사람
- 고위공무원단(교육부, 과학기술정보통신부, 고용노동부 및 국민안전처)에 속하는 공무원 중 소속기관의 장이 지명하는 사람
- 그 밖에 연구실 안전이나 일반 안전 분야에 관한 지식과 경험이 풍부한 사람

03

$H(위험도) = \dfrac{81 - 2.5}{2.5} = 31.4$

> **참고**
>
> 위험도 : 위험도는 폭발가능성을 표시한 수치로 클수록 위험하며, 폭발상한과 하한의 차이가 클수록 위험하다.
>
> $H = \dfrac{U-L}{L}$, H : 위험도, U : 폭발상한계, L : 폭발하한계

04

- 지상에서 접지 저항치
- 지상에서 접속부의 접속 상태
- 지상에서 절선 그밖에 손상 부분의 유무

05

- 공구나 공작물은 확실하게 고정한다.
- 절삭 중인 공작물에는 손을 대지 말아야 한다.
- 작업 중 절삭칩이 눈에 들어가지 않도록 반드시 보안경을 써야 한다.
- 작업 중 공작물의 치수측정 시에는 기계의 운전을 정지한다.
- 절삭칩의 제거는 반드시 브러시를 사용한다.
- 리이드스크류에는 몸의 하부가 걸리기 쉬우므로 조심해야 한다.

- 선반의 베드 위에는 공구를 놓아서는 안 된다.
- 기계운전 중 백기어(Back Gear)의 사용을 금한다.
- 센터작업을 할 때에는 심압센터에 자주 절삭유를 공급하여 열 발생을 막는다.
- 기계에 주유 및 청소를 할 때에는 반드시 기계를 정지시키고 한다.

06

① 과부하방지장치
② 권과방지장치
③ 훅 해지장치
④ 비상정지스위치

07

- 해당 유전자재조합실험 등 생물체 취급 실험의 위해성 평가
- 해당 유전자재조합실험 등 생물체 취급 실험의 관리·감독
- 시험·연구종사자(연구활동종사자)에 대한 생물안전 교육·훈련
- 유전자변형생물체 등 생물체의 취급관리에 관한 사항의 준수
- 기타 해당 실험의 생물안전 확보에 관한 사항

08

① 격리 의료폐기물, ② 위해 의료폐기물, ③ 일반 의료폐기물

09

물체의 특성, 물체의 표면상태, 물체의 이력, 접촉면적 및 압력, 분리속도

10

① 저장 및 취급 방법
  - 화기의 접근은 절대로 금할 것
  - 증기 및 액체의 누출을 피할 것
  - 액체의 이송 및 혼합 시 정전기 방지를 위한 접지를 할 것
  - 증기의 축적을 방지하기 위해 통풍 장치를 할 것
② 소화 방법
  - 봉상의 주수 소화는 연소면 확대로 절대 금지할 것
  - 일반적으로 포약제에 의한 소화 방법이 가장 적당함
  - 수용성인 알코올 화재는 포약제 중 알코올포를 사용
  - 물에 의한 분무소화도 효과적임

11

유해화학물질 취급 연구실, 유해인자 취급 연구실, 독성 가스 취급 연구실

12

$Q = (24.1 \times S \times G \times K \times 10^6) \div (M \times TLV)$
$Q = (24.1 \times 0.8 \times 2 \times 3 \times 10^6) \div (72 \times 200) = 8,033 (m^3/h)$

- Q : 필요환기량(m^3/h)
- S : 유해물질의 비중
- G : 유해물질의 시간당 사용량(ℓ/h)
- K : 안전계수
- M : 유해물질의 분자량(g)
- TLV : 유해물질의 노출기준(ppm)

제5회 실전모의고사 모범답안

01

시행규칙 제5조 제1항
- 연구실책임자
- 연구활동종사자
- 연구실 안전 관련 예산 편성 부서의 장
- 연구실안전환경관리자가 소속된 부서의 장

02

시행령 제10조 별표3
저위험 연구실이란 다음의 연구실을 제외한 연구실을 말한다.
- 「화학물질관리법」에 따른 유해화학물질을 취급하는 연구실
- 「산업안전보건법」에 따른 유해인자를 취급하는 연구실
- 연구활동에 과학기술정보통신부령으로 정하는 독성 가스를 취급하는 연구실
- 화학물질, 가스, 생물체, 생물체의 조직 등 적출물, 세포 또는 혈액을 취급하거나 보관하는 연구실
- 「산업안전보건법 시행령」에 따른 유해위험기계·기구 및 설비를 취급하거나 보관하는 연구실
- 「산업안전보건법 시행령」에 따른 안전인증 및 자율안전확인대상 방호장치가 장착된 기계·기구 및 설비를 취급하거나 보관하는 연구실

03

① 주황색, ② 황색, ③ 백색, ④ 갈색

04

① 300 초과 450 이하, ② 200 초과 300 이하, ③ 135 초과 200 이하, ④ 100 초과 135 이하

05

① 사고가 발생한 기계 기구, 설비 등의 운전 중지
② 사고자 구출
③ 폭발이나 화재의 경우 소화 활동을 개시함
④ 사고 원인조사에 대비하여 현장 보존

06

① 작업능률, ② 내이성 난청, ③ 교체하거나 격리, ④ 방음흡음시설(칸막이 등)

07

보안경 또는 고글, 일회용 장갑, 수술용 마스크 또는 방진마스크, 잘림 방지 장갑, 방진모, 신발덮개

08

- 고압증기멸균기를 이용하여 121℃에서 15분간 멸균을 실시한다.
- 물에 의한 습기로 열전도율 및 침투효과가 좋아 멸균에 가장 효과적이며 신뢰할 수 있는 방법이다.
- 환경독성이 없어 많은 실험실 및 연구시설에서 사용되고 있다.

09

① 4.1~75, ② 2.1~9.5, ③ 1.4~7.6, ④ 15~28

10

① 코로나 방전, ② 브러시 방전(스트리머 방전), ③ 불꽃 방전, ④ 연면 방전

11

- 깨끗한 손수건이나 수건, 천 등으로 출혈 부위를 직접 압박 시행
- 출혈이 심하여 지혈이 어려운 경우 수건, 굵은 끈, 가는 밧줄, 고무줄 등으로 출혈 부위보다 심장 부위에 가까운 쪽을 묶어주되 지혈 시작 시간을 반드시 기록
- 출혈이 심할 경우에는 출혈 부위의 상처가 더럽다고 해도 억지로 소독을 하거나 닦아낼 필요가 없음
- 압박하면서 상처가 있는 부분을 높이 들고 병원으로 빠르게 이동

12

① 포위식 부스형 후드에서의 배풍량 $Q = V \times A$
   $Q = 0.4 m/s \times 2m^2 = 0.8 m^3/s \times 60 s/min = 48 (m^3/min)$
② 외부식 장방형 후두의 배풍량 $Q = V(10X^2 + A)$
   $Q = 0.4 m/s (10 \times (0.2m)^2 + 22m^2) = 0.96 m^3/s \times 60 s/min = 57.6 (m^3/min)$

PART 09
기출복원문제

제1회 | 기출복원문제

제1회 기출복원문제

구분	제한시간	수험번호	성명
제2차시험	120분		

01 다음은 「연구실 안전환경 조성에 관한 법률」에 따른 사전유해인자위험분석에 대한 내용이다. 빈칸에 들어갈 내용을 서술하시오.

(1) 다음은 사전유해인자위험분석 보고에 관한 내용이다. 관련 (   )에 알맞은 것을 쓰시오.

- (㉠)는 대통령령으로 정하는 절차 및 방법에 따라 사전유해인자위험분석(연구활동 시작 전에 유해인자를 미리 분석하는 것)을 실시하여야 한다.
- (㉠)는 사전유해인자위험분석 결과를 (㉡)에게 보고하여야 한다.
- (㉠)는 사전유해인자위험분석 보고서를 연구실 출입문 등 해당 연구실의 (㉢)가 쉽게 볼 수 있는 장소에 게시할 수 있다.

(2) 다음은 사전유해인자위험분석 순서이다. (   )에 알맞은 것을 쓰시오.

- 해당 연구실의 안전 현황 분석
- 해당 연구실의 유해인자별 위험 분석
- 해당 연구실에 해당하는 (㉣) 수립
- (㉤) 수립

02 다음은 GHS-MSDS 항목을 나타내고 있다. 빈칸에 들어갈 내용을 서술하시오.

1	화학제품과 회사에 관한 정보	9	물리화학적 특성
2	(㉠)	10	안정성 및 반응성
3	구성성분의 명칭 및 함유량	11	독성에 관한 정보
4	(㉡)	12	(㉣)
5	폭발·화재 시 대처 방법	13	폐기 시 주의사항
6	(㉢)	14	운송에 필요한 정보
7	취급 및 저장방법	15	법적 규제 현황
8	노출 방지 및 개인보호구	16	그 밖의 참고사항

03 공기압축기 가동 전 점검사항에 관한 내용이다. 빈칸에 들어갈 내용을 서술하시오.

- (㉠)의 덮개 또는 울
- (㉡)계 외관 손상 유무
- (㉢) 안전인증품 사용
- (㉣) 밸브의 조작 및 배수

04 생물안전작업대 및 무균작업대의 보호범위를 쓰시오.

[보기]
연구환경, 실험물질, 연구활동종사자

구분	보호 가능 범위
Class Ⅰ	(㉠)
Class Ⅱ	(㉡)
무균작업대	(㉢)

05 다음은 위험물의 분류 및 할로겐 소화기에 관한 내용이다. 빈칸에 들어갈 내용을 서술하시오.

(1) 위험물 분류와 관련하여 ( )에 알맞은 내용을 쓰시오. (단, 법규에 명시된 용어로 쓰시오.)

위험물	성질	품명
제1류 위험물	산화성 고체	아염소산염류, 염소산염류, …
제2류 위험물	가연성 고체	철분, 금속분, 인화성고체, …
제3류 위험물	자연발화성 물질 및 금수성 물질	칼륨, 나트륨, 알칼알루미늄, …
제4류 위험물	(㉠)	제4류 위험물
제5류 위험물	(㉡)	제5류 위험물
제6류 위험물	산화성 액체	제6류 위험물

(2) 위 할로겐소화기에 적응성이 있는 위험물을 위 표에 나온 '품명' 중에 2가지 골라 쓰시오.

06 입자상물질을 크기별로 분류하시오.

분류	평균입경	특징
(㉠) 입자상물질(RPM)	(㉢)μm	가스교환부위, 즉 폐포에 침착할 때 유해한 분진
(㉡) 입자상물질(TPM)	(㉣)μm	가스교환부위, 기관지, 폐포 등에 침착하여 독성을 나타내는 분진

07 다음은 연구실 안전점검에 관한 내용이다. 빈칸에 들어갈 내용을 서술하시오.

(1) 다음은 연구실 안전점검 실시 결과 및 보고에 관한 내용이다. (   )에 알맞은 내용을 쓰시오.

- 연구실에 중대 사고가 발생하여, 안전점검 또는 (㉠)을 실시한 결과 인체에 심각한 위험을 끼칠 수 있는 병원체의 누출될 수 있는 등 중대한 결함이 발견되었다.
- 연구주체의 장은 그 결함이 있음을 안 날부터 (㉡)일 이내에 과학기술정보통신부장관에게 보고하여야 한다.

(2) 연구실의 중대한 결함 4가지를 쓰시오.

08 메탄, 프로판 가스누출경보기 설치 위치, 황산 취급 시 보호구, 가연성가스 누출 시 대응방법에 관하여 기술하시오.

> (1) 메탄, 프레온 가스의 가스누출경보기 설치 위치를 쓰시오.
> (2) 황산 취급 시 보호구 3가지를 쓰시오.
> (3) 가연성가스 누출 시 대응방안을 쓰시오.

09 다음은 방호장치의 형태 및 위험원에 관한 내용이다. 빈칸에 들어갈 내용을 쓰시오.

(1) 방호장치의 형태

종류	형태
(㉠) 방호장치	위험점에 작업자가 접근하여 일어날 수 있는 재해를 방지하기 위해 차단벽이나 차단망을 설치함
(㉡) 방호장치	작업자의 신체 부위가 위험한계 밖에 있도록 기계의 조작장치를 위험한 작업점에서 안전거리 이상 떨어지게 하거나 조작장치를 양손으로 동시 조작하게 함으로써 위험한계에 접근하는 것을 제한
접근거부형 방호장치	(㉢)
접근반응형 방호장치	(㉣)
감지형 방호장치	이상온도, 이상기압, 과부하 등 기계의 부하가 안전한계치를 초과하는 경우에 이를 감지하고 자동으로 안전상태가 되도록 조정하거나 기계의 작동을 중지
(㉤) 방호장치	연삭기 덮개나 반발예방장치 등과 같이 위험장소에 설치하여 위험원이 비산하거나 튀는 것을 포집하여 작업자로부터 위험원을 차단

(2) 방호장치의 분류

분류	종류
위험장소에 따른 방호장치	(ㅂ)
위험원에 따른 방호장치	(ㅅ)

10 생물안전(LMO) 1등급 시설에서는 권장 사항이지만, LMO 2등급 시설에서는 필수사항인 운영기준 6가지를 쓰시오.

11 다음은 누전으로 발생할 수 있는 사고에 대해 설명하고 있다. 다음 내용을 서술하시오.

(1) 절연열화에 따른 누전으로 발생할 수 있는 사고유형 3가지와 각 발생 메커니즘을 쓰시오.
(2) 누전사고 예방 대책 6가지를 쓰시오.

12 다음의 외부식 후드에서의 후드풍속, 원형덕트 단면적, 덕트 지름을 계산하시오.

[조건]
- 후드 제어속도 V=0.5m/s
- 위험원과의 거리(X)=0.2m
- 후드 단면적 A=0.4×0.4(m²)
- 원형덕트 반송속도=1,200m/min
- π=3.14
- 플랜지 미부착

(1) 외부식 장방형 후드 풍속 계산
(2) 원형 덕트 단면적 계산
(3) 원형 덕트 지름 계산

PART 10
기출복원문제 모범답안

제1회 | 기출복원문제 모범답안

제1회 기출복원문제 모범답안

01

㉠ 연구실책임자, ㉡ 연구주체의 장, ㉢ 연구활동종사자, ㉣ 안전계획, ㉤ 비상조치계획

> **참고**
>
> **사전유해인자위험분석 관련 법령**
> 「연구실 안전환경 조성에 관한 법률」 제19조(사전유해인자위험분석의 실시)
> 「연구실 안전환경 조성에 관한 법률 시행령」 제15조(사전유해인자위험분석)
> 「연구실 사전유해인자위험분석 실시에 관한 지침」 제12조(보고서 관리 등)

02

㉠ 유해성·위험성
㉡ 응급조치 요령
㉢ 누출 사고 시 대처 방법
㉣ 환경에 미치는 영향

> **참고**
>
> **GHS-MSDS 항목**
>
> | 1 | 화학제품과 회사에 관한 정보 | 9 | 물리화학적 특성 |
> |---|---|---|---|
> | 2 | 유해성·위험성 | 10 | 안정성 및 반응성 |
> | 3 | 구성성분의 명칭 및 함유량 | 11 | 독성에 관한 정보 |
> | 4 | 응급조치 요령 | 12 | 환경에 미치는 영향 |
> | 5 | 폭발·화재 시 대처 방법 | 13 | 폐기 시 주의사항 |
> | 6 | 누출 사고 시 대처 방법 | 14 | 운송에 필요한 정보 |
> | 7 | 취급 및 저장방법 | 15 | 법적 규제 현황 |
> | 8 | 노출 방지 및 개인보호구 | 16 | 그 밖의 참고사항 |

03

㉠ 회전부, ㉡ 압력, ㉢ 안전밸브, ㉣ 드레인

> 참고

공기압축기 주요부 작업 전 안전점검

종류	점검사항
동력전달부	• 회전부 방호덮개 설치상태, 회전 방향표지판 부착 상태 • 벨트의 이탈, 소손 및 벨트 장력 등의 상태
압력계	• 압력계 외관 손상 유무 • 압력계 정상 작동 상태
안전밸브	• 안전밸브 안전인증품 사용 • 안전밸브의 외관 및 조작용 레버의 이탈 유무 및 정상 작동 상태
드레인밸브	• 드레인밸브 손잡이 등의 이탈 및 누수 유무 • 밸브 조작 및 드레인 실시

04

㉠ 연구종사자 보호
㉡ 연구종사자 및 실험물질 보호
㉢ 연구환경(작업환경) 보호

> 참고

생물안전작업대 및 무균작업대 보호 범위

구분	보호 가능 범위
CLASS Ⅰ	연구종사자 보호
CLASS Ⅱ	연구종사자 및 실험물질 보호 가능
CLASS Ⅲ	연구종사자 및 실험물질 보호 가능
무균작업대	작업공간의 무균적 유지를 목적으로 하며, 작업자와 환경을 보호하지 못함

05

(1) ㉠ 인화성 액체, ㉡ 자기반응성 물질
(2) 인화성 고체, 제4류 위험물

06

㉠ 호흡성, ㉡ 흉곽성, ㉢ 4, ㉣ 10

> **참고**
>
> **입자상물질 분류**
>
> | 분류 | 평균입경 | 특징 |
> |---|---|---|
> | 흡입성 입자상물질(IPM) | 100μm | 호흡기 어느 부위(비강, 인후두, 기관 등 호흡기의 기도 부위)에 침착하더라도 독성을 유발하는 분진 |
> | 흉곽성 입자상물질(TPM) | 10μm | 가스교환부위, 기관지, 폐포 등에 침착하여 독성을 나타내는 분진 |
> | 호흡성 입자상물질(RPM) | 4μm | 가스교환부위, 즉 폐포에 침착할 때 유해한 분진 |

07

(1) ㉠ 정밀안전진단, ㉡ 7
(2) 연구실의 중대한 결함
  1. 「화학물질관리법」에 따른 유해화학물질, 「산업안전보건법」에 따른 유해인자, 과학기술정보통신부령으로 정하는 독성가스 등 유해위험물질의 누출 또는 관리 부실
  2. 「전기사업법」에 따른 전기설비의 안전관리 부실
  3. 연구활동에 사용되는 유해위험설비의 부식, 균열 또는 파손
  4. 연구실 시설물의 구조안전에 영향을 미치는 지반침하, 균열, 누수 또는 부식
  5. 인체에 심각한 위험을 끼칠 수 있는 병원체의 누출

> **참고**
>
> **연구실 안전점검 관련 법령**
> 「연구실 안전환경 조성에 관한 법률」 제16조(안전점검 및 정밀안전진단 실시 결과의 보고 및 공표)
> 「연구실 안전환경 조성에 관한 법률 시행령」 제13조(연구실의 중대한 결함)

08

(1) 가스검지부 설치 높이
  ① 메탄가스 : 공기보다 무거우므로 바닥면으로부터 검지부 상단까지의 높이가 30cm 이내인 범위에서 가능한 바닥에 가까운 곳으로 한다.
  ② 프로판가스 : 공기보다 가벼우므로 천정으로부터 검지부 하단까지의 거리가 30cm 이하가 되도록 설치한다.
(2) 황산 취급 시 보호구
  ① 호흡보호구 : 방진·방독 겸용 마스크 이상(1급 방진·아황산용 방독)
  ② 보호복 : 화학물질용보호복 3 또는 4형식(부분) 이상
  ③ 안전장갑 : 화학물질용(내산성) 안전장갑
(3) 가연성가스 누출 시 대응방안
  ① 해당 연구실(연구실책임자, 연구활동종사자)
    • 가스누출 사실 전파 및 건물 내에 체류 중인 사람이 대피할 수 있도록 알림
    • 안전이 확보되는 범위 내에서 사고확대 방지를 위하여 밸브차단 및 환기 등 적절한 조치 취함
    • 누출규모가 커서 대응이 불가능할 경우 즉시 대피

② 안전담당 부서(연구실안전환경관리자)
- 방송을 통한 사고전파로 신속한 대피 유도
- 가스농도측정기를 이용해 누출 가스 농도 측정
- 사고현장에 접근금지테이프 등을 이용하여 통제 구역 설정
- 필요시 전기 및 가스설비 공급 차단
- 대량누출의 경우 폭발로 이어지지 않도록 점화원 제거(밸브 차단, 주변 점화원 제거, 충격 등 금지)
- 부상자 발생 시 응급조치 및 인근 병원으로 후송

09

㉠ 격리형
㉡ 위치제한형
㉢ 작업자의 신체 부위가 위험한계 내로 접근하였을 때 기계적인 작용에 의하여 접근을 못하도록 저지
㉣ 작업자의 신체 부위가 위험한계 또는 그 인접한 거리 내에 들어오면 이를 감지하여 그 즉시 기계의 동작을 정지시키고 경보등을 발함
㉤ 포집형
㉥ 격리형 방호장치, 위치제한형 방호장치, 접근거부형 방호장치, 접근반응 방호장치
㉦ 포집형 방호장치, 감지형 방호장치

10

① 실험실 출입문은 항상 닫아 두며 승인받은 자만 출입
② 출입문 앞에 생물안전표지(유전자변형생물체명, 안전관리등급, 시설관리자의 이름과 연락처 등)를 부착
③ 실험구역에서 실험복을 착용하고 일반구역으로 이동 시에 실험복 탈의
④ 실험 시 에어로졸 발생 최소화
⑤ 식물, 동물, 옷 등 실험과 관련 없는 물품의 반입 금지
⑥ 생물안전위원회 구성 및 생물안전관리책임자 임명
⑦ 생물안전 교육 실시 및 이수
⑧ 생물안전관리규정 마련 및 적용(3, 4등급 연구시설은 시설운영규정 별도 마련)
⑨ 처리 전 오염 폐기물 : 별도의 안전 장소 또는 용기에 보관
⑩ 모든 폐기물은(깔짚 등 포함) 생물학적 활성을 제거하여 처리

> **참고**
>
> **연구시설의 운영기준**
>
> | | 준수사항 | 안전관리등급 | | | |
> |---|---|---|---|---|---|
> | | | 1 | 2 | 3 | 4 |
> | 실험구역 출입 | 실험실 출입문은 항상 닫아 두며 승인받은 자만 출입 | 권장 | 필수 | 필수 | 필수 |
> | | 출입대장 비치 및 기록 | − | 권장 | 필수 | 필수 |
> | | 전용 실험복 등 개인보호구 비치 및 사용 | 권장 | 필수 | 필수 | 필수 |
> | | 출입문 앞에 생물안전표지(유전자변형생물체명, 안전관리등급, 시설관리자의 이름과 연락처 등)를 부착 | 필수 | 필수 | 필수 | 필수 |
> | 실험구역 내 활동 | 지정된 구역에서만 실험수행하고, 실험 종료 후 또는 퇴실 시 손 씻기 | 필수 | 필수 | 필수 | 필수 |
> | | 실험구역에서 실험복을 착용하고 일반구역으로 이동 시에 실험복 탈의 | 권장 | 필수 | 필수 | 필수 |
> | | 실험 시 기계식 피펫 사용 | 필수 | 필수 | 필수 | 필수 |

준수사항		안전관리등급			
		1	2	3	4
실험구역 내 활동	실험 시 에어로졸 발생 최소화	권장	필수	필수	필수
	실험구역에서 음식섭취, 식품 보존, 흡연, 화장 행위 금지	필수	필수	필수	필수
	실험구역 내 식물, 동물, 옷 등 실험과 관련 없는 물품의 반입 금지	권장	필수	필수	필수
	감염성물질 운반 시 견고한 밀폐 용기에 담아 이동	권장	필수	필수	필수
	외부에서 유입가능한 생물체(곤충, 설치류 등)에 대한 관리 방안 마련	필수	필수	필수	필수
	실험 종료 후 실험대 소독(실험 중 오염 발생 시 즉시 소독)	필수	필수	필수	필수
	퇴실 시 샤워로 오염제거	-	-	권장	필수
생물 안전 확보	유전자변형생물체 보관 장소(냉장고, 냉동고 등) : "생물위해(Biohazard)" 표시 등 부착	필수	필수	필수	필수
	생물안전위원회 구성	권장	필수	필수	필수
	생물안전관리책임자 임명	권장	필수	필수	필수
	생물안전관리자 지정	권장	권장	필수	필수
	생물안전교육 실시 및 이수	권장	필수	필수	필수
	연구시설 설치·운영 관련 기록 관리 및 유지	필수	필수	필수	필수
	유전자변형생물체 관리·운영에 관한 기록작성 및 보관	필수	필수	필수	필수
	실험 감염 사고에 대한 기록 작성, 보고 및 보관		권장	필수	필수
	생물안전관리규정 마련 및 적용(3, 4등급 연구시설은 시설운영규정 별도 마련)	권장	필수	필수	필수
	감염성물질이 들어있는 물건 개봉 : 생물안전작업대 등 기타 물리적 밀폐장비에서 수행	-	권장	필수	필수
	시험·연구종사자에 대한 정상 혈청 채취 및 보관(필요시 정기적인 혈청 채취 및 건강검진 실시)	-	권장	필수	필수
	취급 병원체에 대한 백신이 있는 경우 접종	-	권장	필수	필수
폐기물 처리	처리 전 폐기물 : 별도의 안전 장소 또는 용기에 보관	필수	필수	필수	필수
	폐기물은 생물학적 활성을 제거하여 처리	필수	필수	필수	필수
	실험폐기물 처리에 대한 규정 마련	필수	필수	필수	필수

11

(1) 절연열화에 따른 사고유형 3가지 및 관련 메커니즘
  ① 감전사고 : 절연열화(전기가 통하지 않게 하는 절연 기능이 약해지는 현상)에 의해 기기에 누설전류가 발생하여 누전된 상태에 인체가 닿게 되면 감전을 일으키게 되고 심실세동 전류(50mA) 이상의 전류가 인체에 흐르게 되면 사망에 이를 수 있다.
  ② 전기 화상 : 절연열화(전기가 통하지 않게 하는 절연 기능이 약해지는 현상)에 의해 기기에 누설전류가 발생하여 인체가 접촉하여 화상이 발생할 수 있다.
  ③ 누전에 의한 화재 : 누설전류가 특정한 부분으로 장시간 흐르게 되면 누전경로를 따라 특정부분의 탄화를 일으키며 이때 발열되며 주변의 가연물에 착화되어 화재를 발생시킨다.
  ④ 누전에 의한 폭발 : 누설전류가 특정한 부분으로 장시간 흐르게 되면 누전경로를 따라 특정 부분의 탄화를 일으키며 이때 발열되며 주변의 가연성 가스 또는 가연성 흄 등과 접촉하여 폭발을 발생시킨다.

(2) 누전사고 예방 대책
  ① 점검 및 설비 미사용 시 전원 차단 실시
  ② 전기사용 기계기구에 보호접지 실시
  ③ 누전차단기 설치
  ④ 이중절연구조의 전기기계기구 사용
  ⑤ 전선의 절연성능 점검
  ⑥ 정기적으로 절연저항 측정
  ⑦ 규격에 적합한 절연전선 사용
  ⑧ 절연용 보호구 착용

12

(1) 외부식 장방형 : $Q = V(10X^2 + A)$
   풀이 : $Q = V(10X^2 + A) = 0.5m/s \times 60s/min(단위환산) \times (10 \times 0.2^2 + 0.4 \times 0.4) = 16.8 m^2/min$
(2) 원형 덕트 단면적 계산 : $Q = AV \rightarrow A(m^2) = Q(m^3/min)/V(m/sec)$
   풀이 : $A(m^2) = (16.8 m^2/min)/(1,200 m/min) = 0.014 m^2$
(3) 원형 덕트 지름 계산 : $A(m^2) = \pi \times D^2/4$
   풀이 : $D = \sqrt{4A/\pi} = \sqrt{(4 \times 0.014)/3.14} m = 0.14 m$
  • Q : 필요환기량(m^3/min)
  • V : 제어속도(m/sec)
  • A : 후드단면적($2m^2$)
  • X : 후드 중심선으로부터 발생원까지의 거리, 제어 거리(m)

MEMO

EMO

연구실안전관리사 2차시험 한권완성

초 판 발 행	2022년 10월 05일
개정1판1쇄	2023년 08월 10일
저　　　자	고원경, 최지유
감　　　수	정명진
발 행 인	정용수
발 행 처	(주)예문아카이브
주　　　소	서울시 마포구 동교로 18길 10 2층
T E L	02) 2038-7597
F A X	031) 955-0660
등 록 번 호	제2016-000240호
정　　　가	28,000원

- 이 책의 어느 부분도 저작권자나 발행인의 승인 없이 무단 복제하여 이용할 수 없습니다.
- 파본 및 낙장은 구입하신 서점에서 교환하여 드립니다.

홈페이지 http://www.yeamoonedu.com

ISBN　979-11-6386-211-6　　[13530]